基层台站气象数据分析
与服务产品加工

中国气象局气象干部培训学院安徽分院　编

气象出版社
China Meteorological Press

内容简介

本书介绍了气象数据的基本格式和获取方式,介绍了基础数据的分析方法和空间分布图的制作方法,介绍了县级气象综合业务系统的功能、安装与使用,讲解了决策服务、公众服务、专业服务等气象服务产品的加工方法,并安排了实习课程,为县级气象综合业务岗位人员提供了所需的专业基础知识和基本业务技能。

本书可以作为县级气象综合业务岗位人员的培训教材,也可以作为气象综合业务管理人员的参考用书。

图书在版编目(CIP)数据

基层台站气象数据分析与服务产品加工 / 中国气象局气象干部培训学院安徽分院编. -- 北京：气象出版社,2016.10

ISBN 978-7-5029-6402-3

Ⅰ.①基… Ⅱ.①中… Ⅲ.①气象数据-分析②气象数据-加工 Ⅳ.①P416

中国版本图书馆 CIP 数据核字(2016)第 217413 号

JICENG TAIZHAN QIXIANG SHUJU FENXI YU FUWU CHANPIN JIAGONG

基层台站气象数据分析与服务产品加工

中国气象局气象干部培训学院安徽分院　编

出版发行：气象出版社

地　　址：北京市海淀区中关村南大街 46 号　　　　　　邮政编码：100081

电　　话：010-68407112(总编室)　010-68409198(发行部)

网　　址：http://www.qxcbs.com　　　　　　E-mail：qxcbs@cma.gov.cn

责任编辑：郭健华　　　　　　　　　　　　　　　终　　审：邵俊年

责任校对：王丽梅　　　　　　　　　　　　　　　责任技编：赵相宁

封面设计：燕　彤

印　　刷：中国电影出版社印刷厂

开　　本：787 mm×1092 mm　1/16　　　　　　印　　张：20.25

字　　数：490 千字

版　　次：2016 年 11 月第 1 版　　　　　　　　印　　次：2016 年 11 月第 1 次印刷

定　　价：80.00 元

编　委　会

主　编: 孙　钢

副主编: 李学行　蔡　辉

编　委: (按姓氏笔画排序)

前　言

　　气象数据分析和产品加工是县级气象综合业务岗位的基本工作内容之一，是满足气象业务、气象服务需求的重要保证。

　　在县级气象综合业务改革完成后，县级机构的业务功能、服务职能、管理配置都发生了重大变化。县级气象综合业务岗位承担的基本业务包括公共气象服务业务、气象观测业务、综合气象保障业务。因此，气象综合业务岗位对人才提出了更高的需求，需要熟悉气象数据分析处理、气象预报预警、农业气象预报预警等数据分析与服务产品加工业务的人员。现阶段，还没有能够为县级气象综合业务岗位人员提供这方面业务指导的讲义或培训教材。本教材围绕气象数据的介绍、气象数据基本加工、县级气象综合业务平台的使用、气象服务产品的加工制作，提供了比较全面的讲解。本书中还包含很多基础数据产品加工实习个例和服务产品加工实习个例，可以供县级气象综合业务岗位人员作为业务参考。

　　由于编者的水平和能力有限，本书难免出现错误和纰漏，敬请批评指正。

　　本书的编写得到了中国气象局气象干部培训学院的大力支持和帮助，安徽省气象局的专家和一线业务人员对相关章节的编写提供了大量的支持和帮助，在此一并表示感谢。

编委会

2016 年 6 月

目　　录

第 1 章　概　述

1.1　数据和产品的定义

数据或称资料,指描述事物的符号记录,是可定义为意义的实体,它涉及事物的存在形式,是关于事件的一组离散且客观的事实描述,是构成信息和知识的原始材料。数据通常由实验、测量、观察、调查等方式来获得。

气象数据是指用于描述气象事件的记录,可以分为天气资料和气候资料。天气资料是为天气分析和预报服务的一种实时性很强的气象数据;气候资料通常指的是用气象仪器所观测到各种原始资料的集合以及加工、整理、整编所形成的各种资料,也泛指整个气候系统的有关原始资料的集合和加工产品。气候资料时间序列长,而天气资料时间序列短。按照来源的不同,气象数据又可以划分为地面观测数据、探空观测数据以及遥感探测数据。根据数据物理属性的不同,即气象要素的不同,可以划分为气压、气温、相对湿度、风向风速等数据。

产品,是用来满足人们需求的物体或无形的载体。气象观测产品是指用来满足气象业务与服务需求的观测数据及其衍生信息的载体。产品种类繁多,既可以分为预测预报业务产品、专业气象服务产品、公众气象服务产品等,也可以分为观测产品、再分析产品、预报产品等;可以按照所用数据的物理属性不同,分为气温产品、气压产品、湿度产品以及降水产品等,也可以根据表现方式的不同,分为图像产品、图形产品以及数值产品等。

数据是产品制作必备的基础,而产品则是将数据代表的信息表现出来的一种形式。例如,日常观测的气温为一种观测数据,而一年中气温的平均值、最大值、最小值以及空间分布则为一种观测产品。

1.2　数据分析的意义

数据中常常包含大量的、杂乱无章的数字和符号,难以直接从这些数量庞大的数据中得出我们所需要的信息。例如,某一年的逐小时气温观测数据有 365×24 个表示气温的数字和符号,从这些数字和符号无法直接得到年平均气温、最高气温以及最低气温等信息。因此,需要对这些气温的观测数据进行分析与处理,以得到所需要的气温年平均值、最高值以及最低值等信息。

　　数据分析是指为了提取有用信息和形成结论,而对数据进行详细研究和概括总结的过程,通常是采用适当的方法(统计方法、物理模型),对大量的数据进行分析,以求最大化开发数据的功能,发挥数据的作用。数据分析的目的,是把隐没在大量的、杂乱无章的数据中的信息集中、萃取和提炼出来,以找出所需要的对象的内在规律。

　　气象数据分析是指根据需求,采用数学、物理等方法,从大量的气象数据中挖掘出所需要的数据信息。在气象业务服务中,气象数据分析可帮助业务服务人员从大量的观测信息中收集到所需要的数据,并为气象预报和服务提供基础信息。例如,通过对长时间序列气温数据的变化趋势分析,就能够得到当地气温升高或者降低的速率,从而掌握全球气候变化对当地气温的影响。

1.3　产品加工的意义

　　产品加工是指将数据及其分析结果与业务服务需求相结合,以图和表的形式更加直观地表述出相关的信息和结论。产品加工中既包含了数据分析的内容,也包括了数据分析之外的通俗化、形象化以及视觉美化等技术方法。

　　气象产品是为满足服务需求,在对气象数据进行处理的基础上,以某种方式将相关信息表达出来的一种无形的物品。

　　本书中提及的产品加工,是指根据气象业务、服务的需求,在对气象数据进行分析处理的基础上,形成科学严谨,重点突出和通俗易懂的图像、文字、表格等,以满足服务对象的需求。例如,通过对长时间序列气温数据的变化趋势进行分析后,只得到了气温升高或者降低的速率,至此只是完成了气温数据的分析,而并未根据需求形成气象产品。在数据分析的基础上,采用工具生成气温变化趋势图,则完成了气温变化趋势产品的制作。

第 2 章　气象数据

2.1　数据格式及说明

气象数据,又称气象资料,是兼具时间和空间属性的地球科学数据,也是我国有文字记载以来历史年代最久远、保存最完善、最系统的地球信息资源之一。长期以来,我国已积累了大量的基础气象资料,新的观测资料还在逐年大幅度增加。由于气象资料来源复杂、种类繁多、格式多样、表现形式各异、数据量巨大,使得对气象资料管理的复杂程度和难度与日俱增。随着信息技术的发展,越来越多的气象资料以数字化形式存贮与管理。为了适应数字化气象资料的规范管理,《中华人民共和国气象行业标准(气象资料分类与编码)》(QX/T 102—2009)对气象资料的分类与编码予以规范。

气象资料依其内容属性,结合考虑来源属性,分为 14 个大类(一级分类),如表 2.1 所示。各大类气象资料又依其资料特性,选取内容属性、区域属性、时间属性、空间属性、来源属性、观测属性、格式属性等各种属性中部分属性的不同组合进行分类(二级分类)。

分类代码由大类代码和二级分类的属性代码组成,各代码之间用下横线"_"分割。

气象资料各大类和属性代码用两种方式表示,一是简码,二是标识符(为英文字母和阿拉伯数字组成,通常第一位应为英文字母)。

大类简码用一位英文大写字母表示,其标识符由四位英文大写字母组成。二级分类的属性简码用三位阿拉伯数字表示,其中 900～998 为扩展码,用于个别特殊情况下属性内容的临时扩展。扩展码的具体含义应在气象资料相应的说明文件中说明,标识符由若干英文大写字母或首位是英文大写字母的英文大写字母和阿拉伯数字的字符串组成。

标识符可以体现大类和属性的基本意义,应便于人工识别、符合英文缩写习惯。

表 2.1　气象资料大类和代码

简码	一级分类名称	标识符	说明
A	地面气象资料	SURF	各种观测手段获得的近地面气象观测资料及其综合分析衍生资料,不含单独用卫星、雷达、模式分析、科考等方式获得的地面资料。
B	高空气象资料	UPAR	各种观测手段获得的高空气象探测资料及其综合分析衍生资料,不含单独用卫星、模式分析、科考等获得的高空资料。
C	海洋气象资料	OCEN	各种观测手段获得的海洋大气资料及其综合分析衍生资料,不含单独用卫星、模式分析、科考等获得的海洋资料。

简码	一级分类名称	标识符	说明
D	气象辐射资料	RADI	各种观测手段获得的辐射资料及其综合分析衍生资料,不含单独用卫星、科考等方式获得的辐射资料
E	农业气象和生态气象资料	AGME	各种观测手段获得的农作物、牧草、物候、农业气象灾害、植被物理化学特性、土壤物理化学特性资料,不含科考等方式获得的农业气象资料
F	数值分析预报产品	NAFP	指通过各种数值预报方法获得的各种分析和预报产品
G	大气成分资料	CAWN	各类大气成分观测站获取的大气物理、大气化学、大气光学资料
H	历史气候代用资料	HPXY	反映历史气候条件的各种非器测资料
I	气象灾害资料	DISA	各种天气气候灾害的气象实况及其影响资料,不含农业及生态气象灾情
J	雷达气象资料	RADA	通过雷达探测获得的气象资料和产品,不含卫星、科考等方式获得的雷达气象资料
K	卫星气象资料	SATE	通过卫星探测获得的气象资料和产品
L	科学试验和考察资料	SCEX	在科学试验和专项考察中观测获得的或收集加工获得的各种资料和衍生资料
M	气象服务产品	SEVP	直接面向决策服务、公众服务的各类产品
Z	其他资料	OTHE	不分属上述类别的气象资料和产品

下面具体介绍二级分类中的气象资料的分类和代码,并给出详细的数据格式。

2.1.1 地面气象资料 SURF

(1)分类和代码

地面气象资料内容属性分类根据其主要种类进行划分,分类和代码见表 2.2。

表 2.2 地面气象资料内容属性分类和代码

简码	地面资料名称	标识符	说明
001	地面天气资料	WEA	地面气象资料中通过气象通信系统实时接收获得的地面天气报资料及衍生资料(含公报、报告和解码后的要素资料及由此加工获得的观测资料数据集、地面天气图等)
002	地面气候资料	CLI	地面气象资料中的国内地面月报表资料和统计产品、通过气象通信系统实时接收获得的地面气候月报告资料(含公报、报告和要素资料)、通过各种途径收集的月时间尺度以上的国内外地面气象资料
003	近地层垂直观测资料	BOU	特指通过近地面边界层气象观测塔获得的近地面边界层气温、湿度、风等廓线资料及衍生资料
900~998			扩展码

(2)数据格式

地面天气资料中主要包括国家级自动站资料(正点小时观测数据、分钟数据观测数据、状态信息资料、日数据、日照日数据)和区域地面自动站资料(正点小时观测数据、自动雨量站观测数据),其数据格式具体见表 2.3。

表 2.3　各地面天气资料的文件名及数据格式

文件类型	文件名	文件格式
国家级地面自动站正点小时观测数据	国家级测站单站文件名: Z_SURF_I_IIiii_yyyyMMddhhmmss_O_AWS_FTM[−CCx].txt	见附录 A1
	国家级无人站单站文件名: Z_SURF_I_IIiii_yyyyMMddhhmmss_O_AWS_FTM[−CCx].txt	见附录 A2
国家级地面自动站分钟数据观测数据	Z_SURF_I_IIiii_yyyyMMddhhmmss_O_AWS_MM[−CCx].txt	见附录 A3
国家级地面自动站状态信息资料	Z_SURF_I_IIiii_yyyyMMddhhmmss_R_AWS_FTM[−CCx].txt	见附录 A4
国家级地面自动站日数据	Z_SURF_I_IIiii_yyyyMMddhhmmss_O_AWS_DAY[−CCx].txt	见附录 A5
国家级地面自动站日照日数据	Z_SURF_I_IIiii_yyyyMMddhhmmss_O_AWS-SS_DAY[−CCx].txt	见附录 A6
区域地面自动站正点小时数据	区域级测站单站文件名: Z_SURF_I_IIiii-REG_YYYYMMDDHHmmss_O_AWS_FTM[−CCx].txt 区域级站打包文件名: Z_SURF_C_CCCC-REG_YYYYMMDDHHmmss_O_AWS_FTM.txt	见附录 A2
	区域级测站单站自动雨量站观测数据文件名: Z_SURF_I_IIiii-REG_YYYYMMDDHHmmSS_O_AWS-PRF_FTM[−CCx].txt 区域级测站打包自动雨量站观测数据文件名: Z_SURF_I_IIiii-REG_YYYYMMDDHHmmSS_O_AWS-PRF_FTM.txt	见附录 A7

地面气候资料主要是地面气候月报,具体文件格式如下:

文件名:MSG_XPYYGGgg.EHF

　注:YY:04

　　gg:分分,序列号

数据格式:

　　起始:ZCZC xxx

　　报头:CSCI40　BEHF　04GGgg(gg 一般为 00)

　　报文:CLIMAT　MMZZZ(ZZZ 年份的后三位)

　　　　IIiii　?????　????? ……????? =

　　　　四个空行

　　结束:NNNN

　　注:MM 为上一月的月份,因此,遇到 01 月份的报文,年份应为上一年。

近地层垂直观测资料暂无。

2.1.2 高空气象资料 UPAR

（1）分类和代码

高空气象资料内容属性分类根据其主要种类进行划分，分类和代码见表2.4。

表 2.4 高空气象资料内容属性分类和代码

简码	高空气象资料名称	标识符	说明
001	高空探空资料	WEA	通过气球携带高空气象探测仪等常规高空探测方法获得的高空压、温、湿、风等探空资料及其产品
002	高空测风资料	WEW	通过气球携带高空气象探测仪等常规高空探测方法获得的高空各层风资料及其产品
005	飞机高空探测资料	ARD	飞机高空探测资料
012	地基 GPS 水汽探测资料	GPS	通过 GPS 地基水汽遥感探测仪（GPS_Met）获得的大气整层水汽含量数据
013	风廓线仪探测资料	WPF	通过风廓线仪获得的大气三维风场和温度廓线资料
014	闪电定位仪探测资料	LIL	通过地面闪电定位仪探测系统获得的有关闪电特征参数资料
900～998			扩展码

（2）数据格式

对于高空探空资料和高空测风资料，在实际观测中，都是由探空仪测得，获得的数据文件主要包括有：高空探测基数据，高空探测监视信息，高空压、温、湿报告电码（TTAA、TT-BB、TTCC、TTDD）和高空风报告电码（PPBB、PPDD），其数据格式详见表2.5。

地基 GPS 水汽探测资料文件格式详见表2.5。

闪电定位仪探测资料文件格式详见表2.5。

飞机高空探测资料和风廓线仪探测资料暂无。

表 2.5 各高空气象资料文件名和数据格式

文件类型	文件名	文件格式
高空探测基数据	Z_UPAR_I_IIiii_yyyymmddhhMMss_O_TEMP-观测方式 . txt	附录 A8
高空探测监视信息（探空报）	Z_UPAR_I_IIiii_YYYYMMDDHHmmss_R_WEA_NN_SRSI. txt	附录 A9
高空探测监视信息（测风报）	Z_UPAR_I_IIiii_YYYYMMDDHHmmss_R_WEW_NN_SRSI. txt	附录 A10
高空压、温、湿，高空风报告电码	MSG__UPYYGGxx. EHF	附录 A11
地基 GPS 水汽探测资料	sssdddHmm. yym	附录 A12
闪电定位仪探测资料	yyyy_mm_dd. txt	附录 A13

2.1.3 海洋气象资料 OCEN

（1）分类和代码

海洋气象资料内容属性分类根据其主要种类进行划分，分类和代码见表2.6。

表 2.6　海洋气象资料内容属性分类和代码

简码	海洋资料内容名称	标识符	说明
001	海洋气象观测资料	SHB	海面移动或固定观测平台获得的近海面大气和海洋表层观测资料及衍生资料
002	海洋探测深水温度、盐度、洋流观测资料	TSC	各类海洋平台探测获得的海洋深水温度、盐度、洋流等资料
900～998			扩展码

（2）数据格式

海洋气象观测资料主要有海洋观测要素数据，其数据格式详见表 2.7。

表 2.7　海洋气象观测资料文件名和数据格式

文件类型	文件名	文件格式
海洋观测要素数据	Z_OCEN_I_IIiii_yyyyMMddhhmmss_O_AWS_FTM.txt	附录 A14

2.1.4　气象辐射资料 RADI

（1）分类和代码

气象辐射资料内容属性分类根据其主要种类进行划分，分类和代码见表 2.8。

表 2.8　气象辐射资料内容属性分类和代码

简码	气象辐射资料内容名称	标识符	说明
000	多要素辐射观测资料	MUL	包含下列两种或两种以上要素的辐射观测及统计资料
001	太阳总辐射	QRA	地面观测资料
002	太阳直接辐射	DRA	地面观测资料
003	太阳散射辐射	SRA	地面观测资料
004	太阳反射辐射	RRA	地面观测资料
005	净全辐射	NRA	地面观测资料
006	太阳紫外辐射	UVR	地面观测资料
007	红外辐射	IRA	地面观测资料
008	地面长波辐射（向上）	ULR	地面观测资料
009	大气长波辐射（向下）	DLR	地面观测资料
010	光学有效辐射	OVR	地面观测资料
900～998			扩展码

（2）数据格式

气象辐射资料有自动站观测到的气象辐射资料，其数据格式详见表 2.9。

表 2.9　气象辐射资料文件名和数据格式

文件类型	文件名	文件格式
气象辐射资料	Z_RADI_I_IIiii_yyyyMMddhhmmss_O_ARS_FTM[－CCx].txt	附录 A15

2.1.5　农业气象和生态气象资料 AGME

（1）分类和代码

农业气象和生态气象资料内容属性分类根据其不同性质的观测资料进行划分，分类和代码见表 2.10。

表 2.10　农业气象和生态气象资料内容属性分类和代码

简码	内容名称	标识符	说明
001	农业及生态气象灾情	DISA	指农业气象灾害（如 AB 报中的灾情段）、农业病虫害、牧草气象灾害和病虫害、家畜气象灾害和病虫害、森林气象灾害资料、林木病虫害、森林火灾等
002	农作物产量	OUTP	农作物产量资料（如 AB 报中的产量段）
003	自然物候	SEAS	指自然物候观测资料
004	畜牧	PAST	指农业气象和各类生态气象观测台站观测获得的畜牧生态观测资料
010	多要素	MUL	包含下列两种或两种以上要素的资料
011	农田生物要素	CROP	指作物物候、作物生长状况与产量、作物生理参数、冠层光谱特性、农事活动、农田环境状况等
012	森林生物要素	FORE	指森林群落结构、凋落物、物候期、森林生长状况等
013	草地生物要素	GRAS	指天然草地的植物、家畜、生境描述、植被特征、主要野生动物、草地综合情况等要素资料
014	荒漠生物要素	OESO	包括荒漠的农作物、草本植物、木本植物和荒漠植被生长状况等要素
015	湿地生物要素	WETL	包括湿地的植被、动物等要素
016	湖泊水域生物要素	PHYT	包括浮游植物现存量、浮游植物初级生产力等要素
021	水环境要素	WATR	包括水化学、水物理等要素
022	沼泽湿地要素	SWMP	包括水体、水质（化学）等要素
023	土壤要素	SOIL	包括农田森林草地荒漠（土壤物理、土壤化学）、湿地（类型、土壤泥炭物理、土壤泥炭化学、形成年代）等要素
090	农业气象报告（旬月报）	ABRE	AB 报文
900～998			扩展码

（2）数据格式

农业及生态气象灾情主要有灾害要素数据资料，自然物候主要有自然物候要素数据资料，农田生物要素主要有作物要素数据资料，草地生物要素主要有畜牧要素数据资料，土壤要素主要有土壤水分要素数据资料,其数据格式详见表 2.11。

农作物产量、畜牧、多要素、森林生物要素、荒漠生物要素、湿地生物要素、湖泊水域生物要素、水环境要素、沼泽湿地要素和农业气象报告(旬月报)暂无。

表 2.11　各农业气象和生态气象资料文件名和数据格式

文件类型	文件名	文件格式
灾害要素数据	Z_AGME_I_IIiii_YYYYMMDDhhmmss_O_DISA[−CCx].txt	附录 A16
自然物候要素数据	Z_AGME_I_IIiii_YYYYMMDDhhmmss_O_PHENO[−CCx].txt	附录 A17
作物要素数据	Z_AGME_I_IIiii_YYYYMMDDhhmmss_O_CROP[−CCx].txt	附录 A18
畜牧要素数据	Z_AGME_I_IIiii_YYYYMMDDhhmmss_O_GRASS[−CCx].txt	附录 A19
土壤水分要素数据	Z_AGME_I_IIiii_YYYYMMDDhhmmss_O_SOIL[−CCx].txt	附录 A20

2.1.6　数值分析预报产品 NAFP

数值分析预报产品来源属性是指生成产品的模式,分类和代码见表 2.12。

表 2.12　数值分析预报产品来源属性分类和代码

简码	数值分析预报产品来源(或模式)名称		标识符	说明
001		HLAFS	HLAFS	
002		T106	T106	
003		T213	T213	
004	国内天气预报模式	MM5	MM5	
005		台风路径预报系统	TYPH	
006		GRAPES 系统	GRAPS	
030		NMC 环境模式	NENM	
031	国内环境预报模式	NMC 沙尘暴模式	NSDM	
032		NMC 核应急模式	NNEM	
050		NCC 气候月动力延伸预报模式	DERF	
051		NCC 海洋资料同化模式	GODASC	
052	国内气候模式	NCC 区域气候模式	CRCMC	
053		NCC 简化海气耦合模式	CGCMC	
100		欧洲中心(ECMWF)模式产品	ECMWF	
101		日本模式产品	RJTD	
102	国外模式	华盛顿模式产品	KWBC	
103		德国模式产品	EDZW	
104		NCEP/NCAR 模式产品	NCEP	
900～998				扩展码

注:NMC——国家气象中心,NCC——国家气候中心。

2.1.7 大气成分资料 CAWN

（1）分类和代码

大气成分及相关资料内容属性分类根据其主要种类进行划分，分类和代码见表2.13。

表 2.13 大气成分及相关资料内容属性分类和代码

简码	大气成分及相关资料内容名称	标识符	说明
001	温室气体资料	GHG	包括二氧化碳、甲烷、氧化亚氮、六氟化硫、氯氟烃等
002	气溶胶资料	AER	包括 TSP、PM_{10}、$PM_{2.5}$ 等质量浓度、吸收特性、散射特性、凝结核、云凝结核、光学厚度、化学成分等
003	反应性气体资料	REG	包括 SO_2、CO、NO、NO_2、NO_x 等
004	大气臭氧资料	OZO	包括臭氧柱总量及廓线、臭氧探空、地面臭氧资料等
005	干湿沉降	DEP	包括干沉降、湿沉降、化学成分等
006	稳定和放射性同位素	ISP	包括稳定和放射性同位素如氢、氚、铅、铍、^{14}C 等资料
007	挥发性有机物	VOC	包括各类挥发性有机物技术指示可处理的挥发性有机物主要包括脂肪烃（低级脂肪烃（汽油）、氯乙烷、氯甲烷）、芳香烃（苯、甲苯、二甲苯、氯苯）、含氧有机物（醇、醚、酮、醛）、含氮有机物（胺）、含硫有机物（硫醇、硫醚）等；可处理的还原性有机化合物主要包括氨、硫化氢等
008	持久性有机污染物	POP	包括多环芳烃、苯并芘、多氯联苯、六氯代苯、氯丹、六氯环己烷、六氯化苯等
900～998			扩展码

（2）数据格式

气溶胶资料主要有 PM_{10} 数浓度报文和 PM_{10} 质量浓度报文，干湿沉降主要有酸雨观测日文件和月文件，其数据格式详见表2.14。

温室气体资料、反应性气体资料、大气臭氧资料、稳定和放射性同位素、挥发性有机物和持久性有机污染物暂无。

表 2.14 各大气成分资料文件名和数据格式

文件类型	文件名	文件格式
PM_{10} 数浓度报文	Z_CAWN_I_IIiii_yyyyMMddhhmmss_O_ARE_FLD_NSD.TXT	附录 A21
PM_{10} 质量浓度报文	Z_CAWN_I_IIiii_yyyyMMddhhmmss_ARE_FLD_PMMUL.TXT	附录 A22
酸雨观测日文件	Z_CAWN_I_IIiii_yyyyMMddhhmmss_O_AR_FTM.txt	附录 A23
酸雨观测月文件	SIIiii-YYYYMM.TXT	附录 A24

2.1.8 历史气候代用资料 HPXY

历史气候代用资料内容属性分类根据其主要种类进行划分，分类和代码见表2.15。

表 2.15 历史气候代用资料内容属性分类和代码

简码	历史气候代用资料内容名称	标识符	说明
001	历史文献记载	HDOC	来源于历史文献记载的原始记录或分析产品(如旱涝等级、大气降尘等)
002	树木年轮	TRRI	来源于树木年轮的原始记录或分析产品
003	冰芯	ICCO	
004	花粉化石	POLN	
005	海洋与湖泊沉积物	SEDI	
006	珊瑚	CORA	
007	黄土	YEES	
900～998			扩展码

2.1.9 气象灾害资料 DISA

气象灾害资料灾害种类属性分类根据其主要种类进行划分,分类和代码见表 2.16。

表 2.16 气象灾害资料灾害种类属性分类和代码

简码	灾害种类名称	标识符	说明
000	多种灾害	MUT	包含下列两种或两种以上的灾害
001	干旱	DRO	
002	洪涝	FLO	含雨涝、洪涝等
003	暴雨	TOR	
004	热带气旋	TYP	含热带低压、热带风暴、台风、强台风、超强台风
005	大风	GAL	
006	冰雹	HAI	
007	龙卷	TON	
008	雾	FOG	
009	沙尘暴	DSS	含扬沙、浮尘、沙尘暴等
010	高温	HIT	
011	干热风	DHW	
012	雪灾	SND	
013	雷电	THU	
014	低温冷害灾害	COL	含低温连阴雨、低温冷害、霜冻等
051	次生地质灾害	GED	由气象灾害引发的地质灾害
052	次生病虫害	INS	由气象灾害引发的病虫害
099	次生其他灾害	OTH	由气象灾害引发的其他灾害
900—998			扩展码

2.1.10 雷达气象资料 RADA

（1）分类和代码

气象雷达种类属性分类根据现行气象雷达的主要种类进行划分，分类和代码见表 2.17。

表 2.17 气象雷达种类属性分类和代码

简码	气象雷达种类名称	标识符	说明
000	两种以上的雷达	MUR	由两种及两种以上的雷达观测组合而成的数据产品
001	常规天气雷达	CWR	用模拟信号方式或数字化信号方式，但无多普勒功能的天气雷达
002	多普勒天气雷达	DOR	
011	激光雷达	LAR	
012	声雷达	SAR	
013	双线偏振雷达	DLP	
900～998			扩展码

（2）数据格式

多普勒天气雷达主要有 CINRAD SA/SB 雷达和 CINRAD CB 雷达，其基数据格式详见表 2.18；双线偏振雷达数据格式见表 2.18。

两种以上的雷达、常规天气雷达、激光雷达和声雷达暂无。

表 2.18 各雷达气象资料文件名和数据格式

文件类型	文件名	文件格式
CINRAD SA/SB 雷达基数据	Z_RADR_I_IIiii_yyyyMMDDhhmmss_O_DOR_雷达型号_扫描方式.bin.bz2	附录 A25
CINRAD CB 雷达基数据		附录 A26
双线偏振雷达		附录 A27

2.1.11 卫星气象资料 SATE

（1）分类和代码

卫星类别属性分类和代码见表 2.19。

表 2.19 卫星类别属性分类和代码

简码	卫星名称	标识符	说明
000	多颗卫星	MUS	数据来源于多颗卫星
001	NOAA_6	N06	美国极地轨道气象业务卫星（下同）
002	NOAA_7	N07	
003	NOAA_8	N08	

续表

简码	卫星名称	标识符	说明
004	NOAA_9	N09	
005	NOAA_10	N10	
006	NOAA_11	N11	
007	NOAA_12	N12	
008	NOAA_13	N13	
009	NOAA_14	N14	
010	NOAA_15	N15	
011	NOAA_16	N16	
012	NOAA_17	N17	
013	NOAA_18	N18	
014～050	NOAA_xx(NOAA 后续星)	Nxx	xx 为序号编码
051	FY1_A	F1A	中国极地轨道气象实验卫星
052	FY1_B	F1B	中国极地轨道气象实验卫星
053	FY1_C	F1C	中国极地轨道气象业务卫星
054	FY1_D	F1D	中国极地轨道气象业务卫星
055	FY3_A	F3A	中国第二代极地轨道气象实验卫星
056～070	FY3_x(FY3 后续星)	F3x	x 为顺序英文字母
071	FY2_A	F2A	中国静止轨道气象实验卫星
072	FY2_B	F2B	中国静止轨道气象实验卫星
073	FY2_C	F2C	中国静止轨道气象业务卫星
074	FY2_D	F2D	中国静止轨道气象业务卫星
075～080	FY2_x(FY2 后续星)	F2x	x 为顺序英文字母
081	FY4_A	F4A	中国第二代静止轨道气象实验卫星(待发)
082～090	FY4_x(FY4 后续星)	F4x	x 为顺序英文字母
091	HY1_A	H1A	中国极地轨道海洋实验卫星
092	HY1_B	H1B	中国极地轨道海洋实验卫星
092～099	HY1_x(HY1 后续星)	H1x	x 为顺序英文字母
101	GMS_3	GM3	日本静止轨道气象卫星(自旋稳定)
102	GMS_4	GM4	日本静止轨道气象卫星(自旋稳定)
103	GMS_5	GM5	日本静止轨道气象卫星(自旋稳定)
104	MTSAT_1R	MTR	日本静止轨道气象卫星(三轴稳定)
105～120	MTSAT 后续星预留		
121	TERRA	EOT	美国对地观测卫星
122	AQUA	EOA	美国对地观测卫星

简码	卫星名称	标识符	说明
123	ARUA	EOR	美国对地观测卫星
124～130	EOS后续星预留		
131	GOES_8	G08	美国静止业务环境卫星
132	GOES_9	G09	美国静止业务环境卫星
133	GOES_10	G10	美国静止业务环境卫星
134	GOES_11	G11	美国静止业务环境卫星
135	GOES_12	G12	美国静止业务环境卫星
136～149	GOES_xx(GOES后续星)	Gxx	xx为顺序编号
151	METEOSAT_1	ME1	欧洲静止气象卫星
152	METEOSAT_2	ME2	欧洲静止气象卫星
153	METEOSAT_3	ME3	欧洲静止气象卫星
154	METEOSAT_4	ME4	欧洲静止气象卫星
155	METEOSAT_5	ME5	欧洲静止气象卫星
156	METEOSAT_6	ME6	欧洲静止气象卫星
157	METEOSAT_7	ME7	欧洲静止气象卫星
158	MSG_1	MS1	转业务后又简称为METEOSAT_8,欧洲第二代静止气象卫星
159	MSG_2	MS2	转业务后又简称为METEOSAT_9,欧洲第二代静止气象卫星
160	MSG_3	MS3	转业务后又简称为METEOSAT_10,欧洲第二代静止气象卫星
161	MSG_4	MS4	转业务后又简称为METEOSAT_11,欧洲第二代静止气象卫星
162～166	MSG_x(MSG后续星)	MSx	METEOSAT与MSG看成一个系列,x为顺序编号
201	ENVISAT	EVS	欧洲环境观测卫星
202	Metop-A	MTA	欧洲极地轨道气候观测卫星
203	CloudSat	CDS	美国云观测试验卫星
204	QuikSCAT	QST	美国海洋风场观测卫星
205	DMSP	DSP	美国国防气象卫星(系列)
206	INSAT	IST	印度静止气象卫星(系列)
207	Landsat	LST	美国地球资源卫星(系列)
208	CBERS	CBS	中巴地球资源卫星(系列)
209	SPOT	SPT	法国高分辨率地球观测卫星
210	RadarSat	RDS	加拿大雷达地球观测卫星
211	Quickbird	QBD	日本数字地球观测卫星
900～998			扩展码
999	不明	UNC	

(2)数据格式

我国气象卫星主要有风云一号(极轨卫星)、风云二号(静止卫星)和风云三号(极轨卫星),其数据格式太多,若需可从网上下载,网址:http://satellite.cma.gov.cn/PortalSite/StaticContent/DocumentDownload.aspx?TypeID=2

2.1.12　科学实验和考察资料 SCEX

科学试验和考察资料内容属性分类和代码见表 2.20。

表 2.20　科学试验和考察资料内容属性分类和代码

简码	科学试验和考察资料类别	标识符	说明
001	常规和加密地面观测资料	SURF	常规地面站网和时间及空间加密的地面站网观测资料
002	常规和加密高空探测资料	UPAR	常规高空站网和时间及空间加密的高空站网观测资料
003	水文观测资料	HYDR	水文站点的水文和雨量观测资料
004	海洋观测资料	OCEN	船舶、浮标、海岛站的观测资料
005	卫星观测及其反演资料	SATE	极轨、静止气象卫星观测及其反演资料
006	雷达资料	RADA	常规天气雷达和多普勒天气雷达的观测资料及产品
007	特种观测资料	SPOB	使用风廓线仪、飞机、火箭、GPS、闪电定位仪等特种仪器设备获得的资料
008	通量观测资料	FLOB	辐射、水汽、感热、潜热等通量观测资料
009	同化分析资料	ASAN	数值预报同化分析资料
010	试验背景场资料	BAGD	有关背景场资料
900—998			扩展码

2.1.13　气象服务产品 SEVP

(1)分类和代码

表 2.21　气象服务产品 SEVP 分类和代码

简码	地面资料名称	标识符	说明
001	天气预报服务产品	WEFC	含国内各种中短期天气预报服务产品
002	环境气象产品	ENME	含各种与气象有关的环境预报和环境监测分析服务产品(不包括有关大气成分的监测预报服务产品)
003	气候监测诊断产品	CLMD	含各种气候监测诊断产品和与此有关的服务产品
004	短期气候预测产品	CLFC	含月以上各种尺度的短期气候预测产品
005	气候影响评价产品	CLAA	含月以上和逐日滚动监测等各种尺度的气候影响评价产品等
006	农业气象和生态服务产品	AGRM	含各种农业气象和生态服务产品
007	决策服务产品	DEMA	含各种为党和政府决策所提供的材料和服务产品

续表

简码	地面资料名称	标识符	说明
008	气象卫星地表环境监测产品	SATM	含利用气象卫星的探测资料制作的各种环境监测和分析服务产品
009	空间天气服务产品	SWEA	含各种时间尺度的空间天气报告、预报和警报服务产品
010	大气成分监测预报服务产品	ACMP	含有关大气成分的各种监测预报服务产品
011	雷电监测预警服务产品	LTMP	含以雷电为主要内容的各种监测预报服务产品
900~998			扩展码

（2）数据格式

表 2.22　气象服务产品文件名和数据格式

文件类型	文件名	文件格式
精细化预报产品	Z_SEVP_I_IIiii_YYYYMMDDhhmmss_P_RFFC-TYPE-YYYYMMD-Dhhmm-FFFxx.TXT	附录 A28
大城市逐 6 小时精细化气象要素预报文件	Z_SEVP_C_CCCC_YYYYMMDDhhmmss_P_RFFC_SPCC6H_YYYYMMDDhhmm_FFFxx.TXT	附录 A29

2.2　基础数据集产品

2.2.1　常见数据集产品

2.2.1.1　基础资料集

　　基础资料集主要指以按照标准归档格式存储的月数据文件形成序列文件，是历史资料加工服务的主要数据源，如地面资料的 A 文件。下面以地面基础资料集为例简要介绍其主要内容以及形成方法。

　　2012 年 6 月，由国家气象信息中心牵头，各省（区、市）气象局共同开展的基础气象资料建设工作取得阶段性成果，完成了国家级台站建站以来的地面基础气象资料检测与更正。验收意见指出："该项工作系统检测和更正了 1951—2010 年 2400 多个国家级台站的地面基础气象资料中由于数字化引起的质量问题，形成了一套高质量的地面基础气象资料集，基本实现了现有地面资料源的完整和统一，对增强资料的可靠性和准确性，提高服务效益具有重要意义。"

　　这里提出地面基础气象资料集即为以地面气象归档文件格式 A 文件存储的资料集，其中包括了不同时期的 A 文件,主要有 A0(A1)、A(2001 版)和 A(2003 版)。在基础资料集的建设中主要工作分两部分,第一部分是整理形成完整统一的气候序列。我们以较为典型的寿县站气候序列整理为例作简要的介绍。

寿县站于 1955 年建站,1989 年升格为国家基准站,2001 年归档启用了旧版 A 文件格式(2001 版),2003—2004 年开展人工观测和自动观测平行观测,2004 年自动观测正式投入业务运行,2005 年归档文件启用了新版 A 文件格式(2003 版),2012—2013 年开展新旧址对比观测,2012—2013 年开展新址和旧址对比观测并于 2013 年迁至新址。其基础资料的构成为 1955—1988 年为 A0 文件(如 A058215.A88,1988 年 4 月份 A 文件),1989—2000 年为 A1 文件(如 A158215.D00,2000 年 12 月份 A 文件),2001—2004 年为 A(2001 版)(如 A5821501.001,2001 年 1 月份 A 文件),2005—2013 年为 A(2003 版)(如 A58215—200501.TXT,2005 年 1 月份 A 文件),根据相关规定,2003 年(即人工与自动平行观测第一年)该序列使用人工观测资料,2004 年起(即人工与自动平行观测第二年)该序列使用资料为自动观测资料,2004 年以后人工观测资料记为 A-0 文件(如 A58215200501-0.TXT,2005 年 1 月人工观测 A 文件),2012 年(即新旧址对比观测第一年)使用旧址观测资料,新址观测资料记为 A-9(如 A58215201201-9.TXT,2012 年 1 月新址 A 文件),2013 年起(即新旧址对比观测第二年)该序列使用资料为新址资料,2013 年以后旧址观测资料记为 A-9 文件。

第二部分是对梳理完成的气候序列进行质量检测、质量控制,对因数字化问题引起的数据疑误进行修正,对缺测数据进行补录,最终形成高质量气候序列。其内容包含了全省建站以来各国家级台站观测的包括气温、降水等 19 个要素定时观测资料。

2.2.1.2　气候资料整编统计产品

30 年是世界气象组织(WMO)规定的气候标准值统计时段,反映一个基本时期内气候的平均状态。气候平均值的变化直接影响到气候变化、诊断和预测的结果。因此,气候资料的统计整编工作是气象资料业务人员的重要工作之一。

气候资料的统计整编数据源为经过整理确认,严格质量控制的基础资料集,其方法是中国气象局发布的《气候资料统计整编方法(1981—2010)》,软件由中国气象局预报与网络司发布的"1981—2010 年地面气候资料整编软件"。2012 年安徽省气象信息中心完成了安徽省地面气候资料的整编工作。整编的内容主要包括气压等 14 大类和 79 小项的统计项目如表 2.23 所示。

表 2.23　气候资料统计整编项目

序号	大类	序号	小项
1	气压	1	各月平均本站气压
		2	累年各月平均本站气压平均差、标准差和最大正、负距平
		3	各月极端最高本站气压及出现日期
		4	各月极端最低本站气压及出现日期
		5	各月平均海平面气压

序号	大类	序号	小项
2	气温	6	各候、旬、月平均气温和累年各日平均气温,年较差
		7	历年各月平均气温距平及累年各月平均差,标准差和最大正、负距平
		8	历年日最高气温及各月平均最高气温
		9	历年日最低气温及各月平均最低气温
		10	各月极端最高气温及出现日期
		11	各月极端最低气温及出现日期
		12	各月平均气温日较差
		13	各月最大气温日较差及出现日期
		14	各月最小气温日较差及出现日期
		15	累年各月平均气温十分位数
		16	累年日最高气温1%、5%、10%、25%、50%、75%、90%概率界限值
		17	累年日最低气温1%、5%、10%、25%、50%、75%、90%概率界限值
		18	各月各级日最高气温(≥30.0℃、≥35.0℃、≥40.0℃)日数,年最长连续日数和止日
		19	各月各级日最低气温(≤2.0℃、≤0.0℃、≤-2.0℃、≤-15.0℃、≤-30.0℃、≤-40.0℃)日数,年最长连续日数及止日
		20	日平均气温稳定通过各级界限温度(0℃、5.0℃、10.0℃、15.0℃、20.0℃、22.0℃)起、止日及起止日间积温、降水量、日照时数
		21	各月冷度日数(≥26.0℃)、暖度日数(≤18.0℃)
3	空气湿度	22	各月平均水汽压和累年各日平均水汽压
		23	累年各月平均水汽压平均差,标准差和最大正、负距平
		24	各月平均相对湿度
		25	累年各月平均相对湿度平均差,标准差
4	云	26	各月平均总云量
		27	各月平均低云量
		28	各月日平均总云量<2.0成(晴天)日数和累年各月出现频率
		29	各月日平均总云量>8.0成(阴天)日数和累年各月出现频率
		30	各月日平均低云量<2.0成(晴天)日数和累年各月出现频率
		31	各月日平均低云量>8.0成(阴天)日数和累年各月出现频率
5	降水	32	各候、旬、月降水量和累年各日降水量,累年各月最多、最少降水量及出现年份
		33	历年各旬、月降水量距平百分率及累年各旬、月降水量平均差,相对平均差,标准差,相对标准差和最大正、负距平百分率
		34	累年各月降水量十分位数和日降水量1%、5%、10%、25%、50%、75%、90%概率界限值
		35	各月最大日降水量及出现日期
		36	各月各级日降水量(≥0.1、≥1.0、≥5.0、≥10.0、≥25.0、≥50.0、≥100.0、≥150.0 mm)日数
		37	各月最长连续降水日数(≥0.1 mm)及降水量和止日
		38	各月最长连续无降水日数(<0.1 mm)及止日
		39	各月最大连续降水量及日数和止日
		40	各月一小时最大降水量及出现日期

序号	大类	序号	小项
6	天气现象	41	各月冰雹日数
		42	各月扬沙日数
		43	各月浮尘日数
		44	各月霾日数
		45	各月龙卷风日数
		46	各月大风日数和累年各月最多、最少日数
		47	各月沙尘暴日数和累年各月最多、最少日数
		48	各月雾日数和累年各月最多、最少日数
		49	各月雷暴日数和累年各月最多、最少日数
		50	各月闪电日数和累年各月最多、最少日数
		51	各月霜日数和累年各月最多、最少日数
		52	各月降雪日数和累年各月最多、最少日数
		53	各月积雪日数
		54	各月雨凇日数
		55	各月雾凇日数
7	能见度	56	各月能见度(<10 km、<1 km)出现频率
8	蒸发	57	各月、旬蒸发量(小型蒸发器、大型蒸发器)
9	积雪	58	各月最大积雪深度及出现日期
		59	各月各级日积雪深度(≥1、≥5、≥10、≥20、≥30 cm)日数
10	积冰	60	各月电线积冰日数
		61	年电线积冰最大重量及相应直径、厚度、出现日期
11	风	62	各月平均风速和累年各日平均风速(2 min)
		63	各月最大风速及风向、出现日期和累年日最大风速1%、5%、10%、25%、50%、75%、90%概率界限值
		64	各月极大风速及风向、出现日期
		65	各月各风向频率和最多风向及频率
		66	各月各风向平均风速
		67	各月各风向最大风速
		68	各月各级日最大风速(≥5.0、≥10.0、≥12.0、≥15.0、≥17.0 m/s)日数
12	地温	69	各月平均地面温度和累年各日平均地面温度
		70	各月平均最高地面温度和累年各日平均最高地面温度
		71	各月平均最低地面温度和累年各日平均最低地面温度
		72	日最低地面温度≤0.0℃日数
		73	各月极端最高地面温度及出现日期
		74	各月极端最低地面温度及出现日期
		75	各月平均5、10、15、20、40 cm和80、160、320 cm地温
13	冻土	76	各月最大冻土深度及出现日期
14	日照	77	各月日照时数和累年各日日照时数
		78	各月日照百分率
		79	各月各级日照百分率(≥60%、<20%)日数

2.2.1.3　其他基础数据集

2013—2014年间安徽省气象信息中心先后发布了雾霾、高温、降水量等多个数据集,这些数据集基本上是依赖于前面所述的基础资料集,通过各类统计加工形成,以下以最长连续(无)降水量数据集为例做介绍。

1. 数据源

数据集基础资料源自安徽省国家级地面气象站日降水量(无特征值)数据。该数据剔除1980年以前的降水特征值,且经过气候极值、内部一致性、空间一致性等质量控制,数据具有一定的完整性与可靠性。

2. 数据处理方法

(1)按照30年整编规范,微量降水量(符号:＊)全部记为0,该日记为无降水日。

(2)最长连续降水日或无降水日允许跨年。

3. 产品规格

(1)时间:年。

(2)台站:安徽地区81个国家级台站。

(3)序列长度:1951—2012年。

(4)空间范围:114.879°~119.644°E,29.395°~34.654°N。

(5)数据量:36.1 MB。

4. 文件命名

SURF_CLI_AH_PRE_MUT_MUL-IIiii.txt为年降水数据文件,其中IIiii为区站号。

5. 更新情况

3~5年。

6. 文件组织、文件格式

datasets文件夹存放最长连续降水数据,数据集的数据文件为文本格式,每个台站一个文件,按时间序列存储降水数据,每行8列,从左至右为年、最长连续降水日数、最长连续降水日降水量、最长连续降水日开始年月日、最长连续降水日结束年月日、最长连续无降水日数、最长连续无降水日开始年月日、最长连续无降水结束年月日。

2.2.2　气候序列均一化产品

气候资料可以提供许多影响人类活动的大气环境信息。例如,用来决定最佳城市选址(通过计算大洪水的回复周期)、一个地区农业规划(无霜生长期长短)、城市规划(潜在的对供暖燃料需求)等。然而,对于这些或其他长期气候分析(尤其是长期气候变化分析)来说,利用包含非气候因素变化的气候序列可能导致矛盾的结论,为了减少数据分析带来的不确定性,所用的气候资料必须是均一的。利用均一性气候序列的重要性近来备受关注。一个均一性时间序列被定义为只包含天气和气候变化的序列。时间序列中的均一性既可能是渐变的趋势,如城市增暖,也可以是突然不连续(断点)的。

均一的长序列的气候资料是气候变化研究的基础。近年来国家气象信息中心加强研发,2013 年内发布了全国国家级地面气象站均一化气温日、月值数据集,均一化降水量日、月值以及高空月值数据集。以下以地面均一化气温月值数据集为例简要介绍数据集的数据源、制作方法、数据命名存储格式等。

1. 数据源

数据集所用基础数据来源于国家气象信息中心"地面基础气象资料建设"专项的"中国国家级地面气象站基本气象要素日值数据集(V3.0)"。该数据集经过了严格的质量控制,其数据完整性和数据质量较以往发布的版本均有明显提高。

本数据集所用的元数据信息来源于国家气象信息中心气象资料室档案科收集各省(区、市)上报的中国地面气象观测台站历史沿革信息,包括台站迁移、环境变化、观测时制和时间变化、仪器变更等相关信息。

2. 数据处理方法

为了客观真实地检验气候资料序列的均一性,减小结果的不确定性,采用客观分析与元数据分析相结合进行综合分析判断的技术思路。

(1)均一性检验订正方法

本数据集采用近年来国内外应用较为广泛的 RHtest 均一性检验订正方法,相关研究表明,该系统已被成功地运用于对气候资料序列的均一化研究,取得了比较好的效果。RHtest 系统包括 PMFT(惩罚最大 F 检验)和 PMT(惩罚最大 T 检验)两种方法,适用于不同的参考序列或无参考序列的情况。

(2)数据处理过程

基于参考序列的重要性,首先要求参考站符合下列 2 个条件:①邻近站与待检站的水平距离在 350 km 以内;②当待检站海拔高度在 2500 m 以内时,邻近站与待检站的高度差要≤200 m;③当待检站海拔高度在 2500 m 及以上时,邻近站与待检站的高度差应≤500 m。

对满足上述条件的备选参考站进行均一性检验,应用均一的台站资料序列,同时选取相关系数最大、序列长度与待检站长度最相近的若干个台站资料,求其平均值作为参考序列。对于按照上述原则找不到参考序列的站点,则采用单站检查的方法进行均一性检验。

应用 PMT 方法和 PMFT 方法对气温资料序列进行检验,对检出的不连续点利用台站元数据信息进行逐点查证,同时结合元数据分析和气候资料序列合理性分析对各台站资料序列的均一性状况进行综合判断。通过上述步骤,对非均一的资料序列进行订正,最终得到了均一化的气温数据集。

3. 产品规格

(1)时间:月值。

(2)台站:中国 2419 个国家级台站。

(3)序列长度:1951—2012 年。

(4)空间范围:73°40′~135°05′E,4°00′~53°31′N。

(5)数据量:82.3 MB。

4. 产品质量

经过对平均气温、最高气温、最低气温的检验分析和综合判断,2419 个站中有 34%～56% 的台站存在不连续点,原始资料序列检出的不连续点总数为 3625 个。经过比较,均一化处理对气候资料序列中因台站迁移等多种非自然因素引起的非均一性取得了明显的校正效果。

原因分析表明,台站迁移、观测时间变化、观测方式变化及环境变化等因素是造成原始资料序列不均一的主要原因。

5. 文件命名

SURF_CLI_CHN_TEM_MON_HOMO_Tave_XXXXX.txt。

SURF_CLI_CHN_TEM_MON_HOMO_Tmax_XXXXX.txt。

SURF_CLI_CHN_TEM_MON_HOMO_Tmin_XXXXX.txt。

文件名中的"XXXXX"表示区站号。

6. 更新情况

每 5 年更新一次。

7. 文件组织、文件格式

数据集的数据文件为文本格式,每个台站一个文件,每行记录的数据顺序为年份、月份、对应气温值。

2.2.3　融合和同化分析产品

融合和同化有一定的区别。融合重点强调是同种变量(如,降水)的融合,而同化的概念更多对不同变量(如,模式变量的温、湿度和卫星辐射率)进行同化,同化强调背景场资料的引入。数据融合技术是利用不同时间与空间的多种数据资源,对按时间序列获得的多源观测资料,在一定的准则下进行分析综合,进而获得对同一对象一致性的解释与描述,从而使系统获得比其中任何一部分资料更为详细的信息。数据资料同化是利用一切可用的信息(常规资料和非常规资料)与背景场进行有效融合,尽可能准确地估计出某一时刻的大气状态,能为数值天气预报提供更高质量的初始场。目前在气象上融合这个概念用得最多的是降水资料的融合。

多源数据融合是指综合利用不同观、探测气象数据的优势,将不同分辨率、不同精度的信息通过数据同化方法有效结合起来,发展出质量和时空分辨率均比单一资料更高的产品。在现代气象资料分析中具有广泛运用前景,是目前提高气象产品质量的主流方向之一。

以降水为例,地面站点观测降水数据、雷达估测降水产品和卫星反演降水量产品是降水资料获取的三种主要途径。地面站点观测是降水数据最直接的数据源,能够准确表示"观测点"上降水量,其精度最高,但受自然环境等因素影响,地面站点观测无法覆盖到大面积海洋、无人区以及地形相对复杂的区域,从而限制了站点观测数据的使用。雷达估测降水产品的时空分辨率较高,但其覆盖范围有限、易受遮蔽物影响,且由于估测方法以及多部雷达标定、校正存在问题,使得雷达估测降水产品的精度较差。与地面观测和雷达估测降水相比,卫星反演的降水产品具有全天候以及全球覆盖的独特优势,能够比较准确地反映降水"空间分布"特征,但卫星反演降水量和雷达估测降水产品本质上都是间接观测手段,必须经过地面资料订正来提高产品精度。由此可见,每种观测资料都各有优缺点,如何综合各个数据源的优势,研制高质量的降水产品,已成为近年来国际社会的主流趋势。

国家气象信息中心近年来研发了大量相关产品,在业务内网中有较为详细的介绍,本文以"中国地面与 CMORPH 融合逐小时降水产品(V1.0)"为例做简要的介绍。

该数据集主要引入概率密度匹配＋最优插值(PDF＋OI)两步数据融合概念模型,对经过质量控制后的中国 3 万多个自动气象站观测的小时降水量和美国气候预测中心研发的全球 30 min、8 km 分辨率的 CMORPH 卫星反演降水产品进行融合。

在算法中,首先提出了"变化时空尺度匹配的 PDF 订正方案"来订正 CMORPH 卫星降水产品的系统偏差,其次对 OI 中的核心参数,即观测误差标准差、背景误差标准差和背景误差协相关等进行了不同区域和不同季节的调试。此外,进一步采用"分降水量级"改进卫星产品误差形式,改进了对强降水的低估问题。

1. 数据源

(1)地面站点观测数据:经过质量控制后的中国 3 万多个自动气象站观测的小时降水量。

(2)卫星反演降水产品:美国气候预测中心研发的全球 30 min、8 km 分辨率的 CMORPH 卫星反演降水产品。

2. 数据处理方法

引入概率密度匹配＋最优插值(PDF＋OI)两步数据融合概念模型(Xie 和 Xiong,2011),并对该技术在 1 h、0.1°分辨率下的核心参数进行重新调试和改造,生成了 2008 年以来的逐小时融合降水量产品。

(1)提出了"变化时空尺度匹配的 PDF 订正方案"来订正 CMORPH 卫星降水产品的系统偏差(宇婧婧等,2013)。

(2)对 OI 中的核心参数,即观测误差标准差、背景误差标准差和背景误差协相关等进行了不同区域和不同季节的调试(旷达等,2012;潘旸等,2012)。观测误差标准差是降水量和网格内站点密度的函数,背景误差标准差是降水量的函数,而背景误差协相关随距离增加呈指数递减。

(3)进一步采用"分降水量级"改进卫星产品误差形式,改进了对强降水的低估问题。

3. 产品质量

通过对中国不同地区、不同降水量级、不同累积时间及不同站点密度等多角度的综合评估表明:逐小时、0.1°分辨率的降水融合产品有效结合了地面观测降水和卫星反演降水的优势,产品总体误差水平在 10% 以内,对强降水和站点稀疏区的误差在 20% 以内,优于国际上同类型产品(沈艳等,2013)。

产品主要问题:站点稀疏区完全依赖于 CMORPH 产品,而 CMORPH 产品本身存在偏差,所以站点稀疏区的产品质量有待于进一步改进;中国范围之外的区域降水完全是卫星反演的降水量。10 月到次年 4 月,中国北方和西部地区,自动站停止观测,因此,这段时间的融合降水量仅保留的是卫星反演降水，精度相对较低。

4. 文件命名

SURF_CLI_CHN_MERGE_CMP_PRE_HOUR_GRID_0.10-yyyymmddhh.grd

5. 更新情况

实时更新，时滞约 43 h。

6. 文件组织、文件格式

每小时一个文件，GrADS 标准格式。

2.3　数据获取方式

2.3.1　文件方式

2.3.1.1　省级数据共享

CMACast 是中国气象局国内和国际气象资料传输网的重要组成部分，是国家级气象数据和产品及国外气象数据和产品分发的主渠道，播发资料包括：地面气象观测资料、高空气象观测资料、大气成分资料、气象辐射资料、海洋气象资料、闪电定位资料、农气和生态气象资料、卫星气象资料、雷达气象资料、数值预报产品、预报服务产品，及各种业务通知等。根据资料类型及专用数据播发需求，CMACast 设置有 14 个通道组，包括：应急通道组、警报通道组、常规资料通道组、国内自定义格式观测资料通道组、数值预报产品通道组、天气雷达资料通道组、卫星资料通道组、预报服务产品通道组、省通道组、部门外通道组、国外通道组、业务通知通道组、EUMETSAT 通道组等。每个通道组中，根据播发数据的特点和数据量，分配有一个或多个通道，并根据数据播发时效要求，为每个通道分配播发优先级。每个通道中，则根据资料的播发范围控制需求，设置了一个或多个一级目录和二级目录。

省内实时数据包括省级接收的省内各级气象部门发送汇集的各类气象资料。其中包括区域级自动站原始数据、国家级自动站数据（含定时、日数据、辐射和日照）、重要天气信息、自动土壤水分资料、风塔数据、酸雨数据、闪电定位、GPS 以及各级气象部门预报预测服务产品等资料。具体数据传输流程如图 2.1 所示。

在省级气象信息中心，省级 CMACast 接收站接收的数据按照通道优先级进行分类存储。为了使省内各级用户使用和获取的方便，根据用户需求定义了相关的数据共享目录。

1. CMACast 下发数据共享

共享方式：ftp。共享 IP：10.129.2.30。共享用户：cmacast_file。共享密码：＊＊＊＊＊＊＊＊＊。共享目录：./。

具体数据清单如表 2.24 所示。

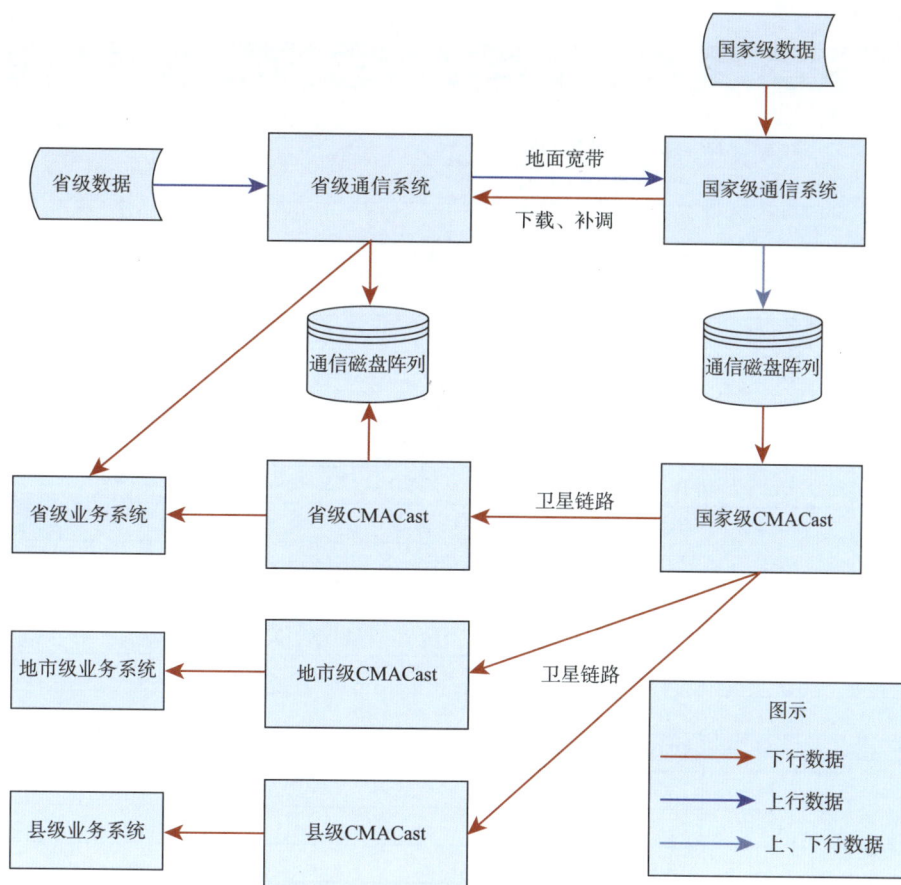

图 2.1　数据传输流程

表 2.24　CMACast 下发数据共享清单

一级目录	二级目录	资料说明
dmsg		常规报文资料,包括地面、高空
clim		气候资料(月、年文件)
cawn	ar	酸雨日、月文件
	sand	沙尘暴观测资料
	other	其他大气成分观测资料
lpd		闪电定位资料
aws	st	地面自动站多要素格式,老格式自动站数据
	prf	地面自动站雨量格式资料
	ss	日照资料
	st_day	自动站日数据
	qc	质控后自动站资料

续表

一级目录	二级目录	资料说明
agme	ab	AB,AB-TR 报
	asm	自动站土壤水分资料
	other	其他农气、生态资料
fax		传真图
rada	o_dor	多普勒雷达基数据
	p_dor	多普勒产品
	p_wprd	风廓线雷达产品
grib	chn	国内短文件 NWP 产品(8.3)
	ecmf	欧洲中心天气模式产品 A_H＊_EC??_＊.bin
	edzw	德国天气模式产品 A_H＊_EDZW_＊.bin
	rjtd	日本天气模式产品 A_H＊_RJTD_＊.bin
	kwbc	华盛顿天气模式产品 A_H＊_KWBC_＊.bin
nafp	t639	T639 高分辨率产品 Z_NAFP_C_BABJ＊639＊
	ncc_clfc	动力气候模式产品
	ecmf	欧洲中心高分辨率 NWP 产品 W_NAFP_C_EC＊
	rjtd	日本高分辨率 NWP 产品 W_NAFP_C_RJTD＊
sate	fy3a	FY-3A 级资料
	eumetsat	EUMETSAT 卫星资料
	fy3b	FY-3B 卫星资料
sevp	rffc	精细化预报产品
	wtfc	wtfc 资料
	msp3	公共气象服务产品
	other	其他预报服务产品
	ocen	海洋气象服务产品
	cawn	大气成分服务产品
gpsmet_cast		GPS 水汽产品(探测中心生成)
grib	chn	国内短文件 NWP 产品(8.3)
	ecmf	欧洲中心天气模式产品 A_H＊_EC??_＊.bin
	edzw	德国天气模式产品 A_H＊_EDZW_＊.bin
	rjtd	日本天气模式产品 A_H＊_RJTD_＊.bin
	kwbc	华盛顿天气模式产品 A_H＊_KWBC_＊.bin
nafp	t639	T639 高分辨率产品 Z_NAFP_C_BABJ＊639＊
	ncc_clfc	动力气候模式产品
	ecmf	欧洲中心高分辨率 NWP 产品 W_NAFP_C_EC＊
	rjtd	日本高分辨率 NWP 产品 W_NAFP_C_RJTD＊
sate	fy3a	FY-3A 级资料
	eumetsat	EUMETSAT 卫星资料
	fy3b	FY-3B 卫星资料

续表

一级目录	二级目录	资料说明
sevp	rffc	精细化预报产品
	wtfc	wtfc 资料
	msp3	公共气象服务产品
	other	其他预报服务产品
	ocen	海洋气象服务产品
	cawn	大气成分服务产品
gpsmet_cast		GPS 水汽产品（探测中心生成）

2. 省内实时观测数据共享

共享方式：ftp。共享 IP：10.129.2.30。

共享用户：gongxiang。共享密码：＊＊＊＊＊＊＊＊。

共享目录：./data/real/。

具体数据清单如表 2.25 所示。

表 2.25　省内实时观测数据共享清单

数据名称	更新周期	文件名	共享目录
气溶胶质量浓度观测站数据	1 小时	Z_CAWN_I_＊_AER-FLD-＊.TXT	data\real\aer
自动土壤湿度观测资料	1 小时	Z_AGME_C_BEHF_＊.TXT	data\real\agme
GPS 水汽探测资料	半小时	Z_UPAR_I_Iiiii＊_O_GPS2.rnx.zip	data\real\gps
闪电定位资料	10 分钟	年_月_日.txt	data\real\lpd
国家自动气象站观测数据	1 小时	Z_SURF＊.TXT	data\real\new_zdz
长三角地区空气质量预报产品	1 天	AQI_ENC_MICAPS_yyyyMMDD20_072.tar.gz Z_NAFP_C_BCSH_yyyyMMDDHHmmss_P_ AQI-ENC-MICAPS-yyyyMMDD20-072.tar.gz	data\real\aqi
L 波段探空数据	12 小时	Z_UPAR_I_Iiiii＊_O_TEMP-L.txt Z_UPAR_I_Iiiii＊_R_WEA_LR_SRSI.txt Z_UPAR_I_Iiiii＊_R_WEW_LR_SRSI.txt	data\real\upar_l
自动站和区域站质控数据	1 小时	Z_SURF_＊_PQC1.txt	data\real\qc_aws
风廓线雷达数据	6 分钟	Z_RADA_I_＊_P_WPRD_LC_ROBS.TXT Z_RADA_I_＊_R_WPRD_LC_STA.BIN	data\real\wprad
多普勒雷达基数据	6 分钟	Z_RADR_I_Iiiii_＊_O_DOR_＊.bin.bz2	data\real\radar
风云卫星云图资料	半小时	FY2D_年_月_日_时_分_＊.gpf FY2E_年_月_日_时_分_＊.gpf	data\real\star

续表

数据名称	更新周期	文件名	共享目录
自动站日数据	1 天	Z_SURF_I_Iiiii_ ＊ _O_AWS_DAY. txt	data\real\zdz_day
自动站日照数据	1 天	Z_SURF_I_Iiiii_ ＊ _O_AWS-SS_DAY. txt	
自动站辐射数据	1 小时	Z_RADI_I_Iiiii_ ＊ _O_ARS_FTM. txt	data ＼ real ＼ zdz _radi
区域加密站观测数据	1 小时	Z_SURF_C_BEHF-REG ＊ . TXT	data ＼ real ＼ zdz _reg
酸雨日观测资料	每日一次	Z_CAWN_C_CCCC_ ＊ _O_AR_FTM. TXT	data\real\cawn_ar
酸雨月观测资料	每月 5 日	SIiiii- ＊ . TXT	

2.3.1.2　本地 CMACast

在中国气象局卫星数据广播系统 CMACast 小站端，小站的 DVB-S2 数据接收机将卫星信道上广播的数据直接传输到小站，由小站的业务网上的数据接收服务器进行处理和存储。

操作系统：Suse Linux Enterprise Server 11.0 32 位。本地小站建设的基本网络环境见图 2.2。

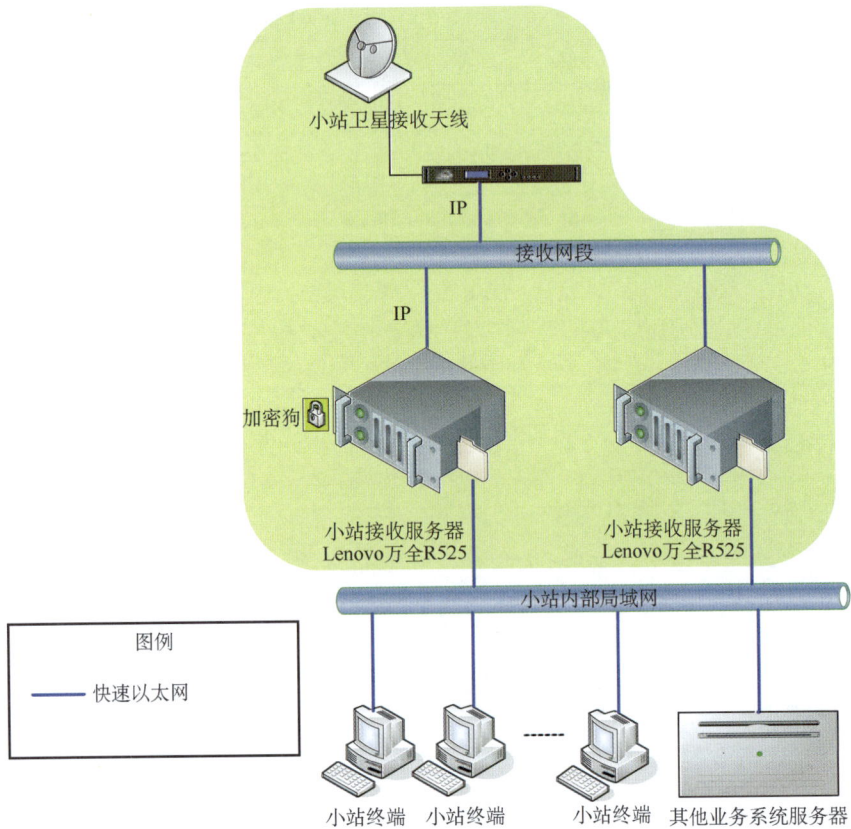

图 2.2　小站基本网络环境示意图

地市级采用两台服务器(接收服务器和数据服务器)配合工作的方式。接收服务器负责从接收机接收数据文件,同时承担数据推送任务。由接收服务器负责将风云双星快显的数据直接推送给风云双星快显终端,同时由接收服务器将其余数据文件按照配置推送给数据服务器(如有需要,也可同时向其他数据服务器推送数据)。数据服务器用于存储小站接收到的数据,文件存放在/dvbs2/sdb1/cmacast目录下,按照通道分不同目录存放。数据服务器提供 ftp 服务,用户名为 data,密码为＊＊＊＊＊＊,默认的 ftp 主目录为/dvbs2/sdb1。用户可通过 ftp 客户端方式到数据服务器取数据,或将数据服务器配置 samba 服务来共享数据。数据服务器有一个定时程序负责定时清理数据服务器上存放的数据文件,数据文件在数据服务器存放默认超过 48 小时将被删除。

■ 数据文件存储目录

数据文件存储目录是可配置的,推荐的配置如下:

三个接收数据分区,分别加载(mount)至相应目录,如下:

/dev/sda5　　to　　/dvbs2/sdb1
/dev/sda6　　to　　/dvbs2/sdb2
/dev/sda7　　to　　/dvbs2/sdb3

接收数据分区用于存放接收到的数据。

CMACast 广播通道划分为 14 个通道组,每个通道组包括 1 个或多个通道,具体通道划分见表 2.26。

2.3.2　WEB 方式

提供数据和产品的查询、检索、展现等服务。

2.3.2.1　气象信息共享平台

1. 功能介绍

"安徽省气象信息共享平台"根据用户的操作情况可分为前台和后台两个部分。前台可分为资料的查询显示、资料的统计分析显示、资料下载、气象资料在线加工制作、气象资料疑误反馈等功能。后台可分为后台管理和后台处理两个部分,后台管理实现气象产品管理、系统参数配置、用户管理、日志管理等功能。后台处理由数据收集、信息加工处理、信息存储管理三个子系统组成。数据收集子系统按照运行的策略把所需要的各种气象信息实时收集到本系统;信息加工处理子系统实现对各类观测要素的统计加工;数据存储管理子系统主要实现对各类气象信息资料进行标准、规范化的存储管理,开发和建设规范的数据结构、数据入库、数据清除和安全访问控制等。

具体功能框架图如图 2.3 所示。

表 2.26 CMACast 广播通道划分

序号	通道组名	通道数	通道名	通道代码	播发内容	优先级	广播时效
1	应急通道组	1	应急通道	EMERG_001	灾害天气发生时，临时增加的加密观测、预报服务产品等资料	0	10 秒
2	警报通道组	1	警报通道	WARNING_001	各种灾害性天气的预报、预警信息	0	10 秒
3	常规资料通道组	1	常规资料通道	MSG_001	字符编码的常规观测资料	1	1 分钟
4	国内自定义格式观测资料通道组	1	自动站观测资料通道	OBS_DOM_AWS	国家级、区域自动站观测资料	1	1 分钟
			国内自定义格式观测资料公共通道	OBS_DOM_PUB	国内各类自定义格式的观测资料	1	1 分钟
5	数值预报产品通道组	10	T213 产品通道	NWP_NMC_T213	国家气象中心 T213 产品	4	20 分钟
			T639 高时效产品通道	NWP_NMC_T639G	国家气象中心 T639 高时效产品	2	5 分钟
			T639 驱动区域模式产品通道	NWP_NMC_T639R	国家气象中心 T639 驱动区域模式产品	4	20 分钟
			GRAPES 产品通道	NWP_NMC_GRAPES	国家气象中心 GRAPES 产品	4	20 分钟
			MM5 产品通道	NWP_NMC_MM5	国家气象中心 MM5 产品	4	20 分钟
			台风路径预报系统产品通道	NWP_NMC_TYPH	国家气象中心台风路径预报系统产品	4	20 分钟
			GRAPES-RUC 产品通道	NWP_NMC_GRAPES-RUC	国家气象中心 GRAPES-RUC 产品	4	20 分钟
			全球集合预报产品通道	NWP_NMC_GEPS	国家气象中心全球集合预报产品	4	20 分钟
			区域集合预报产品通道	NWP_NMC_REPS	国家气象中心区域集合预报产品	4	20 分钟
			数值预报产品公共通道	NWP_MULTI_001	国内的沙尘暴数值预报产品，动力气候模式预测预报系统产品，及 ECMWF 等国外中心数值预报产品	4	20 分钟
6	天气雷达资料通道组	32	北京雷达资料通道	RADA_BEPK	多普勒雷达产品、常规雷达拼图	2	5 分钟
			天津雷达资料通道	RADA_BETJ	多普勒雷达产品、常规雷达拼图	2	5 分钟
			河北雷达资料通道	RADA_BESZ	多普勒雷达产品、常规雷达拼图	2	5 分钟
			山西雷达资料通道	RADA_BETY	多普勒雷达产品、常规雷达拼图	2	5 分钟
			内蒙古雷达资料通道	RADA_BEHT	多普勒雷达产品、常规雷达拼图	2	5 分钟
			辽宁雷达资料通道	RADA_BCSY	多普勒雷达产品、常规雷达拼图	2	5 分钟

续表

序号	通道组名	通道数	通道名	通道代码	播发内容	优先级	广播时效
6	天气雷达资料通道组	32	吉林雷达资料通道	RADA_BECC	多普勒雷达产品、常规雷达拼图	2	5分钟
			黑龙江雷达资料通道	RADA_BEHB	多普勒雷达产品、常规雷达拼图	2	5分钟
			上海雷达资料通道	RADA_BCSH	多普勒雷达产品、常规雷达拼图	2	5分钟
			江苏雷达资料通道	RADA_BENJ	多普勒雷达产品、常规雷达拼图	2	5分钟
			浙江雷达资料通道	RADA_BEHZ	多普勒雷达产品、常规雷达拼图	2	5分钟
			安徽雷达资料通道	RADA_BEHF	多普勒雷达产品、常规雷达拼图	2	5分钟
			福建雷达资料通道	RADA_BEFZ	多普勒雷达产品、常规雷达拼图	2	5分钟
			江西雷达资料通道	RADA_BENC	多普勒雷达产品、常规雷达拼图	2	5分钟
			山东雷达资料通道	RADA_BEJN	多普勒雷达产品、常规雷达拼图	2	5分钟
			河南雷达资料通道	RADA_BEZZ	多普勒雷达产品、常规雷达拼图	2	5分钟
			湖北雷达资料通道	RADA_BCWH	多普勒雷达产品、常规雷达拼图	2	5分钟
			湖南雷达资料通道	RADA_BECS	多普勒雷达产品、常规雷达拼图	2	5分钟
			广东雷达资料通道	RADA_BCGZ	多普勒雷达产品、常规雷达拼图	2	5分钟
			广西雷达资料通道	RADA_BENN	多普勒雷达产品、常规雷达拼图	2	5分钟
			海南雷达资料通道	RADA_BEHK	多普勒雷达产品、常规雷达拼图	2	5分钟
			四川雷达资料通道	RADA_BCCD	多普勒雷达产品、常规雷达拼图	2	5分钟
			重庆雷达资料通道	RADA_BECQ	多普勒雷达产品、常规雷达拼图	2	5分钟
			贵州雷达资料通道	RADA_BEGY	多普勒雷达产品、常规雷达拼图	2	5分钟
			云南雷达资料通道	RADA_BEKM	多普勒雷达产品、常规雷达拼图	2	5分钟
			西藏雷达资料通道	RADA_BELS	多普勒雷达产品、常规雷达拼图	2	5分钟
			陕西雷达资料通道	RADA_BEXA	多普勒雷达产品、常规雷达拼图	2	5分钟
			甘肃雷达资料通道	RADA_BCLZ	多普勒雷达产品、常规雷达拼图	2	5分钟
			青海雷达资料通道	RADA_BEXN	多普勒雷达产品、常规雷达拼图	2	5分钟
			宁夏雷达资料通道	RADA_BEYC	多普勒雷达产品、常规雷达拼图	2	5分钟
			新疆雷达资料通道	RADA_BCUQ	多普勒雷达产品、常规雷达拼图	2	5分钟
			香港雷达资料通道	RADA_VHHH	雷达拼图	2	5分钟

续表

序号	通道组名	通道数	通道名	通道代码	播发内容	优先级	广播时效
7	卫星资料通道组	11	FY2D L1级数据 S-VISS数据流通道	SATE_FY2D_SVS	FY2D L1级数据 S-VISS数据流	0	10秒钟
			FY2E L1级数据 S-VISS数据流通道	SATE_FY2E_SVS	FY2E L1级数据 S-VISS数据流	0	10秒钟
			FY2D L1级标称数据通道	SATE_FY2D_NOM	FY2E L1级标称数据	5	30分钟
			FY2E L1级标称数据通道	SATE_FY2E_NOM	FY2D L1级标称数据	5	30分钟
			FY3A 中国及周边高时效 L1级数据通道	SATE_FY3A_L1	FY3A 中国及周边高时效 L1 数据	5	30分钟
			FY3B 中国及周边高时效 L1级数据通道	SATE_FY3B_L1	FY3B 中国及周边高时效 L1 数据	5	30分钟
			FY2D L2,L3级产品通道	SATE_FY2D_L2L3	FY2E 2,3级产品	4	20分钟
			FY2E L2,L3级产品通道	SATE_FY2E_L2L3	FY2D 2,3级产品	4	20分钟
			FY3A 中国及周边高时效 L2,L3级数据通道	SATE_FY3A_L2L3	FY3A 中国及周边高时效 2,3 数据		不保证时效
			FY3B 中国及周边高时效 L2,L3级数据通道	SATE_FY3B_L2L3	FY3B 中国及周边高时效 2,3 数据		不保证时效
			卫星资料公共通道	SATE_MULTI_001	EOS,MSG,NOAA卫星资料	5	30分钟
8	预报服务产品通道组	6	天气预报服务产品通道	SEVP_WE_001	NMC天气预报服务产品 公众天气预报	1	1分钟
			海洋气象预报服务产品通道	SEVP_OC_001	NMC海洋气象预报服务产品（主观预报.分析）	2	5分钟
			气候预报服务产品通道	SEVP_CL_001	气候产品（省台上传的信息化资料文件·国家气候中心发布的质量检查反馈文件）短期气候预测产品	5	30分钟

续表

序号	通道组名	通道数	通道名	通道代码	播发内容	优先级	广播时效
8	预报服务产品通道组	6	农业气象服务产品通道	SEVP_AG_001	NMC 及各省制作和发布的农业气象服务产品	2	5 分钟
			环境气象服务产品通道	SEVP_EN_001	空气质量预报、紫外线指导预报产品、紫外线指数预报资料	2	5 分钟
			传真图通道	SEVP_FAX_001	各产品中心传真图	2	5 分钟
9	其他资料通道组	1	其他资料通道	OTHE_MULTI_001	农经网信息	8	6 小时
10	省通道组	31	北京通道	PROV_BEPK		6	1 小时
			天津通道	PROV_BETJ		6	1 小时
			河北通道	PROV_BESZ		6	1 小时
			山西通道	PROV_BETY		6	1 小时
			内蒙古通道	PROV_BEHT		6	1 小时
			辽宁通道	PROV_BCSY		6	1 小时
			吉林通道	PROV_BECC		6	1 小时
			黑龙江通道	PROV_BEHB		6	1 小时
			上海通道	PROV_BCSH		6	1 小时
			江苏通道	PROV_BENJ	各省、区域自行安排的，在其省内或区域内播发的数据	6	1 小时
			浙江通道	PROV_BEHZ		6	1 小时
			安徽通道	PROV_BEHF		6	1 小时
			福建通道	PROV_BEFZ		6	1 小时
			江西通道	PROV_BENC		6	1 小时
			山东通道	PROV_BEJN		6	1 小时
			河南通道	PROV_BEZZ		6	1 小时
			湖北通道	PROV_BCWH		6	1 小时
			湖南通道	PROV_BECS		6	1 小时
			广东通道	PROV_BCGZ		6	1 小时
			广西通道	PROV_BENN		6	1 小时

续表

序号	通道组名	通道数	通道名	通道代码	播发内容	优先级	广播时效
10	省通道组	31	海南通道	PROV_BEHK	各省、区域自行安排的，在其省内或区域内播发的数据	6	1小时
			四川通道	PROV_BCCD		6	1小时
			重庆通道	PROV_BECQ		6	1小时
			贵州通道	PROV_BEGY		6	1小时
			云南通道	PROV_BEKM		6	1小时
			西藏通道	PROV_BELS		6	1小时
			陕西通道	PROV_BEXA		6	1小时
			甘肃通道	PROV_BCLZ		6	1小时
			青海通道	PROV_BEXN		6	1小时
			宁夏通道	PROV_BEYC		6	1小时
			新疆通道	PROV_BCUQ		6	1小时
11	部门外通道组	30（预留）	用户名称	SVC_用户代码	为部门外用户播发的资料	6	1小时
12	国外通道组	20（预留）	国家/地区名称，或国外中心名称	INT_用户代码	为国外中心播发的双边或多边资料	6	1小时
13	业务通知通道组	1	业务通知通道	NOTES_001	各类业务通知	1	1分钟
14	EUMETSAT通道组	10	EUMETSAT自行安排				
	通道总数						

157

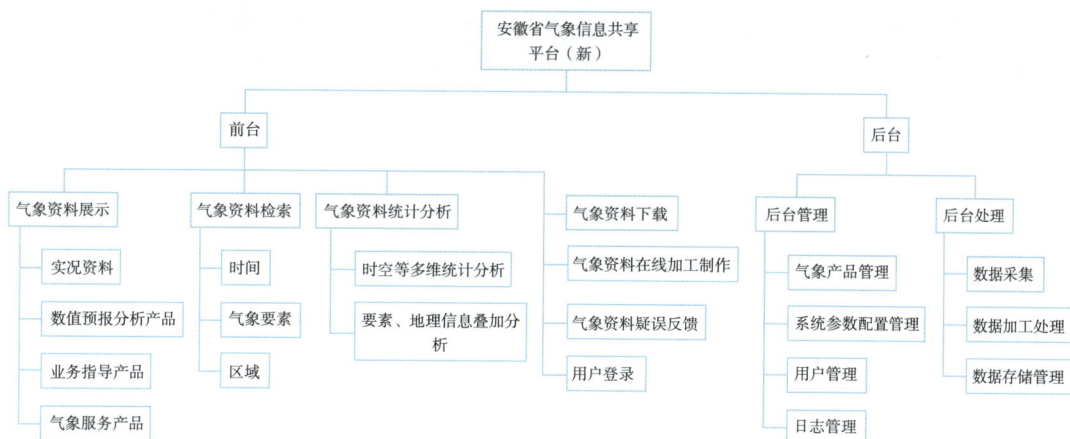

图 2.3　安徽省气象信息共享平台功能框架图

气象资料前台展示的内容可分为实况资料(含重要天气信息)、数值预报分析产品、业务指导产品、气象服务产品、气象数据质量查询显示、气象通信传输质量查询显示等功能块。用户可按照时间、空间(区域)、要素等属性查找、统计、下载、制作自己需要的气象信息。

其中重要天气信息实现暴雨、积雪、雷暴、霜冻、大雾、大风、龙卷风、冰雹和高温等信息的实时在线显示和查询;实况监测信息实现国家级自动站资料、区域自动站资料、自动土壤水分资料、风塔数据、酸雨数据、闪电、GPS、蒸发资料的实时在线显示和查询;天气图信息实现地面、高空、卫星、雷达等资料的图形显示和查询;数值预报产品实现预报员关心的常用预报产品的显示和查询;气象服务产品实现气象服务业务人员关心的常用气象服务产品的显示和查询;观测数据质量实现降水、温度等主要观测数据质量的查询显示和统计;气象信息传输质量实现各种观测、探测数据在省信息中心的传输质量显示、查询和统计功能;专业气象观测产品按照交通气象、山洪灾害气象、流域气象和旅游气象等功能实现观测和探测数据的查询显示。

后台管理可实现对前台产品展示风格的统一集中管理,完成用户对特定信息的定制功能。

后台处理完成数据收集、数据加工处理和数据存储管理等功能。

数据收集子系统从全省业务单位的不同气象信息系统中完成平台所需的地理信息、站点元数据信息、各个观测要素的分钟、十分钟、小时数据信息、天气图、数值预报产品、气象服务产品、数据管理规则信息、数据订正信息、数据观测质量和数据传输质量的收集。将收集到的数据以文件和数据库格式实时存放到平台后台系统中。

数据加工处理子系统一方面根据收集子系统中数据订正信息,实时更新相应的数据,实现省级数据库中数据的一致性;另一方面根据用户的需求,将小时观测数据加工处理成 3 小时、6 小时、12 小时、24 小时、旬、月、定时等数据;根据小时数据加工成色斑图、动画等格式。

数据存储与管理子系统完成 SQL 数据库和文件库的管理,含数据存储结构的设计与建设、数据清除和数据安全控制等。

2. 可获取的数据

含国家级自动站、区域自动站分钟、十分钟、小时数据以及自动站日照、自动站辐射、自动站日数据、土壤水分小时数据、GPS 资料、闪电定位资料、酸雨资料、风塔资料等综合观测数据。还有预报指导产品和预报服务产品,如 MICAPS 格式、雷达、卫星资料、数值预报产品。

2.3.2.2 MDOS 平台

1. 功能介绍

实时—历史地面资料一体化工作是中国气象局 2011 年启动的基础气象资料发展与改革专项工作两项之一,旨在实现我国地面实时历史资料一体化处理与管理,整体提升地面资料数据质量和时效。气象资料业务系统(Meteorological Data Operational System,简称 MDOS)是其主要业务平台,由中国气象局预报与网络司组织,湖北省气象局牵头,河北、安徽、福建省气象局合作开发完成,2014 年 5 月 20 日正式投入全国业务试运行。

MDOS 操作平台是一个集数据传输监控、质控信息处理与查询反馈、基础信息管理、信息报警、产品制作与数据服务为一体,涵盖省级数据监控、处理、查询,台站级处理与反馈,衔接国家级处理与查询的综合性气象资料业务平台。MDOS 系统由数据库系统、数据入库系统、质量控制系统、业务操作平台、统计处理系统、报警系统、文件上传系统、元数据管理系统等组成。

2. 可获取的数据

MDOS 系统处理的数据主要有国家站地面和辐射小时数据文件,地面分钟数据文件,日照和日数据文件,区域站小时数据文件,具体见表 2.27。

表 2.27 一体化业务台站上行观测数据文件名和格式说明表

序号	文件类型	文件名	文件格式说明
1	国家级站气象要素数据文件	国家级测站文件名: Z_SURF_I_IIiii_YYYYMMDDhhmmss_O_AWS_FTM[-CCx].txt Z_SURF_C_CCCC_YYYYMMDDhhmmss_O_AWS_FTM.txt	新长 Z 文件格式
		国家级无人站文件名: Z_SURF_I_IIiii_YYYYMMDDhhmmss_O_AWS_FTM[-CCx].txt	旧长 Z 文件格式
2	国家级站日照数据文件	Z_SURF_I_IIiii_YYYYMMDDhhmmss_O_AWS-SS_DAY[-CCx].txt Z_SURF_C_CCCC_YYYYMMDDhhmmss_O_AWS-SS_DAY.txt	新长 Z 文件格式
3	国家级站日数据文件	Z_SURF_I_IIiii_YYYYMMDDhhmmss_O_AWS_DAY[-CCx].txt Z_SURF_C_CCCC_YYYYMMDDhhmmss_O_AWS_DAY.txt	新长 Z 文件格式
4	区域站气象要素数据文件	Z_SURF_I_IIiii-REG_YYYYMMDDhhmmss_O_AWS_FTM[-CCx].txt Z_SURF_C_CCCC-REG_YYYYMMDDhhmmss_O_AWS_FTM.txt	旧长 Z 文件格式
5	区域站单雨量要素数据文件	Z_SURF_I_IIiii-REG_YYYYMMDDhhmmss_O_AWS-PRF_FTM[-CCx].txt Z_SURF_I_IIiii-REG_YYYYMMDDhhmmss_O_AWS-PRF_FTM.txt	新长 Z 文件格式
6	国家级站小时辐射数据文件	Z_RADI_I_IIiii_YYYYMMDDhhmmss_O_ARS_FTM[-CCx].txt Z_RADI_C_CCCC_YYYYMMDDhhmmss_O_ARS_FTM.txt	新长 Z 文件格式
7	国家级站分钟数据文件	Z_SURF_I_IIiii_YYYYMMDDhhmmss_O_AWS-MM[-CCx].txt Z_SURF_C_CCCC_YYYYMMDDhhmmss_O_AWS-MM.txt	新长 Z 文件格式

MDOS 中的统计加工和数据处理系统根据上述资料进行加工处理。可以获取的数据主要为国家站和区域站地面小时数据,如常见的小时整点观测的气压、气温、降水、相对湿度、风向风速、地温、草温、能见度、天气现象、相关极值及出现时间等,以及由此进一步统计加工获得的日平均气温、气压、降水等,候、旬、月和年的平均、极端等资料。目前可获取资料的时间段主要为 2014 年以来的资料,后续随着实时—历史资料一体化工作的进一步推进,将提供更多历史加工统计完成的资料。

3. 操作方法

MDOS 操作平台分为五类用户,分别为系统管理员、省级数据监控员、省级数据处理员、台站级管理员、台站级数据处理员。每个台站分配一个台站级管理员,台站级管理员根据本站情况添加台站级数据处理员用户。

用户登录:在浏览器地址栏输入:http://10.129.2.207:8080/,即可进入登录界面,见图 2.4。

气象资料业务系统（MDOS）操作平台V1.2.1

用 户 名:

用户密码:

登录　　　重置

图 2.4　MDOS 登录界面

输入用户名和密码后进入主界面,见图 2.5。

右侧菜单可以看到产品制作和数据服务,点击数据查询如统计服务,出现如图 2.6 所示的页面,根据页面中的提示可以获取相关资料。

如选择砀山站,10 月 1 日 00 时到 10 月 31 日 12 时的小时本站气压、气温和最大风速,按上述步骤逐一依次勾选后点击查询,出现如图 2.7 所示的页面,点击 Excel 导出小时数据文件,统计报表的电子表格如图 2.8 所示的页面,其他日数据,候、旬、月和年的统计数据和小时数据基本一致。

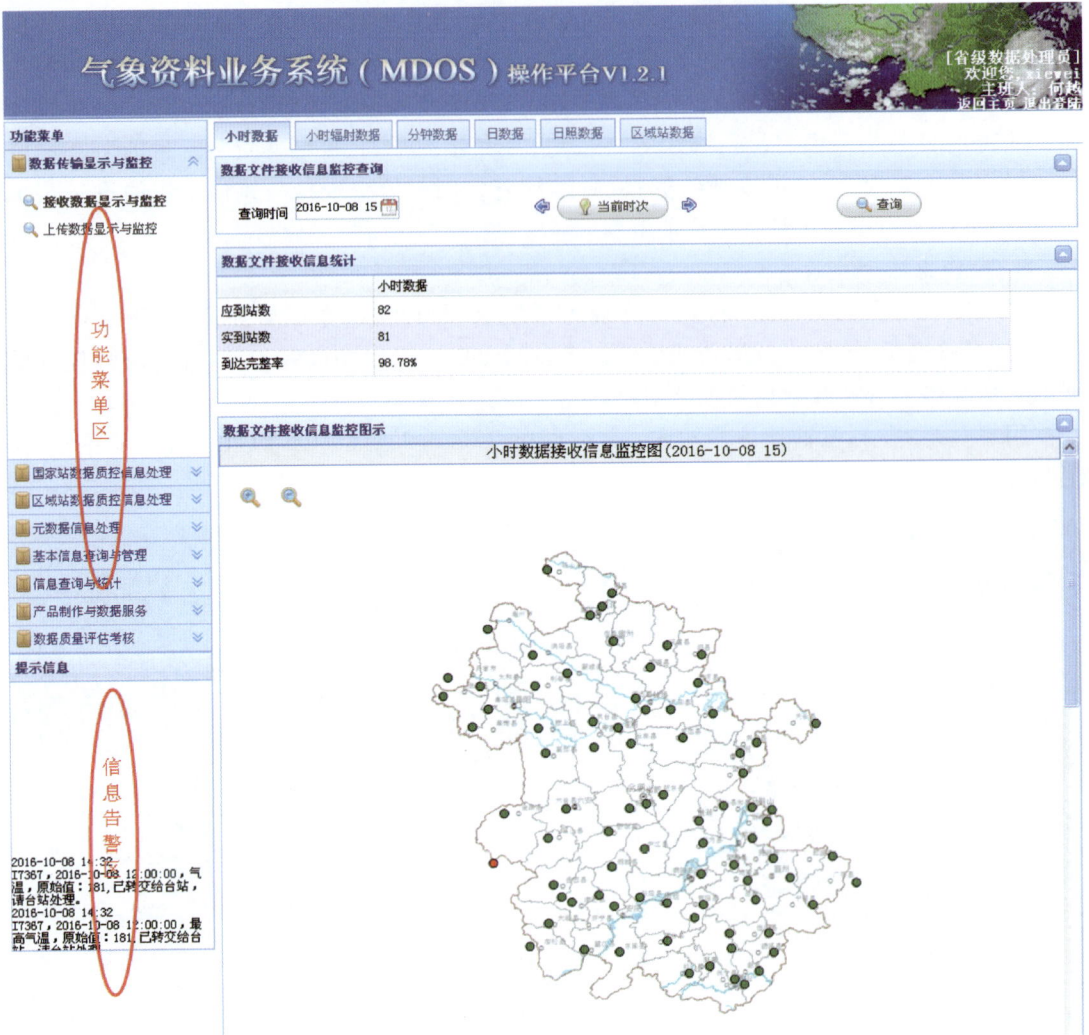

图 2.5　MDOS 主界面

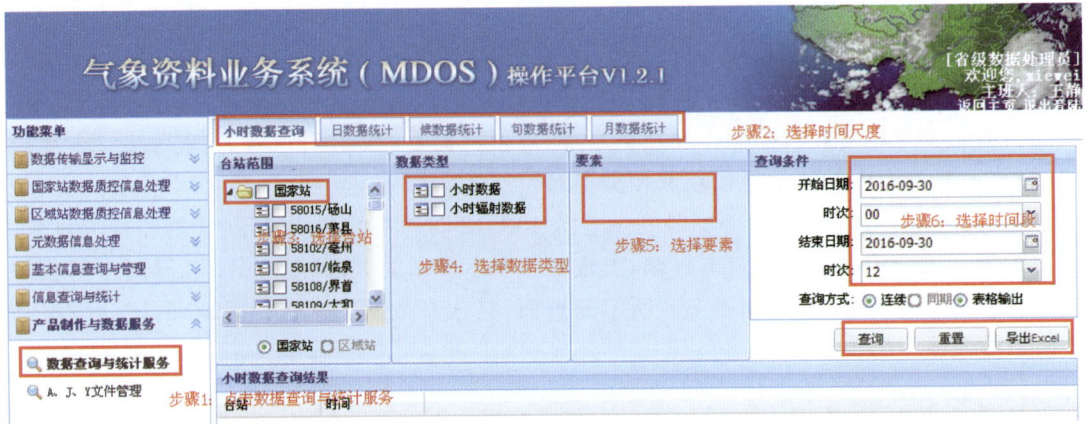

图 2.6　数据查询统计步骤

图 2.7　数据查询结果显示

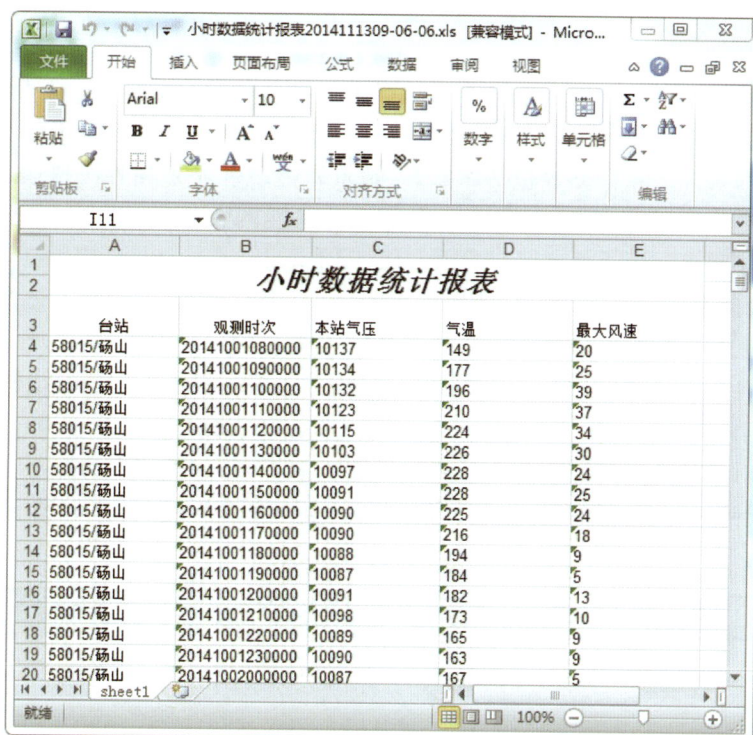

图 2.8　数据查询结果导出 Excel 电子表格显示

2.3.3　API 访问服务接口——数据库方式

1. 数据接口定位

数据应用接口为各级用户访问和下载综合观测资料提供接口,由业务访问权限控制各级用户访问,并记录用户访问信息,访问的结果返回到业务系统,供业务系统使用。

2. 接口物理构架

从物理构架上看,针对核心的气象数据,首先提供一层函数 API。函数 API 基本由具体数据库的存储语言编写,提供对数据的查询,计算等功能。然后根据用户的实际运行环境的需要,再分别提供相关的语言包接口,语言包接口是对内部函数 API 的封装调用。如果用户需要 C♯ 的接口,那么就用 C♯ 封装调用内部函数 API。如果用户需要 Web Service (WS)接口,那么就用 WS 封装调用内部函数 API。其他语言和其他通信方式也是以此类推。提供基于脚本形式和可编程 API 访问服务接口(WEB SERVICES,C,FORTRAN等),支持业务应用接入和二次开发。

2.3.3.1 综合观测数据库

1. 数据库结构

区域自动气象站数据库系统中存储的数据主要为结构化气象要素资料,如气温、降水量、日照时数、相对湿度、风速风向等。存储结构设计为由资料时间、空间属性字段以及温度、气压等要素和各要素质控码等字段组成。数据库中设计三类基本数据表,分别是站点元数据表、原始数据表和产品表。

(1)站点元数据表

站点元数据是指各类区域自动气象站站点相关信息,在区域自动气象站数据库中站点元数据贯穿于整个系统建设的各个环节之中,站点元数据的设计充分考虑到区域自动气象站站点的特征和属性。元数据表包括站点表、站点属性表和站点属性关联表。站点表存储所有站点的基本信息,站点属性表存储预先定义的属性,站点属性关联表是站点与具体属性之间的外键关联表。

(2)原始数据表

原始数据表存储各类区域自动气象站观测数据报文的原始数据,将原始报文按照相应的结构拆分成各要素代码存储到原始数据表中,基本上保存报文中的原始代码信息不变。

(3)产品表

产品表是对原始数据表进行加工后产生的数据表,如区域自动气象站十分钟数据产品表、常规要素产品表、分钟降水量产品表、日数据汇总产品表等,如表 2.28 所示。

表 2.28 数据表资源代码

数据表中文名	区域	站别	资料编码
安徽省日照产品表	安徽省	国家级	A.0001.0012
安徽省分钟降水资料产品表	安徽省	全部	A.0010.0001
安徽省常规地面观测元素分钟级产品表	安徽省	全部	A.0010.0002
安徽省国家站地面观测产品表	安徽省	国家级	A.0012.0001
安徽省区域站地面观测产品表	安徽省	区域级	A.0012.0002
安徽省风能产品表	安徽省	国家级	A.0020.0001
安徽省重要天气产品表	安徽省	国家站	A.0024.0001
安徽省 GPS 产品表	安徽省	国家级	A.0050.0001
安徽省闪电产品表	安徽省	国家站	A.0051.0001
安徽省辐射产品表	安徽省	国家级	A.0110.0001

数据表中文名	区域	站别	资料编码
安徽省土壤水分产品表	安徽省	国家级	A.0130.0001
安徽省酸雨产品表	安徽省	国家级	A.0170.0001
安徽省区域站地面观测五分钟级产品表	安徽省	区域级	A.0012.0003
安徽省地面观测日汇总产品表	安徽省	区域级	A.0016.0001

2. 数据接口种类(图 2.9)

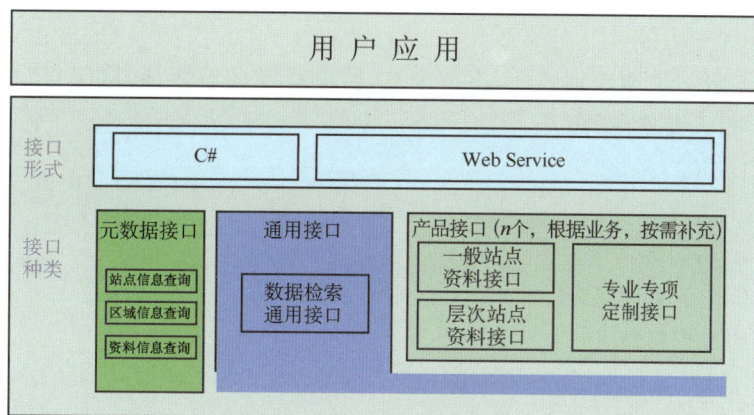

图 2.9　接口种类

(1)元数据服务接口

供客户查询元数据信息,目前主要用来查询气象数据中的基础数据信息。

站点信息

String[][]　ahGetStationStaEleData(String usename,String password,String eles,String startTime,String endTime,String stationId)

参数说明:

- eles:查询要素列表,多个要素用“,”分隔,支持“ALL”。例:“V04001,V04002”,全要素查询输入“ALL”;
- startTime:起始观测时间,不可为空,只支持单个时间点,不支持离散、连续。格式为“年年年年月月日日时时分分”“201304011200”;
- endTime:结束观测时间,不可为空,只支持单个时间点,格式与 startTime 相同;
- staIds:台站号,可支持多个站好,用“,”分隔,不可为空。

(2)一般站点资料接口

指定时间段和区域

指定经纬度范围的数据接口

String[][]　ahGetNormStaEleDataInRectByMinSep(String usename,String password,String dataCode,String eles,String startTime,String endTime,int freqLevel,int staLevel,float leftLon,float topLat,float rightLon,float bottomLat)

参数说明：

➤ dataCode：资料编码；

➤ eles：查询要素列表，多个要素用"，"分隔，支持"ALL"。例："V04001，V04002"，全要素查询输入"ALL"；

➤ startTime：起始观测时间，不可为空，只支持单个时间点，不支持离散、连续。格式为"年年年年月月日日时时分分""201304011200"；

➤ endTime：结束观测时间，不可为空，只支持单个时间点，格式与 startTime 相同；

➤ freqLevel：观测时间频度，如每分钟一次，每 5 分钟一次，每 10 分钟一次，每 1 小时一次，每 1 天一次等；

➤ staLevel：台站类型级别属性，不可为空，如国家级自动站，区域级自动站，四要素站，单雨量站，六要素站等；

➤ leftLon：左边界经度；

➤ topLat：上边界纬度；

➤ rightLon：右边界经度；

➤ bottomLat：下边界纬度。

指定区域的数据接口

String[][]　ahGetNormStaEleDataInZoneByMinSep（String usename，String password，String dataCode，String eles，String startTime，String endTime，int freqLevel，int staLevel，String zoneId）

参数说明：

➤ dataCode：资料编码；

➤ eles：查询要素列表，多个要素用"，"分隔，支持"ALL"。例："V04001，V04002"，全要素查询输入"ALL"；

➤ startTime：起始观测时间，不可为空，只支持单个时间点，不支持离散、连续。格式为"年年年年月月日日时时分分""201304011200"；

➤ endTime：结束观测时间，不可为空，只支持单个时间点，格式与 startTime 相同；

➤ freqLevel：观测时间频度，如每分钟一次，每 5 分钟一次，每 10 分钟一次，每 1 小时一次，每 1 天一次等；

➤ staLevel：台站类型级别属性，不可为空，如国家级自动站，区域级自动站，四要素站，单雨量站，六要素站等；

➤ zoneId：区域属性 ID（行政属性，如安徽省，合肥地区，肥西县等）。

指定经纬度范围、质控码的数据接口

String[][]　ahGetNormStaEleDataInRectByMinSepAndQc（String usename，String password，String dataCode，String eles，String startTime，String endTime，int freqLevel，int staLevel，float leftLon，float topLat，float rightLon，float bottomLat，String qcEles，String qcValues）

➤ dataCode：资料编码；

➤ eles：查询要素列表，多个要素用"，"分隔，支持"ALL"。例："V04001，V04002"，全要

素查询输入"ALL";

> startTime:起始观测时间,不可为空,只支持单个时间点,不支持离散、连续。格式为"年年年年月月日日时时分分""201304011200";

> endTime:结束观测时间,不可为空,只支持单个时间点,格式与 startTime 相同;

> freqLevel:观测时间频度,如每分钟一次,每 5 分钟一次,每 10 分钟一次,每 1 小时一次,每 1 天一次等;

> staLevel:台站类型级别属性,不可为空,如国家级自动站,区域级自动站,四要素站,单雨量站,六要素站等;

> leftLon:左边界经度;

> topLat:上边界纬度;

> rightLon:右边界经度;

> bottomLat:下边界纬度;

> qcEles:质控要素,不可为空,多个要素用","分隔;

> qcValues:质控值,不可为空,多值用","分隔,与 qcEles 对应关系为,所有的输入的质控要素 qcEles 的质控值为 qcValues。

指定区域、质控码的数据接口

String[ ][ ] ahGetNormStaEleDataInZoneByMinSepAndQc(String usename, String password, String dataCode, String eles, String startTime, String endTime, int freqLevel, String staLevel, String zoneId, String qcEles, String qcValues)

参数说明:

> dataCode:资料编码;

> eles:查询要素列表,多个要素用","分隔,支持"ALL"。例:"V04001,V04002",全要素查询输入"ALL";

> startTime:起始观测时间,不可为空,只支持单个时间点,不支持离散、连续。格式为"年年年年月月日日时时分分""201304011200";

> endTime:结束观测时间,不可为空,只支持单个时间点,格式与 startTime 相同;

> freqLevel:观测时间频度,如每分钟一次,每 5 分钟一次,每 10 分钟一次,每 1 小时一次,每 1 天一次等;

> staLevel:台站类型级别属性,不可为空,如国家级自动站,区域级自动站,四要素站,单雨量站,六要素站等;

> zoneId:区域属性 ID(行政属性,如安徽省,合肥地区,肥西县等);

> qcEles:质控要素,不可为空,多个要素用","分隔;

> qcValues:质控值,不可为空,多值用","分隔,与 qcEles 对应关系为,所有的输入的质控要素 qcEles 的质控值为 qcValues。

(3)层次站点资料接口

注:"站点级别",在定制接口中,可有"全部"的取值,这点不同于名值对的取值。

指定时间点和区域

指定经纬度范围的数据接口

String[][] ahGetLeveStaEleDataInRect(String usename, String password, String dataCode, String eles, String times, int staLevel, float leftLon, float topLat, float rightLon, float bottomLat, String verticals)

参数说明：

➢ dataCode：资料编码；

➢ eles：查询要素列表，多个要素用","分隔，支持"ALL"。例："V04001,V04002"，全要素查询输入"ALL"；

➢ times：观测时间，不可为空，可支持多个时间点，用","分隔，不支持连续。格式为"年年年年月月日日时时分分""201304011200"；

➢ staLevel：台站类型级别属性，不可为空，如国家级自动站，区域级自动站，四要素站，单雨量站，六要素站等，如不区分，使用"0"；

➢ leftLon：左边界经度；

➢ topLat：上边界纬度；

➢ rightLon：右边界经度；

➢ bottomLat：下边界纬度；

➢ verticals：垂直探测意义，不可为空，多个要素用","分隔。

指定区域的数据接口

String[][] ahGetLeveStaEleDataInZone(String usename, String password, String dataCode, String eles, String times, int staLevel, String zoneId, String verticals)

参数说明：

➢ dataCode：资料编码；

➢ eles：查询要素列表，多个要素用","分隔，支持"ALL"。例："V04001,V04002"，全要素查询输入"ALL"；

➢ times：观测时间，不可为空，可支持多个时间点，用","分隔，不支持连续。格式为"年年年年月月日日时时分分""201304011200"；

➢ staLevel：台站类型级别属性，不可为空，如国家级自动站，区域级自动站，四要素站，单雨量站，六要素站等，如不区分，使用"0"；

➢ zoneId：区域属性 ID（行政属性，如安徽省，合肥地区，肥西县等）；

➢ verticals：垂直探测意义，不可为空，多个要素用","分隔。

（4）闪电定位特殊接口

由于闪电定位数据没有站号属性，所以针对闪电定位提供两个专用接口。

指定时间点和区域

String[][] ahGetNormLigEleDataInRect(String usename, String password, String eles, String times, int freqLevel, float leftLon, float topLat, float rightLon, float bottomLat)

参数说明：

➢ eles：查询要素列表，多个要素用","分隔，支持"ALL"。例："V04001,V04002"，全要

素查询输入"ALL";

> times:观测时间,不可为空,可支持多个时间点,用","分隔,不支持连续。格式为"年年年年月月日日时时分分""201304011200";

> leftLon:左边界经度;

> topLat:上边界纬度;

> rightLon:右边界经度;

> bottomLat:下边界纬度。

指定时间段和区域

string[ ][ ]　　ahGetNormLigEleDataInRectByMinSep(String usename,String password,String eles,String startTime,String endTime,int freqLevel,float leftLon,float topLat,float rightLon,float bottomLat)

> eles:查询要素列表,多个要素用","分隔,支持"ALL"。例:"V04001,V04002",全要素查询输入"ALL";

> startTime:起始观测时间,不可为空,只支持单个时间点,不支持离散、连续。格式为"年年年年月月日日时时分分""201304011200";

> endTime:结束观测时间,不可为空,只支持单个时间点,格式与 startTime 相同;

> leftLon:左边界经度;

> topLat:上边界纬度;

> rightLon:右边界经度;

> bottomLat:下边界纬度。

指定时间段和省市县

string[ ][ ]　　ahGetNormLigEleDataByAdminRegion(String usename,String password,String eles,String startTime,String endTime,int freqLevel,String province,String prefecture,String county)

> eles:查询要素列表,多个要素用","分隔,支持"ALL"。例:"V04001,V04002",全要素查询输入"ALL";

> startTime:起始观测时间,不可为空,只支持单个时间点,不支持离散、连续。格式为"年年年年月月日日时时分分""201304011200";

> endTime:结束观测时间,不可为空,只支持单个时间点,格式与 startTime 相同;

> province:省;

> prefecture:市;

> county:县。

(5)Web Service 使用说明

其他业务系统调用 Web Service 服务,需要通过读取信息中心 Web Service 服务提供的 wsdl 文件来实现具体的接口方法;

访问信息中心 wsdl 文件地址为:http://10.129.2.209:8080/Surf/WeaWS? wsdl;

Web Service 服务所有接口返回值都为二维数组 String[ ][ ];

返回值含义:String[0][0]＝0 表示成功,String[0][0]＝1 表示失败

若是失败:String[1][0]表示失败原因说明信息

若是成功:String[1][n]表示要素数据字段名序列

String[2][n]表示要素数据每列的数据类型

String[3][0]表示要素结果集数据第一条记录第一个值

String[3][1]表示要素结果集数据第一条记录第二个值

……

String[3][n]表示要素结果集数据第一条记录第 n＋1 个值

String[4][0]表示要素结果集数据第二条记录第一个值

String[4][1]表示要素结果集数据第二条记录第二个值

……

String[4][n]表示要素结果集数据第二条记录第 n＋1 个值

……

String[m][0]表示要素结果集数据第 m－2 条记录第一个值

String[m][1]表示要素结果集数据第 m－2 条记录第二个值

……

String[m][n]表示要素结果集数据第 m－2 条记录第 n＋1 个值

本部分通过一个例子一步一步演示在 Vsiual Studio 2010 下如何访问接口服务(见图 2.10～图 2.13)。

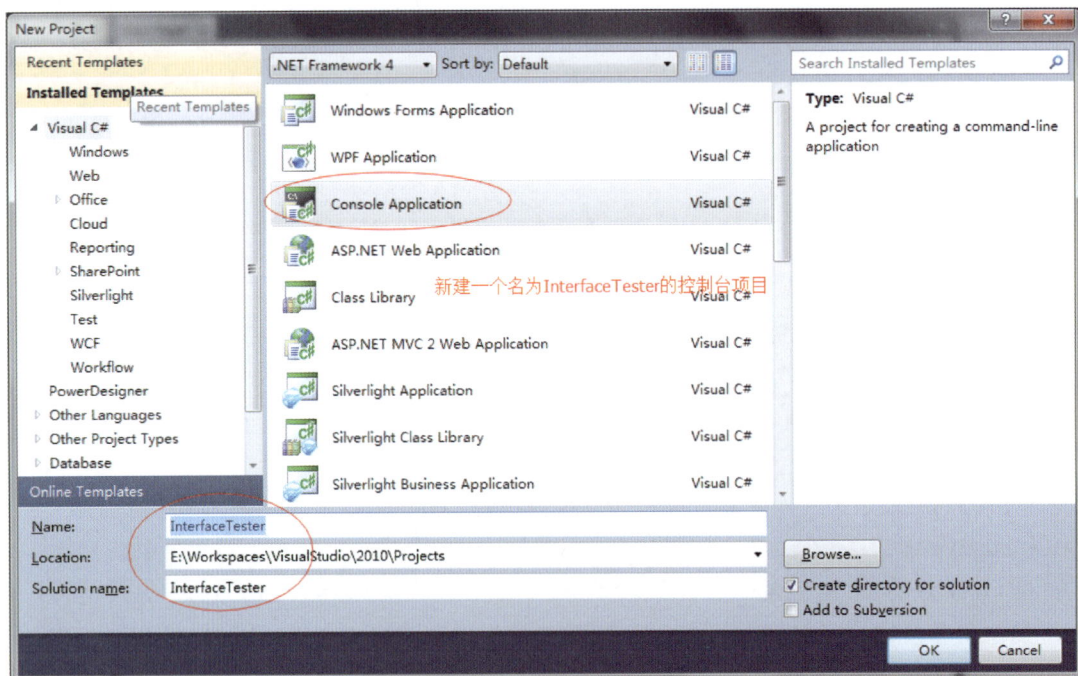

图 2.10　第一步,建立工程名

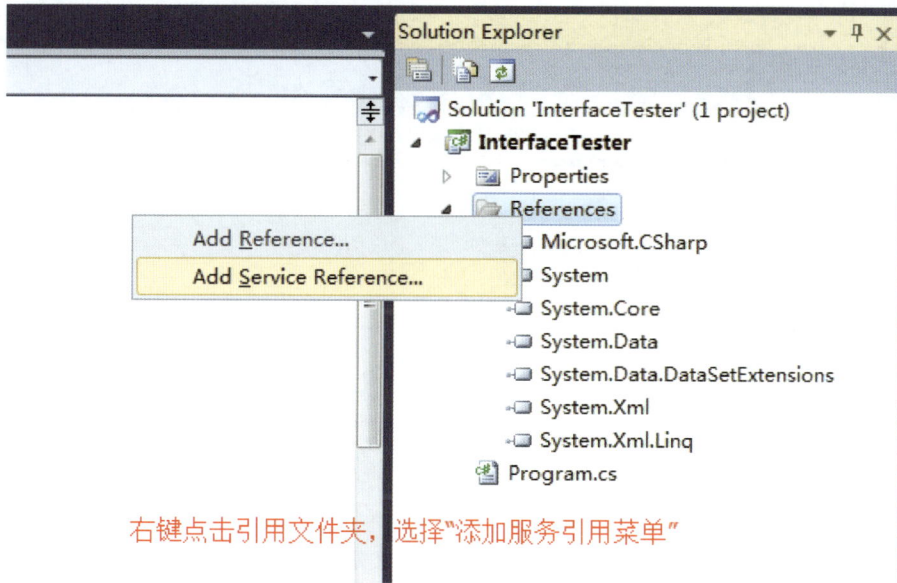

右键点击引用文件夹，选择"添加服务引用菜单"

图 2.11　第二步,添加服务引用

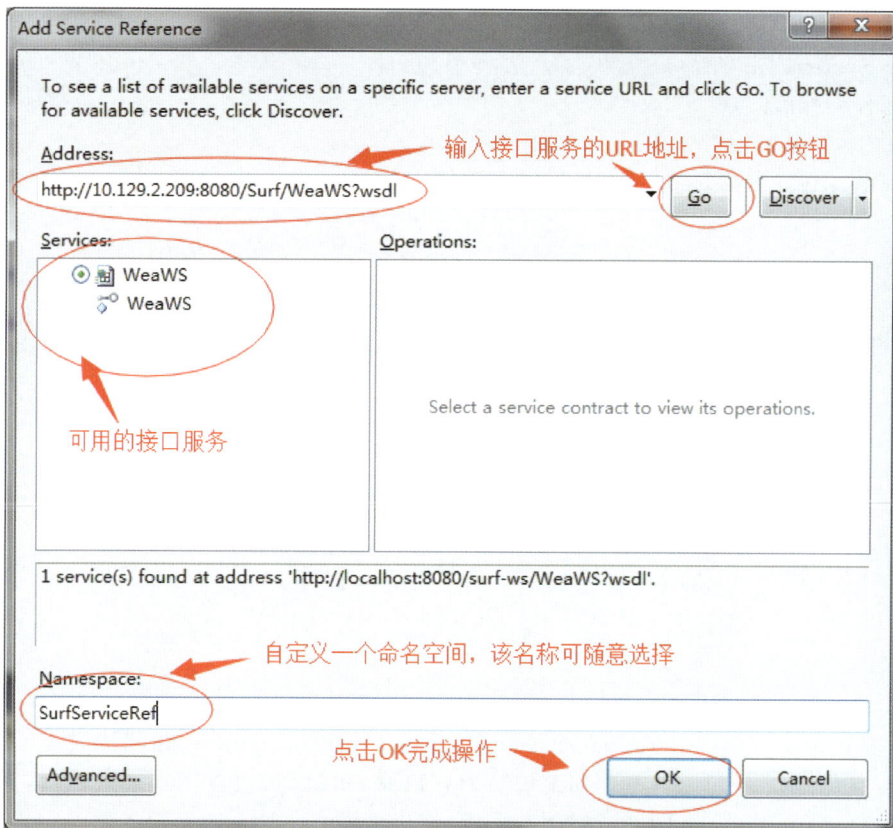

输入接口服务的URL地址，点击GO按钮

可用的接口服务

自定义一个命名空间，该名称可随意选择

点击OK完成操作

图 2.12　第三步,配置服务引用

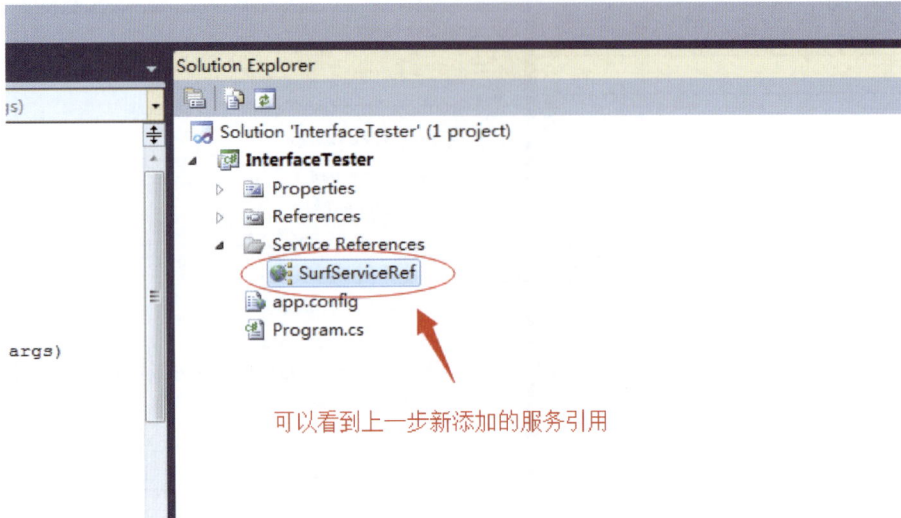

可以看到上一步新添加的服务引用

图 2.13　第四步,查看服务引用

C♯调用样例使用代码如下：

```
using System；
using System. Collections. Generic；
using System. Linq；
using System. Text；
using System. IO；
using WeaWcbServiceTester. tttt；

namespace WeaWebServiceTester
｛
    class Program
    ｛
        static void Main(string[] args)
        ｛
            using(WeaWSClient client＝new WeaWSClient())
            ｛
                client. Open()；
                try
                ｛
                    stringArray[] arr＝
                client. ahGetNormLigEleDataByAdminRegion("test_test"," *
                * * ","ALL","201407180400","201407180430",1,"安徽省","
                ALL","ALL")；
                    if(arr＝＝null||arr. Length＜1)
                    ｛
```

```
            throw new ArgumentException("接口返回数组为空!");
        }
        if(arr[0]. item. Length<1)
        {
            throw new ArgumentException("接口返回数组结果指示
                符为空!");
        }
        else if(arr[0]. item[0]=="0")
        {
            if(arr. Length<3)
            {
                throw new ArgumentException("接口返回的数组字
                    段及类型数据不完整!");
            }
            else
            {
                StringBuilder builder=new StringBuilder();
                for(int i=0;i<arr[1]. item. Length;i++)
                {
                    builder. Append(string. Format("{0}\t",arr[1]
                        . item[i]));
                }
                builder. Append("\r\n");
                for(int i=0;i<arr[2]. item. Length;i++)
                {
                    builder. Append(string. Format("[{0}]\t",arr
                        [2]. item[i]));
                }
                builder. Append("\r\n");
builder. Append("======================\r\n");
                if(arr. Length>3)
                {
                    for(int i=3;i<arr. Length;i++)
                    {
                        for(int j=0;j<arr[i]. item. Length;j++)
                        {
                            builder. Append(string. Format("{0}\t",
                                arr[i]. item[j]==null?
                                "NULL";arr[i]. item[j]));
```

```
                    }
                        builder. Append("\r\n");
                    }
                else
                {
                    builder. Append("————无数据————\r\n");
                }
                if(File. Exists("out. txt"))
                {
                    File. Delete("out. txt");
                }
                FileStream fs＝File. Create("out. txt");
                using(StreamWriter sw＝new StreamWriter(fs))
                {
                    sw. Write(builder. ToString());
                }
                Console. WriteLine(builder. ToString());
                Console. WriteLine("==＞查询结果已写入 out. txt 文件");
            }
        }
        else
        {
            throw new ArgumentException(
                string. Format("接口返回错误消息{0}!",
                arr. Length＞1 && arr[1]. item. Length＞0?
                arr[1]. item[0]:"NULL"));
        }
    }
    catch(Exception ex)
    {
        Console. WriteLine(ex. Message);
    }
    client. Close();
}
Console. ReadKey();
        }
    }
}
```

2.3.3.2 CIMISS 数据库

1. 数据库结构(表 2.29)

表 2.29 CIMISS 数据库

名称	标识	定位	存储数据内容
基础数据库	BDB	面向气象部门内所有用户的数据服务需求,并同时支撑面向行业和社会公众的数据服务需求	气象数据和信息的全集,包括 14 大类气象数据,及各数据的核心元数据等
实时数据库	RDB	面向以 MICAPS、SWAN、NWP 为代表的部门内本级实时气象业务系统,提供高性能的实时数据服务	实时业务中所需的地面、高空、海洋、辐射、服务产品及其他数据等
支撑数据库	SDB	支撑 SOD 应用系统业务运行	数据存储管理信息、数据应用信息、业务系统管理/配置信息等
监控数据库	MDB	支撑监控系统的业务监视、统计信息存储管理	系统产生的日志信息、业务员完成状态信息、数据统计信息、数据状态信息等

2. 数据库接口访问

气象数据统一访问接口,面向不同的应用模式和开发运行环境,提供多种服务方式,主要包括:客户端开发包(Client Library)、Web Service、REST 服务和脚本调用。

为得到不同格式的检索结果(包括结构体/类、序列化字符串、文件等),用户调用不同的方法。在方法的调用中,传入某个应用场景(接口 ID 及其参数值),以及与方法匹配的某类型的内存对象,即可检索到数据(表 2.30)。

表 2.30 数据库接口调用方式、方法

服务方式	调用方法 ID	调用方法名称	返回数据格式
客户端调用	callAPI_to_array2D	获取二维(站)点数据	结构体/类:RetArray2D
	callAPI_to_gridArray2D	获取二维格点场数据	结构体/类:RetGridArray2D
	callAPI_to_saveAsFile	获取检索结果并存入文件	结构体/类:RetFilesInfo
			文件
	callAPI_to_downFile	下载服务端文件	结构体/类:RetFilesInfo
			文件
	callAPI_to_fileList	获取文件列表信息	结构体/类:RetFilesInfo
	callAPI_to_serializedStr	获取序列化的字符串结果	String(序列化的)
Web Service	callAPI_to_serializedStr	获取序列化的字符串结果	String(序列化的)
	callAPI_to_array	获取二维字符串结果	Array(无描述信息)
REST 服务	api. action	获取序列化的字符串结果	String(序列化的)
脚本调用	(脚本配置)	获取文件	文件

服务方式

(1)客户端开发包

主要适用于后台加工处理系统,如数值预报资料同化系统等,能较快地提供大数据量的数据对象和文件检索,其中,返回的数据对象,按照不同的编程语言,封装成适用于其编程的结构体或类对象。客户端开发包,针对各主流的系统平台(Linux 32 位或 64 位、AIX、HP-UX、Windows 32 位/64 位等),以及不同的编程语言(C/C++、Fortran、C#、Java 等),提供不同的版本。此外,因 C#、Java 等语言在交互应用系统的开发中应用较广泛,所以在其开发包中,也提供序列化的字符串返回形式(如 xml、json 等格式,同 REST 服务)。

(2)Web Service

主要适用于前台交互应用系统,如县级综合业务平台、气象业务内网等,检索数据量不宜过大,除以数组形式返回要素数据外,也支持与 REST 服务相同的返回格式和功能。

(3)REST 服务

主要适用于前台交互应用系统,如县级综合业务平台、气象业务内网等,检索数据量不宜过大,返回 XML、json、html、text 等多种格式,其中,文件类产品一般不返回数据,只返回其 URL;但对于图片产品,可返回 base64 编码的文件内容。此外,个人用户可通过在浏览器中,使用 REST 服务的 URL,在页面中直接查看数据。

(4)脚本调用

主要适用于个人用户,通过配置脚本,执行部署在客户端的脚本工具,即可定时或一次性地获取所需数据,存为本地文件。

3. 接口调用步骤(表 2.31)

表 2.31 数据库接口调用步骤

步骤	备注
明确自己调用数据接口的开发语言	C/C++、Java、C#、PHP 等
明确自己调取资料的开发方式	客户端模式,REST 模式,Web Service 模式
明确调用资料的类型	站点资料、站点统计、产品文件资料、格点要素等
明确数据获取的格式	内存数组、序列化字符串、保存为文件
明确选择符合条件的数据接口	例如:interfaceId=getEleByTime
明确数据接口的服务位置	IP:10.20.81.39 WEB端口:8008 客户端端口:1888
明确选定数据接口需要的参数输入	elements=Station_ID_C,pre_1h×=20140305083000
明确数据接口访问的授权	例如:测试账户:usr_nordb 密码:usr_nordb_pwd1

4. 数据接口种类

(1)要素查询

①按时间检索地面数据要素

时间点　getSurfEleByTime

http://10.129.89.17:8008/cimiss-web/api? userId=user_nordb&pwd=user_nordb_pwd1&interfaceId=getSurfEleByTime&dataCode=SURF_CHN_MUL_HOR&elements=Station_ID_C,pre_1h,prs,rhu,vis,WIN_S_Avg_2mi,WIN_D_Avg_2mi&times=20150401000000,20150401060000&limitCnt=10&dataFormat=html

表 2.32　函数参数说明

参数代码	中文名	赋值格式/示例	单位	参数类型
dataCode	资料代码（单个）	取自资料代码表	—	必选
elements	要素字段代码	多个以逗号（,）分隔	—	必选
Times	时间	YYYYMMDDHHMISS；多个以逗号（,）分隔	—	必选
eleValueR-anges	要素值范围	格式：要素代码：要素值范围，多个以分号（;）分隔 其中，要素值范围的格式： (a,)：>a [a,)：≥a (,a)：<a (,a]：≤a (a,b)：>a,<b [a,b)：≥a,<b (a,b]：>a,≤b [a,b]：≥a,≤b	—	可选
hourSeparate	小时取整条件（小时）	[1,24]	—	可选
minSeparate	分钟取整条件（分钟）	[1,60]	—	可选
orderBy	排序字段	格式：要素代码/排序方向，多个以逗号（,）分隔 排序方向包括：asc（升序）、desc（降序）	—	可选
limitCnt	最大返回记录数	>0	—	可选
staLevels	台站级别	多个以逗号（,）分隔	代码/标识表	可选

时间段　getSurfEleByTimeRange

http://10.129.89.55/cimiss-web/api? userId = user_nordb&pwd = ＊＊＊＊＊＊&interfaceId=getSurfEleByTimeRange&dataCode=SURF_CHN_MUL_HOR&elements=Station_ID_C,pre_1h,prs,rhu,vis,WIN_S_Avg_2mi,WIN_D_Avg_2mi&timeRange=(20140801000000,20140801030000]&limitCnt=10&dataFormat=html

表 2.33　函数参数说明

参数代码	中文名	赋值格式/示例	单位	参数类型
eleValueRanges	要素值范围	格式：要素代码：要素值范围，多个以分号（;）分隔 其中，要素值范围的格式： (a,)：>a [a,)：≥a (,a)：<a (,a]：≤a (a,b)：>a,<b [a,b)：≥a,<b (a,b]：>a,≤b [a,b]：≥a,≤b	—	可选

续表

参数代码	中文名	赋值格式/示例	单位	参数类型
dataCode	资料代码(单个)	取自资料代码表	—	必选
elements	要素字段代码	多个以逗号(,)分隔	—	必选
timeRange	时间段	前开后开:(YYYYMMDDHHMISS,YYYYMMDDHHMISS) 前开后闭:(YYYYMMDDHHMISS,YYYYMMDDHHMISS] 前闭后开:[YYYYMMDDHHMISS,YYYYMMDDHHMISS) 前闭后闭:[YYYYMMDDHHMISS,YYYYMMDDHHMISS]	—	必选
limitCnt	最大返回记录数	>0	—	可选
orderBy	排序字段	格式:要素代码/排序方向,多个以逗号(,)分隔 排序方向包括:asc(升序)、desc(降序)	—	可选

②按时间、经纬度范围检索地面数据要素

时间点　getSurfEleInRectByTime

http://10.129.89.55/cimiss-web/api? userId＝user_nordb&pwd＝******&interfaceId＝getSurfEleInRectByTime&dataCode＝SURF_CHN_MUL_HOR&elements＝Station_ID_C,pre_1h,prs,rhu,vis,WIN_S_Avg_2mi,WIN_D_Avg_2mi&times＝20140801000000,20140801060000&minLon＝97&maxLon＝107&minLat＝37&maxLat＝53&limitCnt＝10&dataFormat＝html

表 2.34　函数参数说明

参数代码	中文名	赋值格式/示例	单位	参数类型
dataCode	资料代码(单个)	取自资料代码表	—	必选
elements	要素字段代码	多个以逗号(,)分隔	—	必选
Times	时间	YYYYMMDDHHMISS;多个以逗号(,)分隔	—	必选
minLat	起始纬度	最多4位小数	—	必选
minLon	起始经度	最多4位小数	—	必选
maxLat	终止纬度	最多4位小数	—	必选
maxLon	终止经度	最多4位小数	—	必选
eleValueRanges	要素值范围	格式:要素代码:要素值范围,多个以分号(;)分隔 其中,要素值范围的格式: $(a,):>a$ $[a,):\geqslant a$ $(,a):<a$ $(,a]:\leqslant a$ $(a,b):>a,<b$ $[a,b):\geqslant a,<b$ $(a,b]:>a,\leqslant b$ $[a,b]:\geqslant a,\leqslant b$	—	可选

续表

参数代码	中文名	赋值格式/示例	单位	参数类型
hourSeparate	小时取整条件(小时)	[1,24]	—	可选
minSeparate	分钟取整条件(分钟)	[1,60]	—	可选
orderBy	排序字段	格式:要素代码/排序方向,多个以逗号(,)分隔 排序方向包括:asc(升序)、desc(降序)	—	可选
limitCnt	最大返回记录数	>0	—	可选
staLevels	台站级别	多个以逗号(,)分隔	代码/标识表	可选
ctLevel	等值线的级别	多个以逗号(,)分隔	—	可选
crLabel	色标	格式:要素阈值:R,G,B,多个以分号(;)分隔	—	可选

时间段　getSurfEleInRectByTimeRange

http://10.129.89.55/cimiss-web/api? userId = user_nordb & pwd = ****** & interfaceId = getSurfEleInRectByTimeRange & dataCode = SURF_CHN_MUL_HOR & elements=Station_ID_C,pre_1h,prs,rhu,vis,WIN_S_Avg_2mi,WIN_D_Avg_2mi & timeRange =（20140801000000,20140801030000］ & minLon = 97 & maxLon = 107 & minLat=37 & maxLat=53 & limitCnt=10 & dataFormat=html

表 2.35　函数参数说明

参数代码	中文名	赋值格式/示例	单位	参数类型
eleValueRanges	要素值范围	格式:要素代码:要素值范围,多个以分号(;)分隔 其中,要素值范围的格式: (a,):>a [a,):≥a (,a):<a (,a]:≤a (a,b):>a,<b [a,b):≥a,<b (a,b]:>a,≤b [a,b]:≥a,≤b	—	可选
dataCode	资料代码(单个)	取自资料代码表	—	必选
elements	要素字段代码	多个以逗号(,)分隔	—	必选
timeRange	时间段	前开后开:(YYYYMMDDHHMISS,YYYYMMDDHHMISS) 前开后闭:(YYYYMMDDHHMISS,YYYYMMDDHHMISS] 前闭后开:[YYYYMMDDHHMISS,YYYYMMDDHHMISS) 前闭后闭:[YYYYMMDDHHMISS,YYYYMMDDHHMISS]	—	必选

参数代码	中文名	赋值格式/示例	单位	参数类型
minLat	起始纬度	最多4位小数	—	必选
minLon	起始经度	最多4位小数	—	必选
maxLat	终止纬度	最多4位小数	—	必选
maxLon	终止经度	最多4位小数	—	必选
limitCnt	最大返回记录数	>0	—	可选
orderBy	排序字段	格式:要素代码/排序方向,多个以逗号(,)分隔 排序方向包括:asc(升序)、desc(降序)	—	可选

③按时间、站号检索地面数据要素

时间点　getSurfEleByTimeAndStaID

http://10.129.89.55/cimiss-web/api? userId＝user_nordb&pwd＝******&interfaceId＝getSurfEleByTimeAndStaID&dataCode＝SURF_CHN_MUL_HOR&elements＝Station_ID_C,pre_1h,prs,rhu,vis,WIN_S_Avg_2mi,WIN_D_Avg_2mi&times＝20140801000000,20140801060000&staIDs＝58015,58321,58221&limitCnt＝10&dataFormat＝html

表2.36　函数参数说明

参数代码	中文名	赋值格式/示例	单位	参数类型
dataCode	资料代码(单个)	取自资料代码表	—	必选
elements	要素字段代码	多个以逗号(,)分隔	—	必选
Times	时间	YYYYMMDDHHMISS;多个以逗号(,)分隔	—	必选
staIds	站号	多个以逗号(,)分隔	—	必选
eleValueRanges	要素值范围	格式:要素代码:要素值范围,多个以分号(;)分隔 其中,要素值范围的格式: (a,):>a [a,):≥a (,a):<a (,a]:≤a (a,b):>a,<b [a,b):≥a,<b (a,b]:>a,≤b [a,b]:≥a,≤b	—	可选
hourSeparate	小时取整条件(小时)	[1,24]	—	可选
minSeparate	分钟取整条件(分钟)	[1,60]	—	可选
orderBy	排序字段	格式:要素代码/排序方向,多个以逗号(,)分隔 排序方向包括:asc(升序)、desc(降序)	—	可选
limitCnt	最大返回记录数	>0	—	可选
staLevels	台站级别	多个以逗号(,)分隔	代码/标识表	可选

时间段　getSurfEleByTimeRangeAndStaID

http://10.129.89.55/cimiss-web/api? userId＝user_nordb&pwd＝******&interfaceId＝getSurfEleByTimeRangeAndStaID&dataCode＝SURF_CHN_MUL_HOR&elements＝Station_ID_C,pre_1h,prs,rhu,vis,WIN_S_Avg_2mi,WIN_D_Avg_2mi&timeRange＝（20140801000000,20140801030000]&staIDs＝58015,58321,58221&limitCnt＝10&dataFormat＝html

表 2.37　函数参数说明

参数代码	中文名	赋值格式/示例	单位	参数类型
eleValueRanges	要素值范围	格式:要素代码:要素值范围,多个以分号(;)分隔 其中,要素值范围的格式: (a,):＞a [a,):≥a (,a):＜a (,a]:≤a (a,b):＞a,＜b [a,b):≥a,＜b (a,b]:＞a,≤b [a,b]:≥a,≤b	—	可选
dataCode	资料代码(单个)	取自资料代码表	—	必选
elements	要素字段代码	多个以逗号(,)分隔	—	必选
timeRange	时间段	前开后开:(YYYYMMDDHHMISS,YYYYMDDHHMISS) 前开后闭:(YYYYMMDDHHMISS,YYYYMDDHHMISS] 前闭后开:[YYYYMMDDHHMISS,YYYYMDDHHMISS) 前闭后闭:[YYYYMMDDHHMISS,YYYYMDDHHMISS]	—	必选
staIds	站号	多个以逗号(,)分隔	—	必选
limitCnt	最大返回记录数	＞0	—	可选
orderBy	排序字段	格式:要素代码/排序方向,多个以逗号(,)分隔 排序方向包括:asc(升序)、desc(降序)	—	可选

④按时间、地区检索地面数据要素

时间点　getSurfEleInRegionByTime

http://10.129.89.55/cimiss-web/api? userId＝user_nordb&pwd＝******&interfaceId＝getSurfEleInRegionByTime&dataCode＝SURF_CHN_MUL_HOR&elements＝Station_ID_C,pre_1h,prs,rhu,vis,WIN_S_Avg_2mi,WIN_D_Avg_2mi&times＝20140801000000,20140801000000&AdminCodes＝340000&limitCnt＝

10&dataFormat＝html

表 2.38　函数参数说明

参数代码	中文名	赋值格式/示例	单位	参数类型
dataCode	资料代码(单个)	取自资料代码表	—	必选
Times	时间	YYYYMMDDHHMISS;多个以逗号(,)分隔	—	必选
adminCodes	国内行政编码	多个以逗号(,)分隔	代码/标识表	必选
elements	要素字段代码	多个以逗号(,)分隔	—	必选
eleValueRanges	要素值范围	格式:要素代码:要素值范围,多个以分号(;)分隔 其中,要素值范围的格式: (a,):＞a [a,):≥a (,a):＜a (,a]:≤a (a,b):＞a,＜b [a,b):≥a,＜b (a,b]:＞a,≤b [a,b]:≥a,≤b	—	可选
staLevels	台站级别	多个以逗号(,)分隔	代码/标识表	可选
orderBy	排序字段	格式:要素代码/排序方向,多个以逗号(,)分隔 排序方向包括:asc(升序)、desc(降序)	—	可选
limitCnt	最大返回记录数	＞0	—	可选

时间段　getSurfEleInRegionByTimeRange

http://10.129.89.55/cimiss-web/api? userId＝user_nordb&pwd＝ * * * * * * &interfaceId＝getSurfEleInRegionByTimeRange&dataCode＝SURF_CHN_MUL_HOR&elements＝Station_ID_C,pre_1h,prs,rhu,vis,WIN_S_Avg_2mi,WIN_D_Avg_2mi&timeRange＝(20140801000000,20140801030000]&AdminCodes＝340000&limitCnt＝10&dataFormat＝html

表 2.39　函数参数说明

参数代码	中文名	赋值格式/示例	单位	参数类型
dataCode	资料代码(单个)	取自资料代码表	—	必选
timeRange	时间段	前开后开:(YYYYMMDDHHMISS, YYYYMDDHHMISS) 前开后闭:(YYYYMMDDHHMISS, YYYYMDDHHMISS] 前闭后开:[YYYYMMDDHHMISS, YYYYMDDHHMISS) 前闭后闭:[YYYYMMDDHHMISS, YYYYMDDHHMISS]	—	必选

续表

参数代码	中文名	赋值格式/示例	单位	参数类型
adminCodes	国内行政编码	多个以逗号(,)分隔	代码/标识表	必选
elements	要素字段代码	多个以逗号(,)分隔	—	必选
eleValueRanges	要素值范围	格式:要素代码:要素值范围,多个以分号(;)分隔 其中,要素值范围的格式: 要素值范围取值: (a,):>a [a,):≥a (,a):<a (,a]:≤a (a,b):>a,<b [a,b):≥a,<b (a,b]:>a,≤b [a,b]:≥a,≤b	—	可选
staLevels	台站级别	多个以逗号(,)分隔	代码/标识表	可选
orderBy	排序字段	格式:要素代码/排序方向,多个以逗号(,)分隔 排序方向包括:asc(升序)、desc(降序)	—	可选
limitCnt	最大返回记录数	>0	—	可选

（2）统计查询

①按时间段、地区统计地面数据要素

statSurfEleInRegion

统计区域:安徽

统计要素:降水量

统计条件:值>1;时间范围 8 月 11 日 00 时至 23 时;有效值 0～99900;有效样本数

查询要素:>1 的站,有效值在(0,999000)之间。

http://10.129.89.55/cimiss-web/api? userId=user_nordb&pwd=* * * * * * &interfaceId=statSurfEleInRegion&dataCode=SURF_CHN_MUL_HOR&elements=Station_ID_C&statEles=Sum_Pre_1H,count_Pre_1h&timeRange=(20140821000000,20140821230000]&adminCodes=340000&eleValueRanges=PRE_1h:(0,999000)&statEleValueRanges=sum_PRE_1h:(1,)&orderby=sum_PRE_1h:desc&limitCnt=10&dataFormat=html

表 2.40　函数参数说明

参数代码	中文名	赋值格式/示例	单位	参数类型
dataCode	资料代码(单个)	取自资料代码表	—	必选
elements	要素字段代码	多个以逗号(,)分隔	—	必选
statEles	统计要素代码	格式:统计函数_要素代码,多个以逗号(,)分隔	—	必选

参数代码	中文名	赋值格式/示例	单位	参数类型
timeRange	时间段	前开后开：（YYYYMMDDHHMISS，YYYYM-MDDHHMISS） 前开后闭：（YYYYMMDDHHMISS，YYYYM-MDDHHMISS] 前闭后开：[YYYYMMDDHHMISS，YYYYM-MDDHHMISS） 前闭后闭：[YYYYMMDDHHMISS，YYYYM-MDDHHMISS]	—	必选
adminCodes	国内行政编码	多个以逗号（,）分隔	代码/标识表	必选
eleValueRanges	要素值范围	格式：要素代码:要素值范围,多个以分号（;）分隔 其中,要素值范围的格式： (a,):>a [a,):≥a (,a):<a (,a]:≤a (a,b):>a,<b [a,b):≥a,<b (a,b]:>a,≤b [a,b]:≥a,≤b	—	可选
statEleValueR-anges	统计值范围	格式：统计要素代码:要素值范围,多个以分号（;）分隔 其中,要素值范围的格式： (a,):>a [a,):≥a (,a):<a (,a]:≤a (a,b):>a,<b [a,b):≥a,<b (a,b]:>a,≤b [a,b]:≥a,≤b	—	可选
hourSeparate	小时取整条件（小时）	[1,24]	—	可选
minSeparate	分钟取整条件（分钟）	[1,60]	—	可选
orderBy	排序字段	格式：要素代码/排序方向,多个以逗号（,）分隔 排序方向包括:asc（升序）、desc（降序）	—	可选
limitCnt	最大返回记录数	>0	—	可选
townCodes	镇代码	多个以逗号（,）分隔	代码/标识表	可选
staLevels	台站级别	多个以逗号（,）分隔	代码/标识表	可选

②按时间段统计 1 小时降水

statSurfPre

http://10.129.89.55/cimiss-web/api? userId＝user_nordb&pwd＝＊＊＊＊＊＊&interfaceId＝statSurfPre&elements＝Station_ID_C&timeRange＝(20140821000000,20140821010000]&orderby＝sum_PRE_1h:desc&dataFormat＝html

表 2.41　函数参数说明

参数代码	中文名	赋值格式/示例	单位	参数类型
elements	要素字段代码	多个以逗号(,)分隔	—	必选
timeRange	时间段	前开后开:(YYYYMMDDHHMISS,YYYYM-MDDHHMISS) 前开后闭:(YYYYMMDDHHMISS,YYYYM-MDDHHMISS] 前闭后开:[YYYYMMDDHHMISS,YYYYM-MDDHHMISS) 前闭后闭:[YYYYMMDDHHMISS,YYYYM-MDDHHMISS]	—	必选
statEleValueR-anges	统计值范围	格式:统计要素代码:要素值范围,多个以分号(;)分隔 其中,要素值范围的格式: (a,):>a [a,):≥a (,a):<a (,a]:≤a (a,b):>a,<b [a,b):≥a,<b (a,b]:>a,≤b [a,b]:≥a,≤b	—	可选
orderBy	排序字段	格式:要素代码/排序方向,多个以逗号(,)分隔 排序方向包括:asc(升序)、desc(降序)	—	可选
limitCnt	最大返回记录数	>0	—	可选
staLevels	台站级别	多个以逗号(,)分隔	代码/标识表	可选

③按时间段、经纬度范围统计地面要素

statSurfPreInRect

统计(97°～105°E,37°～53°N)范围内 2014 年 8 月 10 日 00 时至 11 日 00 时降水量最高的 30 站。

http://10.129.89.55/cimiss-web/api? userId＝user_nordb&pwd＝＊＊＊＊＊＊&interfaceId＝statSurfPreInRect&TimeRange＝(20140820000000,20140821000000]&maxLat＝53&minLat＝37&minLon＝97&OrderBy＝SUM_PRE_1h:desc&maxLon＝105&Elements＝Station_ID_C&limitCnt＝30&dataFormat＝html

表 2.42   函数参数说明

参数代码	中文名	赋值格式/示例	单位	参数类型
elements	要素字段代码	多个以逗号(,)分隔	—	必选
timeRange	时间段	前开后开:(YYYYMMDDHHMISS,YYYYM-MDDHHMISS) 前开后闭:(YYYYMMDDHHMISS,YYYYM-MDDHHMISS] 前闭后开:[YYYYMMDDHHMISS,YYYYM-MDDHHMISS) 前闭后闭:[YYYYMMDDHHMISS,YYYYM-MDDHHMISS]	—	必选
minLat	起始纬度	最多4位小数	—	必选
minLon	起始经度	最多4位小数	—	必选
maxLat	终止纬度	最多4位小数	—	必选
maxLon	终止经度	最多4位小数	—	必选
statEleValueR-anges	统计值范围	格式:统计要素代码:要素值范围,多个以分号(;)分隔 其中,要素值范围的格式: (a,):>a [a,):≥a (,a):<a (,a]:≤a (a,b):>a,<b [a,b):≥a,<b (a,b]:>a,≤b [a,b]:≥a,≤b	—	可选
orderBy	排序字段	格式:要素代码/排序方向,多个以逗号(,)分隔 排序方向包括:asc(升序)、desc(降序)	—	可选
limitCnt	最大返回记录数	>0	—	可选
staLevels	台站级别	多个以逗号(,)分隔	代码/标识表	可选

④按时间、地区统计地面要素

statSurfPreInRegion

统计安徽地区 2014 年 8 月 1 日 00—06 时降水量>1 的地区降序排列。

http://10.129.89.55/cimiss-web/api? userId = user_nordb&pwd = * * * * * * &interfaceId = statSurfPreInRegion&elements = Station_ID_C,Lat,Lon&timeRange = (20140801000000,20140801060000]&adminCodes = 340000&statEleValueRanges = sum_PRE_1h:(1,)&orderBy = sum_PRE_1h:desc&dataFormat = html

表 2.43　函数参数说明

参数代码	中文名	赋值格式/示例	单位	参数类型
elements	要素字段代码	多个以逗号(,)分隔	—	必选
timeRange	时间段	前开后开:(YYYYMMDDHHMISS,YYYYM-MDDHHMISS) 前开后闭:(YYYYMMDDHHMISS,YYYYM-MDDHHMISS] 前闭后开:[YYYYMMDDHHMISS,YYYYM-MDDHHMISS) 前闭后闭:[YYYYMMDDHHMISS,YYYYM-MDDHHMISS]	—	必选
adminCodes	国内行政编码	多个以逗号(,)分隔	代码/标识表	必选
statEleValueR-anges	统计值范围	格式:统计要素代码:要素值范围,多个以分号(;)分隔 其中,要素值范围的格式: (a,):>a [a,):≥a (,a):<a (,a]:≤a (a,b):>a,<b [a,b):≥a,<b (a,b]:>a,≤b [a,b]:≥a,≤b	—	可选
orderBy	排序字段	格式:要素代码/排序方向,多个以逗号(,)分隔 排序方向包括:asc(升序)、desc(降序)	—	可选
limitCnt	最大返回记录数	>0	—	可选
townCodes	镇代码	多个以逗号(,)分隔	代码/标识表	可选
staLevels	台站级别	多个以逗号(,)分隔	代码/标识表	可选

（3）文件查询

①雷达产品

按时间段检索雷达文件　getRadaFileByTimeRange

http://10.129.89.55/cimiss-web/api? userId=user_nordb&pwd=******&interfaceId=getRadaFileByTimeRange&dataCode=RADA_CHN_DOR_L2_UFMT&timeRange=[20140820000000,20140820000600)&dataFormat=html

表 2.44　函数参数说明

参数代码	中文名	赋值格式/示例	单位	参数类型
elements	要素字段代码	多个以逗号(,)分隔	—	可选
dataCode	资料代码(单个)	取自资料代码表	—	必选
timeRange	时间段	前开后开：(YYYYMMDDHHMISS,YYYYM-MDDHHMISS) 前开后闭：(YYYYMMDDHHMISS,YYYYM-MDDHHMISS] 前闭后开：[YYYYMMDDHHMISS,YYYYM-MDDHHMISS) 前闭后闭：[YYYYMMDDHHMISS,YYYYM-MDDHHMISS]	—	必选

②卫星产品文件

按时间、通道号检索卫星文件　getSateFileByTime

http://10.129.89.55/cimiss-web/api? userId＝user_nordb&pwd＝＊＊＊＊＊＊&interfaceId＝getSateFileByTime&dataCode＝SATE_GEO_PRODUCT_PRE_2E&times＝20141103110000,20141103120000&dataFormat＝html

表 2.45　函数参数说明

参数代码	中文名	赋值格式/示例	单位	参数类型
elements	要素字段代码	多个以逗号(,)分隔	—	可选
dataCode	资料代码(单个)	取自资料代码表	—	必选
times	时间	YYYYMMDDHHMISS 多个以逗号(,)分隔	—	必选

③服务产品文件

按时间段检索服务产品文件　getSevpFileByTimeRange

http://10.129.89.55/cimiss-web/api? userId＝user_nordb&pwd＝＊＊＊＊＊＊&interfaceId＝getSevpFileByTimeRange&dataCode＝SEVP_WEFC_PRE_LOCT&timeRange＝[20140820000000,20140821000000]&dataFormat＝html

表 2.46　函数参数说明

参数代码	中文名	赋值格式/示例	单位	参数类型
elements	要素字段代码	多个以逗号(,)分隔	—	可选
dataCode	资料代码(单个)	取自资料代码表	—	必选

参数代码	中文名	赋值格式/示例	单位	参数类型
timeRange	时间段	前开后开：(YYYYMMDDHHMISS, YYYYM-MDDHHMISS) 前开后闭：(YYYYMMDDHHMISS, YYYYM-MDDHHMISS] 前闭后开：[YYYYMMDDHHMISS, YYYYM-MDDHHMISS) 前闭后闭：[YYYYMMDDHHMISS, YYYYM-MDDHHMISS]	—	必选

（4）台站查询

按站号查询　getStaInfoByStaId

http://10.129.89.55/cimiss-web/api? userId＝user_nordb&pwd＝* * * * * *&interfaceId＝getStaInfoByStaId&dataCode＝STA_INFO_SURF_GLB&elements＝Station_ID_C,lat,lon&staIds＝53463,53336,53068,54135&dataFormat＝html

表 2.47　函数参数说明

参数代码	中文名	赋值格式/示例	单位	参数类型
dataCode	资料代码（单个）	取自资料代码表	—	必选
elements	要素字段代码	多个以逗号（,）分隔	—	必选
staIds	站号	多个以逗号（,）分隔	—	必选

按行政区域　getStaInfoByRegionCode

http://10.129.89.55/cimiss-web/api? userId＝user_nordb&pwd＝* * * * * *&interfaceId＝getStaInfoByRegionCode&dataCode＝STA_INFO_SURF_CHN&elements＝Station_ID_C,Station_Name,Lat,Lon,Alti&adminCodes＝340000&dataFormat＝html

表 2.48　函数参数说明

参数代码	中文名	赋值格式/示例	单位	参数类型
dataCode	资料代码（单个）	取自资料代码表	—	必选
elements	要素字段代码	多个以逗号（,）分隔	—	必选
adminCodes	国内行政编码	多个以逗号（,）分隔	代码/标识表	必选
townCodes	镇代码	多个以逗号（,）分隔	代码/标识表	可选

按经纬度范围查询　getStaInfoInRect

http://10.129.89.55/cimiss-web/api? userId＝user_nordb&pwd＝* * * * * *&interfaceId＝getStaInfoInRect&minlat＝39&datacode＝STA_INFO_SURF_CHN_N&maxlat＝42&maxlon＝117&elements＝Station_ID_C,Station_Name,Lat,Lon,Alti&minlon＝115&dataFormat＝html

表 2.49 函数参数说明

参数代码	中文名	赋值格式/示例	单位	参数类型
dataCode	资料代码（单个）	取自资料代码表	—	必选
elements	要素字段代码	多个以逗号（,）分隔	—	必选
minLon	起始经度	最多 4 位小数	—	必选
minLat	起始纬度	最多 4 位小数	—	必选
maxLat	终止纬度	最多 4 位小数	—	必选
maxLon	终止经度	最多 4 位小数	—	必选

第 3 章　基础数据产品加工

3.1　基础数据分析

　　基础数据的分析主要包括对气温、降水等常见要素的各种统计量的计算、绘图和分析方法等,本节以气温、风速为例介绍气温相关统计量的计算分析,以及结合 2011 年中国气象局综合观测司气测函〔2011〕89 号文中规定的站址变动分析报告(简称"报告")对原址观测资料序列区域一致性和均一性进行分析方法。

3.1.1　统计特征量描述与图形绘制

3.1.1.1　气温相关统计量表征

1. 定义

气温是指空气的温度,气象部门所说的地面气温,就是指离地 1.5 m 处百叶箱中的温度。气温是基本的气象要素之一,大气中发生的热力过程、动力过程和水汽相变过程都与空气的温度有密切的关系。

从宏观上讲,温度是反映物体冷热程度的一个物理量;从微观上讲,温度是描述大量分子运动平均动能的一个物理量,也就是说,它反映了大量分子无规则运动的剧烈程度。

当两个冷热不同的物体相互接触时就会发生热传导现象,较热的物体总是将热量传送到较冷的物体,直到这两个物体的冷热程度相同为止,这就是热平衡。用温度表来测量物体温度的依据是达到热平衡的不同物体具有相同的温度。

2. 常用的温标

(1)摄氏温标(℃):在标准大气压下,将纯水的冰点定为 0℃,纯水的沸点定为 100℃,中间作 100 等分,以每一等分为 1℃,用 t 表示。

(2)华氏温标(℉):在标准大气压下,将纯水的冰点定为 32 ℉,纯水的沸点定为 212 ℉,中间分为 180 等分,每一等分为 1 ℉,用 τ 表示。

(3)热力学温标(K):亦称为标准温标,或绝对温标,或开尔文温标。这是一个理想而又科学的温标,它用单一固定点来定义,它规定水的三相点为 273.15 K,用 T 表示。

三种温标的换算公式为:

$$t = \frac{5}{9}(F - 32);$$

$$T = 273.15 + t。 \qquad\qquad （公式 3.1）$$

气温均取一位小数,负值表示零度以下。

3. 测温的方法

(1)直接接触的测温方法

常规测温仪器有温度表和温度计两类,都是将仪器的感温元件和被测物体接触,待两者达到热平衡时,测得感温元件的形体和特性变化,从而可知被测物体的温度。

(2)遥感测温的方法

这种方法是根据接收来自被测物的电磁波或声波信息,来探测被测物温度。这类仪器不需要使感应元件与被测物直接接触,因此称为遥感测温。自然界一切温度高于绝对零度(−273.15℃)的物体,由于分子的热运动,都在不停地向周围空间辐射包括红外波段在内的电磁波,其辐射能量密度与物体本身的温度关系符合普朗克(Plank)定律。

热红外遥感是利用热红外波段研究地球物质特性的技术手段,可以获取地球表面温度,在城市热岛效应、林火监测、旱灾监测等领域有很好的应用价值。卫星测量地表温度的原理就是利用红外窗区通道反演陆面温度。

4. 相关气温定义

(1)最高气温

最高气温是一定时段内气温的最高值。常用的有日最高气温、月最高气温和年极端最高气温。气象学中的最高气温一般是指一定时段内气温的最高值。日最高气温是用最高温度表测量得到。月最高气温是从一个月的逐日最高气温中挑选最大值为这个月的极端最高气温。从一年的逐月极端最高气温中挑选出最大值为年极端最高气温。在晴朗无云、微风、没有温度平流的条件下近地面空气的日最高气温出现在太阳高度角最大之后 1～2 小时。

(2)最低气温

对某地在一定时段内测得的气温极小值。常用的有日最低气温、月最低气温和年极端最低气温,这时段在气象观测业务上定为 24 小时。最低气温表都是用酒精作测温质。日最低气温是用最低温度表测量得到。月最低气温是从一个月的逐日最低气温中挑选最低值为这个月的极端最低气温。从一年的逐月极端最低气温中挑选出最低值为年极端最低气温。

(3)平均气温

指某一段时间内,各次观测的气温值的算术平均值。根据计算时间长短不同,可有某日平均气温、某月平均气温和某年平均气温等。

(4)累积气温

积温是某一时段内逐日平均气温的总和。积温作为表征地区热量的标尺,常作为气候区划和农业气候区划的热量指标,以衡量该地区的热量条件能满足何种作物生长发育的需要。以(度·日)为单位。分活动积温、有效积温、负积温、地积温、日积温等。

①活动积温。高于或等于生物学下限气温的日平均气温称为活动气温。活动气温的总和称活动积温,适用于大量资料的计算,多在农业气候研究中运用,其计算式如下:

$$A = \sum_{i=1}^{n} \overline{t_i} \cdots\cdots (\overline{t_i} \geqslant B)。 \qquad\qquad （公式 3.2）$$

式中，t_i 为生育期内每日平均气温，$i=1,2\cdots n$；n 为该生育时段的天数，计算时从进入该生育时期的第 2 天算起；A 表示活动积温；B 表示生物学下限气温。

②有效积温。活动气温与生物学下限气温的差值称为有效气温。生育时期内有效气温的总和称为有效积温。有效积温不包含低于生物学下限的气温，所以更能表征生物有机体生育所需要的热量。有效积温多应用于生物有机体发育速度的计算，其计算式如下：

$$A = \sum_{i=1}^{n} (\overline{t_i} - B) \cdots\cdots (\overline{t_i} > B) 。$$ （公式 3.3）

式中，A 为有效积温；B 为生物学下限气温。

③其他积温。冬季 0℃ 以下的日平均气温的累加称为负积温，表示严寒程度，用于分析越冬作物冻害。日平均土壤温度或泥温的累加称为地积温，用以研究作物苗期问题及水稻冷害等。逐日白天平均气温的累加称日积温，用以研究某些对白天气温反应敏感的作物的热量条件。

④界限气温。界限气温是指具有一定生物学意义、能指示农事活动的气温，它可以评价一个地区生长期内的热量条件，目前普遍采用 0℃、5℃、10℃、15℃ 及 20℃ 等作为界限气温，不同的界限气温有一定的农业指示意义。

界限气温初日的确定：从春季日平均气温第一次出现高于某界限气温之日起，按日序依次计算每连续 5 d 的平均气温，并从中选出第一个大于或等于该界限气温，且在其后不再出现 5 d 平均气温低于该界限气温的连续 5 d，此 5 d 中的第一个日平均气温大于或等于该界限气温的日期即为初日。

界限气温终日的确定：从秋季日平均气温第一次出现低于某界限气温之日起，向前推 4 d，按日序依次计算每连续 5 d 的平均气温，并从中选出第一个小于该界限气温的前一个连续 5 d，此 5 d 中的最后一个日平均气温大于或等于该界限气温的日期即为终日。

（5）气温日较差

是一天中气温最高值与最低值之差。其大小和纬度、季节、地表性质及天气情况有关。能更好地反映昼夜温差，对作物的栽培、产量形成等有良好的指导作用。气温的非对称变化使对气温日较差变化的研究受到了广泛重视，成为表征气候变化的一个新的重要指标。

（6）气温距平

气温距平值在气象上，主要是用来确定某个时段或时次的数据，相对于该数据的某个长期平均值（如 30 年平均值）是高还是低。

3.1.1.2　风向相关统计量表征

气象上把风吹来的方向确定为风的方向。因此，风来自北方叫作北风，风来自南方叫作南风。风向的测量单位，我们用方位来表示。如陆地上，一般用 16 个方位表示，海上多用 36 个方位表示；在高空则用角度表示。用角度表示风向，是把圆周分成 360°，北风（N）是 0 度（即 360°），东风（E）是 90°，南风（S）是 180°，西风（W）是 270°，其余的风向都可以由此计算出来。

为了表示某个方向的风出现的频率,通常用风向频率这个量,它是指某段时间内某方向风出现的次数占各方向风出现的总次数的百分比,即:

$$P_{\mathrm{N}} = \frac{F_{\mathrm{N}}}{C + \sum_{\mathrm{N}=1}^{16} F_{\mathrm{N}}}。 \qquad \text{(公式 3.4)}$$

式中,P_{N} 表示风向 N 出现的频率,F_{N} 表示风向 N 出现的次数,C 表示静风出现次数(部分专业要求风向频率的计算不包含静风),对于静风的标准,在气象上规定,一般风速为 $\leqslant 0.2 \ \mathrm{m/s}$ 的空气水平运动状态(部分专业要求 $\leqslant 1.0 \ \mathrm{m/s}$,可以根据需求调整)。

在气象上,常见的统计风向频率一般指 30 年,也有统计近 20 年、10 年的,统计的时次有 3 次定时、4 次定时、24 次定时等,取决于台站的观测时次,由于不同时期观测的时次有差异,建议采用相同时次的进行计算。如可以均使用 02,08,14 和 20 这 4 个时次计算,也可以使用 24 时次逐小时观测资料进行统计。

每个风向频率均计算出来后可以用风向玫瑰图来进行直观的表达。所谓风向玫瑰图(简称风玫瑰图)也叫风向频率玫瑰图,它是根据某一地区多年平均统计的各个风向,并按一定比例绘制,一般多用 8 个或 16 个罗盘方位表示,由于形状酷似玫瑰花朵而得名。

风向玫瑰图上所表示风的吹向,是指从外部吹向地区中心的方向,各方向上按统计数值画出的线段,表示此方向风频率的大小,线段越长表示该风向出现的次数越多。

由计算出来的风向频率或者从风向玫瑰图上,可以知道某一地区哪种风向比较多,哪种风向最少。出现比较多风向则称为主导风向,如 N,或者 $348.75°\sim11.25°$。在环境评价等专业中定义的主导风向较为严格,认为主导风向指风频最大的风向角的范围。风向角范围一般为连续 $45°$ 左右,如 $0°\sim45°$,$22.5°\sim67.5°$ 等,对于以 16 方位角表示的风向,主导风向一般是指连续 $2\sim3$ 个风向角的范围,如 N,NNE,NE 这三个风向范围,即 $348.7°\sim56.2°$ 之间,且指出某区域的主导风向应有明显的优势,其主导风向角风频之和应 $\geqslant30\%$,否则可称该区域没有主导风向或主导风不明显。

实例:数据见"风产品加工.xlsx"(请进入邮箱 sifxycpjg@126.com 获取)。

表格中给出了某站 2005 年 1 月 1 日至 2014 年 12 月 31 日的逐小时风向风速(可以利用 SMSD 软件提取出),绘制其风向玫瑰图。

步骤 1:统计各风向的次数。

表格中在 G 列中给出了 16 方位的风向和静风符号,可以利用 Excel 中的 countif 函数来统计,如在单位格 H2 中输入"=COUNTIF($F$2:$F$87649,G2)"含义为:统计单元格 F2,F3,…,F87649 中等于单元格 G2 中内容的个数,单元格 G2 为 N(北风),也即统计 87648 个观测数据中为 N 的方向次数,进一步在单元格 H3,H4,…,H19 中复制"=COUNTIF($F$2:$F$87649,G2)"即可以统计出各风向的次数,当然也可以采用拖动单元格填充 H3,H4,…,H19 的简便方法,具体不再赘述(其中"F"意思为绝对引用,无"$"为相对引用,可以尝试去掉"$"的效果,分析其原因)。

步骤 2:计算各风向的频率。

各风向次数计算完成后,对总次数进行求和,所有风向总次数合计为 87584 个(思考共

87649 个单元格,为什么统计出来只有 87584 个风向),可以计算各风向所占百分比,结果如表 3.1 所示。

表 3.1　风向频率表

风向	N	NNE	NE	ENE	E	ESE	SE	SSE	S
次数	6019	4149	3856	4667	6768	6526	5641	5964	6088
频率	6.9%	4.7%	4.4%	5.3%	7.7%	7.5%	6.4%	6.8%	7.0%
风向	SSW	SW	WSW	W	WNW	NW	NNW	C	合计
次数	4816	3155	2092	2007	2557	5013	6556	11710	39998.02
频率	5.5%	3.6%	2.4%	2.3%	2.9%	5.7%	7.5%	13.4%	45.7%

从表中可以看出,正东风 E 的频率次数为除去静风后最多,为 7.7%,即为主导风向。

步骤 3:绘制风向玫瑰图。

(1)在菜单栏中选择"插入",然后选择其他图表,显示如图 3.1 所示。

图 3.1

(2)选择雷达图,雷达图有 3 种,可以根据业务需求进行选择,一般可以选择带填充的雷达图,即第三行图表,选择后将出现一个空白图表,点击鼠标右键,点击选择数据,出现图 3.2。

13.4%
100.0%

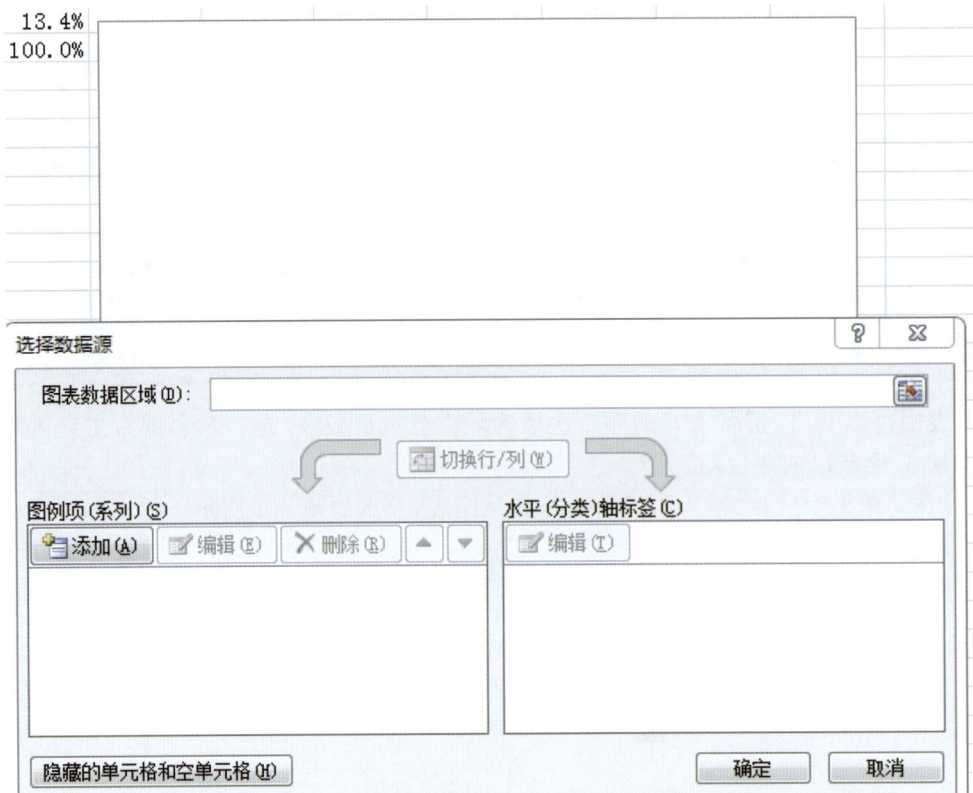

图 3.2

(3)点击"添加"按钮,出现图 3.3,其中系列名称中可以填写"风向频率"或者其他文字,也可以选择某一单元格,在系列值中用选择单元格 I2：I17,即选择了 16 个方位的风向频率。

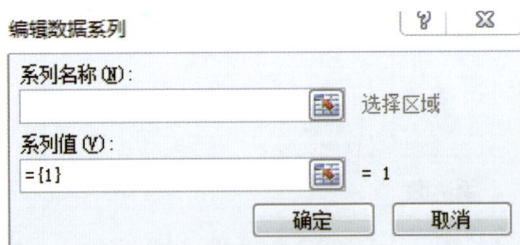

图 3.3

(4)点击图 3.4 中"编辑"按钮,选择单元格 G2：G17,即 16 个风向的方位。完成后形成了风向玫瑰图,如图 3.5 所示。

(5)可以进一步对图中的文字、颜色、图标等进行编辑修改美化,最终形成图 3.6。

以上实例给出的是风向方位的风向玫瑰图的绘制步骤,如果是风向度数,其主导风向如何计算？风向玫瑰图如何绘制？请思考。

13.4%
100.0%

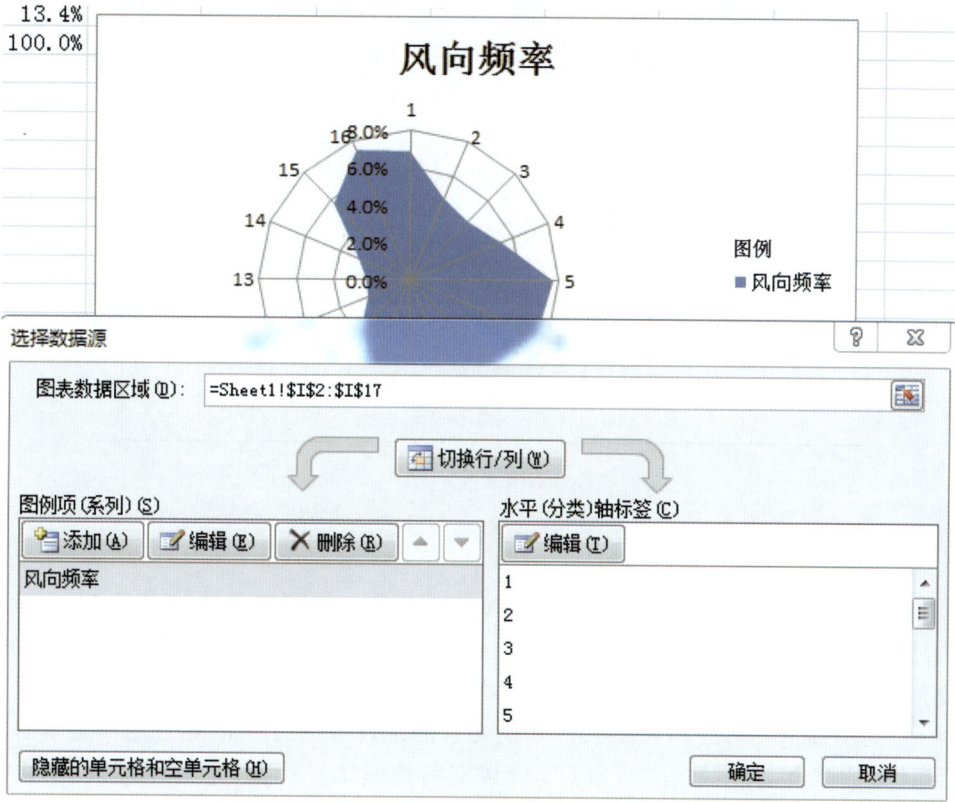

图 3.4

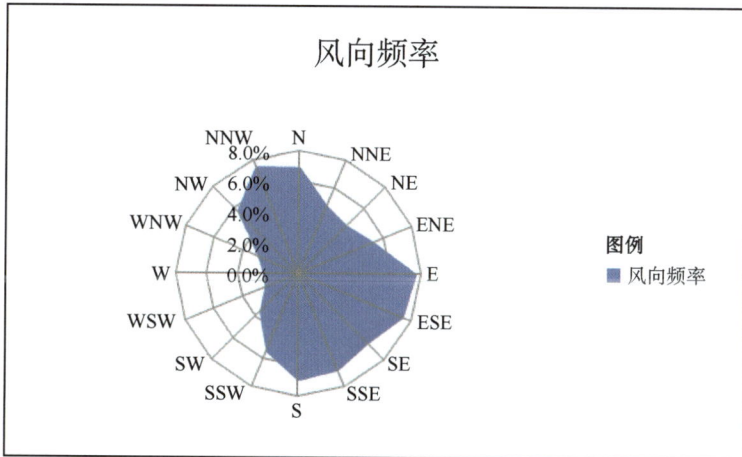

图 3.5

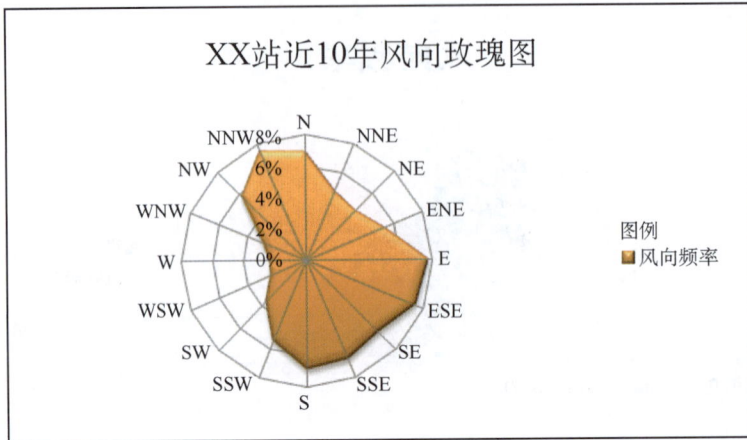

图 3.6

3.1.1.3　其他相关统计量表征

上述两小节主要介绍了较为典型的气温和风向两种常见要素的统计量的表征和绘制，在我们常见的要素中降水、湿度和风速等统计和气温均较为接近，还有一些较为特殊的，如降水量相对差值、风向相符率等统计，具体可以参看 2011 年中国气象局综合观测司气测函〔2011〕89 号文中技术要求的相关附录。其他要素的统计量无外乎也要考虑要素本身特征与各种统计量的结合，大多数在"2.2.1.2 气候资料整编统计产品"中有所体现，不再一一赘述。

3.1.2　区域一致性分析

区域一致性主要通过在台站的周边选择合适的参考站，计算与参考站之间的差值，对 5 年平均差值、10 年平均差值等分析是否存在变化趋势，同时比较序列之间的变化趋势、幅度等是否一致，本节主要以站址变动分析报告为例进行说明。

1. 参考站选择

参考站选择标准：

(1)参考站与拟迁站距离较近，属于同一气候区。

(2)参考站观测资料序列与拟迁站序列平行年代长，且未迁过站。

(3)参考站周边环境较好，多年来探测环境变化少，海拔高度相差较小。

(4)参考站位于所在城市上风方向，避免了城市的发展对观测数据产生的影响。

这些条件主要目的在于剔除各台站气候变化的影响，用探测环境良好，受城市化影响较小的台站来对比，以反映台站资料的真实变化情况。

2. 差值比较

将参考站形成的系列与本站资料进行差值的对比，分析差值的变化趋势等。本节以安徽省安庆站为例(表 3.2)，给出了其与周边站气温的差值变化，以及每 5 年的平均差值和每 10 年的平均差值变化图。以下给出利用 Excel(2010 版)电子表格输出差值变化趋势图的具体步骤。

表 3.2 1962—2009 年安庆站以及周边参考站年平均气温(℃)

序号	年份	安庆(℃)	参考站 1(℃)	参考站 2(℃)	参考站 3(℃)
1	1962	16.5	16.0	15.4	15.8
2	1963	16.6	16.0	15.7	16.1
3	1964	16.6	16.1	15.9	16.2
4	1965	16.3	15.9	15.4	15.6
5	1966	16.7	16.3	15.9	16.2
6	1967	16.4	15.9	15.7	15.8
7	1968	16.6	16.2	15.9	16.0
8	1969	15.7	15.3	15.4	15.6
9	1970	16.0	15.5	15.4	15.5
10	1971	16.2	15.7	15.6	15.8
11	1972	15.9	15.4	15.4	15.5
12	1973	16.6	16.0	15.7	16.0
13	1974	16.1	15.5	15.5	15.7
14	1975	16.6	16.1	15.8	16.0
15	1976	16.3	15.8	15.2	15.4
16	1977	16.3	15.6	15.5	15.6
17	1978	17.2	16.5	16.1	16.4
18	1979	17.1	16.1	16.1	16.2
19	1980	16.0	15.2	15.2	15.4
20	1981	16.3	15.6	15.4	15.5
21	1982	16.5	15.8	15.7	15.8
22	1983	16.8	15.9	15.8	15.9
23	1984	16.2	15.3	15.3	15.5
24	1985	16.5	15.5	15.8	15.9
25	1986	16.7	15.7	15.5	15.8
26	1987	16.8	15.8	15.7	15.8
27	1988	16.8	15.7	15.5	15.6
28	1989	16.5	15.6	15.6	15.7
29	1990	17.3	16.3	16.2	16.3
30	1991	16.6	15.5	15.8	15.9
31	1992	16.9	15.8	15.6	15.7
32	1993	16.4	15.4	15.4	15.6
33	1994	17.8	16.8	16.5	16.6
34	1995	17.3	16.2	15.6	15.8
35	1996	16.7	15.7	15.6	15.7
36	1997	17.4	16.4	16.1	16.0
37	1998	18.0	16.9	16.8	16.8
38	1999	17.3	16.2	16.1	16.1
39	2000	17.5	16.5	16.4	16.4
40	2001	17.6	16.5	16.4	16.4
41	2002	18.1	16.7	16.6	16.5
42	2003	17.6	16.1	16.6	16.6
43	2004	18.0	16.7	16.3	16.3

续表

序号	年份	安庆(℃)	参考站 1(℃)	参考站 2(℃)	参考站 3(℃)
44	2005	17.7	16.3	16.5	16.3
45	2006	18.2	17.0	17.0	16.8
46	2007	18.5	17.2	17.1	17.1
47	2008	17.7	16.3	16.4	16.2
48	2009	17.5	16.6	16.6	16.2

(1)利用 SMSD 软件提取安庆站和周边 3 个参考站的年平均气温存放在 Excel 表格中(见表 3.2)。在图中 F 列里输入"=AVERAGE(C2：E2)"计算获得 1962 年 3 个参考站的年平均气温。在选择 F2 单元格后,单元格被黑色边框包围,且右下角有一个黑点,点击黑点后出现了图,即对 F3 到 F49 中填充了 1963—2009 年 3 个参考站的年平均气温(图 3.7 和图 3.8)。

F2 =AVERAGE(C2:E2)

	A	B	C	D	E	F
1	年份	安庆58424	参考站1	参考站2	参考站3	参考站平均值
2	1962	16.5	16	15.4	15.8	15.7
3	1963	16.6	16	15.7	16.1	
4	1964	16.6	16.1	15.9	16.2	
5	1965	16.3	15.9	15.4	15.6	
6	1966	16.7	16.3	15.9	16.2	
7	1967	16.4	15.9	15.7	15.8	
8	1968	16.6	16.2	15.9	16	
9	1969	15.7	15.3	15.4	15.6	
10	1970	16	15.5	15.4	15.5	
11	1971	16.2	15.7	15.6	15.8	
12	1972	15.9	15.4	15.4	15.5	
13	1973	16.6	16	15.7	16	
14	1974	16.1	15.5	15.5	15.7	

图 3.7

F2 =AVERAGE(C2:E2)

	A	B	C	D	E	F
1	年份	安庆58424	参考站1	参考站2	参考站3	参考站平均值
2	1962	16.5	16	15.4	15.8	15.7
3	1963	16.6	16	15.7	16.1	15.9
4	1964	16.6	16.1	15.9	16.2	16.1
5	1965	16.3	15.9	15.4	15.6	15.6
6	1966	16.7	16.3	15.9	16.2	16.1
7	1967	16.4	15.9	15.7	15.8	15.8
8	1968	16.6	16.2	15.9	16	16.0
9	1969	15.7	15.3	15.4	15.6	15.4
10	1970	16	15.5	15.4	15.5	15.5
11	1971	16.2	15.7	15.6	15.8	15.7
12	1972	15.9	15.4	15.4	15.5	15.4
13	1973	16.6	16	15.7	16	15.9

图 3.8

（2）在单元格 G2 输入"＝B2－F2"，即获得安庆站和参考站的 1962 年年平均气温的差值。进一步获得 1963—2009 年对应差值，见图 3.9。

图 3.9

（3）选择 G 列，在 Excel 的菜单栏上选择"插入"菜单栏下的折线图，如图 3.10 所示。点击后出现图页面，出现了差值变化的曲线图。但图中横坐标为自然序列数据，需要修改横坐标为年份。

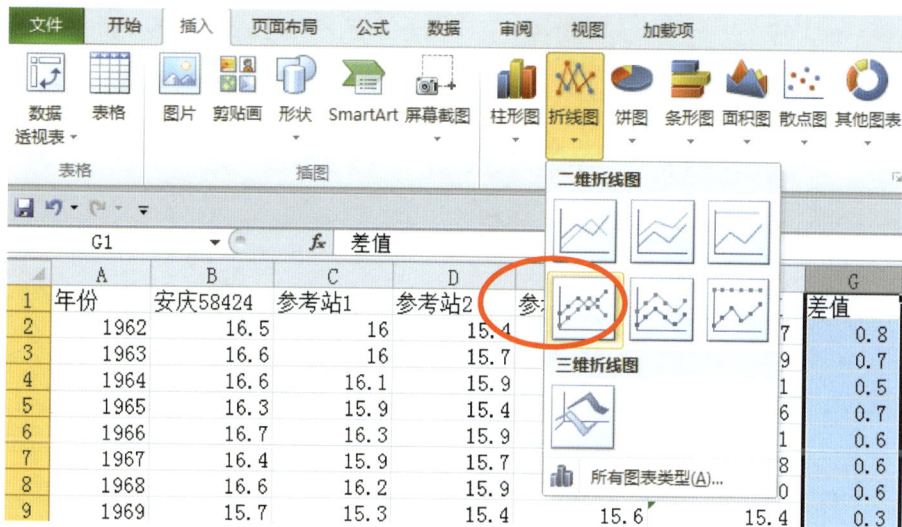

图 3.10

（4）选择菜单栏"设计"下面的"选择数据"后，获得图 3.11，选择水平坐标下面的编辑功能后，获得图 3.12，在轴标签选择 A 列（图 3.13）。进一步可以选择图中的图表布局（增加修改坐标轴、图表标题等），选择图表样式（修改曲线颜色、折线样式等）。选择图中网格线，坐标轴可以进一步对图表进行美化。最终获得图 3.14。

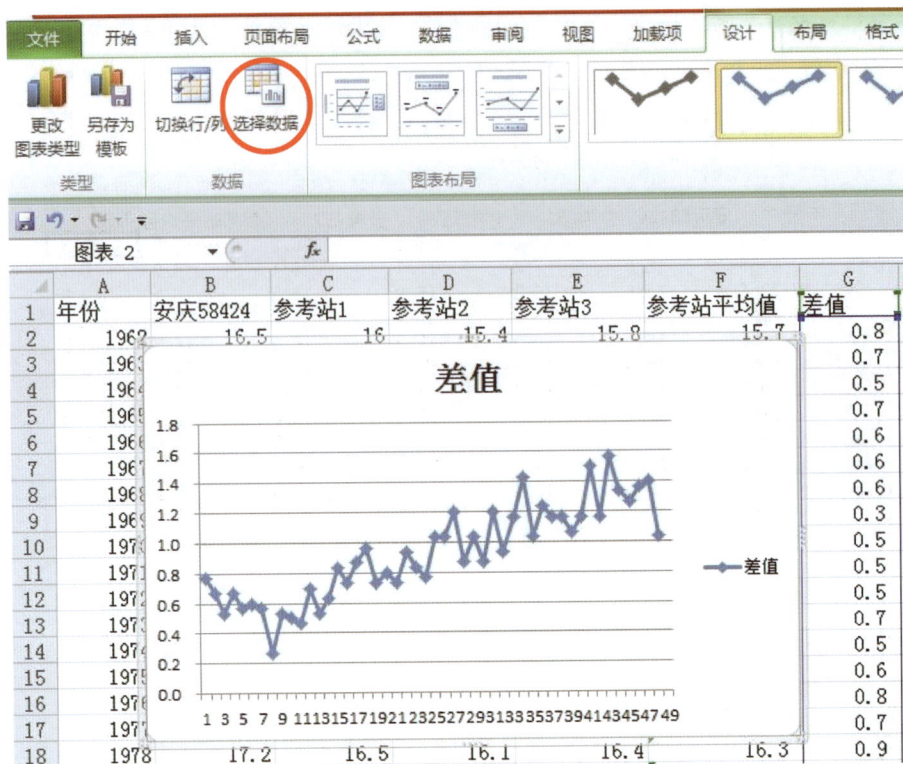

图 3.11

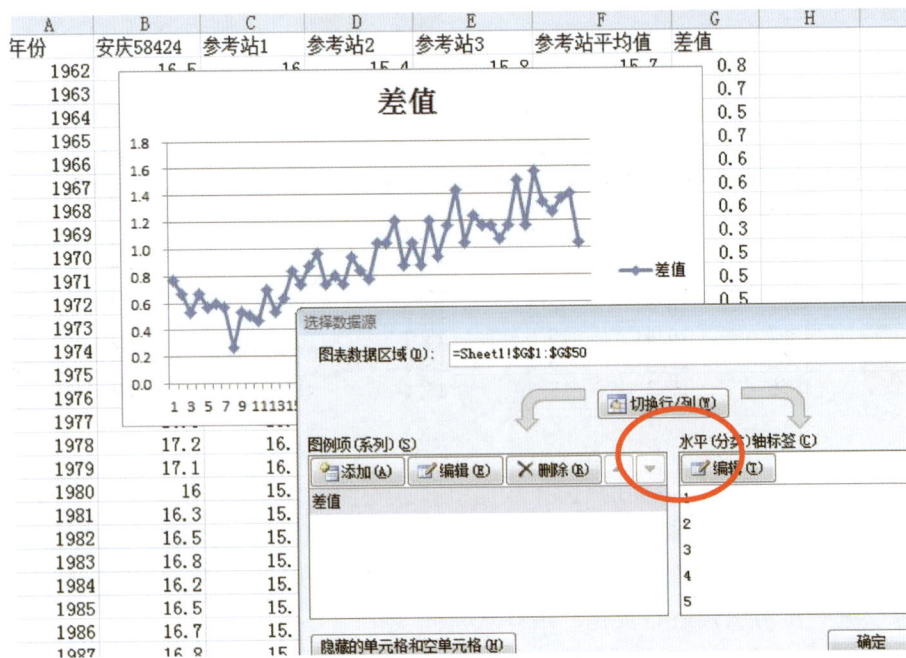

图 3.12

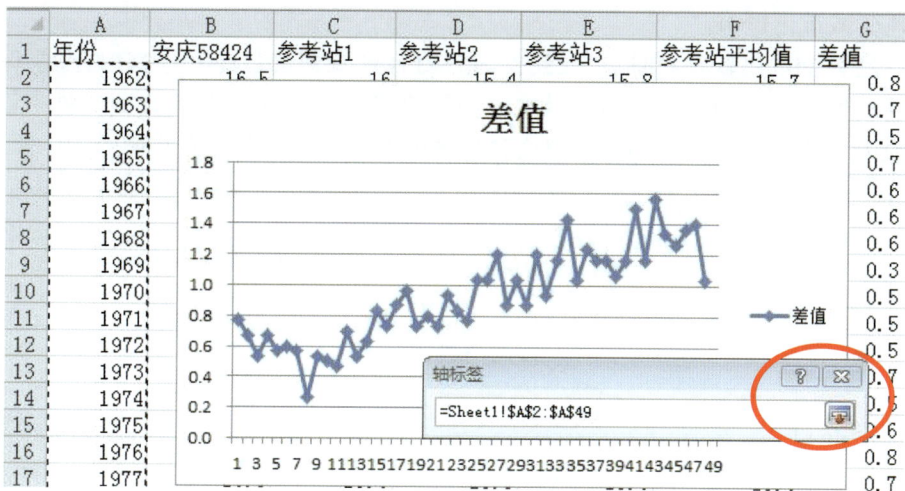

图 3.13

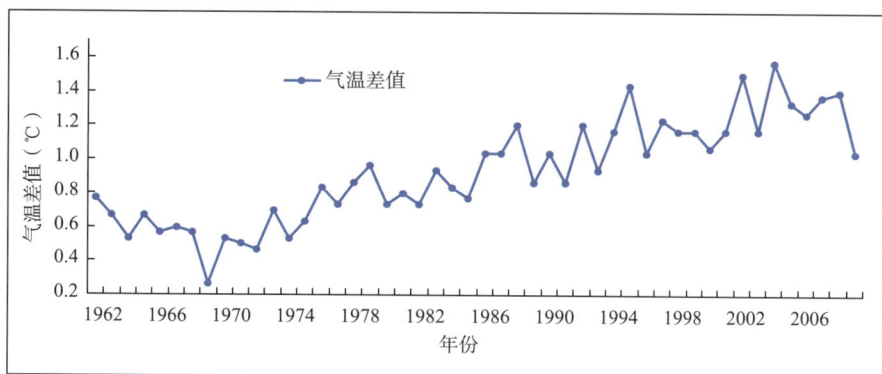

图 3.14 安庆站与参考站气温差值变化图

（5）分别利用差值序列计算差值 5 年的平均（图 3.15）和差值 10 年的平均（图 3.16）。

由图可以看出，安庆站与参考站的年平均气温差值自 1962 年以来至 1976 年，变化不大，差值在 0.3～0.8℃ 之间，一致性较好；自 1977 年迁站到 2009 年，安庆站气温明显高于参考站，差值均在 0.7℃ 以上，且年平均气温差值保持持续增大的趋势，特别是 1994 年后，差值更大，安庆站增温趋势更为明显；在 5 年气温平均差值变化图（图 3.15）上，反映近 10 年安庆站气温有明显增高的趋势；从 10 年气温平均差值变化图（图 3.16）上也可看出，安庆站气温基本保持线性升高的趋势。由此表明，安庆站与参考站的年平均气温序列自 1977 年以后一致性开始变得较差，1994 年后更为明显。这种不一致产生的原因是安庆站受城市化影响以及现址探测环境改变引起的，而不是观测仪器和气候变化导致的。具体情况如下：安庆站现址建站初期虽地处北郊，四周多菜地，但由于城市工业化发展迅速，现址周边逐渐形成居民生活区、企业生产区以及教学区，安庆站所处地段很快成为主城区，且安庆站离特大型化工企业安庆石油化工总厂距离过近，直线距离小于 2 km，尤其是 1994 年后，观测场东北、东、南面先后建成企事业办公、教学楼房，探测环境恶化。说明了安庆站气象要素数据明显地受城市化影响。

进行趋势变化比较时，即以一元线性方程对现址观测资料序列进行拟合，获得一个拟合方程，即 $y=ax+b$，其回归系数 a 反映了趋势的变化情况，对于地面观测资料一般统计其 10 年的变化情况。方程拟合的基本理论和方法可以参见后文或相关书籍。

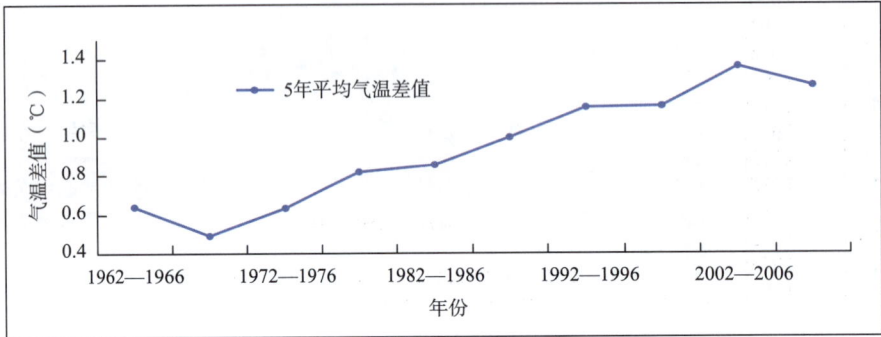

图 3.15　安庆站与参考站年平均 5 年气温差值变化图

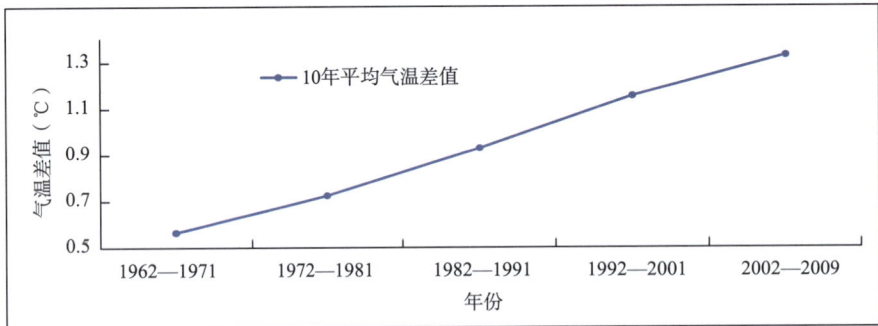

图 3.16　安庆站与参考站年平均 10 年气温差值变化图

Excel 中提供了计算趋势系数的捷径，如分别计算台站以及参考台站的变化趋势过程。

对于已经作好的气温折线图，利用鼠标右键点击数据点，出现图 3.17 的画面，选择添加趋势线，出现图 3.18 画面，可以勾选显示公式，显示 R^2，也可以根据需要改变颜色等，形成图 3.19，进一步可以得到图 3.20。特别要指出的是，在图 3.18 中还提供了其他趋势预测或是回归分析的功能，如指数、对数、滑动平均等。

由图 3.20 可知，安庆站与参考站气温随时间变化均为上升趋势，增温速率分别为 0.38℃/10a、0.19℃/10a，安庆站气温上升速率是周边站的 2 倍。安庆站气温的变化与年代的关系之间 $R^2=0.6268$，即 $R=0.792$（对于一元线性回归方程而言，其 R 值亦即为相关系数值，也即前面中利用 Excel 的 correl 获得的函数值），显然这种上升趋势是显著的。表明了安庆站与参考站的趋势线偏差逐渐增大，气温区域一致性越来越差。

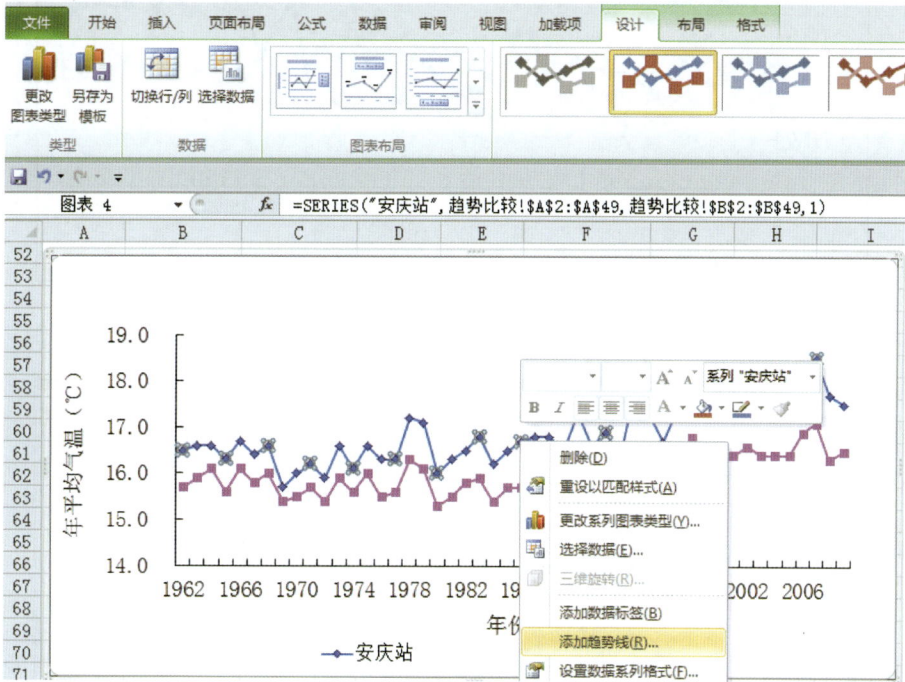

图 3.17　Excel 添加趋势线(1)

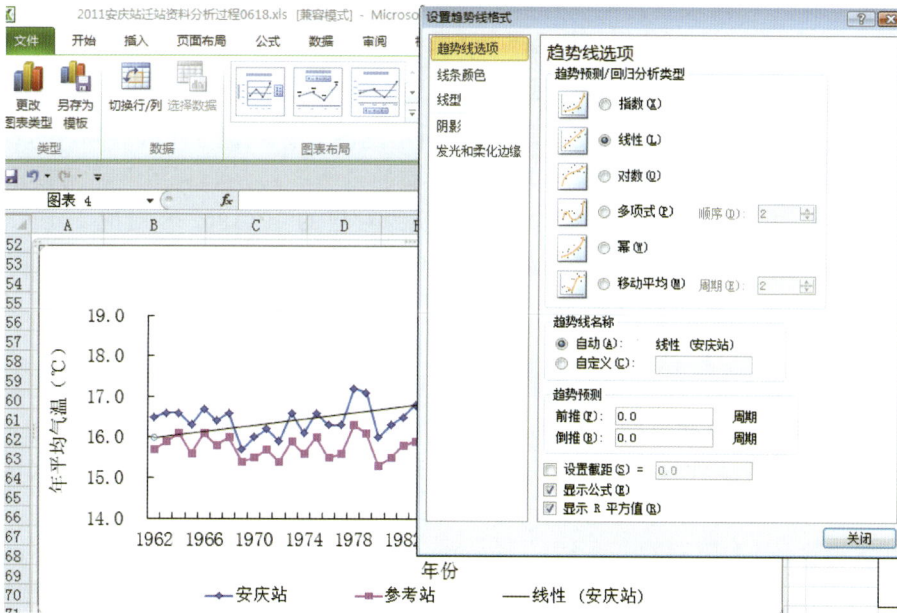

图 3.18　Excel 添加趋势线(2)

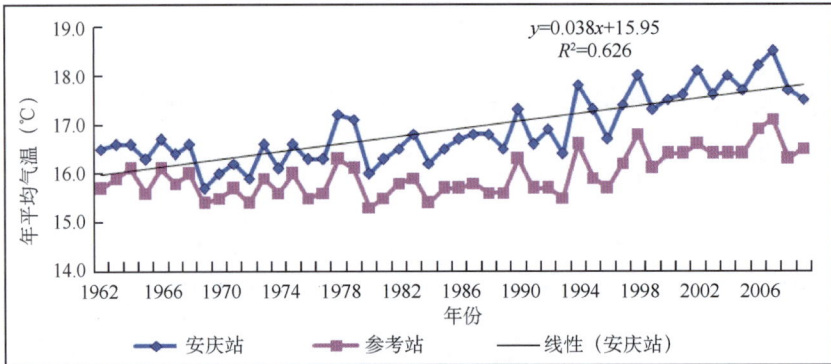

图 3.19 Excel 添加趋势线(3)

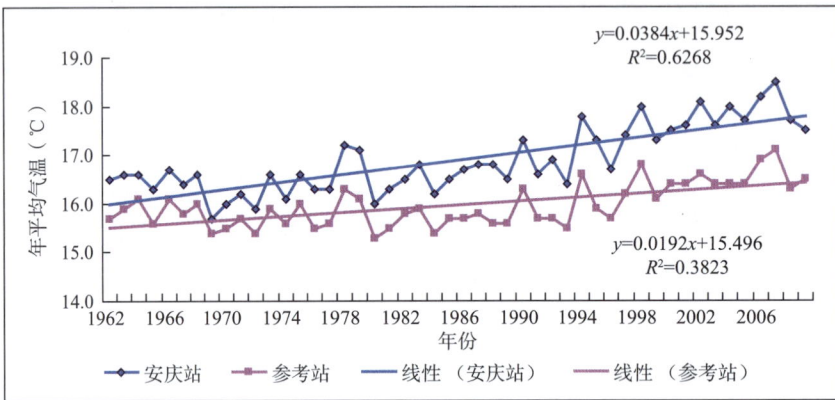

图 3.20 安庆站与参考站年平均气温趋势比较

特别需要说明的是,上述添加趋势线的方式获得图中一元线性回归方程 $y=0.0384x+15.952$ 中 x 是基于自然数序列 $1,2,3,\cdots,48$,而不是图坐标轴的 $1962,1963,\cdots,2009$。因此,在利用该函数进行预测计算时需要转换成对应的自然序列。如利用上述函数预测 2010 年的安庆站年平均气温时,需要先将 2010 年转换为对应的 49(1962 年对应 1,1963 年对应 $2,\cdots$),此时 $y=0.0384\times49+15.952$,亦即预测的安庆站 2010 年年平均气温为 17.83℃。

上述方法是通过 Excel 添加趋势线的方式获得变化速率,以下提供在 Excel 函数的方式下获得变化曲线的变化趋势、变化速率以及预测的方法。

LINEST 函数可通过使用最小二乘法计算与现有数据最佳拟合的直线,来计算某直线的统计值,然后返回描述此直线的数组。也可以将 LINEST 与其他函数结合使用来计算未知参数中其他类型的线性模型的统计值,包括多项式、对数、指数和幂级数。默认情况下 LINEST 函数可以得到回归方程 $y=ax+b$ 的斜率 a 的值。

其基本语法是 LINEST(known_y's,[known_x's],[const],[stats]),其中 Known_y's 必需,是关系表达式 $y=ax+b$ 中已知的 y 值集合,如图 3.20 中安庆站的 1962—2009 年的年平均气温,known_x's 必需,是已知的 x 值集合,如图 3.8 中安庆站的 1962—2009 年份数据,const,stats,均为非必需,具体使用可以参见 Excel 的帮助文件。对于图 3.8 中安庆站气温上升的速率计算可以在空白单元格中输入"=LINEST(B2:B49,A2:A49)",返回值为

0.0384,与图中添加趋势线的结果是一致的。如果需要进一步获得 $y=ax+b$ 的截距 b,需要另一个函数 index 的帮助。在空白单元格内输入"＝index(LINEST(B2：B49,A2：A49),1)"和"＝index(LINEST(B2：B49,A2：A49),2)"返回值为 0.0384 和 -59.416,返回的分别是 LINEST 函数计算的结果参数 1 和参数 2,亦即是线性回归方程的斜率 a 和截距 b。此时预测 2010 年的年平均气温 $y=0.0384\times2010-59.416$ 为 17.83℃。和 $y=0.0384\times49+15.952$ 结果是一致的。

在对函数进行回归预测时可以直接使用函数 forecast。其主要功能是根据已有的数值计算或预测未来值。此预测值为基于给定的 x 值推导出的 y 值。已知的数值为已有的 x 值和 y 值,再利用线性回归对新值进行预测。可以使用该函数对未来气温、降水等趋势进行预测。其语法为 FORECAST(x,known_y's,known_x's),3 个参数均为必需,其中 known_y's 和 known_x's 与前述的 LINEST 中的对应参数相同,x 为需要预测的需要进行值预测的数据点。仍然以图 3.8 中的相关数据为例,预测 2010 年年平均气温情况,可以在空白单元格内输入"＝FORECAST(2010,C2：C49,B2：B49)"返回值为 17.8℃,与前面的利用回归方程结果一致。除了 forecast 能够实现上述功能外,还可以利用 trend 函数,具体功能请参看 Excel 的帮助功能。

3.1.3　均一性分析

某台站一年的温度异常偏高,与其他年份的气温有显著性差异,此时我们可以认为在该年气温是不连续的,气温异常偏高可能是由于整个区域气候异常造成的,即气候变化引起;也有可能是由于该站观测方法改变,或是探测环境严重破坏等原因造成,即都有认为色彩的不连续。我们把这种带有认为色彩的、非气候变化引起的认为是不均一的。在剔除了气候变化的影响后,数据是连续的,则认为是均一的。

目前均一性的研究较多,但是成熟的方法较少,该项工作是研究气候变化工作的基础性工作。如何选择参考台站,剔除气候变化的影响,是其核心工作。比较常见的方法有滑动 T 检验、SNHT 检验、potter 检验、gamma 检验等。本节主要介绍滑动 T 检验。

首先介绍滑动 T 检验,进行连续性检验的方法。

对于观测序列 $x_1,x_2,\cdots,x_i,\cdots,x_n$,检测 x_{n+1} 是否与其他年份有显著性差异。

统计量:

$$t=\frac{x_{n+1}-\bar{x}}{\sigma}\left(\frac{n-1}{n+1}\right)^{\frac{1}{2}},\qquad(公式3.5)$$

其中,t 表示检验统计量,$\bar{x}=\frac{1}{n}\sum_{i=1}^{n}x_i$,$\sigma=\sqrt{\frac{1}{n-1}\sum_{i=1}^{n}(x_i-\bar{x})^2}$。

在显著水平 $\alpha=0.05$,自由度为 $n-1$ 时,当 $|t|>t_a$,t_a 可从查 T 分布表所得,表示 x_{n+1} 与其他年份有显著性差异,表明此处不连续。例如我们可以利用该方法检验合肥站 1994 年年平均气温与 1981—1993 年年平均气温是否有显著性差异?

经计算 1981—1993 年的 $\bar{x}=15.59$,$\sigma=0.33$,$t=3.94$,查表自由度为 12,$t_a=2.18$,即拒绝原假设,认为 1994 年年平均气温与 1981—1993 年有显著性差异。

对于 1981—2010 年的资料,如果检验 1993 年前后是否存在明显差异,如何构造检验统

计量? 即对于 $x_1, x_2, \cdots, x_i, \cdots, x_n$

$$t = \frac{\overline{x_1} - \overline{x_2}}{\sqrt{\dfrac{(i-1)\sigma_1^2 + (n-i-1)\sigma_2^2}{n-2}} \sqrt{\dfrac{1}{i} + \dfrac{1}{n-i}}}, \qquad \text{(公式 3.6)}$$

其中 $\overline{x_1}, \sigma_1$ 为前 i 个值 $x_1, x_2, \cdots, x_i$ 的均值和标准差,$\overline{x_2}, \sigma_2$ 则为 $x_{i+1}, \cdots, x_n$ 的均值和标准差。自由度则为 $n-2$。

对于 i,和 $n-i$ 均较大的情况(超过100)下可以使用(公式 3.7)代替上式。

$$t = \frac{\overline{x_1} - \overline{x_2}}{\sqrt{\dfrac{\sigma_1^2}{i} + \dfrac{\sigma_2^2}{n-i}}}, \qquad \text{(公式 3.7)}$$

以合肥站为例,1981—1993 年的均值和标准差为 15.59 和 0.492,1994—2010 年的均值和标准差则为 16.69 和 0.413,则有 $t = 7.54$,远大于自由度为 28 时的 $t_a = 2.048$,即在显著性水平 $\alpha = 0.05$ 下 1994 年后合肥站序列有显著性差异。

均一性检验则较为复杂,首先进行参考序列的选取与构建:对每个待检的序列,在待检站周围气象台站中选择 20 个邻近站点,按距离由近及远排列,选取与测站环境相似、距离较近、高度相差较小、序列资料平行年代长且相关系数大的站点为参考站(原则上不少于 3 个),取其均值作为参考序列。气温和湿度资料,采用差值序列进行检验,降水和风速资料,采用比值序列进行检验。

基于台站翔实的历史沿革记录,对存在迁站、仪器变更、观测时间或统计方法变更、台站环境变化等有记录的时间点进行针对性的统计检验,判断在该时间是否存在不连续点。以台站这些已知的可能引起序列非均一的时间点为假设的断点,应用 T 检验(公式 3.7)方法(显著性水平 0.05)进行该时间点前后时段的显著性检验,如检验结果显著,则认为该点是不连续点。对于不符合正态分布的要素,需首先进行正态化处理(常见的正态化方法有平方根法、对数法等。即对所有数据取平方根或取对数,转换后的数据再次进行正态检验,不服从的数据需要考虑采用其他方法)。

以合肥站为例,对于 1994 年,我们利用周边三个台站的资料构造参考序列,见表 3.3,与合肥站资料形成了差值序列。利用公式 3.7 计算知道 $t = 1.91$,小于自由度为 28 时的 $t_a = 2.048$,认为序列在 1994 前后是均一的,即 1994 年周边台站的温度均较高,而对于合肥站本身而言,该序列在 1994 年是不连续的,主要是气候变化的原因造成的。

表 3.3 合肥站均一性检验

年份	参考站 1	参考站 2	参考站 3	3 站平均	合肥	差值序列
1981	15.6	15.1	15.1	15.27	15.4	0.13
1982	15.8	15.3	15.4	15.50	15.6	0.10
1983	15.9	15.4	15.5	15.60	15.6	0.00
1984	15.4	14.8	14.9	15.03	15.0	−0.03
1985	15.6	15.1	15.2	15.30	15.3	0.00
1986	15.7	15.3	15.3	15.43	15.5	0.07
1987	15.9	15.4	15.5	15.60	15.7	0.10

续表

年份	参考站 1	参考站 2	参考站 3	3 站平均	合肥	差值序列
1988	15.9	15.4	15.4	15.57	15.8	0.23
1989	15.7	15.2	15.3	15.40	15.5	0.10
1990	16.6	16.1	16.1	16.27	16.4	0.13
1991	15.8	15.2	15.2	15.40	15.5	0.10
1992	16.0	15.5	15.5	15.67	15.9	0.23
1993	15.6	15.2	15.2	15.33	15.5	0.17
1994	17.1	16.5	16.7	16.77	17.0	0.23
1995	16.5	15.9	16.0	16.13	16.4	0.27
1996	15.9	15.4	15.5	15.60	15.8	0.20
1997	16.7	16.2	16.4	16.43	16.7	0.27
1998	17.2	16.6	16.8	16.87	17.1	0.23
1999	16.4	15.9	16.2	16.17	16.4	0.23
2000	16.8	16.1	16.5	16.47	16.7	0.23
2001	17.0	16.1	16.6	16.57	16.9	0.33
2002	17.4	16.3	16.4	16.70	17.3	0.60
2003	16.1	15.5	15.7	15.77	16.4	0.63
2004	17.1	16.2	16.5	16.60	16.6	0.00
2005	16.9	16.0	16.1	16.33	16.2	−0.13
2006	17.6	16.6	17.0	17.07	17.0	−0.07
2007	17.7	16.8	17.2	17.23	17.4	0.17
2008	16.8	15.9	16.2	16.30	16.4	0.10
2009	17.0	16.2	16.3	16.50	16.7	0.20
2010	15.9	16.0	16.2	16.03	16.4	0.37

3.2　空间分布图制作

1. 白化文件的准备

在用 Surfer 软件绘图时,由于某些地区的原始数据不准确或者不太重要,或者把行政边界外部的数据去掉,常常需要把这些区域空白掉,这个过程一般称为"白化"。"白化"作图需要建立的数据文件的后缀一般为"∗.bln"。

"∗.bln"可以为多段文件,每段表示一个实体(线、面)。每段文件由 A,B 两列数据组成,第 1 行为标志行,标志行 A 列——length 值一般大于 3,为线或多边形数据。标志行 B 列——flag 值为 1 时,表示多边形内部的区域被"白化";标志行 B 列——flag 值为 0 时,表示多边形外部的区域被"白化"。由第 2 行开始依次为各顶点的 X,Y 坐标。每段第 2 行与最后一行的 X,Y 坐标相等时,为封闭多边形。

bln 文件的数据格式:

length,flag"Pname 1"

x1,y1

x2,y2

...

xn,yn

length,flag"Pname 2"

x1,y1

x2,y2

...

xn,yn

(1)"白化文件"(＊.bln)文件可以在 Surfer 自带的工作表编辑器或其他文本编辑软件(Microsoft Office Excel)中手工输入,然后保存为后缀名为"＊.bln"的数据文件。

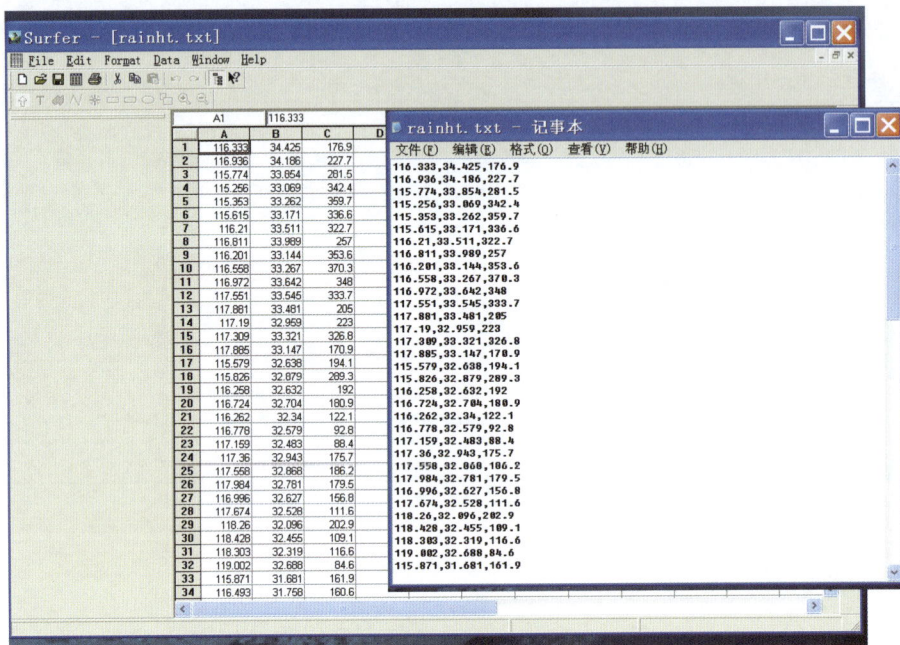

图 3.21　数据文件格式

(2)也可以在图上直接进行"数字化"来生成"白化文件"(＊.bln)文件,步骤如下:

首先选中图件("Ctrl＋A"或鼠标点击),然后执行"地图菜单(M)"下的"数字化(D)"选项,接着用鼠标左键在图中点出"白化区域",这就直接生成了"数字化文件"——digit.bln。最后,通过编辑 digit.bln 文件(确定标志行 B 列数据是"1"还是"0";把第 2 行与最后一行的 X,Y 坐标改为相同),即可得到"白化文件"。

(3)"地图"→"基面图"导入 shape 格式的边界文件,"文件"→"输出"bln 文件。

2. 数据文件的准备

Surfer 常用的数据文件一般是 ASCII 码(文本)格式的数据(图 3.21)。对于气象作图来说,Surfer 数据文件常包含四列,分别为井名列、X 列、Y 列和 Z 列,其中 X 列和 Y 列分别表示 x 和 y 坐标,Z 列是在坐标(x,y)处的值(例如,气温)。井名列可以放在 XYZ 三列的前面,也可以放在后面。在同一个数据文件中,对于 Z 列这样的等值数据可以有多列,分别依次排列,而不需要建立多个文件。

Surfer 软件常用的 ASCII 码(文本)数据文件后缀名一般为"∗. dat""∗. txt"。此外,Surfer 还可以方便地读取由 Microsoft Office Excel 建立的"∗. xls"工作簿文件。

注:因为 Surfer 软件不能良好地支持中文,不能用中文给 Excel 工作表命名,否则 Surfer 在读取数据的时候会出错。

(1)数据文件至少要有三列数据值,前两列输入的数据为 X、Y 坐标,第三列以后的数据为 Z 值(绘制的要素值,如降水)。

(2)第一行的文字描述可帮助用户确定所在列数据的类型和含义。

(3)可读入 XLS、TXT、DAT 等数据格式的文件。

3.2.1　等值线

3.2.1.1　数据文件的网格化

Surfer 最主要的功能是绘制等值线图,但并不是我们具有数据文件就可以直接绘制等值线,Surfer 要求绘制等值线的数据有特殊的格式要求,即首先要将数据文件转换成 Surfer 认识的"网格文件"格式,才能绘制等值线。假设你有三列数据:第一列是 X 坐标,第二列是 Y 坐标,第三列是(x,y)上的值 Z,存在文件 test. txt 中。

在绘制等值线前,首先要将数据文件 test. txt 转换为网格文件,步骤如下:

(1)打开"网格菜单(G)",点击"数据(D)…",在"打开"对话框中选择数据文件 test. txt(图 3.22)。

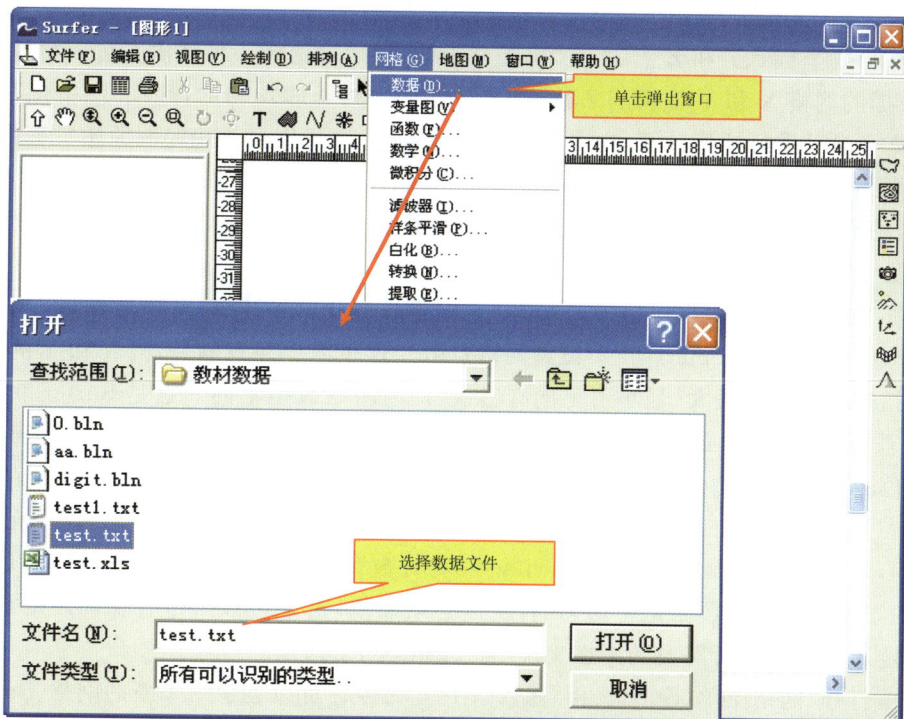

图 3.22　网格菜单的"数据"选项

（2）在打开"网格化数据"对话框中（图 3.23），对"数据列"进行操作，选择要进行"网格化"的网格数据（X 和 Y 坐标）以及格点上的值（Z 列），这里我们不用选择，因只有 3 列数据且它们的排列顺利已经是 XYZ 了，如果是多列数据，则可以在下拉菜单中选择所需要的列数据。

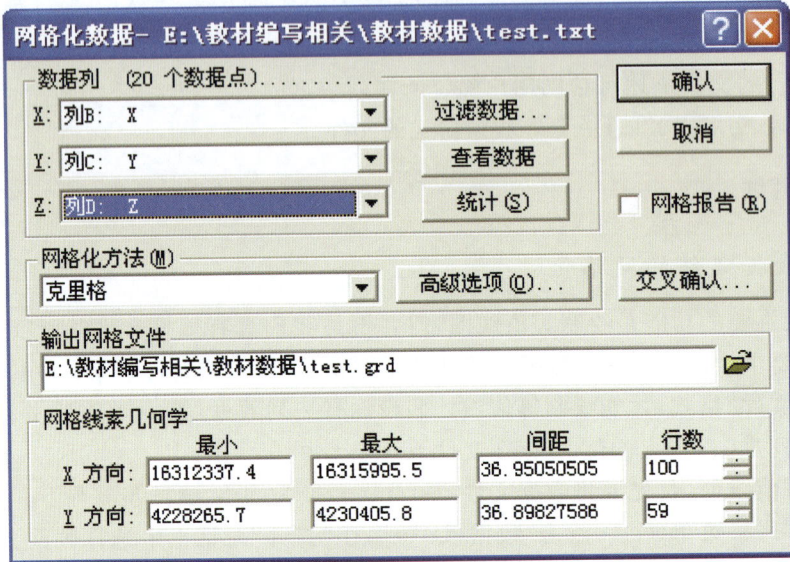

图 3.23 "网格化数据"对话框

（3）选择好坐标 XY 和 Z 值后，在"网格化方法（M）"中选择一种插值方法。如果你需要比原始数据的网格 X 和 Y 更密的 Z 数据，或是你的网格是非均匀的，则在"网格化"的过程中，Surfer 会自动进行插值计算，生成更密网格的数据；如果你只是想绘制原始数据的图，不想插值，则最好选择"加权反距离法（inverse distance to a power）"或"克里格法（Kriging）"。因为这两种方法在插值点与取样点重合时，插值点的值就是样本点的值，而其他方法不能保证如此。

（4）在"输出网格文件（Output GridFile）"中输入输出文件名 test. grd，然后在"网格线索几何学（Grid Line Geometry）"中设置网格点数。这里需要注意的是，当 X 和 Y 的数值相差很大时，这里显示的最大、最小值可能有错误（即与原始数据不同），这是 Surfer 软件本身的问题，遇到这种情况，必须手动改正这种错误，即输入正确的最大、最小值。由于我们的数据没有此类问题，因此，不必手动改正最大、最小值。但必须手动改正 X 和 Y 的"间距（spacing）"或"行数"，这二者是相关的，改动一个，另一个自动改正。如果你的原始数据是等间距的，这里的 X 和 Y 的"间距（spacing）"或"行数"最好与原数据一致，这样可以减少插值带来的误差。我们的数据是不均匀的，所以必须插值，这里可以不进行任何改动。最后，点击"确定"，画等值图所需要的网格文件 test. grd 就生成了。

另外，打开"网格菜单（G）"，选择"函数（F）…"命令也可以创建一个新的网格文件，此网格文件的 Z 值是一个原有网格文件的 Z 值的转换或是原有两个网格文件 Z 值的组合。输出的新网格文件的 Z 值与应用的数学函数有关。设此函数为 $C = f(A, B)$，这里 C 为输出值,而 A 和 B 为输入值。此函数会把对应的相同的 (x,y) 坐标上的 Z 值进行相应的数学计算,然后把计算结果写入新的网格文件。例如,函数 $C=\log_{10}(A)$ 会把原来 A 文件中的 Z 值做以 10 为底的对数计算,然后把新的 Z 值写入新的网格文件。如果一个网格数据是空白的(blanked value),那么,新的 Z 值也是空白的。

3.2.1.2　绘制和设置等值线

1. 绘制等值线

打开"地图菜单(M)",点击"等值线图(C)",选择"新建等值线图(N)",在"打开网格"对话框中选择刚才输出的网格文件 test. grd(如图 3.24),点"确定",则一幅等值线图就完成了(图 3.25)。

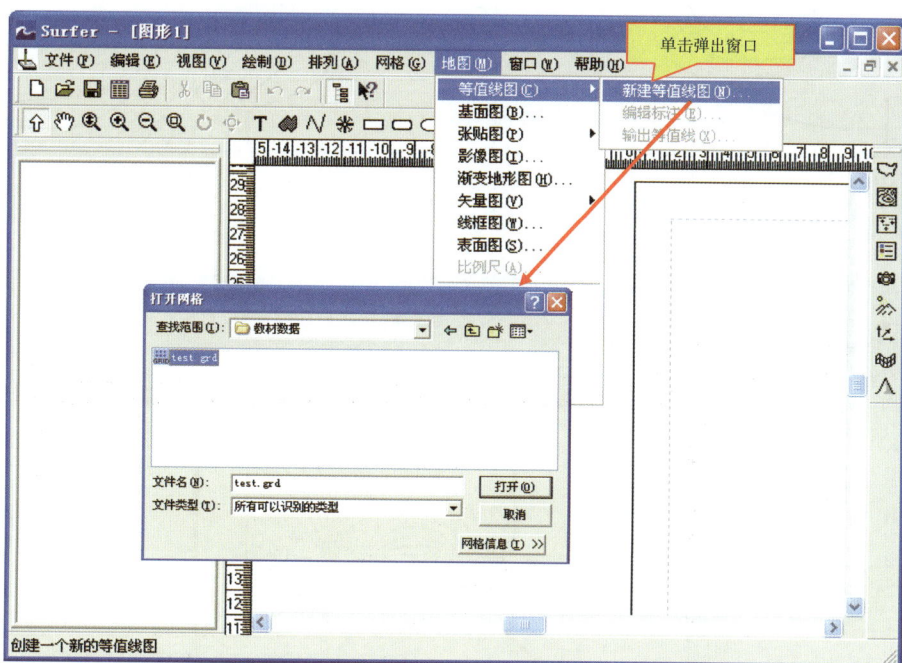

图 3.24　地图菜单(M)的"新建等值线图"选项框

2. 等值线图的修改和设置

调出设置"等值线图属性对话框"有三种方法:鼠标左键双击左边目标管理窗口里面的" Contours";或在所画等值线图的图中心位置双击鼠标;或在等值线图的图中心位置点击鼠标右键,选中"属性",就会出现设置等值线属性的各种选项,可以进行修改和设置(图 3.26)。各属性选项介绍如下。

(1)"常规 General"选项卡

①"输入网格文件(G)"

为打开的等值线图的网格文件重新命名。你也可以点击"打开文件图标" ,打开其他不同的文件(几乎没人这样做),另外,点击一下打开文件图标旁的" "图标,则可以看到当前网格文件的基本统计信息,如最大、最小值等(图 3.26)。

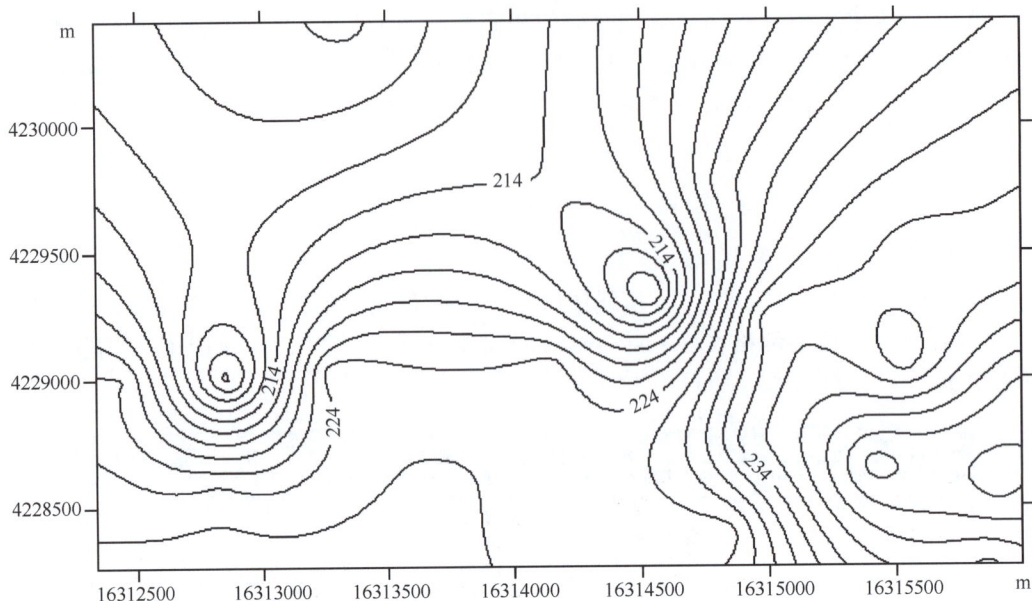

图 3.25　由 test 数据完成的等值线图

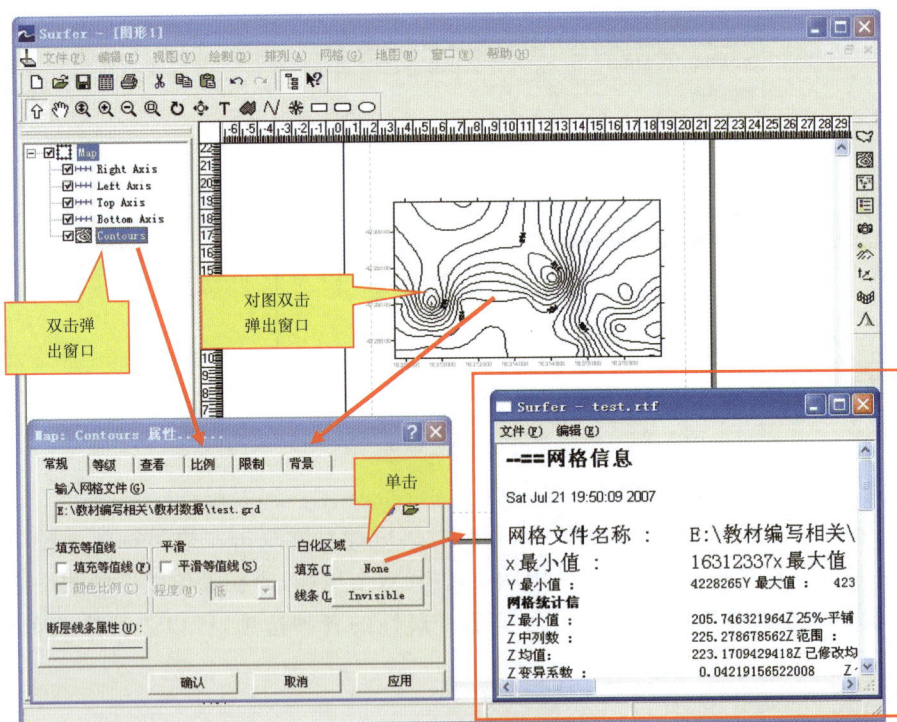

图 3.26　等值线图的属性对话框

②"填充等值线(F)"

选中"填充等值线(F)"(在前面的方框中点一下鼠标),就可以画着色的等值线图了,如果再选中下面的"颜色比例(C)color scale"的话,则可以在等值线图旁边给出色彩棒。

③"平滑等值线(S)"

选中的话可以对等值线进行平滑,在"程度(M)amount"中有"低、中、高"三种选择。这一项可以不选,除非画出的等值线图中的等值线非常不平滑。这项只起到美化图形的结果,没有更大的意义。

④"白化区域(B)"

这项可以对空白区域进行着色,只有在你的等值线中有空白区域时才有意义,一般不用。

⑤"断层线条属性(U)"

可以设置等值线的粗细颜色等。

(2)"等级 Levels"选项卡

"等级 Levels"选项卡下有 5 个选项:"等级""线条""填充""标注"和"影线"。

①"等级"

点击"等级"可以设置等值线的最大、最小值和等值线间的等值距,这可以对所有的等值线发生作用,通过调节此项可以使等值线分布均匀,易于看清楚,作图更美观。如不想人为改动,可用缺省值。双击"等级"下面的数字,可以单独更改等值线的值,但要注意等值线从小到大的规律。

②"线条"

点击"线条"可以设置等值线的线型。"线条"的"属性"选项卡下有几项可以设置一下(图 3.27)。

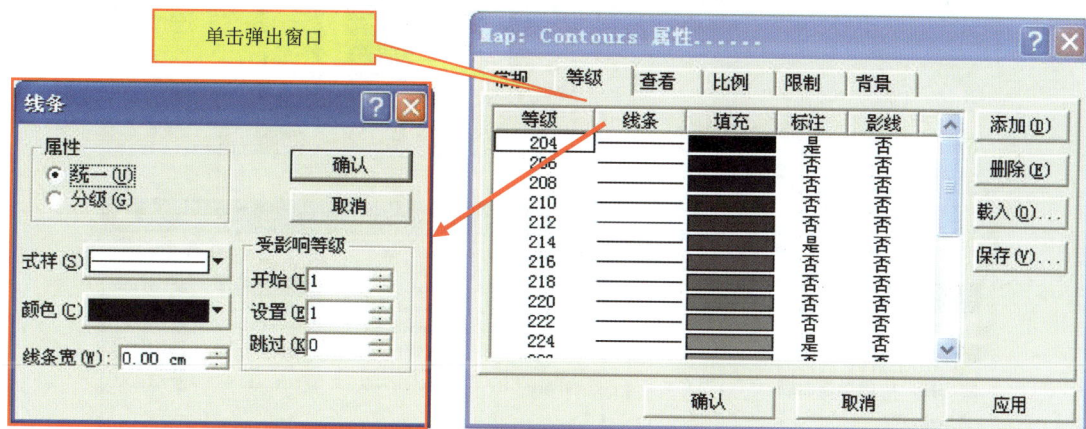

图 3.27 "线条 line"的属性对话框

选中"统一(U)",则线型是统一的,选中"分级(G)",则线的颜色是渐变的。选择好"属性"后,就可以更改下面的"式样(S)"和"颜色(C)"以及"线条宽(W)"。点一下"颜色(C)"旁边的颜色区,可以修改线条颜色。修改"受影响等级"可以有选择地对等值线的线型颜色进行设置,主要是手动修改"开始(I)1 ,设置(E)1 ,跳过(K)0 "那里边的三个数字(图 3.27),这里不再详细介绍了。

此外,还可以通过直接双击"线条"下面的线,来改变某一根等值线的具体属性(图 3.28)。

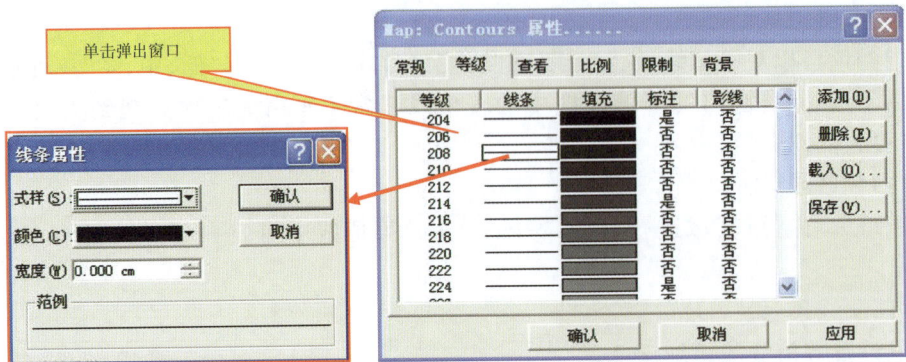

图 3.28 "单一线条"的属性对话框

③"填充"

此选项只有对填充了颜色的等值线图中才有效，对没有填充颜色的等值线图无作用。单击"填充"设置着色(图 3.29a)，出现"填充选项卡"(图 3.29b)，需要设置的只是"前景色(F)"，其他的"填充图案(P)"以及"背景色(B)"均不用设置。

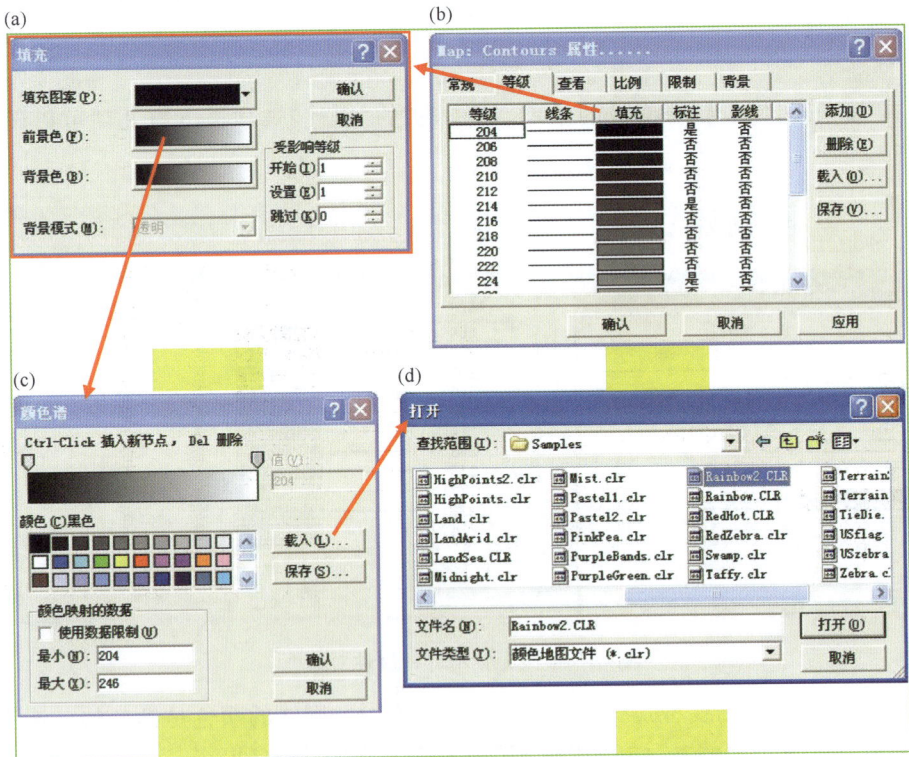

图 3.29 "填充"的属性对话框

点击"前景色(F)"就会出现"颜色谱"选项框(图 3.29c)，点一下"盾形"图标(在颜色条的左右两端上方)，就可以分别点选下面的颜色了，当然，也可以按住键盘"Ctrl"键的同时点击鼠标左键，在颜色条的上方，添加"盾形"图标，手动添加制定的颜色。或是点击"载入

(L)",调用 surfer8 安装目录"Samples"里默认的调色板文件(∗.clr)(图 3.29d)。图 3.30 是选择了调色板文件"Rainbow2.CLR"得出的图形。

　　同样,可以通过双击"填充"下面的具体颜色条来对特定的等值线区域进行着色(如图 3.30)。

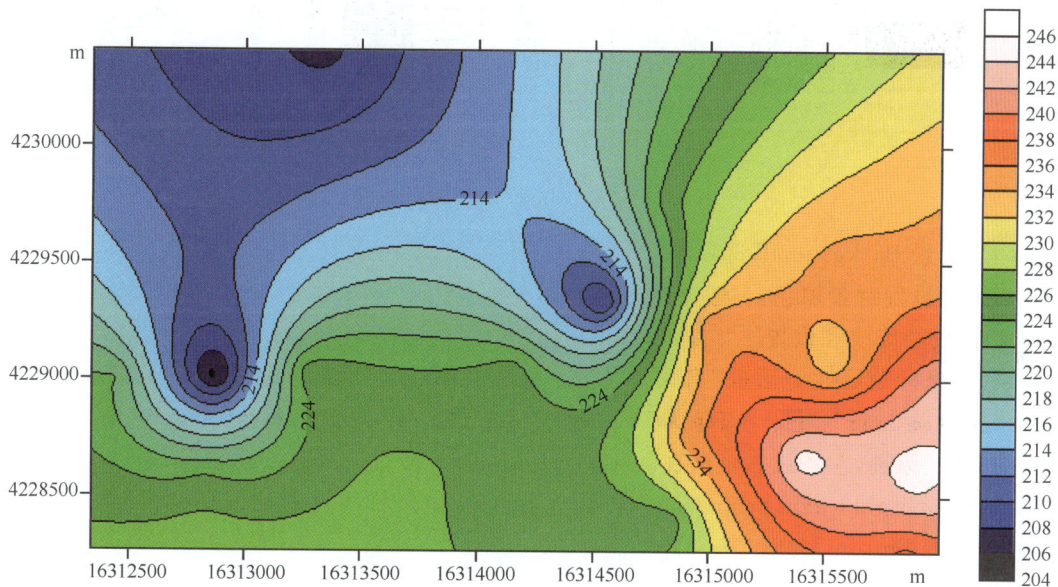

图 3.30　选择调色板文件"Rainbow2.CLR"做出的图形

　　④"标注"

　　设置等值线标注数字,比较简单。双击下面的"是 yes"或"否 no"可以设置是否显示某一等级的标注。

　　⑤"影线"

　　用来画等值线的上下方向(即上山或下山方向),一般不用。

　　此外,"等级 Levels"选项卡右侧还有 4 个选项:"添加""删除""载入""保存"。

　　当选中某一"等级"后,点"添加"按钮可以在两个"等级"之间插入一新的"等级";"删除"按钮则可以删除选中的"等级";"载入"按钮,可以载入以前设置好的"等级 Levels";"保存"按钮可以保存当前的"等级 levels",单击某一等级颜色可以修改其等级颜色(图 3.31)。

　　(3)"查看 View"选项卡

　　用来调整等值线图的整体方向,除了在"3D Surface"情况下,一般不用。

　　(4)"比例 Scale"选项卡

　　用来设置 XYZ 轴的比例,可以调整其长度选项。一般情况不需调整,除非 X 和 Y 相差很大,为了方便看图可以调整其到合适的长度。

　　(5)"限制 Limits"选项卡

　　可以用来裁剪等值线图(通过设置 XY 的最小、最大值),从而得到感兴趣的目标区的图形。

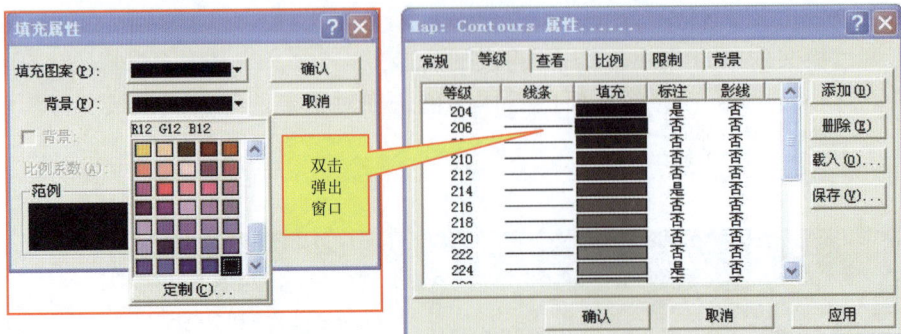

图 3.31　"单一填充"的属性对话框

（6）"背景 Background"选项卡

可用来设置背景填色，一般不用。

3. 轴线的修改和设置

调出"坐标轴属性对话框"有两种方法：一是鼠标左键双击左边目标管理窗口里面的"☑ ⊢⊢ Bottom Axis"，"☑ ⊢⊢ Top Axis"，"☑ ⊢⊢ Left Axis"，"☑ ⊢⊢ Right Axis"；二是双击等值图的横轴、纵轴、左轴或右轴所在的位置，就可以打开坐标轴属性对话框"map bottom（or left or top or right）axis properties"（如图 3.32）。"坐标轴属性对话框"共有四个选项卡，下面以"底轴 Bottom"为例，其他类似。

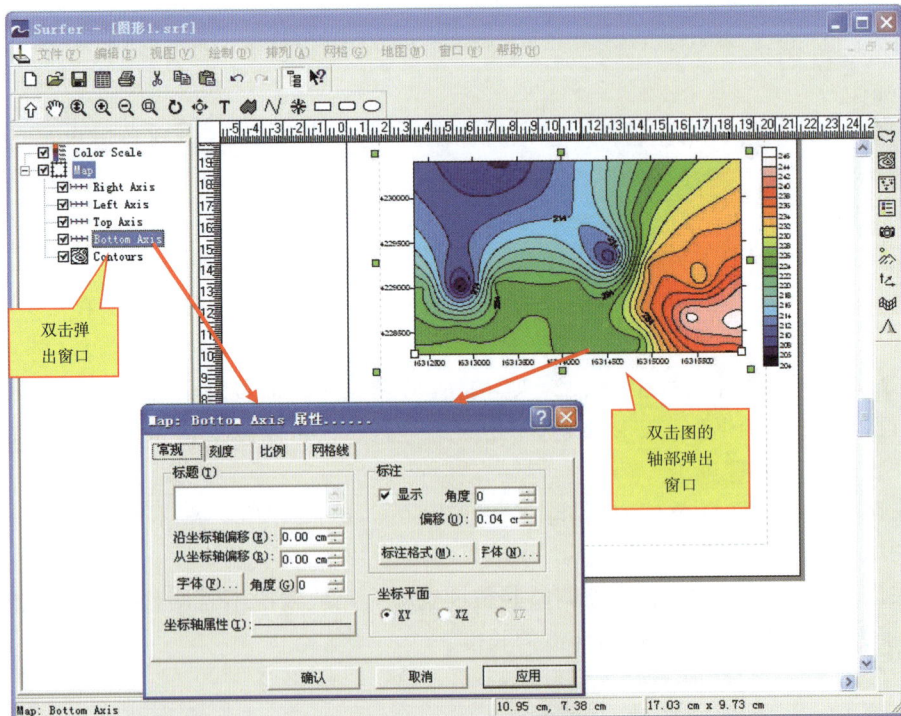

图 3.32　底部坐标轴属性对话框

（1）"常规"选项卡

"标题（T）"，在空白处可以输入轴的说明或图的说明文字，用"沿坐标轴偏移（E）"和"从坐标轴偏移（R）"可以设置说明文字的位置，"字体（F）"可以选择字体，"角度（G）"可以选择文字的旋转角度。"标注格式（M）"设置轴的刻度值。"坐标平面"设置轴平面，一般不改动。"坐标轴属性（I）"设置轴线属性。

（2）"刻度"选项卡

设置轴线上刻度的长度，方向，主刻度和辅助刻度。

（3）"比例"选项卡

设置刻度值（label）的起始值（first major），间隔（major）和最后值（last major）。其他值一般不修改。

（4）"网格线"选项卡

用来设置等高线图的坐标网格，用鼠标点击"显示"即可。

最后，设置好所有的选项后，点击"文件菜单（F）"的"保存"选项，选择默认的"＊.srf"格式进行保存，则等值线图正式绘制完毕。

4. 图件的覆盖与拆解

如果在同一文件里绘制完成井位坐标图和等值线图后，看不到井位坐标，则说明井位坐标图被等值线图挡住了，需要在左边的"目标管理窗口"把井位坐标图调整到等值线图的前面（如图3.33）。

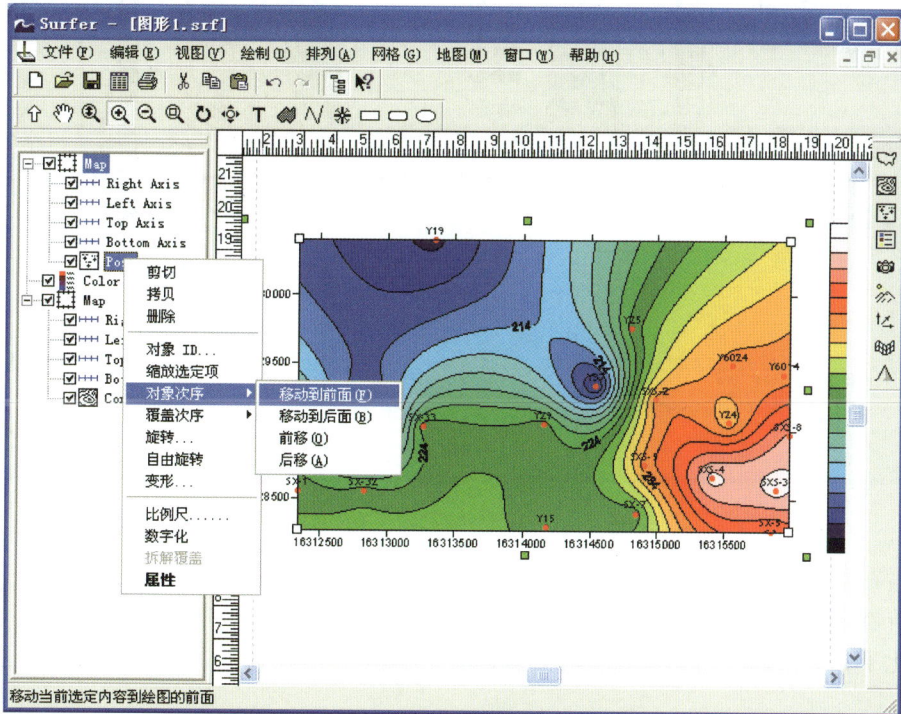

图3.33　调整井位坐标图的叠置顺序

另外,在同一文件里绘制完成井位坐标图和等值线图后,经常会发现两幅图的坐标不能准确对齐,如果用手动调节的话,肯定不精确,这时就可以采用"覆盖地图"方法。首先在键盘上按"Ctrl+A"或点击鼠标,将两幅图都选中,执行"地图(M)"下的"覆盖地图"选项,就可以将两幅图形精确对齐了(图3.27)。同样的办法,选好图件后,执行"地图(M)"下的"拆解覆盖(B)"选项,可以把两幅图拆开。

3.2.1.3 等值线白化

"白化"的过程主要是利用"白化文件"对原来的网格文件进行"白化"操作,生成一套新的网格,然后再利用新生成的网格来绘制等值线图。

主要步骤如下:

首先点击"网格菜单"执行"白化"选项,在弹出的"打开网格"菜单中选取网格文件test. grd(图3.34);

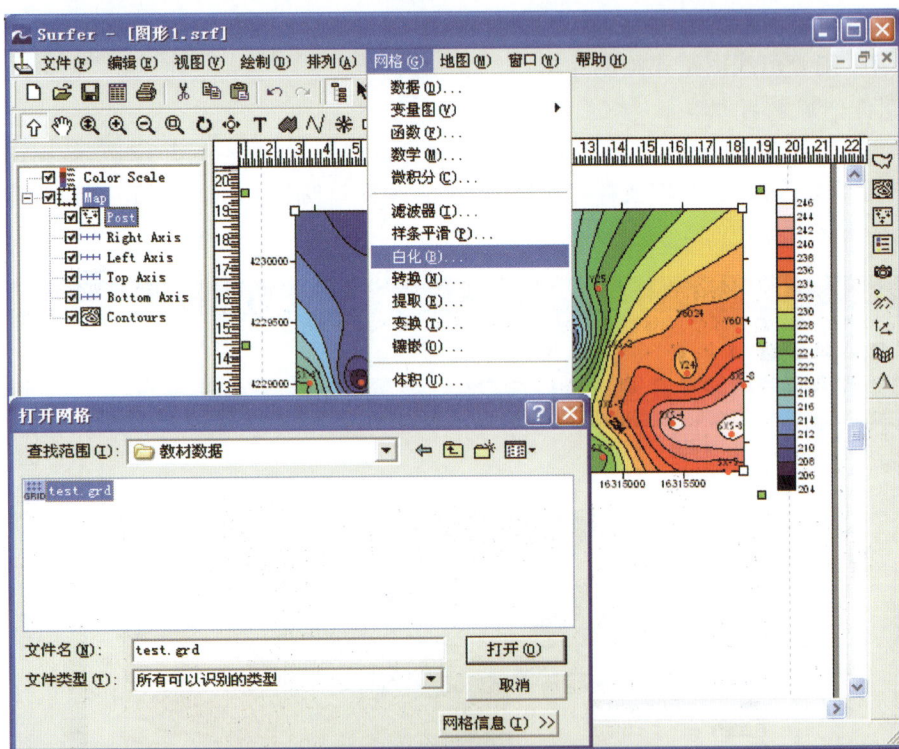

图3.34 选取执行"白化"的网格

然后在弹出的"打开"菜单中选取"白化文件"digit. bln(图3.35);

接着在"保存网格"菜单保存新生成的网格为out. grd(图3.36),原来的网格test. grd便被白化了;

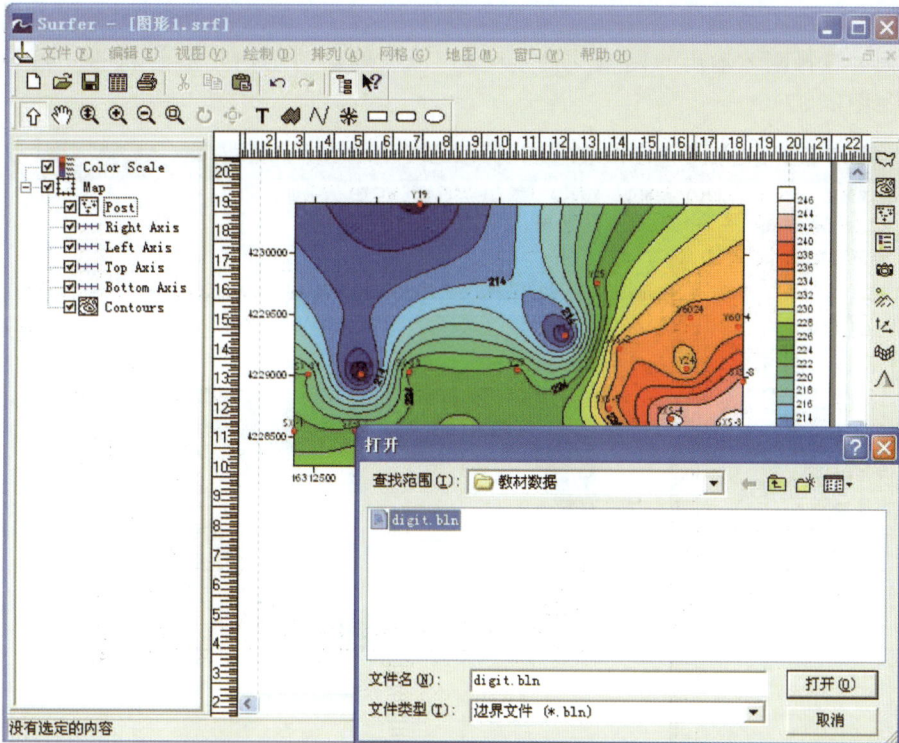

图 3.35　选取"白化文件"

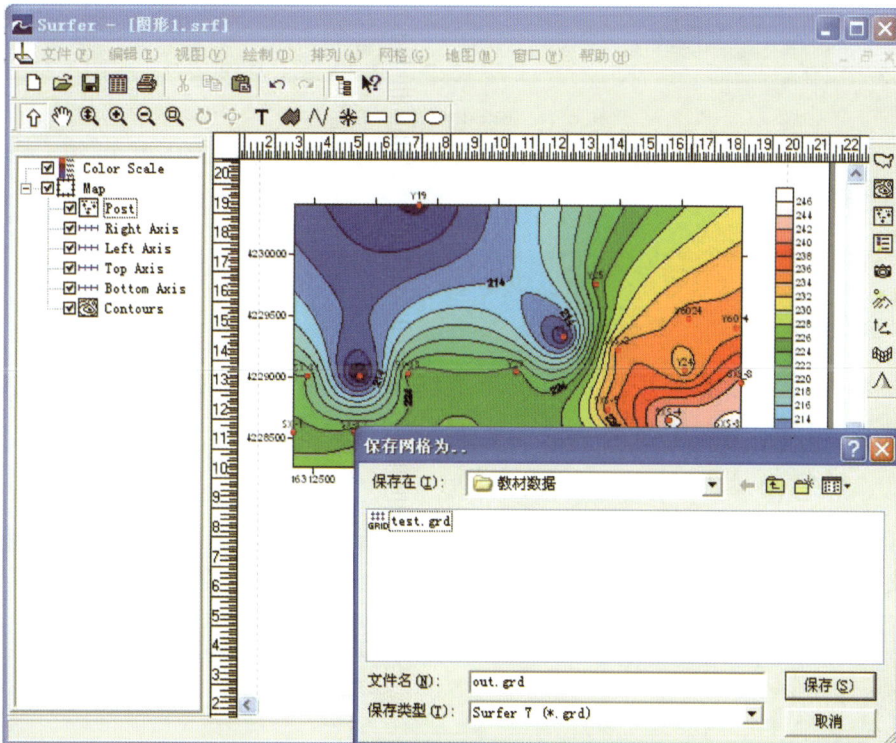

图 3.36　保存新生成的网格文件

最后打开"地图菜单（M）"，点击"等值线图（C）"，选择"新建等值线图（N）"，在"打开网格"对话框中选择刚才输出的网格文件 out.grd，点"确定"，则白化后的新的一幅等值线图就完成了（图 3.37）。

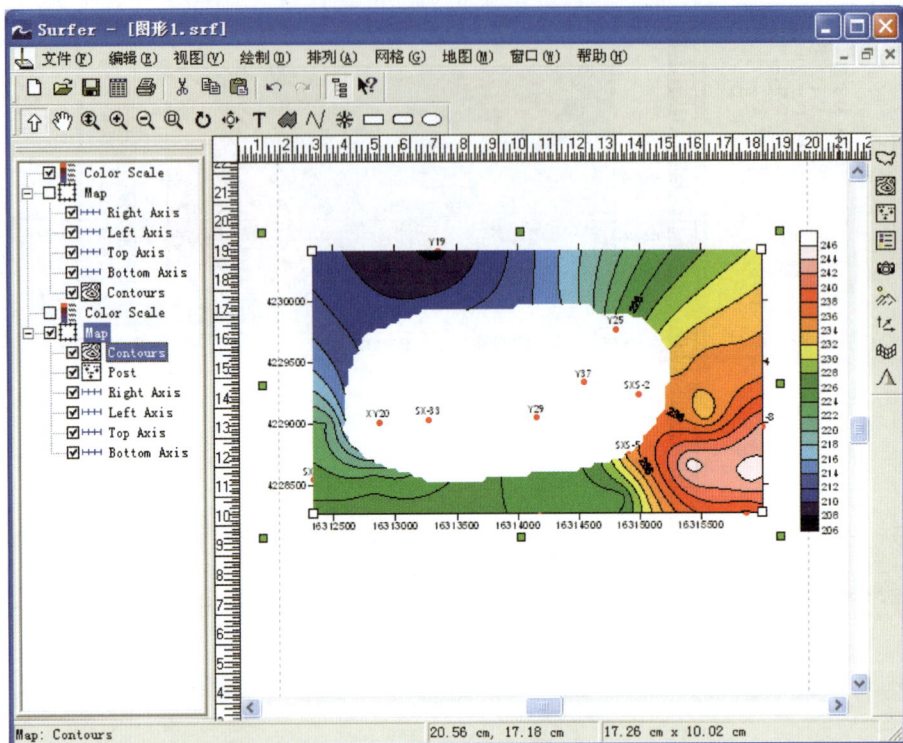

图 3.37 "白化"后的等值线图

3.2.2 色斑图

对生成的等值线图进行填色，就得到色斑图，见图 3.38。

3.2.3 张贴图

地质图件常常需要标有井名、井位坐标，在 Surfer 软件绘制井位坐标图中可以通过"建立张贴图"或"建立分类张贴图"来实现。

3.2.3.1 建立张贴图

打开"地图菜单（M）"，点击"张贴图（P）"，选择"新建张贴图（N）"，在"打开"对话框中选择数据文件 test.txt（图 3.39），点"确定"，则一幅"张贴图"初步建立完成（图 3.40）。但此时"张贴图"上还没有显示井位坐标，需要对"张贴图"进一步设置。

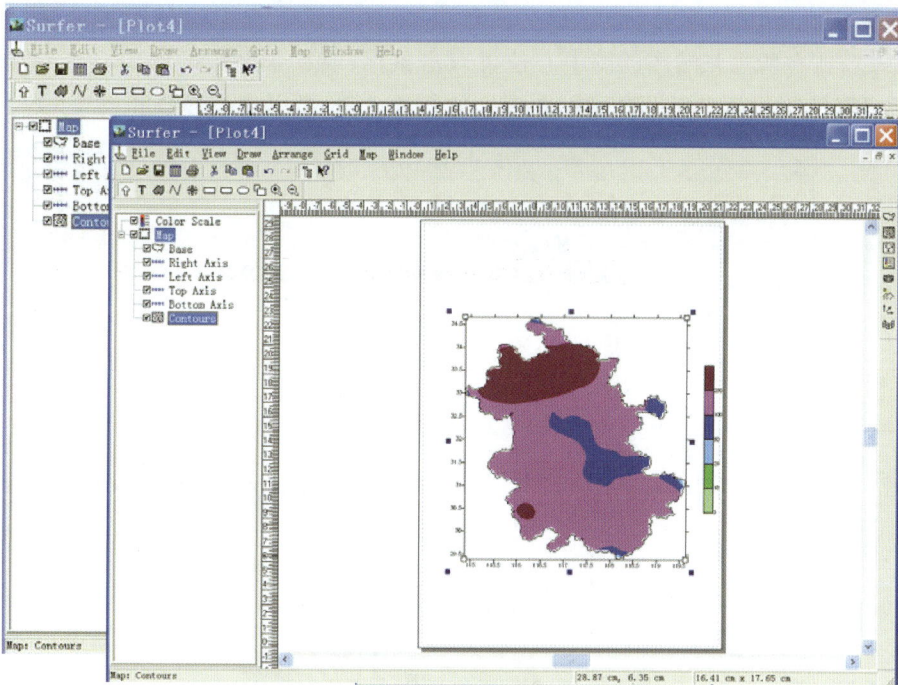

图 3.38　色斑图成果

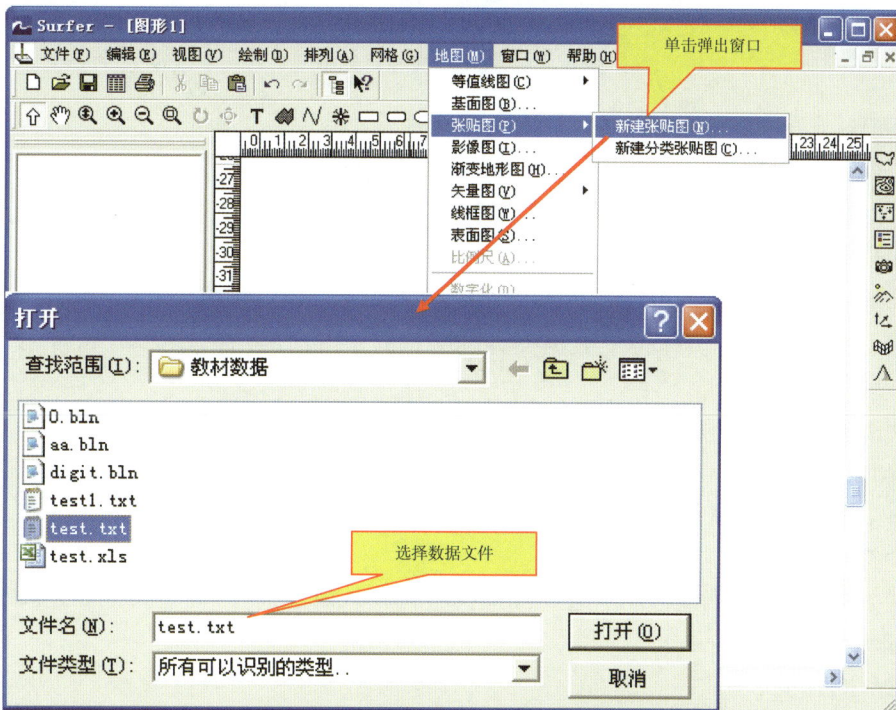

图 3.39　Surfer 工作表编辑器

调出设置"张贴图属性对话框"有三种方法：鼠标左键双击左边目标管理窗口里面的"☑🔲Post"；或在所画张贴图的图中心位置双击鼠标；或在张贴图的图中心位置点击鼠标右键，选中"属性"，就会出现设置张贴图属性的各种选项，可以进行修改和设置（图3.40）。

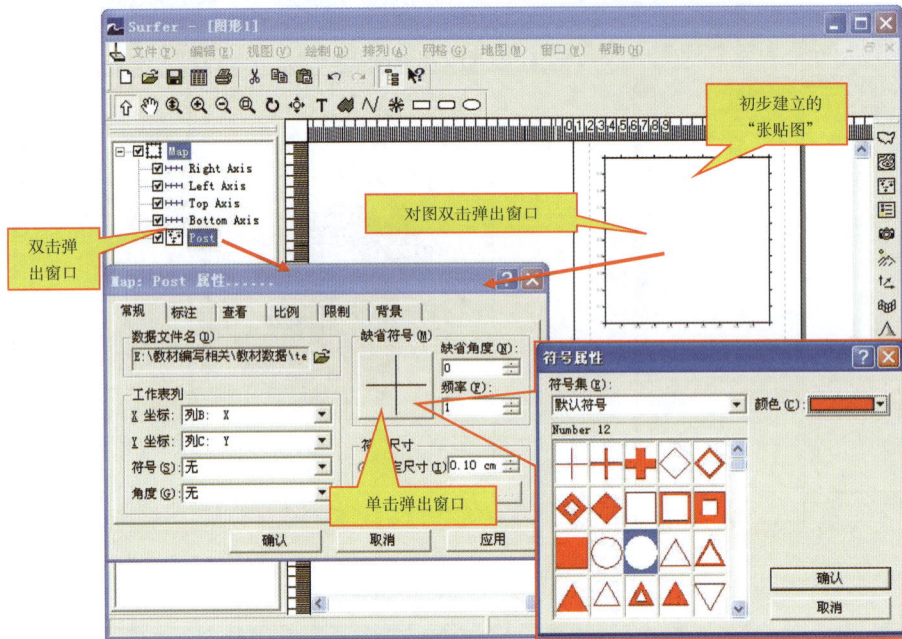

图 3.40　张贴图属性对话框

1."常规"选项卡

(1)"数据文件名（D）"

表示出当前打开的数据文件所在的位置，可以点击"打开文件图标"📂，更改打开的数据文件（图3.39）。

(2)"工作表列"

设置 x 坐标，y 坐标具体位于数据文件的哪一列。下面的"符号 S"和"角度 G"选项一般不用，可以设置为无。

(3)"缺省符号"

设置井位坐标的符号。通常我们选择实心圈，颜色选择红色。"缺省角度（N）"和"频率（F）"选择，一般使用默认值（如图3.40所示的"符号属性图"）。

(4)"符号尺寸"

设置井位符号的大小，通常不选"按比例（P）"选项，而是选择"固定尺寸（I）"，根据实际情况，一般设置为0.10 cm。

2."标注"选项卡

(1)标注用工作表列

指出数据文件中标注（井名或其他内容）所在的列。"角度"和"平面"选项可以用默认值（图3.41）。

（2）符号相对位置

设定粘贴的标注相对于粘贴点的位置。下拉式列表框可设定标志的位置——居中、左齐、右齐、上齐、下齐，也可以根据实际需要，选择用户定义选项，指定 X 或 Y 的偏移量。

（3）字体和格式

设定标注所用的"字体"和"格式"，一般采用默认值即可。

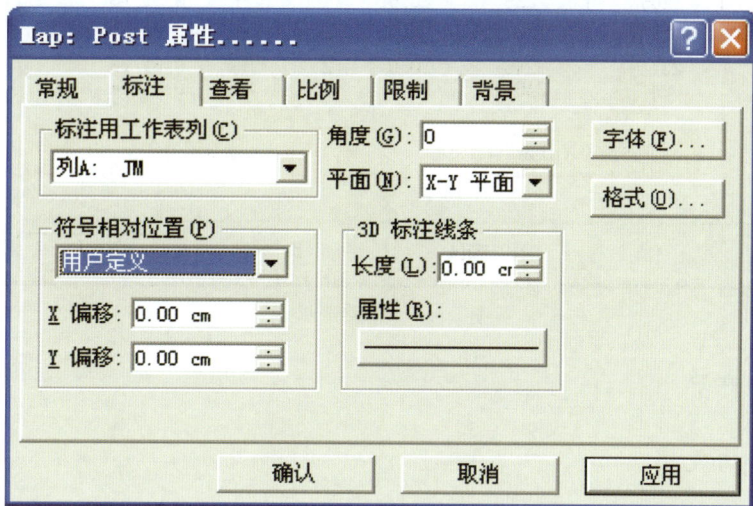

图 3.41　标注选项卡

3."查看"选项卡

用来调整等值线图的整体方向，除了在"3D Surface"情况下，一般不用。

4."比例"选项卡

用来设置 XYZ 轴的比例，可以调整其长度选项。一般情况不需调整，除非 X 和 Y 相差很大，为了方便看图可以调整其到合适的长度。

5."限制"选项卡

可以用来裁剪等值线图（通过设置 XY 的最小、最大值），从而得到感兴趣的目标区的图形。

6."背景"选项卡

可用来设置背景填色，一般不用。

最后，设置好所有的选项后，点击"文件菜单（F）"的"保存"选项，选择默认的"＊.srf"格式进行保存，则井位坐标图正式绘制完毕。

3.2.3.2　建立分类张贴图

"分类张贴图"的建立方法和"张贴图"的建立方法类似，只是多了一个"分类选项"（图3.42）。以 Z 列数据（即等值数据）为分类依据，根据研究的目的需要，制定一定分类标准来对井进行分类。不同的类别，可以设置成不同的标志符号。

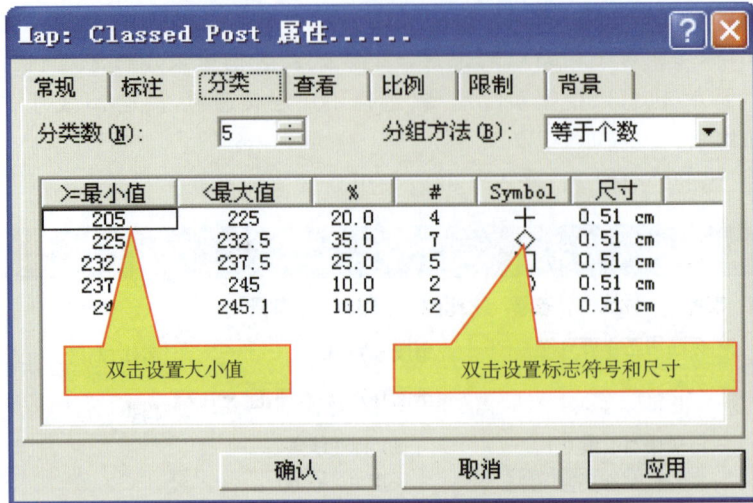

图 3.42　分类选项卡

3.2.4　典型产品

3.2.4.1　平均气温

利用安徽省某日 80 个国家观测站日平均气温在 surfer 中制作的平均气温空间色斑图，可以直观清晰地了解安徽省某日气温分布状况(图 3.43)。

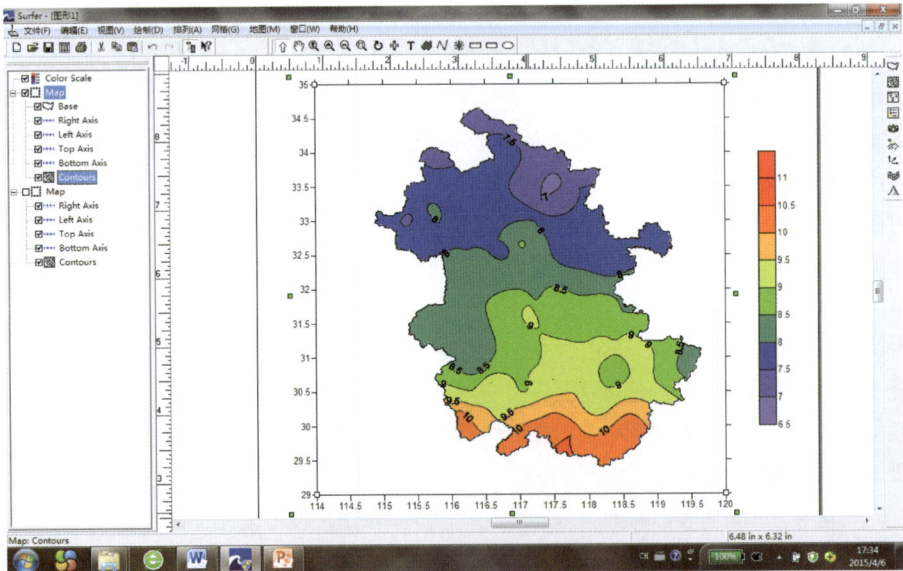

图 3.43　日平均气温色斑图

3.2.4.2　土壤水分

土壤水分状况是指水分在土壤中的移动、各层中数量的变化以及土壤和其他自然体(大气、生物、岩石等)间的水分交换现象的总称。土壤水分是土壤成分之一，对土壤中气体的含量及运动、固体结构和物理性质有一定的影响；制约着土壤中养分的溶解、转移和吸收及土壤微生物的活动，对土壤生产力有着多方面的重大影响。土壤水分又是水分平衡组成项目，是植物耗水的主要直接来源，对植物的生理活动有重大影响。经常进行土壤水分状况的测定，掌握土壤水分变化规律，对农业生产实时服务和理论研究都具有重要意义。

1. 相关定义

（1）土壤常数

田间持水量：当毛管悬着水达到最大数量时的土壤含水量称为田间持水量。

凋萎系数：当土壤含水量降至一定程度时，由于植物的吸水力小于土壤的持水力，植物便因水分亏缺而发生永久性凋萎，此时的土壤含水量称作凋萎系数，也叫永久凋萎含水量。

土壤容重：是在没有遭到破坏的自然土壤结构条件下、采取体积一定的土样称重，取样烘干，计算单位体积内的干土重。以 g/cm^3 表示。是计算土壤水分总贮存量及土壤有效水分贮存量的换算常数。

（2）土壤含水量表示方法

①土壤重量含水率。土壤含水量以土壤中所含水分重量占烘干土重的百分数表示，计算公式如下：

土壤含水量（重量％）＝（原土重—烘干土重）/烘干土重×100％＝水重/烘干土重×100％

②土壤体积含水率。土壤含水量以土壤水分容积占单位土壤容积的百分数表示，计算公式如下：

土壤含水量（体积％）＝（水分容积/土壤容积）×100％＝土壤含水量（重量％）×土壤容重

③水层厚度。将一定深度土层中的含水量换算成水层厚度来表示土壤含水量，计算公式如下：

$$水层厚度（mm）＝土层厚度（mm）×土壤含水量（容积％）$$

④土壤相对湿度。将土壤含水量换算成占田间持水量的百分数，以表示土壤水的相对含量，计算公式如下：

$$土壤相对湿度（％）＝（土壤含水量/田间持水量）×100％$$

土壤水分含量通常用土壤重量含水率和土壤相对湿度表示。

2. 指标

（1）土壤相对湿度旱涝等级（表3.4）

表3.4 土壤相对湿度的干旱等级

等级	类型	土壤相对湿度
1	过湿	$\theta > 90\%$
2	正常	$60\% < \theta \leqslant 90\%$
3	轻旱	$50\% < \theta \leqslant 60\%$
4	中旱	$40\% < \theta \leqslant 50\%$
5	重旱	$30\% < \theta \leqslant 40\%$
6	特旱	$\theta \leqslant 30\%$

（2）两个时次土壤墒情对比分析分级标准

两个时次土壤水分对比分析可以反映土壤水分动态变化过程，从而判断旱涝对作物影响状况。目前在业务服务中,国家气象中心根据两个时次土壤相对湿度对比,分7个级别来反映土壤水分变化情况,分别为:土壤持续缺墒,土壤开始缺墒,土壤缺墒解除,土壤墒情适宜,土壤过湿解除,土壤开始过湿,土壤持续过湿,见表3.5。

表 3.5 土壤墒情对比分析分级标准

墒情级别	分级标准
土壤持续缺墒	$\theta_1 < 60\%, \theta_2 < 60\%$
土壤缺墒	$\theta_1 \geqslant 60\%, \theta_2 < 60\%$
土壤缺墒解除	$\theta_1 < 60\%, 60\% \leqslant \theta_2 < 90\%$
土壤墒情适宜	$60\% \leqslant \theta_1 < 90\%, 60\% \leqslant \theta_2 < 90\%$
土壤过湿解除	$\theta_1 \geqslant 90\%, 60\% \leqslant \theta_2 < 90\%$
土壤过湿	$\theta_1 < 90\%, \theta_2 \geqslant 90\%$
土壤持续过湿	$\theta_1 \geqslant 90\%, \theta_2 \geqslant 90\%$

注:θ_1 为前次测墒结果,θ_2 为本次测墒结果,单位为土壤相对湿度(%)

图 3.44 为根据土壤相对湿度旱涝等级指标,利用安徽省的土壤相对湿度数据制作的旱涝分布图。

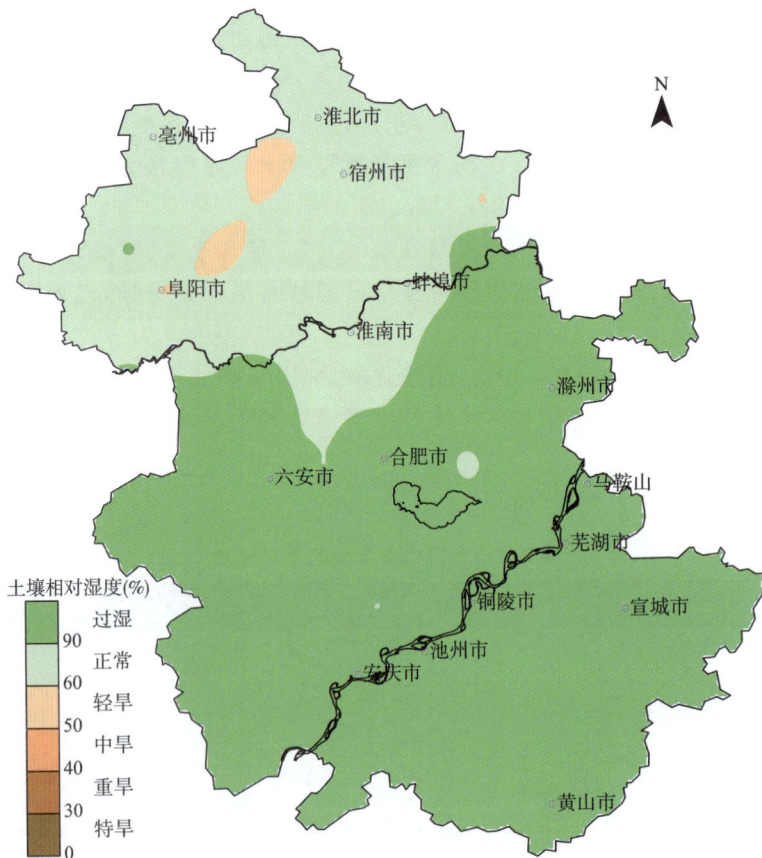

图 3.44 安徽省 2016 年 7 月 11 日 0～10 cm 土壤相对湿度分布

3.2.5 GIS 专题图产品

近年来,GIS 技术在气象业务服务方面得到了较为广泛的应用。气象数据本质上属于地理信息,气象观测中的风速、温度、气压等都是相对于具体的空间域和时间域而言,没有地理位置的气象要素是没有任何意义的。将 GIS 对空间数据和属性数据的管理、处理、分析、显示等强大功能应用到气象业务服务中,有效地增强了气象业务系统的地理信息定位、分析以及多源数据叠加显示功能,使气象服务产品更加直观、信息更加丰富。

3.2.5.1 气象观测数据导入

GIS 下导入气象观测数据,制作气象观测站周边 200 km 范围内气象观测站分布图。

基于气象观测数据,开展 GIS 下数据分析与初产品制作,首先要掌握 GIS 下数据导入方法。步骤:单击添加数据按钮；单击查找范围箭头并导航到 Excel 工作簿文件(.xls);双击 Excel 工作簿文件;单击要向 ArcMap 中添加的表;单击"添加"。

1. 数据准备

数据格式示例如表 3.6 所示,为 Excel 类型,其中,经度、纬度(单位度)字段是必需的,文件名为"安徽地面.xls"。

表 3.6

区站号	站名	类型	经度	纬度	海拔(m)	平均气温(℃)
58015	砀山	基本站	116.333333	34.450000	44.20	15.2
58016	萧县	一般站	116.966667	34.183333	34.70	14.9
58102	亳州	基本站	115.766667	33.866667	37.70	15.5
58107	临泉	一般站	115.283333	33.016667	35.80	15.7
58108	界首	一般站	115.333333	33.233333	34.00	15.7
58109	太和	一般站	115.616667	33.183333	33.00	15.7
58113	濉溪	一般站	116.750000	33.933333	31.60	15.1
58114	涡阳	一般站	116.183333	33.483333	30.40	15.1
58116	淮北	一般站	116.833333	33.983333	31.50	15.4
58117	利辛	一般站	116.200000	33.133333	27.90	15.6
58118	蒙城	基本站	116.516667	33.266667	26.00	15.7
58122	宿州	基本站	116.983333	33.633333	25.90	15.6

2. ArcGIS 9.3 下调用气象观测数据"安徽地面.xls"(图 3.45)

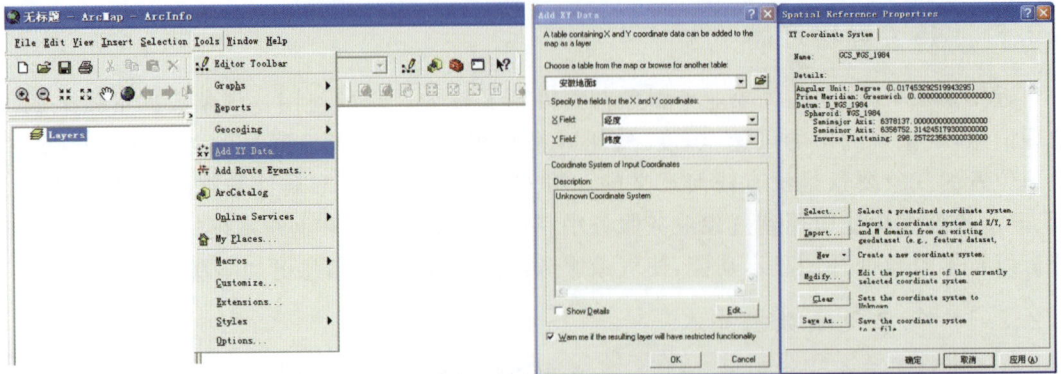

图 3.45 站点观测数据调入

点击 edit 定义坐标系统。

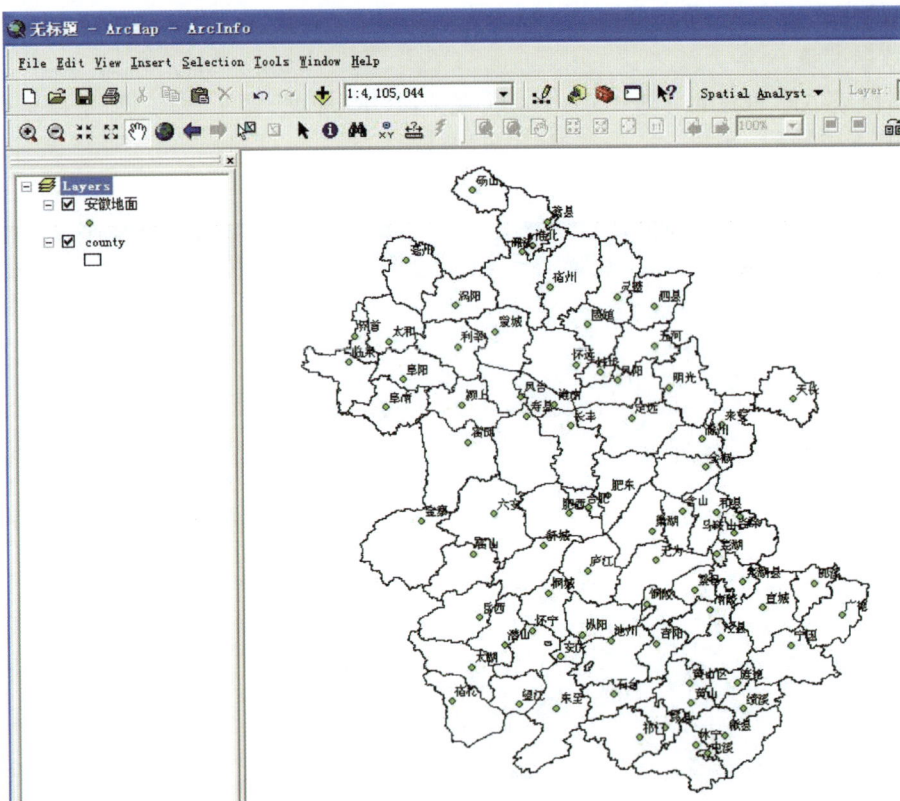

图 3.46 调入观测站数据后叠加图

导入数据后,需将数据重新导出为 shp 文件,如图 3.46 所示。

3. 创建观测站点 200 km 缓冲区(图 3.47 和图 3.48)

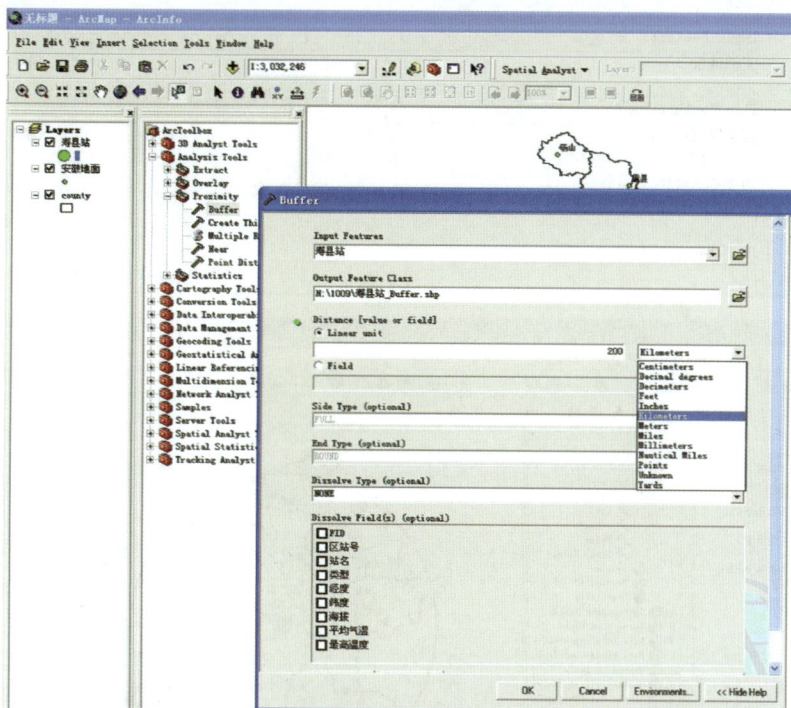

图 3.47　缓冲区 buffer 选项设置

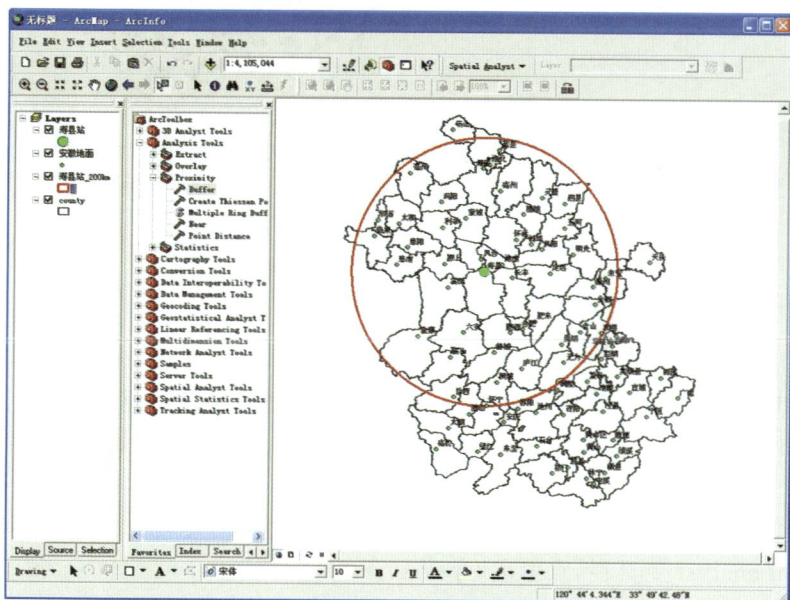

图 3.48　缓冲区切图

再用 arctoolbox—>analysis tools—>Extract—>Clip 命令,切出 200 km 缓冲区内的气象观测站点,如图 3.49 所示。

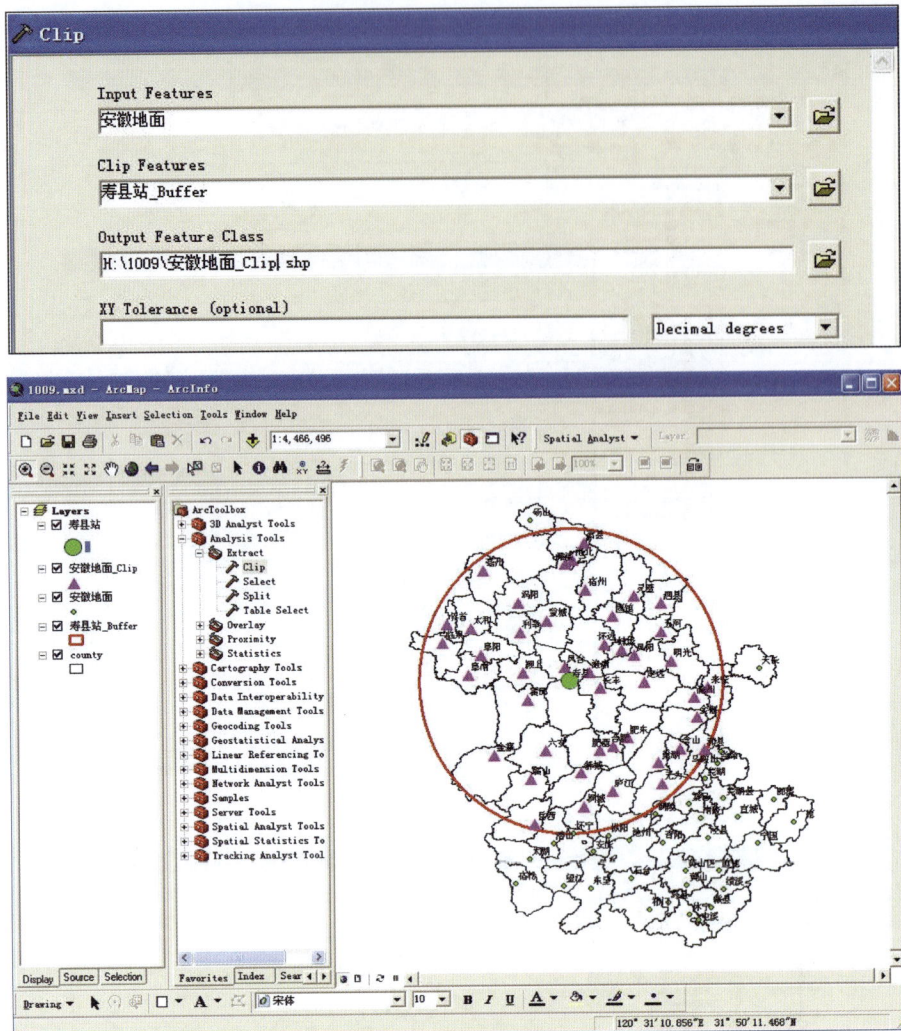

图 3.49　寿县站周边 200 km 范围内国家级气象观测站分布图

3.2.5.2　气象观测数据 GIS 空间分析

首先,使用数学方法,将气象观测站的实时观测资料(离散点分布)网格化,以便得到实时观测数据和气候数据。然后建立数学模式方程组,对基础地理数据(经纬度、高程、坡度、坡向等)、网格化的实时观测数据、网格化的气候资料数据等进行计算,得到气象要素 GIS 数据。

1. GIS 空间插值

在 Spatial analyst 工具栏,点击出 Options。

按照 IDW 插值设置(图 3.50 和图 3.51),直接经 IDW 空间插值得到气温分布图如图 3.53(右)所示。

2. GIS 栅格运算分析

根据气象观测站点 30 年平均气温、站点高程数据构建回归方程,得到年平均气温残差数据和回归方程式。基于空间分析方法,对年平均气温残差数据进行 IDW 空间插值,得到气温残差栅格数据。进行空间栅格分析,根据拟合的回归方程(如,气温＝16.3938－0.003927 ＊海拔＋残差)进行 raster calculator(图 3.52)。

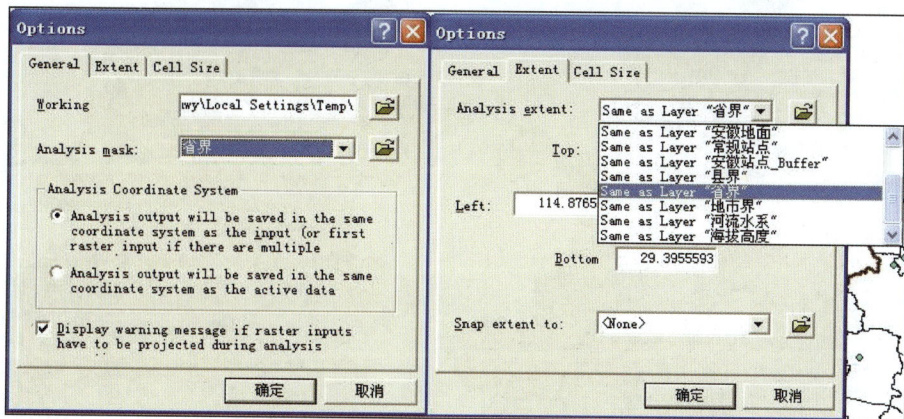

图 3.50　空间插值设置

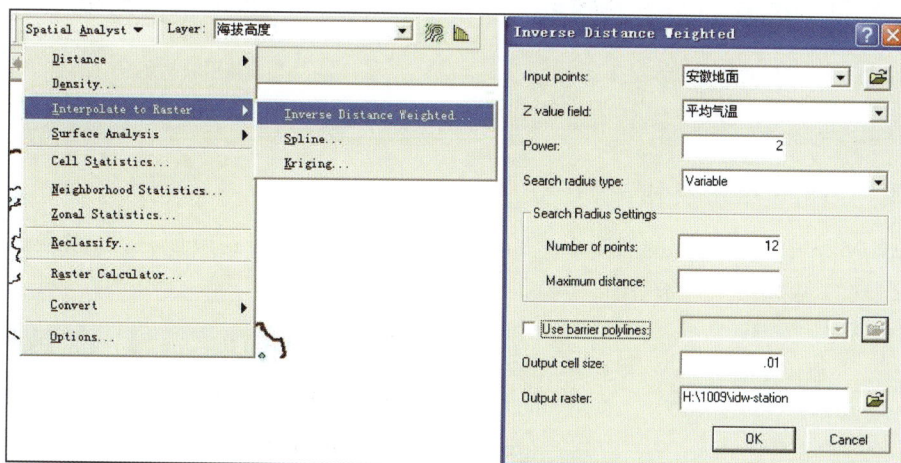

图 3.51　调出插值工具

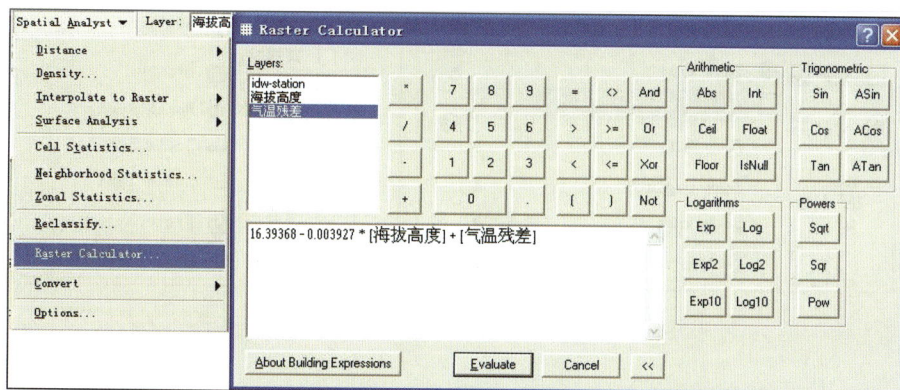

图 3.52　调出栅格运算器

经栅格运算后,得到图3.53(左)。

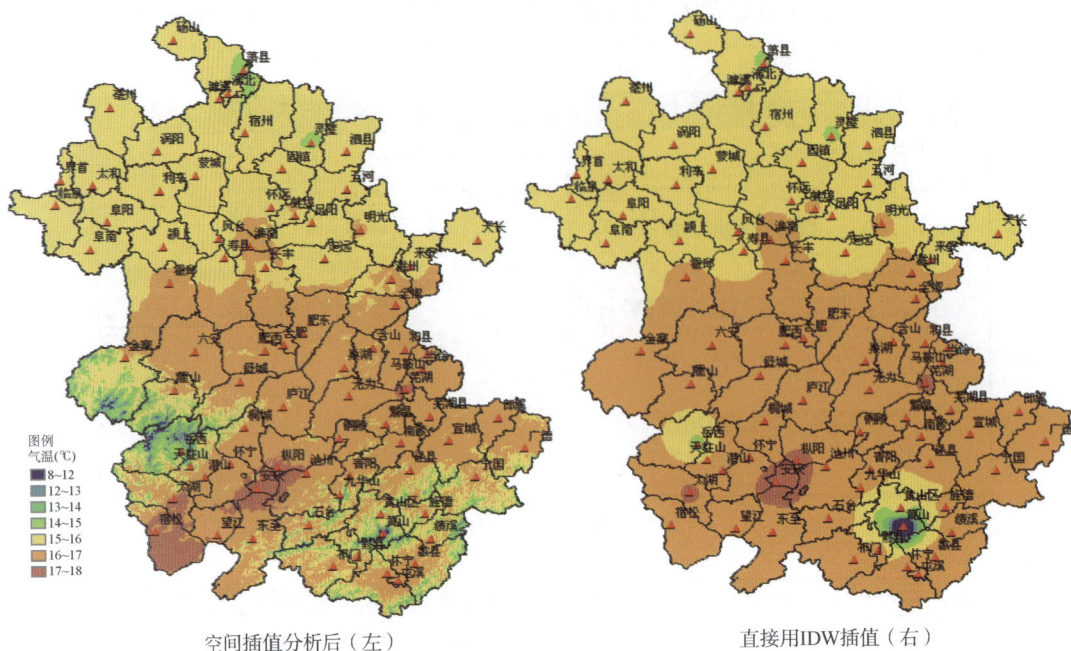

图例
气温(℃)
- 8~12
- 12~13
- 13~14
- 14~15
- 15~16
- 16~17
- 17~18

空间插值分析后（左）　　　　　　直接用IDW插值（右）

图3.53　年平均气温分布图

3.2.5.3　GIS专题图制作

在ArcMap中点击底部的"Layout View",从数据视图切换到版面视图,以便制作专题图,此时出现"Layout"工具条(图3.54)。

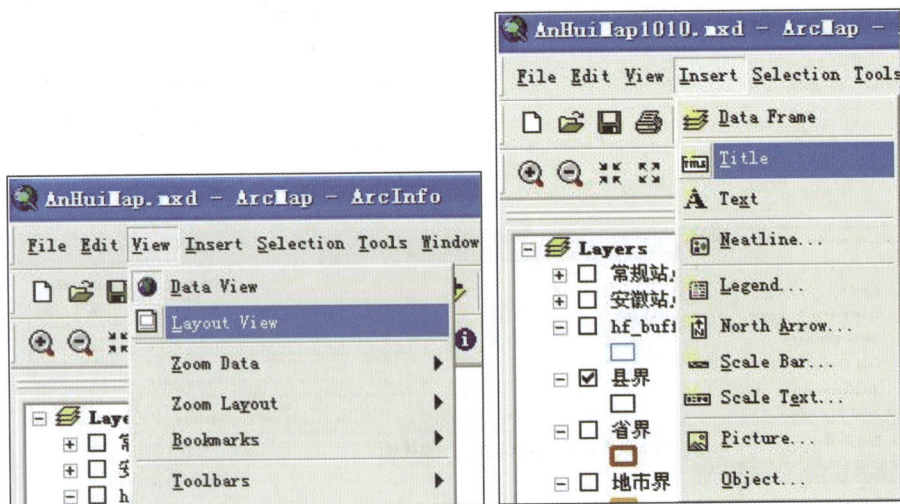

图3.54　专题图制作(版面视图)

1. 图面尺寸设置

(1)将鼠标移至 Layout 窗口默认纸张边沿以外,右键打开图面设置快捷菜单,单击 Page Setup 命令,打开 Page Setup 对话框。

(2)在 Name 下拉列表中选择打印机的名字。Paper 选项组中选择输出纸张的类型。Orientation 可选 Landscape(横向)或者 Portrait(纵向)。

(3)选择 Show Printer Margins on Layout 则在地图输出窗口上显示打印边界,选择 Scale Map Elements proportionally to change in Page size 选项,则使得纸张尺寸自动调整比例尺。

(4)单击 OK 按钮,完成设置。

2. 图框与底色设置

(1)在需要设置图框的数据组上右键打开快捷菜单,单击 Properties 选项,打开 Data Frame Properties 对话框。

(2)单击 Frame 标签进入 Frame 选项卡。

(3)调整图框的形式,在 Border 选项组单击 Style 按钮,选择所需要的图框类型。

(4)完成设置,单击 OK 返回 Data Frame Properties 对话框,继续底色的设置。

(5)在 Drop Shadow 选项组中调整数组阴影,在下拉框中选择所需要的阴影颜色,与调整底色方法类似,可以通过单击 More Styles 按钮,或者单击 Properties 按钮对阴影进行进一步的设置。

(6)调整各个组合框中的 X、Y 可以改变图框的大小,调整 Rounding 百分比可以调节图框边角的圆滑程度。

3. 地图整饰

单击 Insert 菜单,弹出下拉菜单,常用命令及作用是:Title,图名的放置与修改;Legend,图例的放置与修改;Scale Bar,比例尺的放置与修改;North Arrow,指北针的设置与放置。通过地图整饰,输出专题图。

4. 地图转换输出

ArcMap 地图文档是 ArcGIS 系统的文件格式,不能脱离 ArcMap 环境来运行,但是 ArcMap 提供了多种输出文件格式,诸如 EMP、BMP、EPS、PDF、JPG、TIF 格式,转换以后的栅格或者矢量地图文件就可以在很多其他环境中应用了。

在 ArcMap 窗口标准工具条,单击 File 下的 Export Map 命令,打开 Export 对话框。确定输出文件目录、文件类型、文件名称。单击 Options 按钮,打开 Options 对话框。在 Resolution 微调框设置输出图形分辨率。单击 BackGround Color 按钮,确定输出图形背景颜色。按下左键拖动滑动条,调整输出图形质量。单击确定按钮,关闭 Options 对话框,返回 Export 地图转换对话框,单击保存按钮,关闭 Export 地图转换对话框,输出栅格图形文件。

将上述观测站点缓冲区数据、气象观测数据 GIS 空间分析数据(气温)按上述步骤制作专题图如图 3.55 所示。

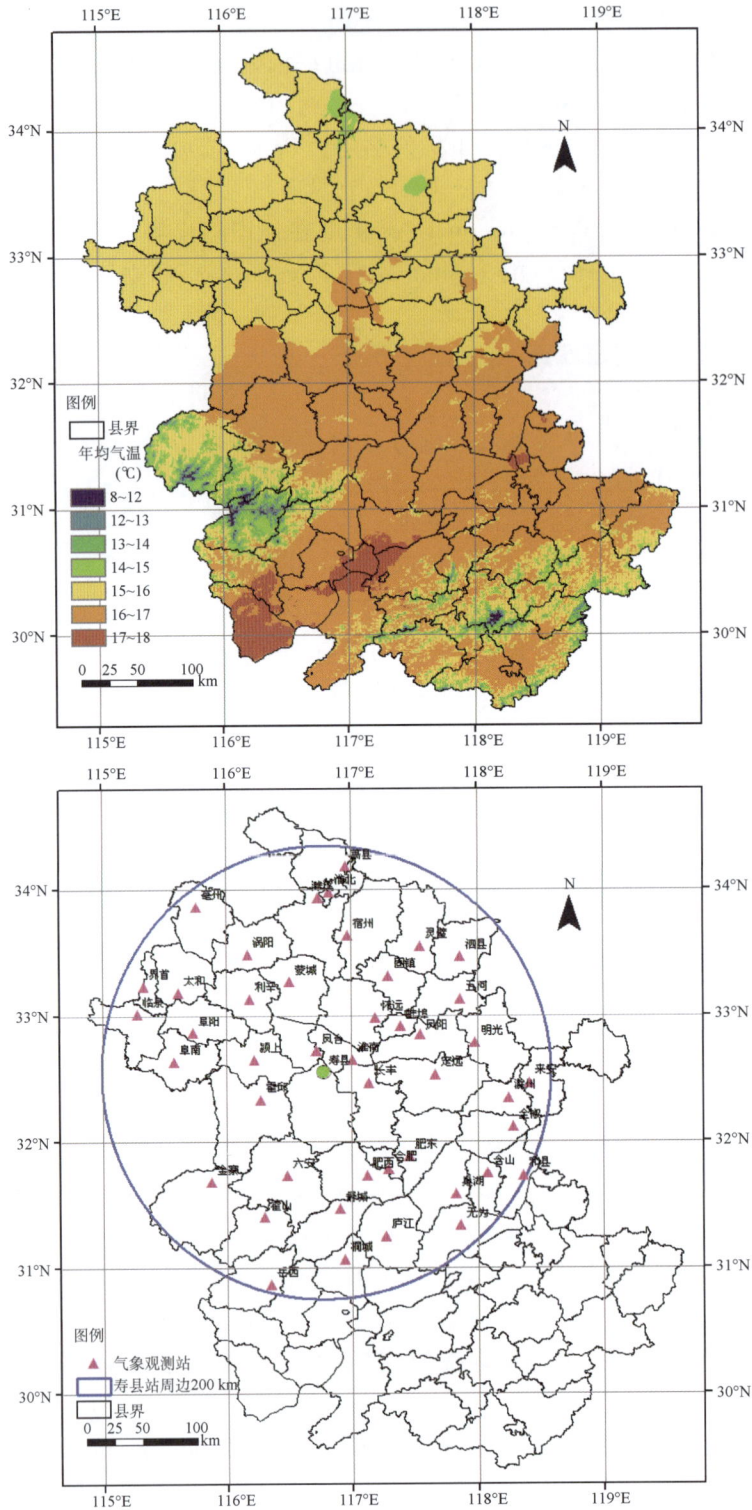

图 3.55 专题图结果

第 4 章　县级平台产品处理

安徽省县级气象综合业务系统(以下简称"县级平台")集综合观测、预报预警、公共服务三大业务功能于一体,本章着重从公共服务方面介绍县级平台的功能和操作方法。

县级平台的安装部署详见附录 3。

4.1　图形产品

县级平台当前版本中能制作的图形产品有:雨量等值线图、能见度填图、极大风填图、极大风速等值线图、平均气温等值线图、最高气温等值线图、最低气温等值线图、10 cm 土壤湿度等值线图、20 cm 土壤湿度等值线图。县级平台图形产品制作模块程序主界面如图 4.1 所示。

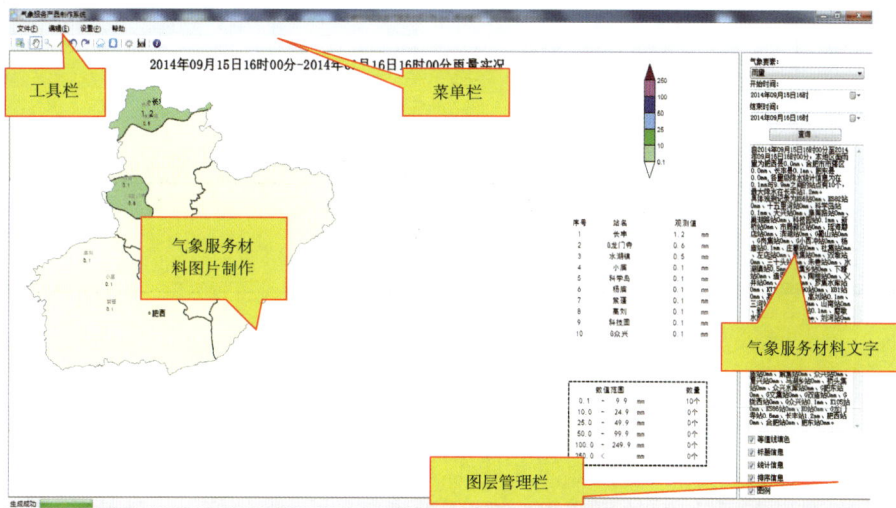

图 4.1　图形产品制作模块程序主界面

界面分为菜单栏、工具栏、气象服务材料图片制作、气象服务材料文字显示、图层管理栏、气象资料查询条件栏等部分。下面将对这几个部分分别加以介绍。

4.1.1　菜单栏

菜单栏上有"文件""编辑""设置""帮助"四个子菜单,这四个子菜单用来实现该程序的下述功能。

1. 文件菜单

点击菜单栏上的文件菜单按钮,弹出子菜单"导出图片",该按钮主要用于将主界面生成的气象图片产品资料保存成图片文件。

2. 编辑菜单

点击菜单栏上的编辑按钮,弹出的子菜单有"撤销""重做""编辑数据""详细信息"四项。其中"撤销"按钮可以对气象图片制作过程中的操作进行撤销;"重做"按钮允许对气象图片制作过程中的撤销操作进行恢复;"编辑数据"用于编辑气象图片资料中的站点的气象数据,主要是考虑到当自动站观测数据资料出现明显错误时,可以通过人工修改的方式修正一些明显的奇异值;"详细信息"用于显示单站的时序信息,当点击气象资料单站的位置,既可以弹出时序资料对话框。可以根据不同的需求制作柱状图、折线图、样条图(图 4.2 至图 4.4)。

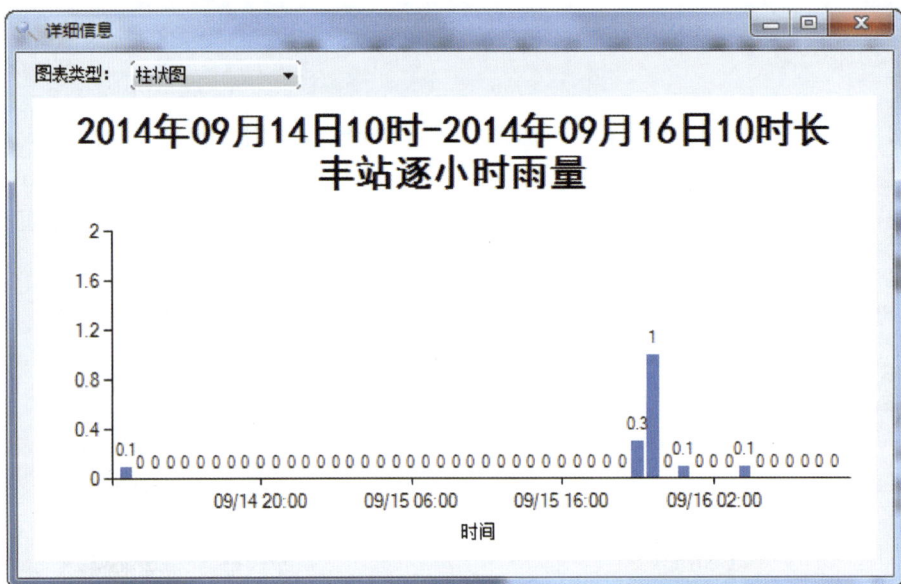

图 4.2　县级平台生成的柱状图

3. 设置菜单

点击菜单栏上的设置按钮,弹出子菜单"站点设置""保存布局"。其中"站点设置"弹出行政区选择对话框,可以设置站点的信息,用以设置气象服务产品的地域信息,最小基本单位为县。为了兼容市局使用,这里还需要在"本站站号"文本框中输入本站站号(图 4.5)。

"保存布局"用来将图片各个图元的位置、大小、字体信息保存下来,避免每次启动软件时重复对图片进行布局操作。

4. 帮助菜单

"帮助"按钮按下后弹出子菜单用以显示当前程序的版本信息以及相关帮助文档。

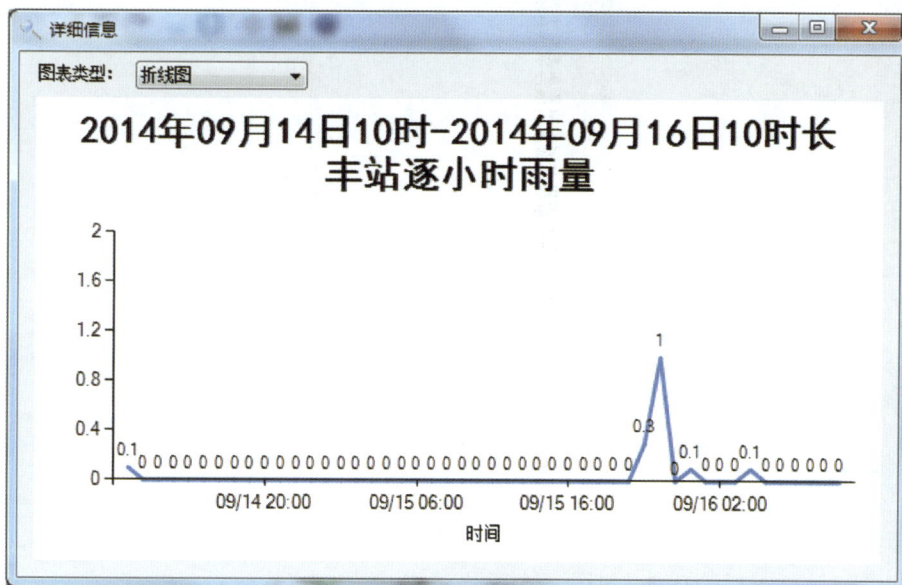

图 4.3   县级平台生成的折线图

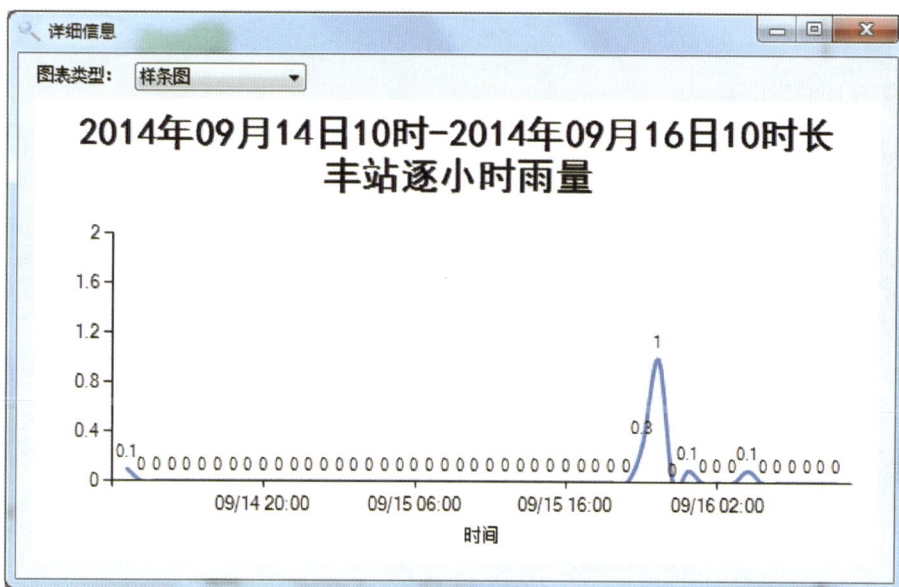

图 4.4   县级平台生成的样条图

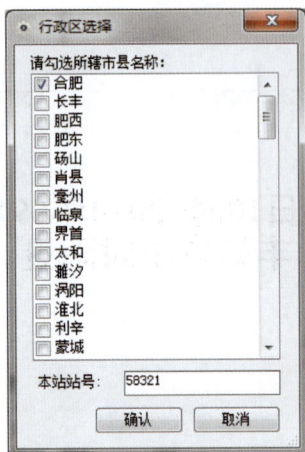

图 4.5　站点设置界面

4.1.2　工具栏

工具栏主要是提供菜单栏的快捷方式,包括保存图片、漫游、详细信息、编辑、撤消、恢复、站点设置、保存布局等功能,如图 4.6 所示。

图 4.6　图形产品制作工具栏

1."保存图片"工具

工具图标为 ,点击该按钮弹出如图 4.7 所示的"另存为"对话框,用以保存气象图形产品。可以保存的格式有"bmp""png""jpg""wmf"。

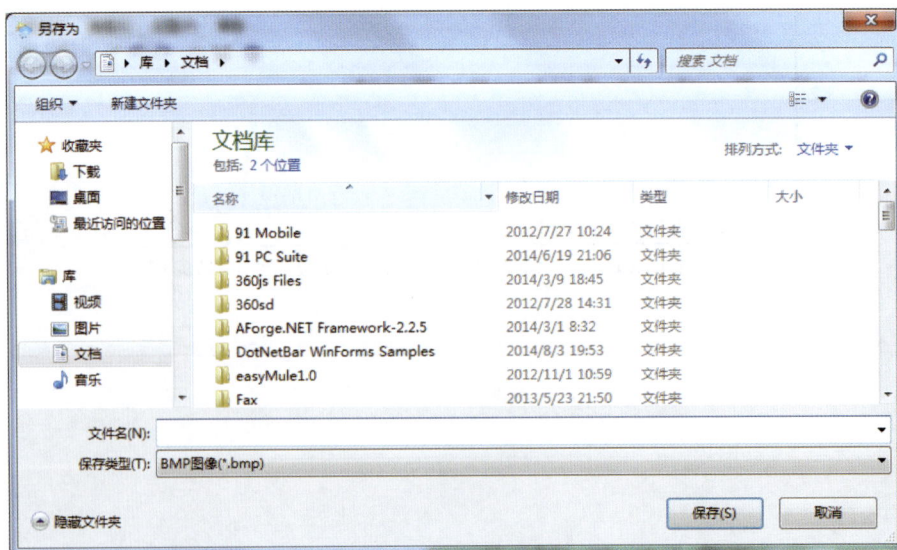

图 4.7　图形导出对话框

2."漫游"按钮

工具图标为🖐,点击该按钮后,可以实现移动气象服务图元,如图 4.8 所示,图形产品由五个图元(部分)组成。

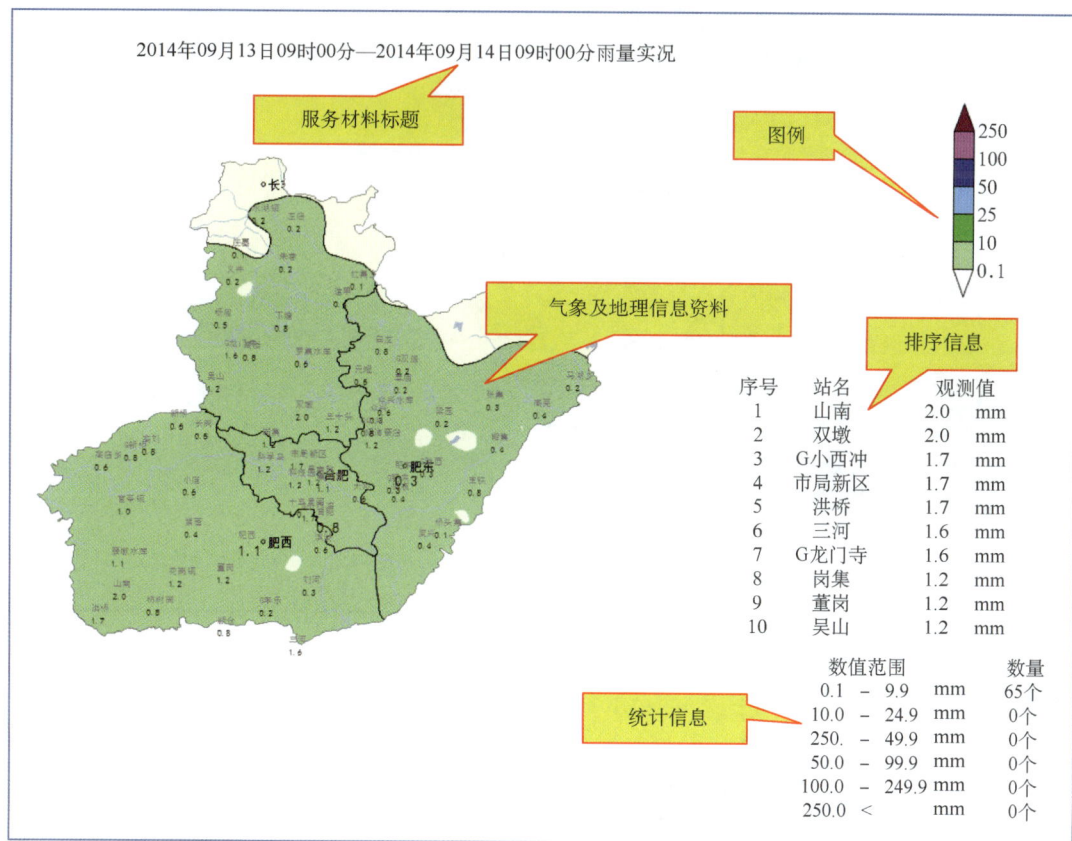

2014年09月13日09时00分—2014年09月14日09时00分雨量实况

服务材料标题

图例

气象及地理信息资料

排序信息

序号	站名	观测值	
1	山南	2.0	mm
2	双墩	2.0	mm
3	G小西冲	1.7	mm
4	市局新区	1.7	mm
5	洪桥	1.7	mm
6	三河	1.6	mm
7	G龙门寺	1.6	mm
8	岗集	1.2	mm
9	董岗	1.2	mm
10	吴山	1.2	mm

统计信息

数值范围		数量
0.1 – 9.9	mm	65个
10.0 – 24.9	mm	0个
250.0 – 49.9	mm	0个
50.0 – 99.9	mm	0个
100.0 – 249.9	mm	0个
250.0 <	mm	0个

图 4.8　图形产品布局图

每一个部分的位置都可以调整,以适应不同地区的服务材料制作需要,其中"气象及地理信息资料"部分可以通过滚轮进行缩放,将整个图形尺寸调整至需要的大小。当鼠标移动至服务材料标题部分并且在服务材料标题部分双击就可以调出文本设置框,可以设置文本的具体内容以及标题的字体(图 4.9)。

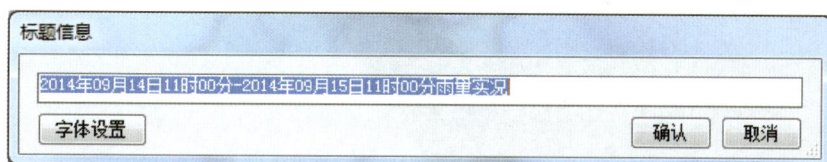

图 4.9　标题修改窗

除此之外,需要说明的是,图例颜色和阈值的设置都是按照中国气象局的标准执行的。除此之外,程序还设置了灰阶和蓝到红两种配色方案,满足一些特殊需求(图 4.10 和图 4.11)。

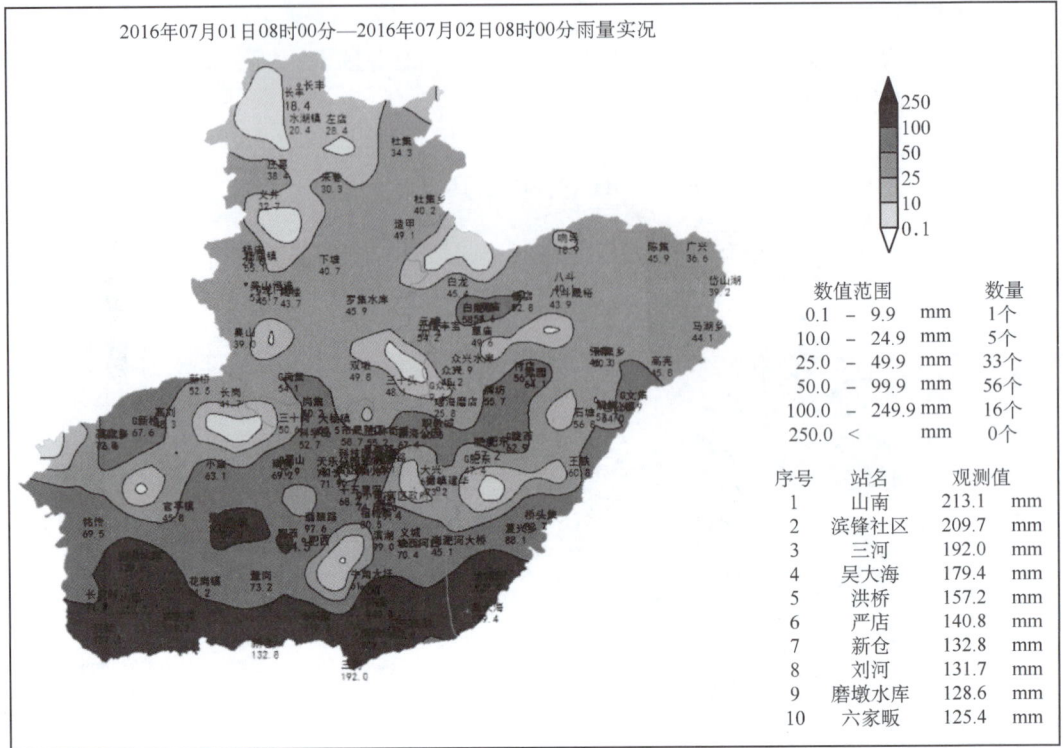

图 4.10　县级平台灰阶图

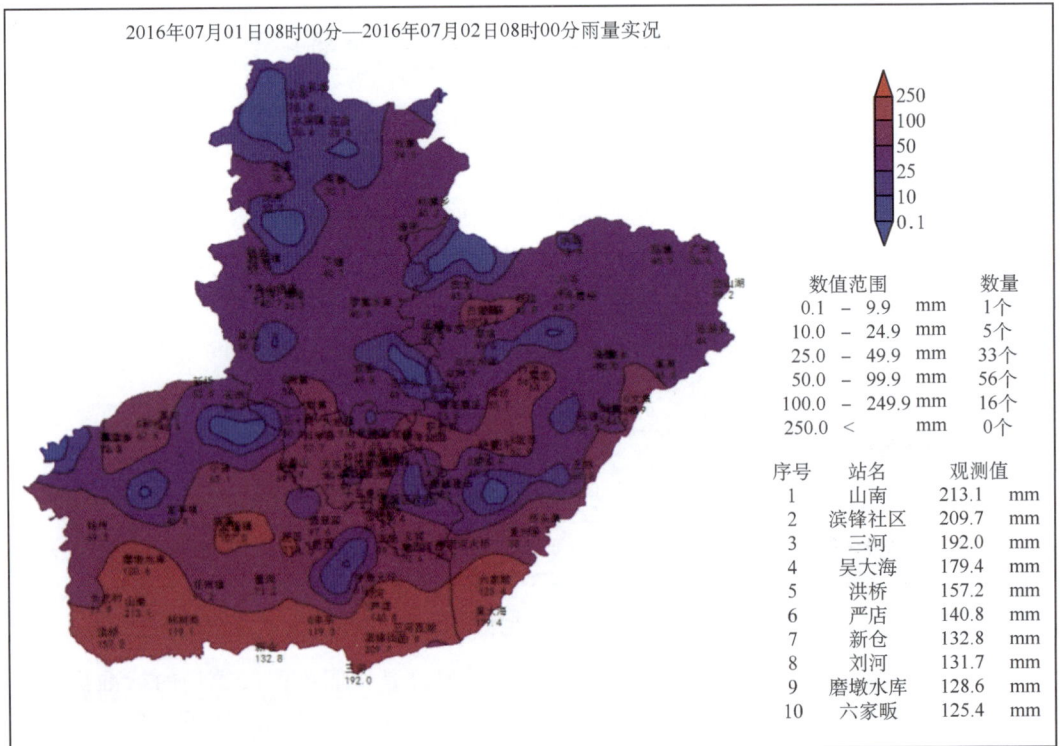

图 4.11　县级平台蓝到红图形

如果不需要图形材料中的某个元素,可以勾选掉界面右侧的图层设置按钮用以隐藏或者显示具体的图形元素信息。其中"气象及地理信息资料图形"作为整个服务材料的基础本身不可以去掉,但是可以去除等值线填色,只以显示数值的方式显示气象资料本身信息(图4.12)。

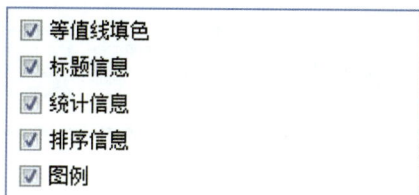

图 4.12 图层设置栏

3."详细信息"工具

工具图标为 🔍 ,点击该按钮后,可以实现对单个自动站气象要素时序信息的查询功能:点击该按钮后,当鼠标漫游到气象服务材料中的"气象及地理信息资料图形"部分时,如果鼠标所在位置在自动站上时,鼠标会自动变成 👆 状,此时左键点击,则会弹出用于显示单站的时序信息,可制作如图4.2—图4.4所示的时序图。

4."编辑"工具

工具图标为 ✏ ,该按钮主要用于修改图形中的自动站的观测记录,用以消除一些错误的观测记录。点击该按钮后当鼠标漫游到气象服务材料中的"气象及地理信息资料图形"部分时,如果移动到自动站数据上方,鼠标会自动变成 👆 状,此时点击左键,则弹出编辑对话框,用以修正数值(图4.13)。

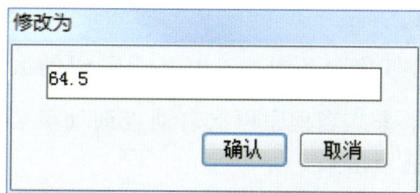

图 4.13 修改数值对话框

如果点击右键,则删除该条观测记录。当人工调整观测记录后,"气象及地理信息资料图形"的等值线色斑图也会根据修改的观测值自动进行调整。

5."撤消"和"恢复"工具

工具图标为 ↶ ↷ ,主要用于撤销和恢复客户的操作,操作包括布局的修改,以及对于自动站观测值的数据的修改以及删除操作。

6."预报参考"工具

工具图标为 ☁ ,主要用于给用户提供预报参考功能,提供了短时、短期、中期、月季预报、气候预测、农业气象、气候查询。供用户查询信息中心提供的各个种类气象预报服务资料。具体操作见第 4.2 节。

7."文字材料制作"工具

工具图标为 ▢，弹出对话框，用来根据气象服务材料模板和气象实况材料自动制作一些气象服务材料(图 4.14)。

图 4.14　文字材料制作界面

具体操作参见县级平台操作说明。

8."站点设置"工具

工具图标为 ⚙，主要用于设置气象信息显示的地域信息。

9."保存布局"工具

工具图标为 ▨，当调整气象服务图片产品各个元组的大小和位置后，将各个元组的文件位置、大小、字体都保存下来。当程序再次启动查询气象要素后，气象服务图片产品的布局就可以按照保存的样式显示出来。

10."关于"工具

工具图标为 ⓘ，用于显示程序的版本信息。

4.1.3　气象元素查询条件栏

气象元素查询条件设置主要用于根据不同气象要素和时间段制作所需要的气象服务材料。目前本软件支持的气象要素有:雨量(等值线填充)、极大风向风速(风杆)、极大风速(等值线填充)、能见度(数值)、最高温度(等值线填充)、最低温度(等值线填充)、平均温度(等值线填充)、10 cm 土壤湿度(等值线填充)、20 cm 土壤湿度(等值线填充)。通过下拉框选择气象要素后，同时设置开始以及结束时间，点击查询按钮就可以得到所需要的气象服务材料(图 4.15)。

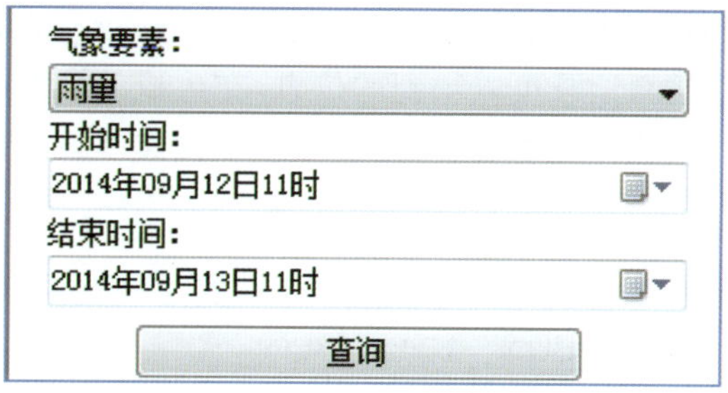

图 4.15 查询条件栏

4.1.4 气象文字服务材料信息

在气象元素查询完毕后,在右侧的文字框中会出现根据气象文字服务模板以及当前气象实况组合而成的气象文字服务信息(图 4.16)。

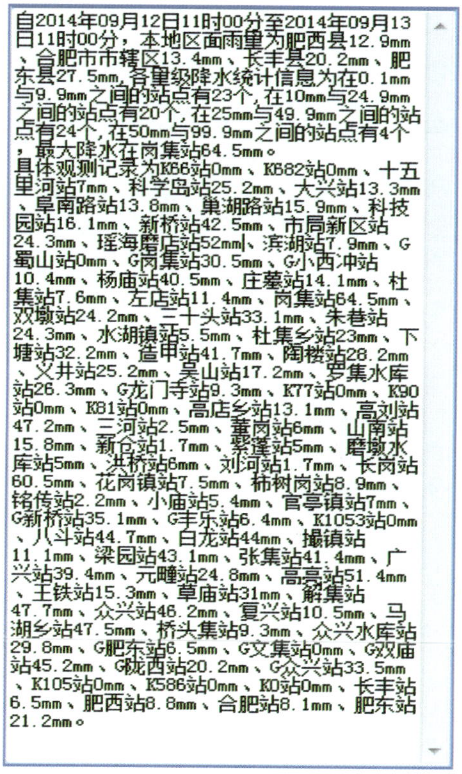

图 4.16 文字材料输出

可以在文本框中复制这些文字,方便制作文字材料。在软件目录下的"MOD"文件夹中可以设置各个服务材料的模板。其中花括号以及其中内容代表了程序可以根据实况信息替换花括号内的文本。其余的描述性材料服务文字可以根据自身的需求进行修改,满足不同的服务需求。以雨量模板为例,其中 StartTime,EndTime,AverageSurfaceRain,StatisticalInformation,MaxRainStation,ObserverRecords 分别代表了记录开始时间,记录结束时间,每个县的平均面雨量,雨量统计信息,最大降水量信息,所有自动站的观测信息。这些字段均为程序根据自动站观测记录可以得到的信息,在生成气象服务材料文本的时候程序会用计算或者统计值来替换这些文本,其余部分为修饰性文字,可以根据需求自行修改(图4.17)。

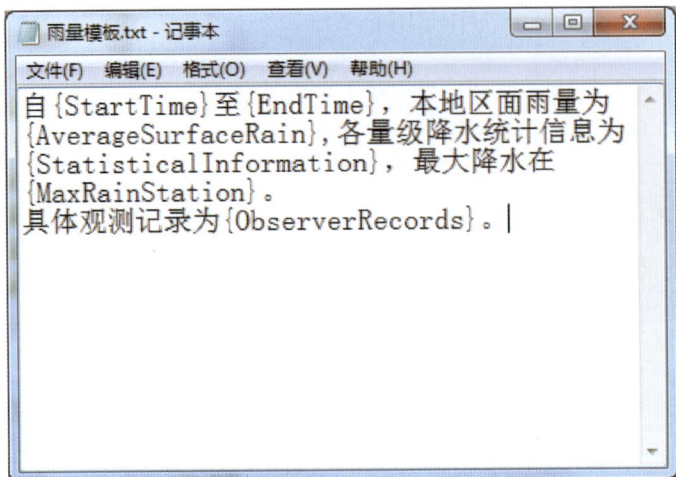

图 4.17　文字材料模板

4.1.5　图层设置

图层设置就是在图形材料中显示或者消隐指定的图元组。勾选表示显示,去掉勾选表示隐藏(图 4.18)。

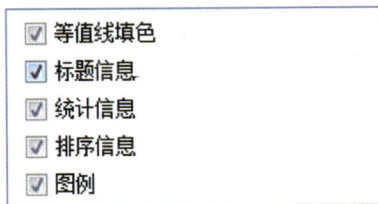

4.18　图层设置栏

4.2　预报参考功能

"预报参考"功能模块可以查看更多省市指导或参考产品。需要注意的是,第一次运行时要点击"更多"下方的"控件注册",注册程序所必需的 Office 控件。注册前请确保当前计算机用户为管理员身份(鼠标右击程序图标,选择以管理员身份运行)。点击"控件注册"后出现如图 4.19 界面,继续点击确定。

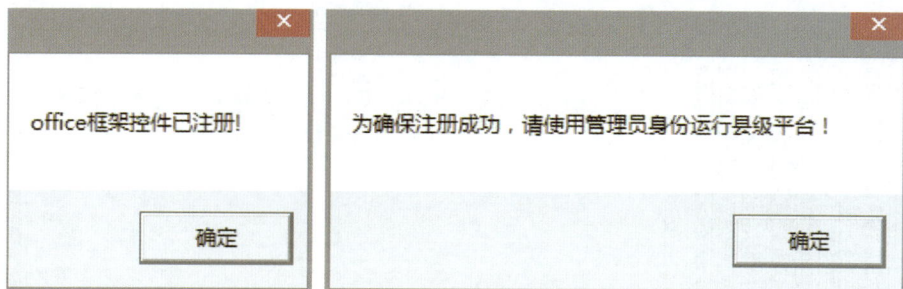

图 4.19　注册控件提示

预报参考包含：短临预报、短期预报、中期、月季年预报、气候预测、农业气象、气候查询共 7 个子页面（界面如图 4.20）。

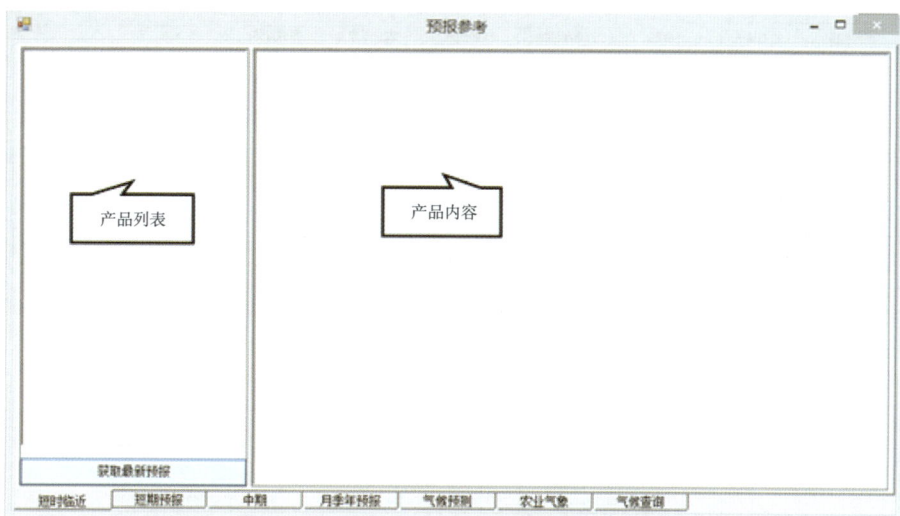

图 4.20　预报参考主界面

4.2.1　短时预报查询

点击界面（图 4.21）左侧下方"获取最新预报"按钮可以获取省台的短临预报，点击所选条目后，就会在页面左侧内容区域内看到所选预报。

4.2.2　短期预报查询

包含"省台短期预报""省台指导预报""精细化预报"三类产品（界面如图 4.22），前两类产品的显示形式为文本文档，"精细化预报"用图表方式显示。点击相应的按钮后，将显示该类最新时次的预报。

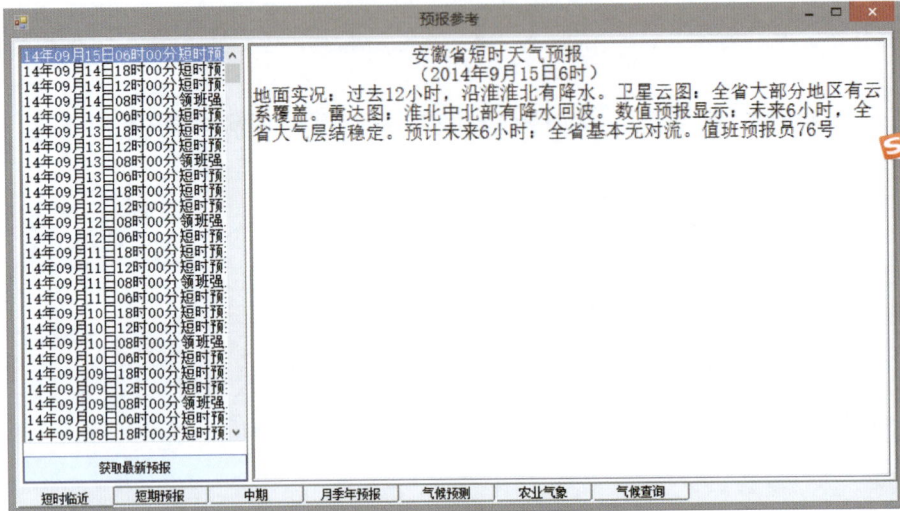

图 4.21　短时预报参考

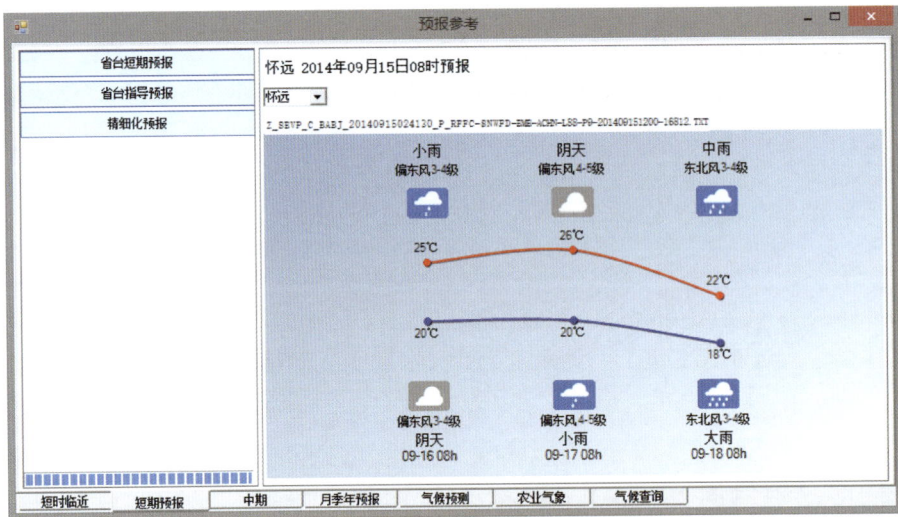

图 4.22　短期预报参考

4.2.3　中期预报查询

中期预报产品分天气周报和旬预报两类(界面如图 4.23),天气周报为 Word 文档,旬预报为文本文档。点击相应的按钮后,将显示该类最新时次的预报。

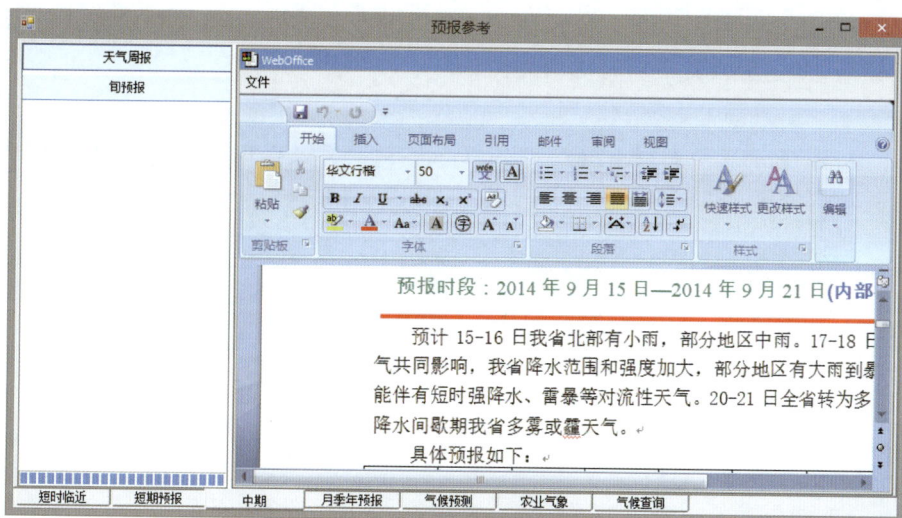

图 4.23　天气周报参考

4.2.4　月季预报查询

月季预报分为月气候趋势预测、季气候趋势预测、重要降水过程预测三类（界面如图 4.24）。三类产品均以文本形式显示，并根据登录用户信息获取所属地区的预报数据，也可以查询全省其他台站数据。点击相应的按钮后，将显示该类最新时次的产品。

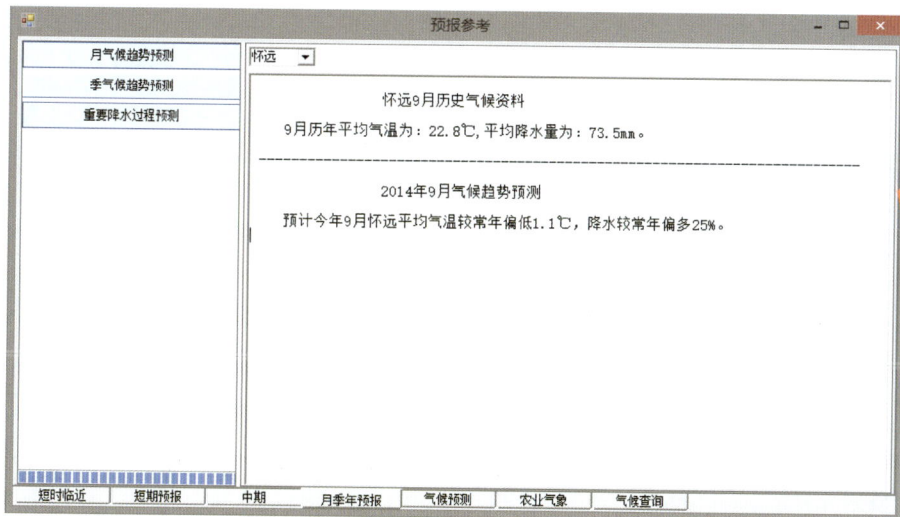

图 4.24　月预报查询

4.2.5　气候预测材料参考

平台可查询"短期气候预测""气候影响评价""旱涝监测公报""重要气候公报""气候变化专题分析""国家级指导产品""区域级指导产品""灾害风险评估快报"8 类产品（界面如图

4.25)。这些产品均为省及以上气候预测相关的服务产品,以 Word 文档的方式显示。点击相应的按钮后,将显示该类最新时次的文件。

图 4.25　气候预测材料参考

4.2.6　农业服务材料参考

有"国家级指导产品""农气灾害监测评估""农业保险专题服务""农业气象情报""农业气象预报""农用天气预报""土壤水分监测""合肥局产品""宿州局产品""宣城局产品"共 10 类产品(界面如图 4.26),涵盖了市、省、国家三级的农气服务产品。以 Word 文档的方式显示,点击相应的按钮后,将显示该类最新时次的文件。

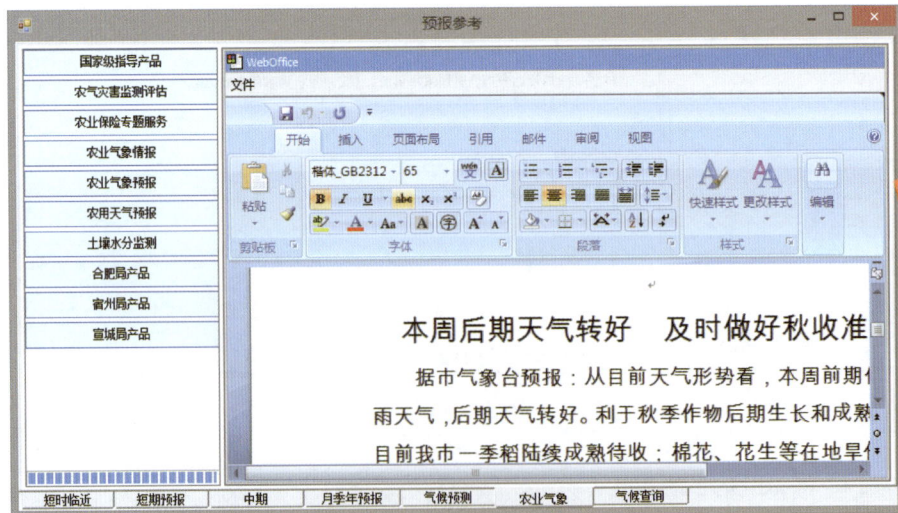

图 4.26　农业服务材料参考

4.2.7　气候数据查询

平台中的气候数据为 1981—2010 年间的 30 年气候整编资料(部分台站有缺失)。可查询年、月、旬三类数据。程序启动后(界面如图 4.27),会自动将用户所属台站添加到待查询区域,简化查询操作。

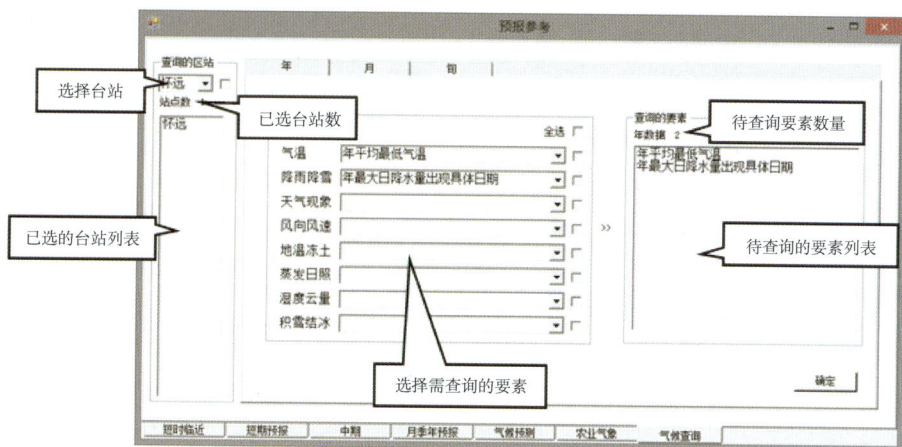

图 4.27　气候数据查询主界面

1. 年数据查询

县级平台中可供查询的年数据要素合计有 135 种。为查询方便,将其分为气温、降雨降雪、天气现象、风向风速、地温冻土、蒸发日照、湿度雨量、积雪结冰 8 类(图 4.28)。查询时可通过下拉菜单选取相应的要素,选中的要素将出现在"查询的要素"列表中。点击下拉菜单右侧的可选框,若为选中状态则会把该类的所有要素添加到"查询的要素"列表中,反之则会删除"查询的要素"列表中的所有属于该类的要素。双击"查询的要素"列表项也可以逐条删除选中的条目。查询条件确认无误后,点击"确定"按钮,即可显示所需的数据。

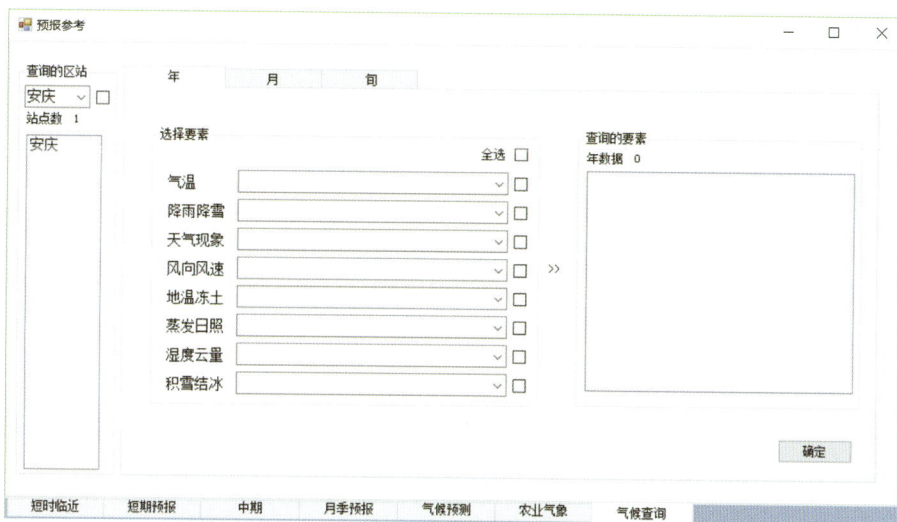

图 4.28　年数据查询界面

2. 月数据查询

月数据可供查询的要素合计有 102 种,也分为气温、降雨降雪、天气现象、风向风速、地温冻土、蒸发日照、湿度雨量、积雪结冰 8 类(图 4.29)。月数据查询前需选择所查询的月份,其他操作与年数据相同,可参照年数据的操作。

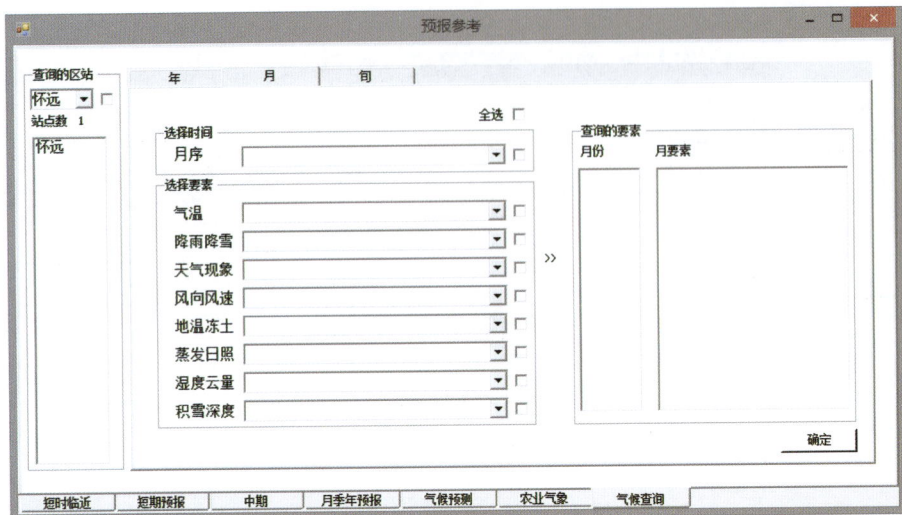

图 4.29 月数据查询

3. 旬数据查询

旬数据较前两类数据相比种类偏少,目前只有 6 类:旬平均气温、旬平均降水量、旬平均蒸发量(小型蒸发量)、旬平均蒸发量(大型蒸发量)、旬平均日照时数、旬日照百分率(图 4.30)。操作方法与年数据查询相似。

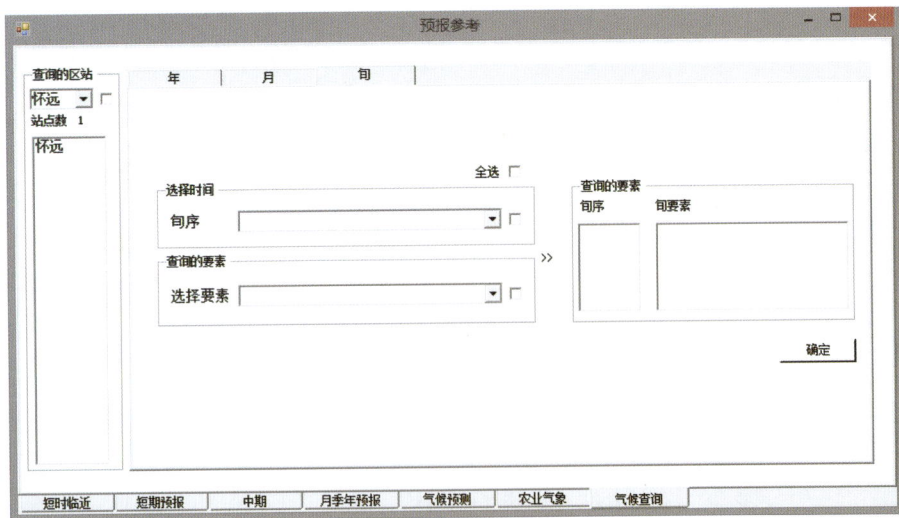

图 4.30 旬数据查询

第5章　气象服务产品加工

5.1　气象服务概述

气象服务按服务对象不同可划分为决策气象服务、公众气象服务、专业气象服务。

气象服务主要指针对重大性、转折性、关键性天气过程，阶段性气候趋势预测，突发性短时临近天气预测预警，利用气象监测实况、历史资料等，对上级指导服务产品的订正，制作服务产品，并及时完成服务产品的发布，以便更好地为社会防灾减灾、应对气候变化等提供决策依据。

1. 决策气象服务

决策气象服务是为决策部门组织防灾减灾、应对气候变化、开发利用资源、环境保护工作、制定经济发展规划、指挥生产以及组织重大社会活动和重大工程建设等方面进行科学决策提供气象服务。其目的是在第一时间让决策部门获得科学、及时、有决策价值的气象信息，为科学决策提供依据。

县级决策气象服务是为县委、县政府及相关部门负责人提供的用于防灾减灾、应对气候变化等气象服务信息的过程。服务对象主要是县委、县政府、县人大、县政协等领导，乡镇村以及农业、水利、国土、教育、交通等部门的负责人；服务产品主要包括重要天气专报、天气情况汇报、气象保障服务材料、农业气象服务材料等；服务形式包括当面汇报、纸质材料、电话、传真和短信等。

2. 公众气象服务

公众气象服务是气象部门利用电视、报纸、广播、网络、电子显示屏、电话、手机等手段面向社会公众发布气象预报、警报、预警信号等信息，以防灾减灾、服务经济社会发展和人民生活等为主要目的公益性服务。

公众气象服务产品主要包括日常天气预报、灾害性天气预报等常规天气信息以及发布气象灾害预报预警信息；服务对象面向全体社会公众；表现形式主要是预警短信、语音播报、滚动字幕、电视天气预报等；服务手段主要包括网站、广播、电视、网络、报纸、热线电话、手机短信、96121、大喇叭、显示屏、微博、微信等。

3. 专业气象服务

专业气象服务是为经济社会特定行业和用户提供的有专门用途的气象服务。其通过气象服务产品加工和信息技术应用，提高服务产品的针对性和满足个性化的服务需求，使国民经济各行各业的不同生产过程对气象条件的特殊要求得到满足，从而达到提高工效、减少消耗和损失的目的。

服务对象主要是各生产部门、行业的专业用户。目前,安徽省专业气象服务已涉及农业、水利、航空、湖泊、交通、电力、保险、旅游等多个行业和部门。

服务方式主要是通过固定的模板,制作专业服务产品,通过电子邮件、传真、打印纸质等方式将专业服务信息发送至专业服务对象。

5.1.1 气象服务关注重点

1. 决策气象服务重点(表 5.1)

表 5.1 安徽省决策气象服务月度关注重点

月份	主要天气及灾害	主要影响
3 月	低温连阴雨	导致病虫草害和农田渍害,重点关注小麦纹枯病、设施农业(含"五早"作物)阴害
	春旱	影响"五早"作物春播及返青作物正常生长发育,导致人畜饮水困难、森林火灾频发
4 月	晚霜冻、倒春寒	影响冬小麦、油菜和春播农作物
	春旱及冬春连旱	影响春播及夏收作物正常生长发育;导致人畜饮水困难
	沙尘天气	影响交通运输、城市安全运行、设施农业和畜牲业,导致空气质量下降
	森林火灾	火灾现场及周边地区人员和财产安全
	局地强对流天气	人身安全、交通、电力、通信
	低温连阴雨	渍涝,春播及作物生长、病虫害发生条件
5 月	局地强对流天气	人身安全、交通、电力、通信
	沙尘天气	影响交通运输、城市安全运行、设施农业和畜牲业,导致空气质量下降
	干旱	延误农事季节,影响春播和夏收作物生长;江河库湖水位下降,生态质量下降
	冬小麦"干热风"	影响小麦扬花、灌浆、乳熟
6 月	台风暴雨	引发陆地洪涝、山地地质灾害,影响人员、建(构)筑物、交通、水电气供应等安全
	冬小麦"干热风"	影响小麦扬花、灌浆、乳熟
	"梅雨"或连续暴雨	洪涝和渍害,山地灾害,农田损毁,江河库湖和城乡安全,公路、铁路交通
	局地强对流天气	人身安全、交通、电力、通信
	连续高温热浪	人体健康、动植物生长、供电、供水,引发干旱、火灾,影响生产生活及城市运行
	夏旱及春夏连旱	影响工农业生产及人畜饮水安全;导致森林火灾
	城市内涝	城市积涝、交通受阻、影响城市安全运行
7 月	台风暴雨	引发陆地洪涝、山地地质灾害,影响人员、建(构)筑物、交通、水电气供应等安全
	"梅雨"或连续暴雨	洪涝和渍害,山地灾害,农田损毁,江河库湖和城乡安全,公路、铁路交通
	夏季持续高温	人体健康、动植物生长、供电、供水,引发干旱、火灾,影响生产生活及城市运行
	局地强对流天气	人身安全、交通、电力、通信
	干旱	影响工农业生产及人畜饮水安全;导致森林火灾
	城市内涝	城市积涝、交通受阻、影响城市安全运行
8 月	台风暴雨	引发陆地洪涝、山地地质灾害,影响人员、建(构)筑物、交通、水电气供应等安全
	局地强对流天气	人身安全、交通、电力、通信
	夏季持续高温	人体健康、动植物生长、供电、供水,引发干旱、火灾,影响生产生活及城市运行
	伏旱	供电、供水紧张,影响农业生产,人、畜饮水困难,林地火灾
	城市内涝	城市积涝、交通受阻、基础设施毁坏,城市安全运营受到严重影响

月份	主要天气及灾害	主要影响
9月	台风暴雨	引发陆地洪涝、山地地质灾害,影响人员、建(构)筑物、交通、水电气供应等安全
	秋季高温	干旱、农田用水和生活用水困难,人体健康
	秋旱及夏秋连旱	秋播受阻、秋收作物后期生长不利,人畜饮水
10月	秋旱	秋播受阻、秋收作物后期生长不利,人畜饮水
	台风	引发陆地洪涝、山地地质灾害,影响人员、建(构)筑物、交通、水电气供应等安全
	大雾、霾	交通、环境污染和人体健康
11月	大雾、霾	交通、环境污染和人体健康
	寒潮、冷空气(大风、强降温、雨雪)	农作物,交通,人体健康等
	秋旱	秋播受阻、秋收作物后期生长不利,人畜饮水
	森林火灾	森林、人员和财产
12月	冻雨、低温雨雪冰冻	交通、通信、电力、能源、林业和农作物,煤、电、气、油运受阻,春运、农副产品供应
	干旱及秋冬连旱	越冬作物(冬小麦、油菜)
	大雾、霾及CO中毒	交通、环境污染和人体健康
	森林火灾	森林、人员和财产
1月	寒潮、大风降温	交通、设施农业、越冬作物、简易建筑物、城乡火灾、高空作业和江河湖面上的运输
	冻雨、低温雨雪冰冻	交通、通信、电力、能源、林业和农作物,煤电气油运、春运及农副产品供应
	大雾、霾及CO中毒	交通、环境污染和人体健康
	森林火灾	森林、人员和财产
2月	冻雨、低温雨雪冰冻	交通、通信、电力、能源、林业和农作物,煤、电、气、油运受阻,春运、农副产品供应
	春运城市气象灾害	交通、电力、通信、供水、供热,农副产品供应,社会稳定
	干旱	越冬作物(冬小麦、油菜),西南地区小春作物
	大雾、霾及CO中毒	交通、环境污染和人体健康
	低温连阴雨	越冬作物和仓储、交通、春播
	森林火灾	森林、人员和财产

2. 农业气象服务关注重点

安徽省各市县围绕本地气象为农服务工作实际,按照表5.2中主要农作物生育时段、农事活动、服务重点以及气象灾害情况,适时开展农业气象服务。

表5.2　主要农作物农业气象周年服务方案总表

时段		生育阶段	灾害和病虫害	农事活动	服务重点
月份	节气				
1月	小寒(6日前后)—大寒(20日前后)	沿淮淮北:冬小麦北部稳定越冬,中南部不稳定越冬。江淮及大别山区:越冬作物缓慢生长,小麦幼穗分化。沿江江南:油菜缓慢生长,进入现蕾抽苔期。	干旱、大风、冻害和雪灾	越冬作物施肥、培土雍根、覆盖;冬小麦镇压。	寒潮、强冷空气活动及大雪影响分析;"越冬水"农用天气预报;冻害农用天气预报;越冬期农业气象条件分析。

续表

时段		生育阶段	灾害和病虫害	农事活动	服务重点
月份	节气				
2月	立春（4日前后）—雨水（19日前后）	沿淮淮北：冬小麦返青起身，幼穗分化，油菜现蕾。江淮及大别山区：冬小麦春季分蘖，油菜现蕾并陆续抽苔。沿江江南：油菜普遍抽苔。	低温连阴雨、霜冻害、干旱；冬小麦纹枯病	越冬作物施肥（返青肥）、灌溉（返青水）；冬小麦纹枯病防治。	冬小麦、油菜播种以来的气象条件分析，寒潮、大雪及强冷空气活动影响分析；"返青肥"农用天气预报；"返青水"农用天气预报；纹枯病气象等级预报。
3月	惊蛰（6日前后）—春分（20日前后）	沿淮淮北：冬小麦起身返青并陆续拔节，油菜抽苔并陆续开花。江淮及大别山区：小麦拔节，油菜开花。沿江江南：油菜开花，早稻播种。	低温连阴雨、渍害、倒春寒及晚霜冻、干旱；冬小麦纹枯病和油菜菌核病	冬小麦施肥（拔节肥）；油菜开花肥；越冬麦菜霜冻防御；早稻浸种播种；麦菜病虫害防治。	冬小麦、油菜苗情动态监测及农业气象影响分析，早稻适播期分析预测；倒春寒、晚霜冻以及其他农业气象灾害影响分析；3月11日启动春耕春播气象服务。
4月	清明（5日前后）—谷雨（20日前后）	沿淮淮北：冬小麦抽穗开花，油菜灌浆。江淮及大别山区：一季稻播种出苗，小麦抽穗开花，油菜结荚。沿江江南：油菜结荚，早育秧移栽，一季稻播种。	晚霜冻、渍害、低温连阴雨、干旱、冰雹；冬小麦赤霉病	冬小麦灌溉（抽穗前灌溉）、赤霉病防治；早稻秧苗注意以水调温。	倒春寒、晚霜冻、低温连阴雨影响分析；小麦孕穗抽穗期、油菜开花灌浆至籽粒形成期专题气象服务；双季早稻移栽阶段气象条件分析，一季稻适宜播种期预报以及小麦、油菜产量趋势预报；春耕春播气象服务。
5月	立夏（6日前后）—小满（21日前后）	沿淮淮北：冬小麦灌浆乳熟，油菜成熟收割，单季晚稻播种。江淮及大别山区：小麦乳熟成熟收割，油菜收割，一季稻移栽返青；沿江江南：油菜成熟收割，早稻分蘖，一季稻移栽返青。	连阴雨、干旱和冰雹、洪涝；冬小麦干热风、蚜虫、赤霉病	冬小麦干热风、病虫害防治、收获准备；油菜收获晾晒；早稻施返青分蘖肥；一季稻秧田管理。	强对流天气、干热风和连阴雨影响分析；小麦籽粒形成至成熟期、油菜灌浆成熟期、水稻生长期气象条件分析；小麦、油菜适宜收获期预报；小麦、油菜产量定量预报以及产量订正预报（视天气情况而定）；5月21日启动夏收夏种气象服务。

| 时段 | | 生育阶段 | 灾害和病虫害 | 农事活动 | 服务重点 |
月份	节气				
6 月	芒种（6 日前后）—夏至（21日或 22 日）	沿淮淮北：冬小麦收割，夏玉米播种出苗，一季稻移栽返青。 江淮及大别山区：一季稻返青分蘖。 沿江江南：一季稻返青分蘖，早稻孕穗抽穗开花，晚稻育秧。	连阴雨、洪涝、暴雨、干旱和冰雹；一季稻纵卷叶螟；早稻稻曲病、稻瘟病	冬小麦收割翻晒、进仓；早稻水肥管理；高温热害、干旱防御；二化螟、穗颈稻瘟病等病虫危害防治；一季稻化学除草、返青肥，晒田促分蘖；夏玉米查苗补缺、化学除草；旱地作物干旱、洪涝防范。	夏收夏种气象服务，梅雨前干旱对夏种作物的影响分析，梅雨期暴雨以及强对流天气对作物的影响分析。
7 月	小暑（7 日或 8日）—大暑（23或 24 日）	沿淮淮北：一季稻拔节，夏玉米拔节孕穗。 江淮及大别山区：一季稻孕穗，早稻成熟收获。 沿江江南：早稻灌浆成熟，双晚插秧，一季稻分蘖拔节。	洪涝、内涝、干旱（伏旱）、强对流、高温热害；早稻、一季稻稻纵卷叶螟	夏玉米拔节水、病虫防治、攻穗肥；晚稻秧田管理；早稻高温热害、干旱防御，收割晾晒；在地作物干旱、洪涝灾害防御、水稻病虫害防治。	夏播作物气象服务；暴雨、伏旱等农业气象灾害影响分析；早稻定量预报，秋季粮棉产量趋势分析。
8 月	立秋（7 日前后）—处暑（23日左右）	沿淮淮北：夏玉米抽雄灌浆，一季稻开花。 江淮及大别山区：一季稻灌浆。 沿江江南：晚稻返青拔节，一季稻灌浆。	内涝、伏旱、高温热害和强对流；一季稻稻曲病、稻瘟病、稻飞虱；晚稻稻纵卷叶螟；玉米螟、玉米蚜	夏玉米水肥管理、攻粒肥；一季稻高温热害防御；晚稻返青肥、晒田促分蘖、化学除草；玉米、水稻病虫害防治；在地作物伏旱、暴雨防御。	秋季粮棉农业气象条件分析及产量定量预报；高温、干旱和台风暴雨等农业气象灾害影响分析，同时做好病虫害的气象预报和防治工作。
9 月	白露（7 日前后）—秋分（22或 23 日）	沿淮淮北：夏玉米成熟，一季稻乳熟成熟，北部小麦开始播种。 江淮及大别山区：一季稻成熟，晚稻抽穗开花。 沿江江南：一季稻乳熟成熟，晚稻抽穗开花、油菜播种育苗。	干旱、低温连阴雨、暴雨、涝灾和秋分寒；晚稻稻曲病、稻瘟病、稻飞虱；玉米螟	夏玉米灌浆水；双晚田块浅水勤灌，到灌浆后期再排水落干；寒露风防御；水稻、玉米病虫害防治；一季稻寒露风防御，收割晾晒。	秋收作物成熟收获期农业气象条件分析；一季稻灌浆成熟期及双晚抽穗期间农业气象条件评述；秋收、秋种适宜收获播种期预报及气象条件影响分析；9 月 11 日启动秋收秋种气象服务。

时段		生育阶段	灾害和病虫害	农事活动	服务重点
月份	节气				
10月	寒露（8日前后）—霜降（23日前后）	沿江江南：油菜出苗、移栽，双晚收获。其他地区：冬小麦、油菜播种出苗。	干旱、连阴雨、早霜冻和暴雨	冬小麦整地、播种；夏玉米、晚稻收获晾晒。	秋播期土壤墒情监测分析；冬小麦、油菜播种出苗期间气象条件专题分析；强冷空气活动和早霜冻以及秋季连阴雨影响分析；秋收秋种气象服务。
11月	立冬（7日前后）—小雪（22日前后）	沿淮淮北：冬小麦出苗分蘖，油菜3～5真叶。江淮及大别山区：冬小麦出苗，油菜出苗、移栽活棵。沿江江南：小麦苗期，油菜5真叶期。	干旱、连阴雨和霜冻	越冬作物查苗补缺、冬前灌溉、中耕除草。	越冬作物苗期气象专题服务；强冷空气活动、早霜冻和秋季连阴雨等农业气象灾害影响分析。
12月	大雪（7日前后）—冬至（22日前后）	沿淮淮北：北部冬小麦停止生长、稳定越冬，中南部不稳定越冬；南部油菜停止生长或缓慢生长。江淮及大别山区：小麦分蘖，油菜停止生长或缓慢生长。沿江江南：油菜缓慢生长。	干旱、大风、冻害、雪灾、连阴雨	冬小麦镇压、冻害防御。	冬小麦、油菜越冬前苗期分析；强冷空气活动以及大雪的影响分析。

5.1.2　基层气象服务产品

基层气象服务产品按照公共气象服务内容的分类，主要分为决策气象服务、公众气象服务及专业气象服务（主要是农业气象）方面的服务产品。主要服务产品如表5.3所示。

表5.3　县级主要气象服务产品一览表

产品类别	产品名称	产品内容	产品制作、发布时间	发布手段
决策服务	1.汛期天气专报	年度汛期气候预测	入汛之前	全县防汛抗旱会议上通报、传真
	2.重大气象信息专报	重大天气过程发生前和重大天气过程发生期间	重大天气发生前及期间	电话、传真、手机短信
	3.天气周报	一周天气概况和具体预报	周一上午（周一上午和周五下午）	电话、传真
	4.气象分析报告	极端天气气候事件分析报告、对社会经济产生重大影响的热点问题气候分析报告、年度气候影响评价、公共突发事件气象分析报告、人工影响天气作业总结、重大雷电事故监测分析报告等	不定期	送达、传真

产品类别		产品名称	产品内容	产品制作、发布时间	发布手段
决策服务		5. 气象灾害风险预警	中小河流洪水、山洪地质灾害气象风险等级预报	汛期、不定期	传真、电子邮件、网站
		6. 灾害性天气预警	灾害性天气预警	不定时	电话、手机短信
公众气象服务	常规服务产品	1. 24、48 h 天气预报	24、48 h 天气预报	07、17 时	手机短信、声讯电话、电视节目、微博、显示屏等
		2. 3～5 天预报	3～5 天预报	17 时	手机短信、声讯电话、电视节目、微博、显示屏等
		3. 天气周报	一周天气概况和具体预报	周一上午(周一上午和周五下午)	手机短信、声讯电话、微博等
		4. 灾害性天气预警	灾害性天气预警	不定时	电话、手机短信、微博等
		5. 气象科普宣传	灾害性天气出现前或期间的防灾减灾宣传	常年不定时	手机短信、声讯电话、影视节目、微博等
	专题气象服务产品	1. 节假日天气专报	春节、清明、端午、五一、中秋、国庆、元旦	节假日之前和期间	手机短信、声讯电话、影视节目、微博等
		2. 专题气象服务	中高考、春运、两会及市县特色重大社会活动期间	重大活动前及期间	手机短信、声讯电话、影视节目、微博等
专业气象服务	为农气象服务产品	1. 农用天气专报	灾害性天气农用天气预报、春耕春播、夏收夏种、秋收秋种预报	涉农灾害性天气发生前、每周1—2期	传真、网站
		2. 农业气象月(旬)报	农业气象月(旬)报	月初 1、2 日(旬初、周一)	传真、网站
		3. 农业气象分析报告	农业气象产量预报、灾害性天气评估分析、生育期气象分析、农业干旱监测报告、作物重大病虫害发生发展气象条件预报等材料	不定期	传真、网站、邮件
		4. 为农气象服务专刊	设施农业气象服务专报、水产养殖专报	不定期	传真、电话、邮件
	其他专业气象服务	1. 生态监测	巢湖蓝藻监测	不定期	传真、电子邮件
		2. 森林防火专题气象服务	森林防火气象服务	防火期内、不定期	传真、电子邮件

5.2 决策服务产品

5.2.1 省级决策服务产品

5.2.1.1 天气预报

1. 短时预报

(1)基本信息(表5.4)

表5.4 短时预报产品简介

产品名称	短时预报
生成时间	每天06:00、12:00、18:00(每年3月20日—9月31日)
产品格式	ACSII码文本文件
存放位置	\10.129.2.229\MICAPS\RECORD\yyyymmdd.DSY
负责人	短期预报领班、短时白班和夜班

(2)短时预报产品模板(图5.1)

安徽省短时预报
(2012年10月07日18时)

实况观测:
过去6小时,全省基本无降水。
卫星云图上:全省为中高云系覆盖。
雷达图上:大别山区和江南局部地区有弱降水回波。
数值预报显示:未来6小时,全省大气层结稳定。
预计:未来6小时,全省无强对流天气。

值班预报员 95 号

(2012年10月07日12时)

实况观测:
过去6小时,全省无降水。
卫星云图上:本省西部为中高云系覆盖,其他地区为晴空区。
雷达图上:全省无降水回波。
数值预报显示:未来6小时,全省大气层结稳定。
预计:未来6小时,全省无强对流天气。

值班预报员 76 号

(2012年10月07日06时)

实况观测:
过去6小时,全省无明显降水。
卫星云图上:全省大部分地区为中低云系覆盖。
雷达图上:全省无降水回波。
数值预报显示:未来6小时,全省大气层结稳定。
预计:未来6小时,全省无强对流天气。

值班预报员 71 号

图5.1 2012年10月7日短时预报

2. 短期预报

(1)基本信息(表 5.5)

表 5.5　短期预报产品简介

产品名称	短期预报
生成时间	每天 06:00、11:00、16:00
产品格式	TXT
存放位置	\10.129.2.229\MICAPS\RECORD\yyyymmdd. AH1(AH2、AH3) http://10.129.2.151/index.php? c=tqyb&m=dqyb
负责人	短期预报领班、主班

(2)短期预报产品模板(图 5.2)

安徽省短期天气预报
（2012 年 10 月 31 日 16 时）

霜冻预报和全省天气预报：
今天夜里到
明天白天：全省晴天到多云。
全省偏北风转偏南风 2—3 级。
明晨最低气温：淮北和本省山区：4—6℃；沿　　江：7—9℃；其他地区：5—7℃。江北大部分地区和江南部分地区有霜或霜冻。
明天最高气温：全　　省：18—20℃。
预计：明天夜里到 11 月 2 号白天，全省晴天到多云。

安徽省气象台　值班预报员 90 号

城市	今天夜里	明天白天	最低温度	最高温度	风向、风速
合肥	晴	多云	06	19	偏北风 2—3 级转偏东风 2—3 级
亳州	晴	多云	05	20	偏南风 2—3 级转偏南风 3—4 级
宿州	晴	多云	05	18	东南风 2—3 级
淮北	晴	多云	05	19	东南风 2—3 级转偏南风 2—3 级
阜阳	晴	多云	05	20	东南风 2—3 级
蚌埠	晴	多云	05	18	东南风 2—3 级
淮南	晴	多云	07	19	东南风 2—3 级
六安	晴	多云	07	19	偏东风 2—3 级转东南风 2—3 级
滁州	晴	晴	08	18	东北风 2—3 级转偏东风 2—3 级
马鞍山	晴	多云	07	18	偏东风 2—3 级
铜陵	晴	多云	07	18	偏西风 2—3 级转偏东风 2—3 级
芜湖	晴	多云	08	19	偏南风 2—3 级转偏东风 2—3 级
安庆	晴	多云	08	19	东北风 2—3 级
池州	晴	多云	08	19	偏东风 2—3 级
宣城	晴	晴	05	18	偏东风 2—3 级
黄山市	晴	多云	08	18	东北风 2—3 级转偏东风 2—3 级

图 5.2　2012 年 10 月 31 日 16 时短期预报

3. 短期指导预报

(1)基本信息(表 5.6)

表 5.6　短期指导预报简介

产品名称	短时指导预报
生成时间	每天 16:00
产品格式	TXT

产品名称	短时指导预报
存放位置	\10.129.2.229\MICAPS\RECORD\yyyymmdd.ZDY http://10.129.2.151/index.php?c=tqyb&m=zdyb
负责人	短期预报领班

（2）短期指导预报产品模板（图 5.3）

安徽省气象台指导预报
2012年10月30日

全省天气预报：
12h：江北多云转晴天；江南阴天转多云，部分地区有零星小雨。
24h：全省晴天到多云
48h：全省晴天到多云。
72h：全省晴天转多云。
预报理由：
　　今天08时，500hPa上我省环流较平直，淮北北部有短波槽，受其影响，目前全省阴天，淮北东部有弱降水。
　　根据数值预报，今天夜里受东移短波槽影响，我省江南部分地区仍有弱降水，31日-11月1日全省受地面冷高压控制，全省为晴到多云天气。11月1日早晨江北和本省山区最低气温3~5℃，部分地区有初霜或初霜冻；其他地区5~7℃。请关注。
　　另外明天早晨沿淮淮河以南近地层湿度大，并有逆温层存在，请关注大雾天气。

领班预报员

图 5.3　2012 年 10 月 30 日短期指导预报产品

4. 天气周报
（1）基本信息（表 5.7）

表 5.7　天气周报简介

产品名称	天气周报
生成时间	每天 11:00
产品格式	WORD 文档
存放位置	\10.129.2.229\MICAPS\RECORD\yyyymmdd.tzb http://10.129.2.151/index.php?c=tqyb&m=tqzb

（2）天气周报产品模板（图 5.4）

5. 天气旬报
（1）基本信息（表 5.8）

表 5.8　天气旬报简介

产品名称	天气旬报
生成时间	每旬旬末
产品格式	WORD 文档
存放位置	\10.129.2.229\MICAPS\RECORD\yyyymmdd.xyb http://10.129.2.151/index.php?c=tqyb&m=tqxb

天气周报

(第 304 期)

预报时段：2012 年 10 月 30 日—2012 年 11 月 5 日(内部参考)

今天江南部分地区有小雨并渐止。预计明后天早晨我省气温较低，其中明天沿淮淮北部分地区和本省山区、后天早晨江北部分地区和本省山区可能出现初霜或初霜冻。11 月 3 日前后我省还将有一次冷空气活动。

具体天气过程如下：

日 期	10月30日	10月31日	11月1日	11月2日	11月3日	11月4日	11月5日
星期	二	三	四	五	六	日	一
淮 北	多云转晴天	晴天到多云	晴天到多云	晴天转多云	阴天	多云到晴天	多云到晴天
江 淮	多云转晴天	晴天到多云	晴天到多云	晴天到多云	阴天,部分地区有小雨	多云到晴天	多云到晴天
江 南	阴天,部分地区有小雨并渐止转多云	晴天到多云	晴天到多云	晴天到多云	阴天,部分地区有小雨	阴天转多云	多云到晴天

城市天气预报：

日期	10月30日	10月31日	11月1日	11月2日	11月3日	11月4日	11月5日
星期	二	三	四	五	六	日	一
合肥	多云转晴	晴到多云	晴到多云	晴到多云	阴天	多云到晴	多云到晴
亳州	多云转晴	晴到多云	晴到多云	晴到多云	阴天	多云到晴	多云到晴
宿州	多云转晴	晴到多云	晴到多云	晴到多云	阴天	多云到晴	多云到晴
淮北	多云转晴	晴到多云	晴到多云	晴到多云	阴天	多云到晴	多云到晴
阜阳	多云转晴	晴到多云	晴到多云	晴到多云	阴天	多云到晴	多云到晴
蚌埠	多云转晴	晴到多云	晴到多云	晴到多云	阴天	多云到晴	多云到晴
淮南	多云转晴	晴到多云	晴到多云	晴到多云	阴天	多云到晴	多云到晴
六安	多云转晴	晴到多云	晴到多云	晴到多云	阴天有小雨	多云到晴	多云到晴
滁州	多云转晴	晴到多云	晴到多云	晴到多云	阴天	多云到晴	多云到晴
马鞍山	阴转多云	晴到多云	晴到多云	晴到多云	阴天	阴转多云	多云到晴
铜陵	阴转多云	晴到多云	晴到多云	晴到多云	阴天	阴转多云	多云到晴
芜湖	阴转多云	晴到多云	晴到多云	晴到多云	阴天有小雨	阴转多云	多云到晴
安庆	阴转多云	晴到多云	晴到多云	晴到多云	阴天	阴转多云	多云到晴
池州	阴转多云	晴到多云	晴到多云	晴到多云	阴天	阴转多云	多云到晴
宣城	阴转多云	晴到多云	晴到多云	晴到多云	阴天	阴转多云	多云到晴
黄山市	小雨转多云	晴到多云	晴到多云	晴到多云	阴天有小雨	阴转多云	多云到晴

安徽省气象台

2012 年 10 月 30 日

图 5.4　2012 年 10 月 30 日天气周报实例

(2)天气旬报产品模板(图 5.5)

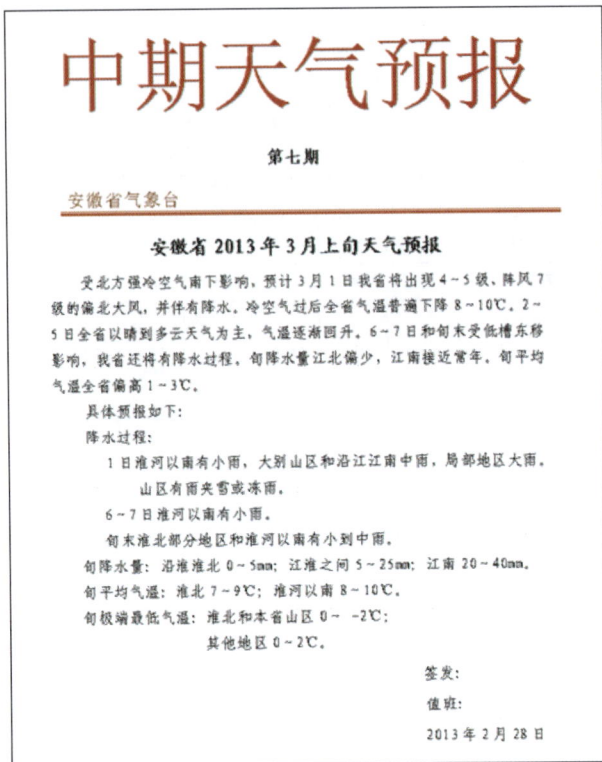

图 5.5 2013 年 3 月上旬天气预报

6. 分县要素指导预报

(1)基本信息(表 5.9 和表 5.10)

表 5.9 省气象台短期分县要素指导预报简介

产品名称	短期指导预报(0~72 h)
生成时间	每天 05:45、10:00、15:00
产品格式	MICAPS 第八类格式
存放位置	\10.129.2.16\DATA\ST\DQ\FXYB\yymmddhh.fff http://10.129.2.151/index.php? c=zdcp&m=fxyb
负责人	短期预报领班、主班

表 5.10 省气象台中期分县要素指导预报简介

72 h 产品名称	中期指导预报(96~144 h)
生成时间	每天 11:00
产品格式	MICAPS 第八类格式
存放位置	\10.129.2.16\DATA\ST\DQ\FXYB\yymmddhh.fff http://10.129.2.151/index.php? c=zdcp&m=fxyb
负责人	中期预报领班、主班

（2）短期分县要素指导预报产品模板（图 5.6）

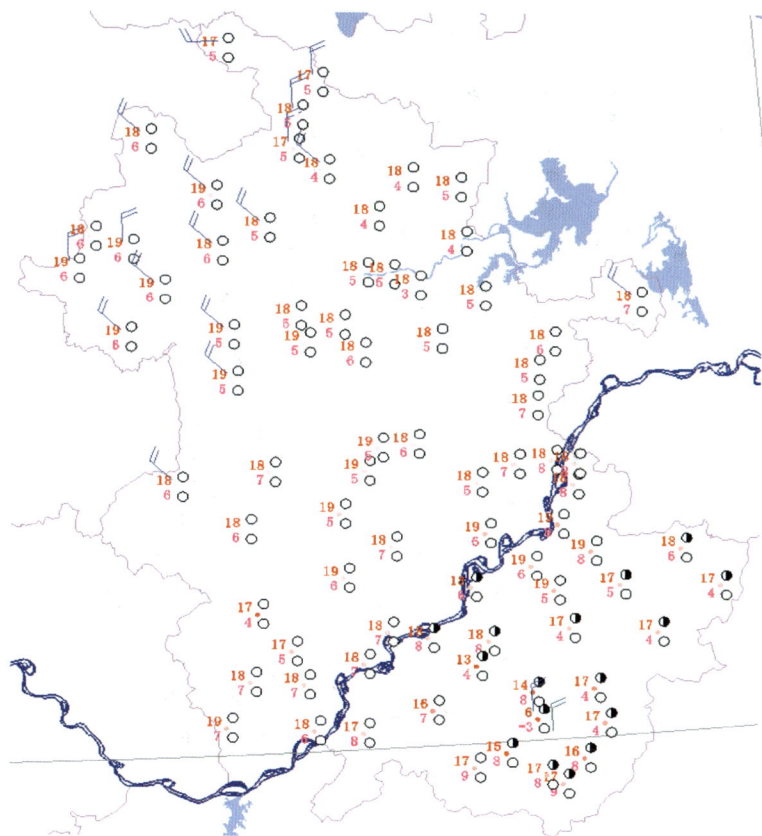

图 5.6　短期分县要素指导预报产品模板

（3）中期指导预报产品模板（图 5.7）

5.2.1.2　决策服务

1. 省台决策气象服务产品类别

（1）重要决策气象服务产品：《重大气象信息专报》和《专题气象服务》，以安徽省气象局名义发布，由局长签发。

《重大气象信息专报》包括可能产生重、特大影响的灾害性天气过程的预报（如台风、大范围强降水等对全省有严重影响或将造成重大人员伤亡和财产损失的天气过程）、重大气象灾害分析评估报告、汛期和年度短期气候预测、极端天气气候事件分析报告、对社会经济产生重大影响的热点问题的气候分析报告、年度气候影响评价和其他紧急气象事件分析报告等。

《专题气象服务》包括农业气象产量预报、作物病虫害发生发展气象条件预报、农业干旱监测报告，遥感监测信息（较大旱、涝、雾、森林火灾）、年度生态气象质量评价报告、人工影响天气作业总结、酸雨和大气成分监测年报、较大雷电监测分析报告等。

（2）常规决策气象服务产品：《天气情况快报》《一周天气趋势》《气象旬报》《气象灾情信息》等。常规决策气象服务产品以安徽省气象台名义发布，由省气象台台长签发。

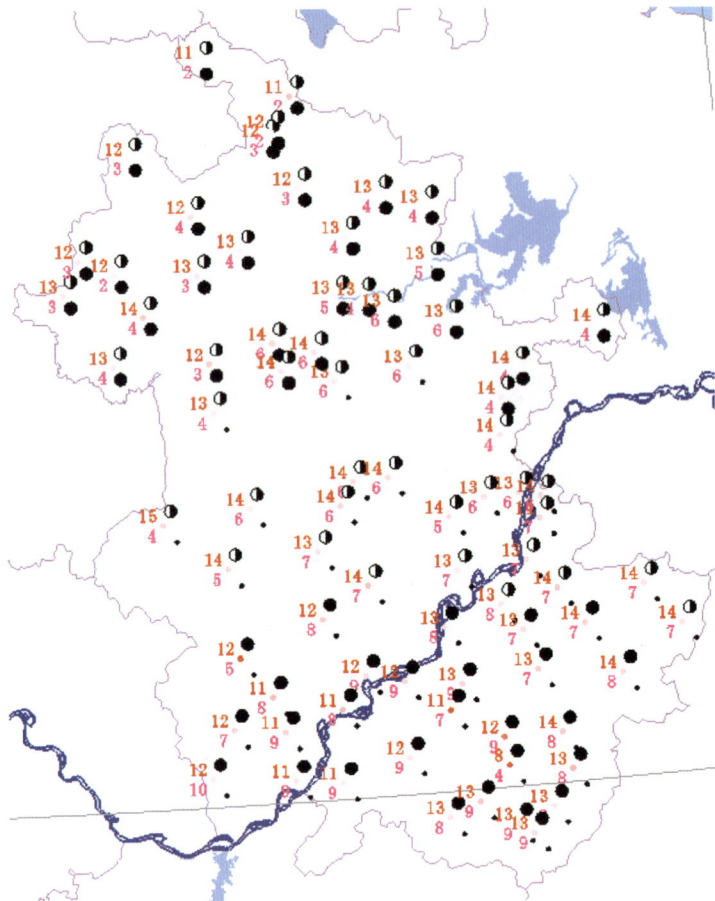

图 5.7　中期指导预报产品模板

《一周天气趋势》正常每逢周一制作，包括上周天气实况概况、灾情信息。未来一周天气趋势预报等信息。

《天气情况快报》主要包括灾害性、关键性、转折性天气服务；春播、汛期、洪涝干旱、高温热害、低温冷害、夏收夏种、秋收冬种等重要季节气象服务；与气象有关的山洪、山体滑坡、泥石流、病虫害暴发流行、森林火灾等气象服务；重大社会政治经济活动、重要节假日（春节、五一节、国庆节）的气象保障服务；《决策气象服务周年方案》中规定的其他重要气象服务；其他部门要求提供的决策气象服务等。

《气象旬报》主要包括本旬内天气、气温、降水量、具体过程简述及灾害性天气影响分析报告。

《气象灾情信息》主要包括全省因灾害性天气直接造成的灾害灾情以及衍生灾害灾情初报、续报及综述（终报），气象灾害影响评估报告。

2. 省台决策气象服务产品模板

（1）重大气象信息专报模板（图 5.8）

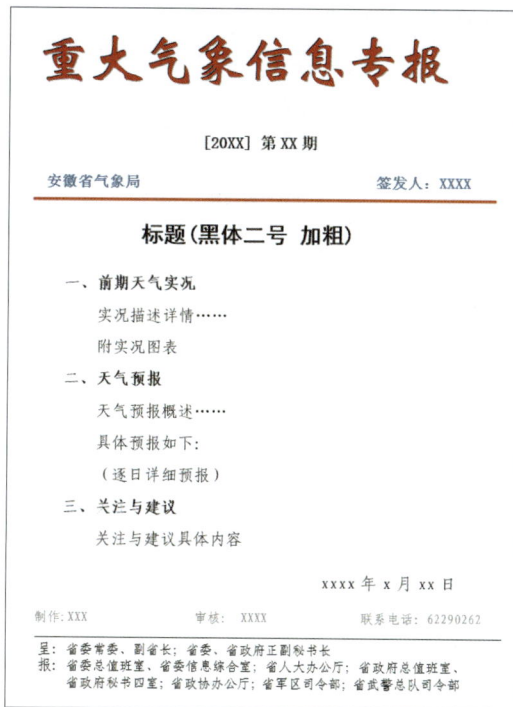

图 5.8　重大气象信息专报模板

（2）专题气象服务模板（图 5.9）

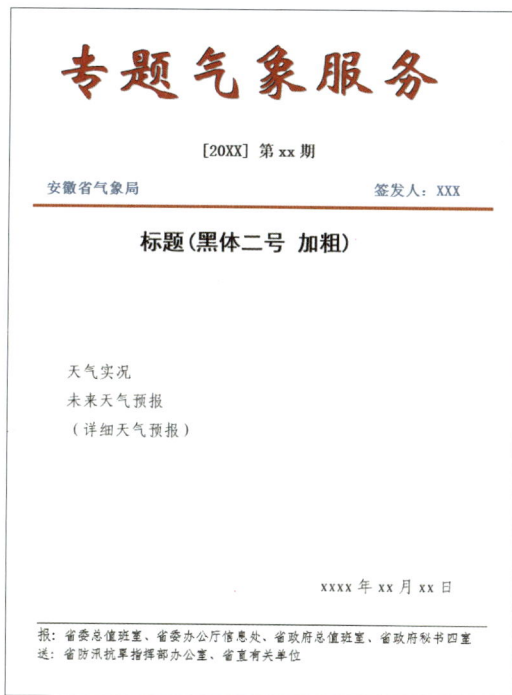

图 5.9　专题气象服务模板

(3)天气情况快报模板(图 5.10)

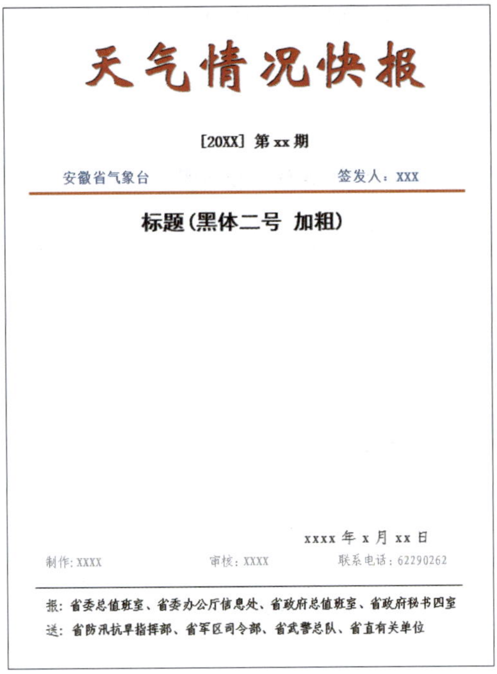
天气情况快报

[20XX] 第 xx 期

安徽省气象台　　签发人：XXX

标题(黑体二号 加粗)

xxxx 年 x 月 xx 日

制作：XXXX　　审核：XXXX　　联系电话：62290262

报：省委总值班室、省委办公厅信息处、省政府总值班室、省政府秘书四室
送：省防汛抗旱指挥部、省军区司令部、省武警总队、省直有关单位

图 5.10　天气情况快报模板

(4)一周天气趋势模板(图 5.11)

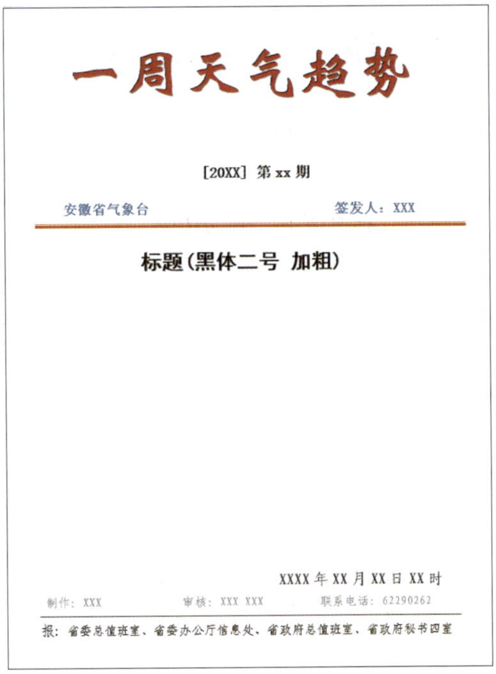
一周天气趋势

[20XX] 第 xx 期

安徽省气象台　　签发人：XXX

标题(黑体二号 加粗)

XXXX 年 XX 月 XX 日 XX 时

制作：XXX　　审核：XXX XXX　　联系电话：62290262

报：省委总值班室、省委办公厅信息处、省政府总值班室、省政府秘书四室

图 5.11　一周天气趋势模板

(5)气象旬报模板(图 5.12)

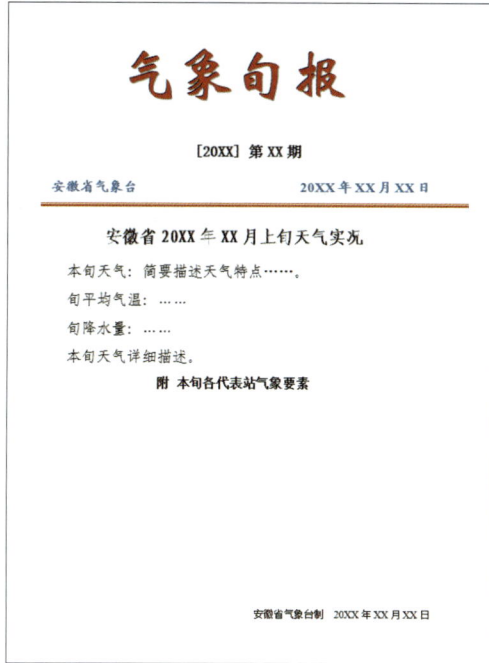

图 5.12 气象旬报模板

(6)气象灾情信息模板(图 5.13)

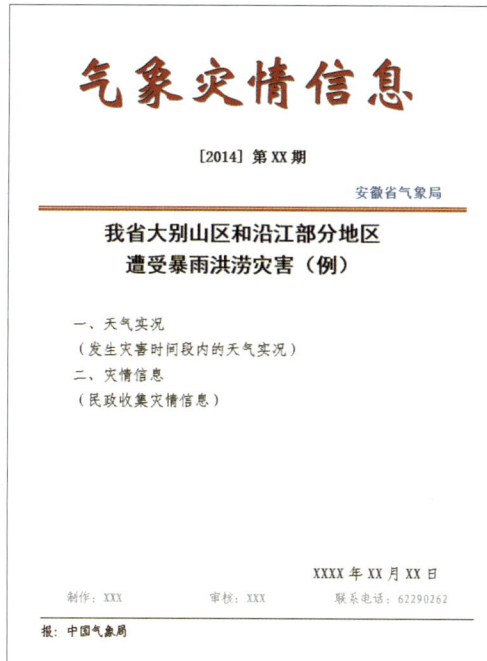

图 5.13 气象灾情信息模板

5.2.2 地市级决策服务产品

5.2.2.1 地市级决策气象服务概念

地市级决策气象服务是指为地市级决策部门组织防灾减灾、应对气候变化、制定经济发展规划、实施可持续发展战略、指挥生产、合理开发利用资源、保护环境以及重大社会活动、重大工程建设等方面科学决策所提供的气象信息和技术,是一项涉及当地社会稳定、经济发展和人民生命财产安全的全局性、综合性、前瞻性和高层次的气象服务。

地市级决策气象服务是提供给地市党政部门和领导组织指挥防灾减灾进行科学决策的基础性信息之一,是地市级气象部门整个气象服务工作的根本。地市级决策气象服务工作必须围绕市政府防灾减灾、趋利避害的需求开展工作。其主要目的是在第一时间让决策部门获得科学、及时、有决策价值的气象信息。

5.2.2.2 地市级决策气象服务对象

地市级决策气象服务是面向地方党政部门的需要所提供的专门的气象服务。其服务对象主要是市委、市政府、市人大、市政协以及有关部门和地方各级党政机关。

5.2.2.3 地市级决策气象服务的制作

地市级决策气象服务工作必须遵循准确、及时、主动、科学、高效原则。认真分析地方党、政领导和决策部门的需求,及时制作和提供针对性强、质量高的气象服务产品。

地市级决策气象服务材料的制作主要由地市级气象台承担,决策气象服务材料主要根据天气气候特征、季节农时农事、天气实况、灾情分布、决策建议、未来预报以及分析、研究气象和气象灾害对当地社会、经济发展的影响等内容加工制作相应的综合性决策服务产品,文字要求言简意明、图文并茂,并以市气象局名义提供给各级政府领导和党政机关。

地市级决策气象服务材料制作涉及内容和信息很多,需要重要天气分析、中短临天气预报、农情信息、历史数据、实时数据、数据检索处理、短期气候预测、气候变化分析评估产品、气候资源分析利用、人工影响天气监测分析产品以及图像图形的处理等。

5.2.2.4 地市级决策气象服务产品分类

地市级决策气象服务产品分为定期上报的决策气象服务材料和根据需要制作上报的不定期气象服务材料两类。

1. 定期决策气象服务产品主要是针对重要节日、农事季节、一周天气等每年相对固定时段的决策气象服务产品。主要有:

(1)重要节日气象服务,主要包括《春运气象服务专报》(图5.14)、《国庆气象服务专报》等。

材料基本信息包括:本市以及本省及周边地区节日期间天气预报和对交通的影响。制作时间,每年春运和国庆节期间,每天上午10时前完成制作。发布途径,通过办公网发送至省局应急与减灾处和科技与预报处、市局领导、市局办公室、局直属单位、各县局。送市委、市政府、市交通局、市春运办以及有关部门。FTP上传至安徽省气象信息共享平台。

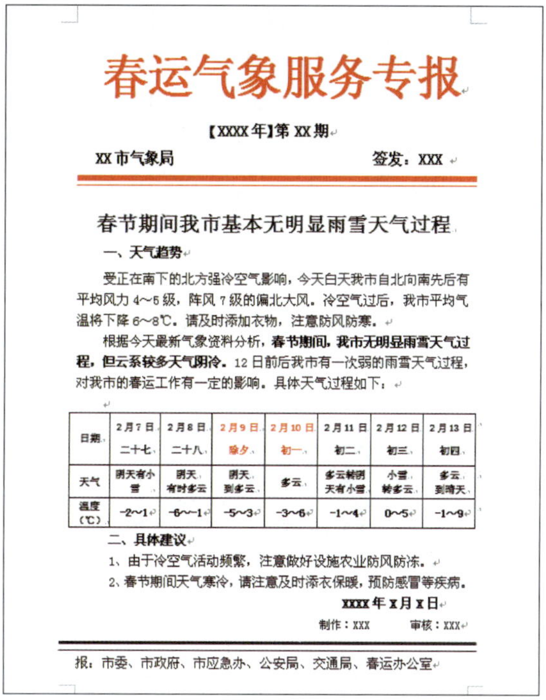

春运气象服务专报

【XXXX 年】第 XX 期

XX 市气象局　　　　　　　　**签发：XXX**

春节期间我市基本无明显雨雪天气过程

一、天气趋势

受正在南下的北方强冷空气影响，今天白天我市自北向南先后有平均风力 4～6 级，阵风 7 级的偏北大风。冷空气过后，我市平均气温将下降 6～8℃。请及时添加衣物，注意防风防寒。

根据今天最新气象资料分析，**春节期间，我市无明显雨雪天气过程，但云系较多天气阴冷。** 12 日前后我市有一次弱的雨雪天气过程，对我市的春运工作有一定的影响。具体天气过程如下：

日期	2 月 7 日 二十七	2 月 8 日 二十八	2 月 9 日 除夕	2 月 10 日 初一	2 月 11 日 初二	2 月 12 日 初三	2 月 13 日 初四
天气	阴天有小雪	阴天有时多云	阴天到多云	多云	多云转阴天有小雪	小雪转多云	多云到晴天
温度（℃）	-2～1	-6～-1	-5～3	-3～6	-1～4	0～5	-1～9

二、具体建议

1、由于冷空气活动频繁，注意做好设施农业防风防冻。

2、春节期间天气寒冷，请注意及时添衣保暖，预防感冒等疾病。

XXXX 年 X 月 X 日

制作：XXX　　　审核：XXX

报：市委、市政府、市应急办、公安局、交通局、春运办公室

图 5.14 《春运气象服务专报》模板

(2)《高考气象服务专报》(图 5.15)。

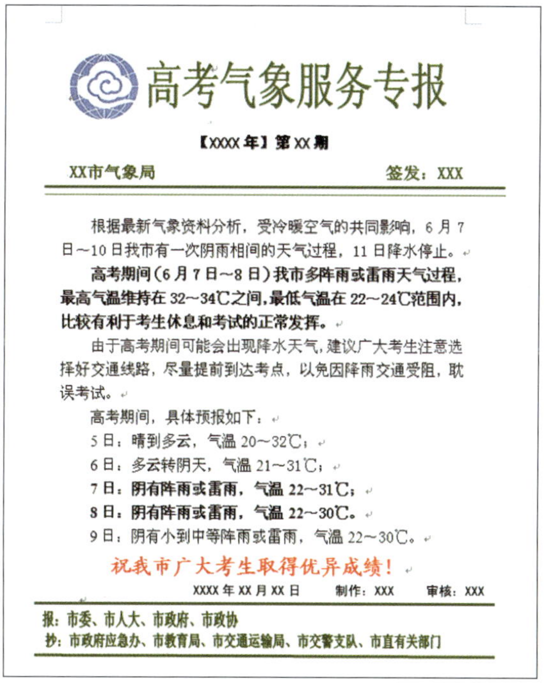

高考气象服务专报

【XXXX 年】第 XX 期

XX 市气象局　　　　　　　　**签发：XXX**

根据最新气象资料分析，受冷暖空气的共同影响，6 月 7 日～10 日我市有一次阴雨相间的天气过程，11 日降水停止。

高考期间(6 月 7 日～8 日)我市多阵雨或雷雨天气过程，最高气温维持在 32～34℃之间，最低气温在 22～24℃范围内，比较有利于考生休息和考试的正常发挥。

由于高考期间可能会出现降水天气，建议广大考生注意选择好交通线路，尽量提前到达考点，以免因降雨交通受阻，耽误考试。

高考期间，具体预报如下：

5 日：晴到多云，气温 20～32℃；

6 日：多云转阴天，气温 21～31℃；

7 日：阴有阵雨或雷雨，气温 22～31℃；

8 日：阴有阵雨或雷雨，气温 22～30℃。

9 日：阴有小到中等阵雨或雷雨，气温 22～30℃。

祝我市广大考生取得优异成绩！

XXXX 年 XX 月 XX 日　　制作：XXX　　审核：XXX

报：市委、市人大、市政府、市政协

抄：市政府应急办、市教育局、市交通运输局、市交警支队、市直有关部门

图 5.15 《高考气象服务专报》模板

材料基本信息包括：本市高考期间天气预报，重点关注高温、强对流、大雾对考生和交通的影响。制作时间，每年高考期间，每天上午 10 时前完成制作。发布途径，办公网发送至省局应急与减灾处和科技与预报处、市局领导、市局办公室、各县局、直属单位。送市委、市政府、市教育局、市公安局、市交通局以及有关部门。FTP 上传至安徽省气象信息共享平台。

（3）《一周天气趋势》（图 5.16）。

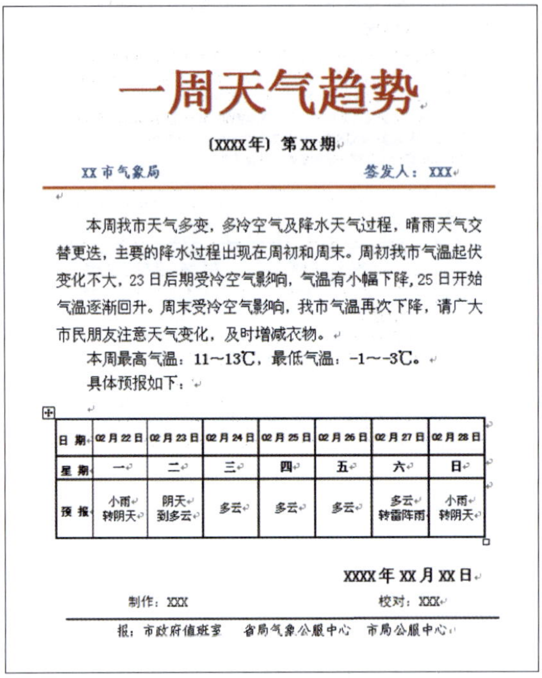

一周天气趋势

（XXXX 年）第 XX 期

XX 市气象局　　签发人：XXX

本周我市天气多变，多冷空气及降水天气过程，晴雨天气交替更迭，主要的降水过程出现在周初和周末。周初我市气温起伏变化不大，23 日后期受冷空气影响，气温有小幅下降，25 日开始气温逐渐回升。周末受冷空气影响，我市气温再次下降，请广大市民朋友注意天气变化，及时增减衣物。

本周最高气温：11～13℃，最低气温：-1～-3℃。

具体预报如下：

日 期	02 月 22 日	02 月 23 日	02 月 24 日	02 月 25 日	02 月 26 日	02 月 27 日	02 月 28 日
星 期	一	二	三	四	五	六	日
预 报	小雨 转阴天	阴天 到多云	多云	多云	多云	多云 转雷阵雨	小雨 转阴天

XXXX 年 XX 月 XX 日

制作：XXX　　校对：XXX

报：市政府值班室　省局气象公服中心　市局公服中心

图 5.16　《一周天气趋势》模板

材料基本信息包括：未来一周具体天气预报，以及农事建议。每天上午 10 时前完成制作。发布途径，办公网发送至省公共气象服务中心、市局领导、市局办公室、各县局、直属单位。短信发送市委、市政府以及有关部门领导。FTP 上传至安徽省气象信息共享平台。

（4）主要农事季节气象服务，包括《夏收夏种气象服务专报》（图 5.17）、《秋收秋种气象服务专报》、《春耕春播气象服务专报》等。

材料基本信息包括：未来五天内，全市范围天气的预报信息及其影响以及雨情信息、灾情信息、土壤墒情、旱情和不同时段农作物生长状况的监测和分析信息、农事建议等。

每天上午预报和农气会商后 10 时前完成制作。发布途径，办公网发送至省局应急与减灾处和科技与预报处、市局领导、市局办公室、各县局、直属单位。送市委、市政府以及农委、农机局等有关部门。FTP 上传至安徽省气象信息共享平台。

2. 不定期决策气象服务材料，主要是对一些重要信息包括天气气候综合评估、天气气候预报预测、重大天气实况、气候事件、气象灾情、地表监测信息、人工影响天气监测分析等或者对某一专题内容进行全面研讨分析而形成的综合性专题报告、政府领导和百姓关心的热点问题、与气象有关的突发性公共事件以及对重点工程建设和重大的社会活动提供专题决策服务等决策服务产品。主要有：

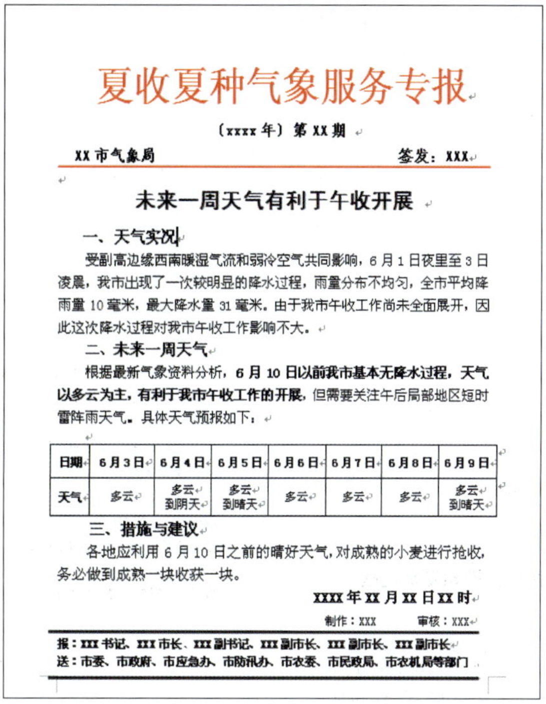

夏收夏种气象服务专报

（xxxx 年）第 XX 期

XX 市气象局　　　　　　　　签发：XXX

未来一周天气有利于午收开展

一、天气实况

受副高边缘西南暖湿气流和弱冷空气共同影响，6 月 1 日夜里至 3 日凌晨，我市出现了一次较明显的降水过程，雨量分布不均匀，全市平均降雨量 10 毫米，最大降水量 31 毫米。由于我市午收工作尚未全面展开，因此这次降水过程对我市午收工作影响不大。

二、未来一周天气

根据最新气象资料分析，**6 月 10 日以前我市基本无降水过程，天气以多云为主，有利于我市午收工作的开展**，但需要关注午后局部地区短时雷阵雨天气。具体天气预报如下：

日期	6 月 3 日	6 月 4 日	6 月 5 日	6 月 6 日	6 月 7 日	6 月 8 日	6 月 9 日
天气	多云	多云到阴天	多云到晴天	多云	多云	多云	多云到晴天

三、措施与建议

各地应利用 6 月 10 日之前的晴好天气，对成熟的小麦进行抢收，务必做到成熟一块收获一块。

XXXX 年 XX 月 XX 日 XX 时

制作：XXX　　审核：XXX

报：XXX 书记、XXX 市长、XXX 副书记、XXX 副市长、XXX 副市长、XXX 副市长
送：市委、市政府、市应急办、市防汛办、市农委、市民政局、市农机局等部门

图 5.17　《夏收夏种气象服务专报》模板

（1）《重大气象信息专报》（图 5.18）

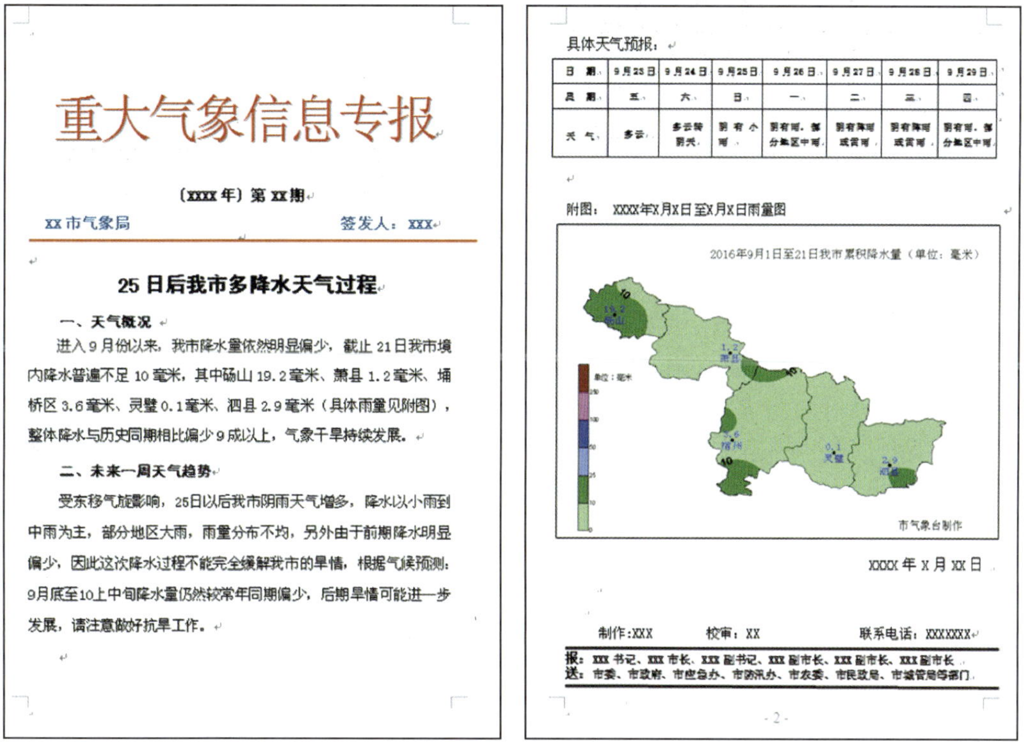

重大气象信息专报

（xxxx 年）第 xx 期

xx 市气象局　　　　　　　　签发人：xxx

25 日后我市多降水天气过程

一、天气概况

进入 9 月份以来，我市降水量依然明显偏少，截止 21 日我市境内降水普遍不足 10 毫米，其中砀山 19.2 毫米、萧县 1.2 毫米、埇桥区 3.6 毫米、灵璧 0.1 毫米、泗县 2.9 毫米（具体雨量见附图），整体降水与历史同期相比偏少 9 成以上，气象干旱持续发展。

二、未来一周天气趋势

受东移气旋影响，25日以后我市阴雨天气增多，降水以小雨到中雨为主，部分地区大雨，雨量分布不均，另外由于前期降水明显偏少，因此这次降水过程不能完全缓解我市的旱情，根据气候预测：9月底至10上中旬降水量仍然较常年同期偏少，后期旱情可能进一步发展，请注意做好抗旱工作。

具体天气预报：

日　期	9 月 23 日	9 月 24 日	9 月 25 日	9 月 26 日	9 月 27 日	9 月 28 日	9 月 29 日
星　期	五	六	日	一	二	三	四
天　气	多云	多云转阴天	阴有小雨	阴有雨，部分地区中雨	阴有阵雨或雷雨	阴有阵雨或雷雨	阴有雨，部分地区中雨

附图：　XXXX年X月X日至X月X日雨量图

XXXX 年 X 月 XX 日

制作：XXX　　　校审：XX　　　联系电话：XXXXXXX

报：XXX 书记、XXX 市长、XXX 副书记、XXX 副市长、XXX 副市长、XXX 副市长
送：市委、市政府、市应急办、市防汛办、市农委、市民政局、市城管局等部门

- 2 -

图 5.18　《重大气象信息专报》模板

材料基本信息包括：在中、短期时间范围内，全市大范围的灾害性、关键性、转折性天气的预报信息和重要天气实况、灾情信息。重要天气过程、气候预测、重大灾害性天气分析评估以及重大活动气象保障等。

每天上午10时前完成制作。发布途径，办公网发送至省局应急与减灾处和科技与预报处、市局领导、市局办公室、各县局、直属单位。送市委、市政府主要领导和分管领导以及市应急办、市防汛办、市水利局、市农委、市救灾办等有关部门。FTP上传至安徽省气象信息共享平台。

（2）《天气情况快报》（图5.19）

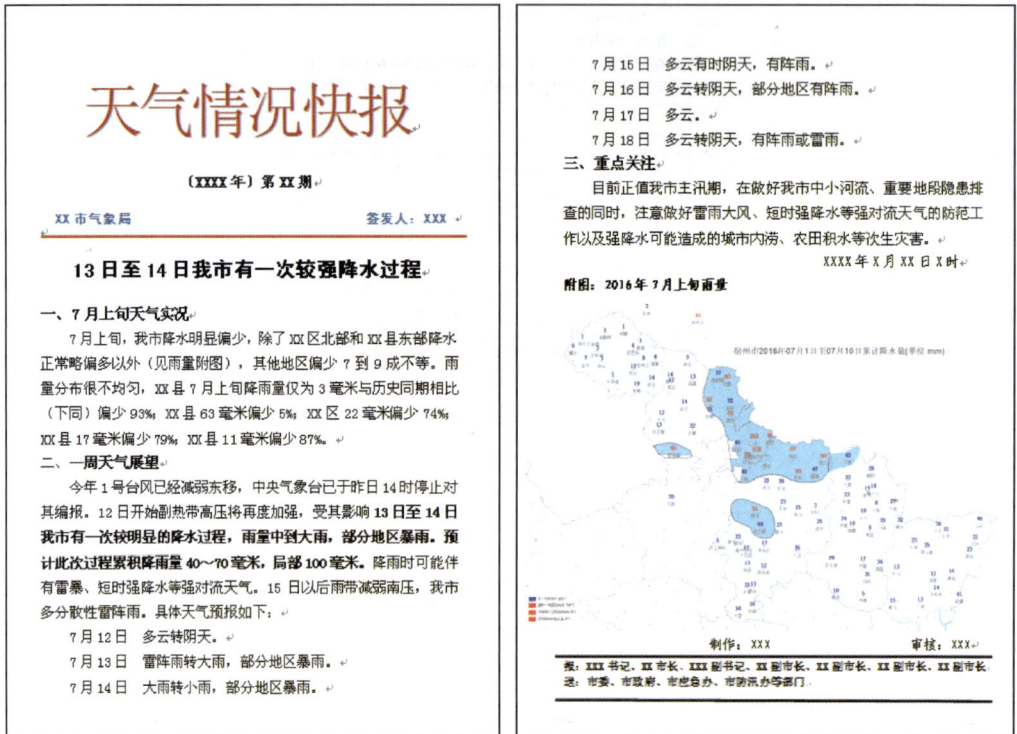

图5.19 《天气情况快报》模板

材料基本信息包括：在中、短期时间范围内，全市大范围出现的重要天气过程，包括天气、气候、农业气象等多方面监测、预警、预报预测产品及气象灾害影响等。

每天上午10时前完成制作。发布途径，办公网发送至省局应急与减灾处和科技与预报处、市局领导、市局办公室、各县局、直属单位。送市委、市政府以及市应急办、市防汛办、市水利局、市农委、市救灾办等有关部门。FTP上传至安徽省气象信息共享平台。

（3）《重大突发事件报告》（图5.20）

材料基本信息包括：天气气候实况及重要灾情实况、气象服务及应急响应情况以及灾后气象服务及建议。

灾情发生后第一时间完成制作。发布途径，办公网发送至省局办公室应急值班室、应急与减灾处、科技与预报处、省气象台气象服务室、市局领导、市局办公室、业务科。灾情直报系统发送中国气象局。传真至市应急办。

重大突发事件报告

报送单位：XX 市气象局　　　　　　签发人：XXX

报告时间：XXXX 年 XX 月 XX 日 XX 时 XX 分

7月17日XX龙卷风暴雨灾情（续报3）

一、天气气候实况及重要灾情

二〇一〇年七月十七日十九时三十分左右，我市 XX 县突遭龙卷风暴雨袭击，最大降雨量九十余毫米，局部地区最大风力达到十三至十四级，给 XX 县良梨镇、玄庙镇、李庄镇、周寨镇、曹庄镇、关帝庙镇、程庄镇、砀城镇、葛集镇、园艺场群众的生产生活带来巨大影响，特别是良梨镇受灾最为严重。

据初步核查统计，此次龙卷风暴雨致使 XX 县二十八万余人受灾，受灾面积约二十四万余亩，损毁房屋五千九百余间，倒塌房屋一千九百八十间；各类树木被刮倒、折断十万余株；农作物大面积倒伏，水果 40%被刮落；多处电力、通讯设施中断，造成部分企业受损严重；310 国道被阻断，并造成一人死亡（XXX，女，四十岁，良梨镇丰棉于黄楼），三十人受伤，其中八人伤势严重，现正在医院接受治疗，目前

紧急转移人口四百六十五人，直接经济损失约五点零五亿元，其中农业经济损失约四点一四亿元。其它受灾情况现仍正在紧张统计中。

二、气象服务及应急响应情况

XX 市气象台预报服务情况：

1、17 时 07 分接省台通知关注 XX 县、XX 县回波情况。

2、17 时 10 分通知 XX 县局、XX 县局关注 XX 附近的强回波情况，做好服务工作。

3、17 时 45 分和省台会商 XX 县天气。

4、17 时 46 分通知 XX 县局发布雷电黄色预警信号，预警信号中提醒雷雨大风、短时强降水等强对流天气。

5、18 时 40 分通知 XX 县局针对强回波做短信服务，强调雷电、雷雨大风、短时强降水等强对流天气。

6、19 时 20 分 XX 县局与市台会商天气：发布暴雨黄色预警信号。

7、20 时 50 分 XX 县局汇报有灾情出现，XX 局县主要负责人及时赶到现场调查灾情。

8、全天预报值班员、预报领班通过短时临近预警系统时刻监视雷达回波情况。

9、市局主要负责人、分管负责人、市台台长全天在预报第一线，多次向市政府领导汇报雷达回波、雨情、预报情况。

10、灾情发生后，市局领导立即召集市局相关部门负责

人研究部署灾后气象服务工作，指示 XX 县局做好灾情收集上报和评估工作，近几天我市仍有强天气，要密切监视天气变化，及时发布预警信息。

11、18 日早晨 XX 市气象局分管局长带队一行四人赶赴砀山调查灾情。

XX 县气象局预报服务情况：

针对 7 月 16 日后期到 19 日集中强降水过程，XX 县局非常重视，早在 7 月 14 日我局 7 月 14 日编发《重要天气专刊》第 8 期，报送四大班子领导及防汛指挥部门，7 月 16 日编发《重要天气专刊》第 9 期，局领导在县十二届九次常委扩大会议分组讨论时又通报了 17-20 日 XX 县有持续强降水过程。XX 县政府采纳 XX 气象局建议，要求各单位成立应急抢险队，24 小时待命。7 月 16 日和 17 日 24、48 小时短期短时临近预报我 XX 县有大到暴雨，并可能伴有雷雨大风等强对流天气。17 日 8 时收看中央台会商后与市台会商，不间断监视卫星、雷达、中尺度雨量网，分析地面辐合带动向，上游台站雨情等资料。17 时 30 分发现强回波影响 XX 州西部乡镇，造成短时强降水，17 时 48 分与市局会商后发布雷电黄色预警信号并及时发布手机短信"受较强降雨云团影响 XX 县 6 小时内可能发生雷电活动，并可能伴有有短时强降雨，短时雷雨大风等强对流天气，请注意防范。"18 时 55 分从雷达回波发现 XX 县上游有弓形回波逼近，并伴有中气旋生成，19 时局领导与上游 XX 气象局 XXX 局长电话联

防后，19 时 08 分电话向 XX 县政府 XXX 县长汇报"今晚有大到暴雨，明天白天间歇，明天夜间到 19 日仍有大到暴雨，并可能伴有雷雨大风等强对流天气。"19 时 20 分与市台再次会商后发布暴雨黄色预警信号和手机短信。19 时 24 分局领导电话分别向防汛办及县应急救援大队大队长 XXX 报告天气实况和趋势"特别关注中尺度气旋造成强对流天气"。20 时再次向 XX 县防指报告雨情。20 时 20 分领导赶赴科技食品厂调查风灾现场，向在场的 XXX 副县长汇报天气趋势"大风可能持续"，并要求厂方立即停工停产，确保工人人身安全。21 时制作《重要天气专刊》第 10 期发送 XX 县政府简秘书。22 时向政府 XX 秘书及民政局生救办 XX 主任汇报天气实况并了解灾情。23 时发布雨情风情天气实况趋势短信。

三、后期气象服务及建议

未来 3 天我市仍有降雨或雷雨，部分地区大雨。并可能伴有雷雨大风、短时强降水、强雷电等强对流天气。我局已在今天市政府召开的防汛会议上作了汇报。下一步关注重点是，雷雨大风等强对流天气。

（联系人：XXX　　　联系电话：XXXXXXX）

图 5.20　《重大突发事件报告》模板

(4)《气象灾害预警信息快报》(图5.21)

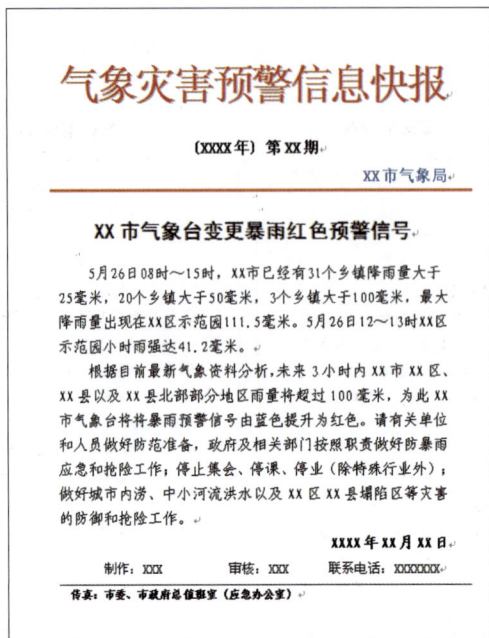

图5.21 《气象灾害预警信息快报》模板

材料基本信息包括:台风、暴雨、暴雪、寒潮、大风、高温、干旱、强对流、霜冻、冰冻、大雾、霾等灾害性天气实况、预报预警发布以及防御措施等。

当预警信号为橙色及其以上时发布。发布途径,通过传真发送至市委、市政府值班室。

(5)《中小河流洪水气象风险预警》(图5.22)

材料基本信息包括:降水实况、降水预报、风险等级预报、中小河流气象风险预警以及防御建议等。

在全市范围内,中小河流因为强降水可能发生流域性灾害时发布。发布途径,送市委、市政府以及市应急办、市防汛办、市水利局、市农委、市救灾办等有关部门。FTP上传至安徽省气象信息共享平台。

(6)《专题气象服务》(图5.23)

材料基本信息包括:为市委、市政府及有关部门重大活动和重大事件提供的气象保障。

根据领导安排,不定期制作。传真或者通过电子邮件或者送给相关部门。

5.2.2.5 地市级决策气象服务产品制作流程

决策气象服务产品以市气象局名义,由市气象台制作,领导审核并签发,办公室报送。主要流程包括以下步骤。

(1)年初根据需要制定年度《决策气象服务方案》,明确本年度各个季节关注重点和任务。

(2)任务启动

接到市气象局领导决策服务任务时,启动决策气象服务流程。重要天气过程、关键农事季节,市气象台台长认为有必要报送决策气象服务材料时,请示局主要领导或者分管领导后,启动决策气象服务流程。

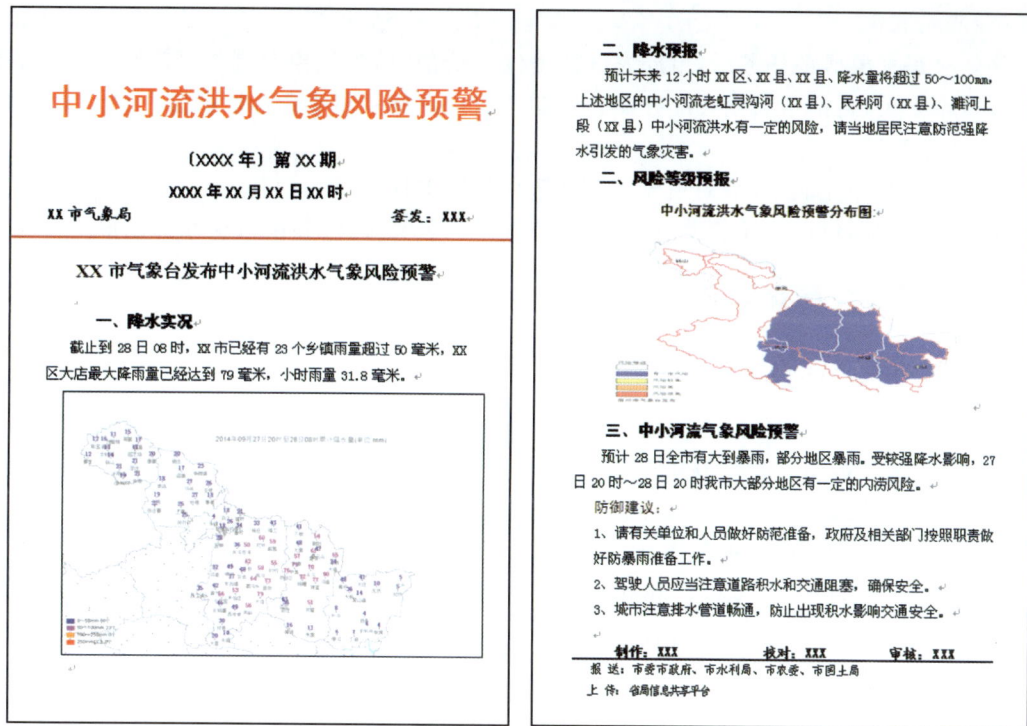

图 5.22 《中小河流洪水气象风险预警》模板

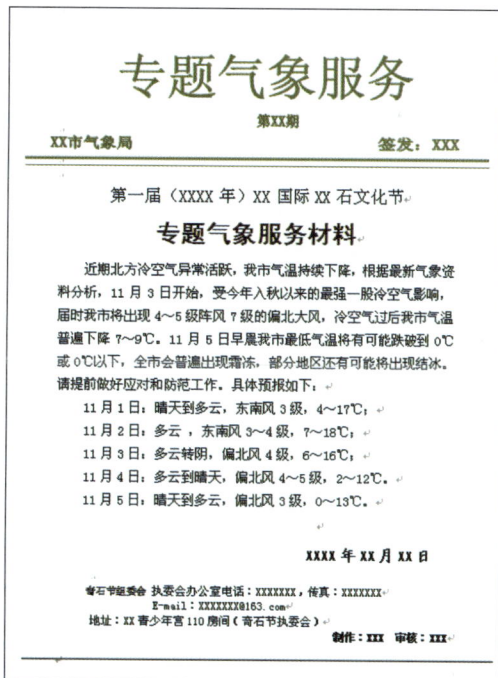

图 5.23 《专题气象服务》模板

（3）产品制作

接到决策气象服务任务后,市局农试站提供农情信息,市气象台制作,气象台台长或副台长或首席把关(目前市局绝大部分没有设首席岗),由局领导或者台长审核。

（4）产品签发

市气象台制作完成后,呈局领导或者分管局领导审批。

决策服务产品经局领导签发后,统一以市气象局名义报送,并由市局办公室报出。

5.2.3 气候与气候变化

5.2.3.1 业务产品概述

气候与气候变化主要业务产品有:《短期气候预测》《国家级指导产品》《旱涝监测公报》《气候影响评价》《重要气候公报》《灾害风险评估快报》《年度气候公报》《气象灾害年鉴》《气候变化专题分析》以及《气候变化监测公报》等,除《短期气候预测》内网发布外,其他所有业务产品均对外公开发布,发布渠道有:省局气象信息共享平台(http://10.129.2.36)、省气候中心网站(外网:http://www.ahqh.org.cn/;内网:http://10.129.18.56)、纸质印刷品等。气候业务产品路径如图 5.24 所示。

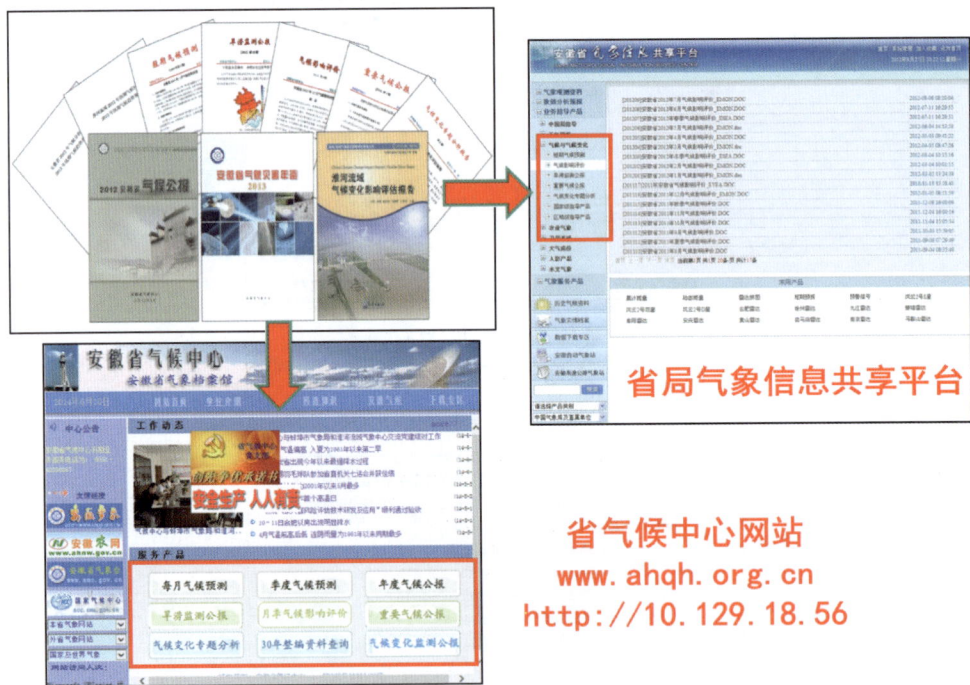

图 5.24　气候业务产品路径

《短期气候预测》:

每月 28 日发布下月,每旬 10 日、20 日发布,逐旬滚动,每季度末月 28 日发布下一季度,每年 4 月 28 日发布汛期气候趋势预测,包括温度、降水趋势;此外,每月 28 日,每旬 10 日、20 日发布延伸期重要过程预测(图 5.25)。

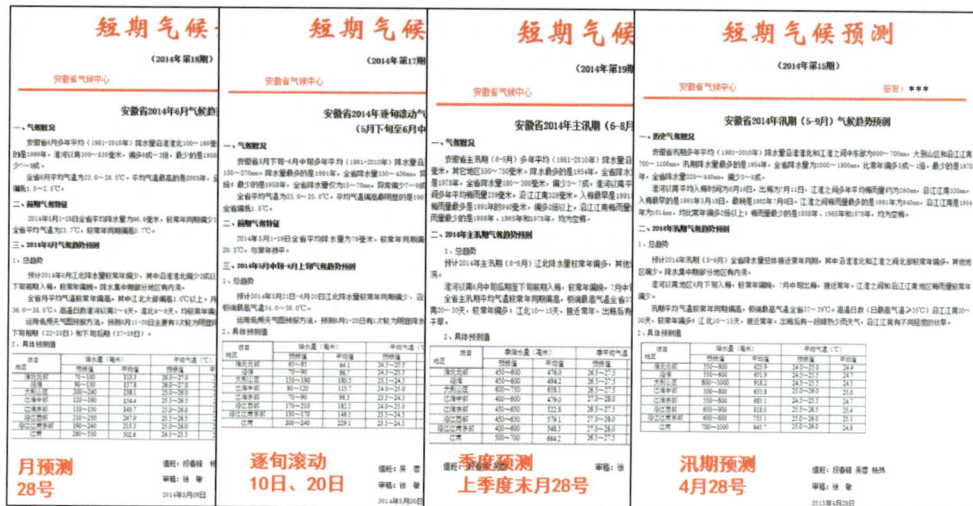

图 5.25　短期气候预测业务产品示意图

《气候影响评价》：

定期发布，月影响评价在下月 4 日发布；季度影响评价在下一季度 7 日发布。主要内容有：气温、降水、日照等气象要素的评述，极端气温、降水事件监测，气象灾害影响评估，专题气候影响评价，气温降水异常指数一览表以及下月（季）对策建议等内容（图 5.26）。

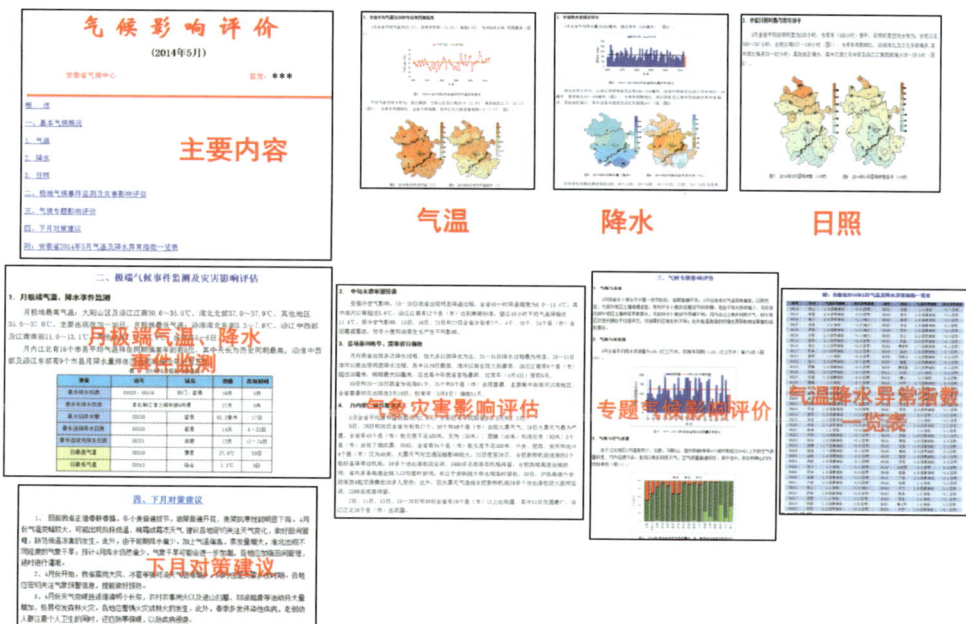

图 5.26　气候影响评价业务产品示意图

《重要气候公报》：

不定期发布，针对安徽省发生的强降水、干旱、高温、雨雪冰冻、台风、低温连阴雨等极端天气气候事件，及时发布影响评估业务产品，内容包括：极端天气气候事件过程概述，与历史比较,过程影响评估,预评估,特征分析,成因分析等内容(图 5.27)。

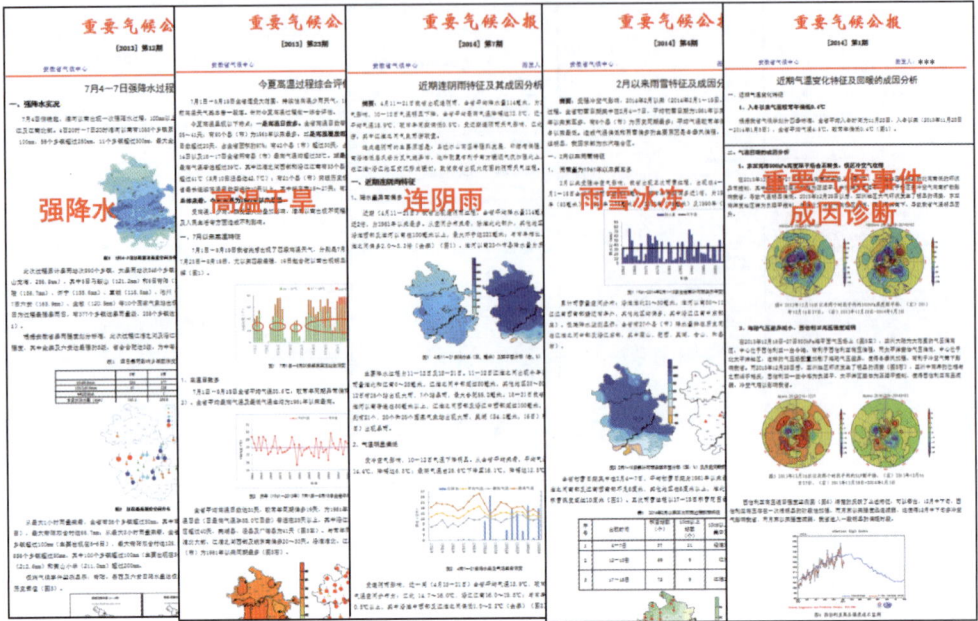

图 5.27　重要气候公报业务产品示意图

《灾害风险评估快报》:

不定期发布,针对安徽省发生的强降水过程可能导致的淹没区域进行评估并及时发布预警(图 5.28)。

图 5.28　灾害风险评估快报业务产品示意图

《气象灾害年鉴》：

定期发布，每年一期，次年 10 月份发布。内容包括：全年气候概况及主要气象灾害、每月气象灾害纪事、气象灾害分述、附表附图等内容（图 5.29）。

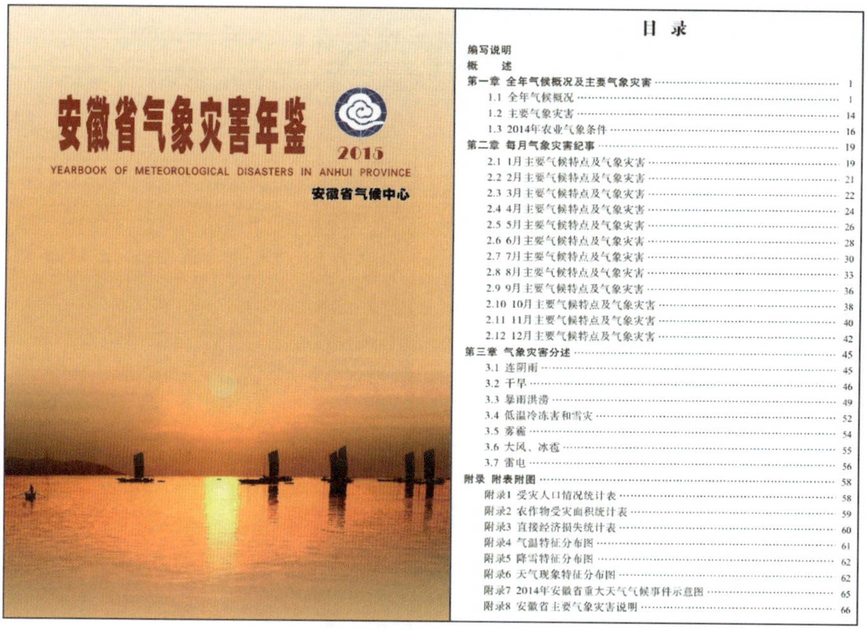

图 5.29　气象灾害年鉴业务产品示意图

《年度气候公报》：

定期发布，每年一期，次年 1 月中旬发布。主要内容有：年度基本气候概况、主要气候事件分析、气候对各行业影响评估等（图 5.30）。

图 5.30　年度气候公报业务产品示意图

《气候变化监测公报》:

定期发布,每年一期,次年 3 月份发布。主要内容有:摘要、基本气候要素、极端气候事件、生态环境以及附录等内容(图 5.31)。

图 5.31　气候变化监测公报业务产品示意图

5.2.3.2　监测指标体系及影响评估模型

(1)降水距平百分率(P_a)(图 5.32)

降水距平百分率是表征某时段降水量较常年值偏多或偏少的指标之一。其计算公式为:

$$P_a = \frac{P - \overline{P}}{\overline{P}} \times 100\% 。 \tag{公式 5.1}$$

式中:P 为某时段降水量(mm),$\overline{P}$ 为计算时段同期气候平均降水量。

(2)Z 指数(图 5.33)

Z 指数是假设某时段的降水量服从 Person Ⅲ 型分布,而后对降水量进行正态化处理,再将概率密度函数 Person Ⅲ 型分布转换为以 Z 为变量的标准正态分布,其计算公式为:

$$Z_i = \frac{6.0}{C_s} \times \left(\frac{C_s \times F_i}{2} + 1 \right)^{\frac{1}{3}} - \frac{6.0}{C_s} + \frac{C_s}{6.0}, \tag{公式 5.2}$$

式中:　$C_s = \dfrac{\sum\limits_{i=1}^{n}(r_i - \overline{r})^3}{n \cdot \sigma^3}, F_i = \dfrac{r_i - \overline{r}}{\sigma}, \sigma = \sqrt{\dfrac{1}{n}\sum\limits_{i=1}^{n}(r_i - \overline{r})^2}, \overline{r} = \dfrac{1}{n}\sum\limits_{i=1}^{n} r_i 。$

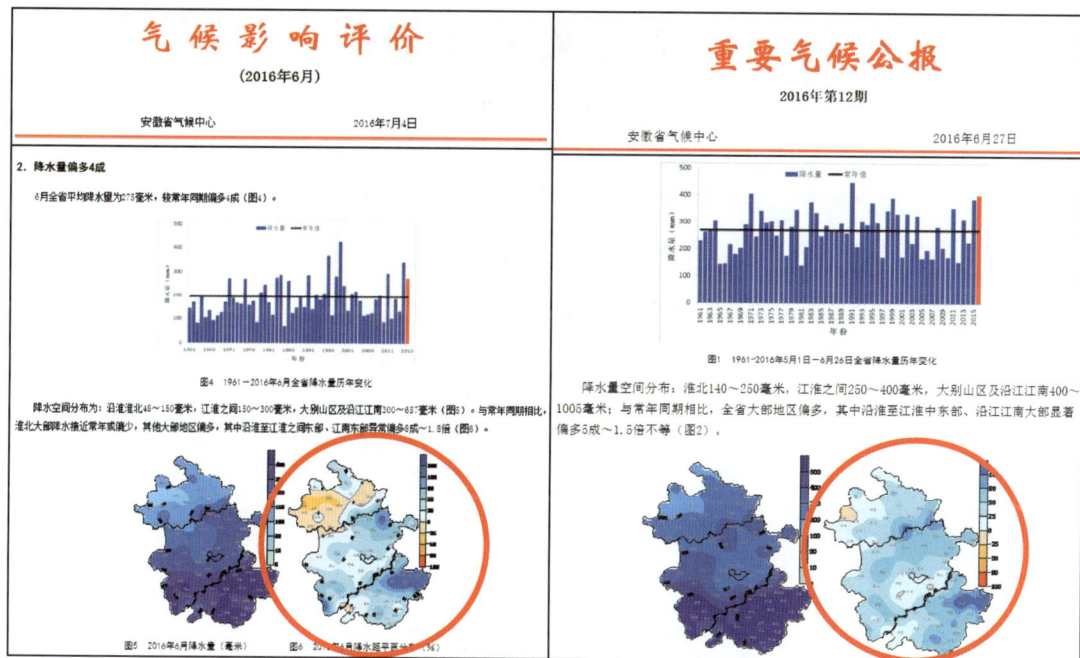

图 5.32　降水距平百分率应用示意图

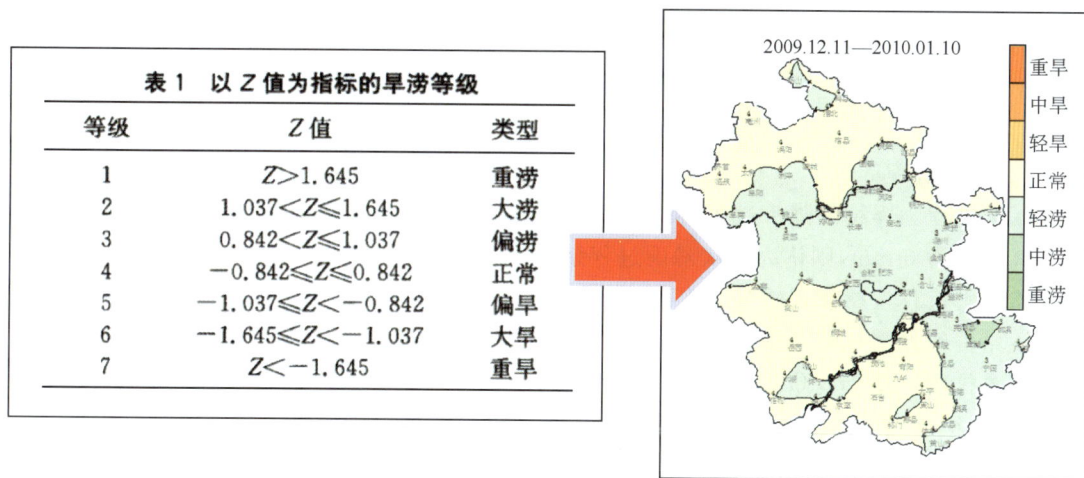

图 5.33　Z 指数应用示意图

（3）标准化降水指数（SPI）

由于降水量的分布一般不是正态分布，而是一种偏态分布。所以在进行降水分析和旱涝监测、评估中，采用 Γ 分布概率来描述降水量的变化。

标准化降水指数（图 5.34）就是在计算出某时段内降水量的 Γ 分布概率后，再进行正态标准化处理，最终用标准化降水累积频率分布来划分旱涝等级。具体计算公式见 GB/T 20481—2006。

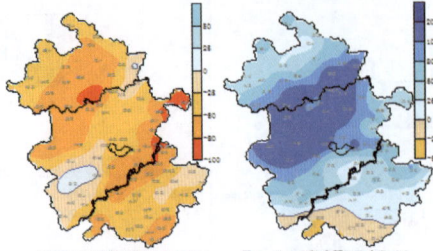

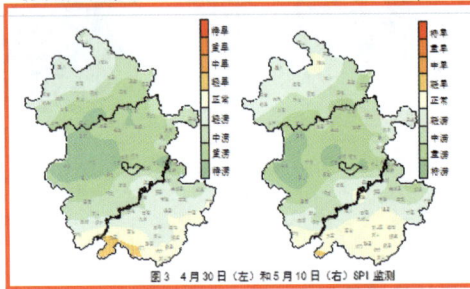

图 5.34　标准化降水指数（SPI）应用示意图

（4）暴雨过程等级

暴雨过程为连续的降水过程，且最少有一天降水量≥50 mm，即最少有一个暴雨日，如果日降水量为 0 mm，则认为一次暴雨过程结束。

将暴雨过程按持续天数分为 1～3 d、4～6 d、7～9 d、10 d 及以上的暴雨过程，再按不同天数逐站提取暴雨过程及过程降水量，最后将全省所有气象台站的建站至 2010 年暴雨过程样本汇总排序。按 WMO 推荐的百分位数法对不同等级的暴雨过程划分强度等级，按第 95 百分位数、第 90 百分位数、第 80 百分位数、第 60 百分位数分别确定不同天数对应的暴雨过程等级阈值（表 5.11）。

表 5.11　不同百分位数对应的暴雨过程雨量阈值　　　　　　　　　单位:mm

暴雨天数	前 40%	前 20%	前 10%	前 5%
1～3 d	89.2	112.9	136.2	161.5
4～6 d	131.9	166.3	207.6	253.4
7～9 d	177.2	236.0	293.4	334.7
10 d 及以上	279.6	374.2	486.9	629.7

将＜60％阈值的定为 1 级强度，60％～80％阈值的定为 2 级强度，80％～90％阈值的定为 3 级强度，90％～95％阈值的定为 4 级强度，≥95％阈值的为 5 级强度（特等强度）（图

5.35)，由此划分出不同天数暴雨过程的各级降水强度范围(表 5.12)。

表 5.12　不同天数暴雨过程的各等级降水强度范围　　单位：mm

暴雨天数	1 级	2 级	3 级	4 级	5 级
1～3 d	$R<90$	$90\leqslant R<115$	$115\leqslant R<135$	$135\leqslant R<160$	$R\geqslant 160$
4～6 d	$R<130$	$130\leqslant R<165$	$165\leqslant R<210$	$210\leqslant R<255$	$R\geqslant 255$
7～9 d	$R<175$	$175\leqslant R<235$	$235\leqslant R<295$	$295\leqslant R<335$	$R\geqslant 335$
10 d 及以上	$R<280$	$280\leqslant R<375$	$375\leqslant R<485$	$485\leqslant R<630$	$R\geqslant 630$

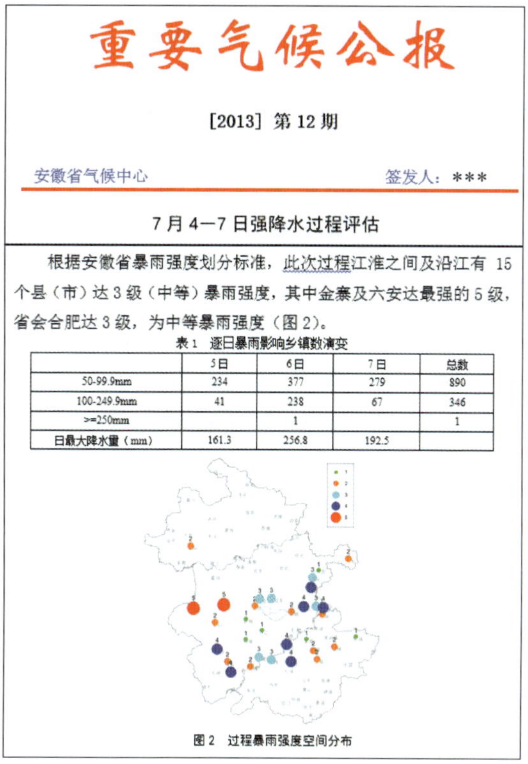
重要气候公报

[2013] 第 12 期

安徽省气候中心　　签发人：***

7 月 4—7 日强降水过程评估

根据安徽省暴雨强度划分标准，此次过程江淮之间及沿江有 15 个县（市）达 3 级（中等）暴雨强度，其中金寨及六安达最强的 5 级，省会合肥达 3 级，为中等暴雨强度（图 2）。

表 1　逐日暴雨影响乡镇数演变

	5日	6日	7日	总数
50-99.9mm	234	377	279	890
100-249.9mm	41	238	67	346
>=250mm		1		1
日最大降水量（mm）	161.3	256.8	192.5	

图 2　过程暴雨强度空间分布

图 5.35　暴雨过程等级应用示意图

(5)暴雨过程综合指数(RPI)

利用安徽省 79 个气象台站建站至 2010 年的逐日降水资料，选取过程最大日降水量、过程持续日数、过程雨量、暴雨日数、暴雨量共 5 个暴雨过程特征量为指标，建立安徽省暴雨过程综合指数。

由于暴雨过程特征量的各指标的量纲不一致，先用归一化方法去除量纲，再采用主成分分析法筛选变量并确定各指标的权重。

主成分分析结果表明：过程持续日数因子荷载相对较小，因此，剔除过程持续日数，最终暴雨过程综合指数计算公式为：

$$\text{暴雨过程综合指数} = w_1 \times \text{过程最大日降水量} + w_2 \times \text{过程雨量} + w_3 \times \text{暴雨日数} + w_4 \times \text{暴雨量。} \quad \text{(公式 5.3)}$$

式中：w_1、w_2、w_3、w_4为各指标权重。

第一主分量的方差贡献率超过80%，因此，认为该主分量能够较好地代表原始样本的变异特征。根据各个指标在该主分量中的系数得到指标权重值如表5.13。

表5.13　暴雨过程综合指数中各指标权重值

指标	过程最大日降水量	过程雨量	暴雨日数	暴雨量
权重值	0.22	0.27	0.23	0.28

于是，根据表5.13可以计算全省所有暴雨过程的综合强度指数值，并进行汇总排序，采用百分位数法确定暴雨过程综合指数（RPI）的各等级阈值（表5.14）。

表5.14　暴雨过程综合指数各等级阈值

级别	阈值对应的百分位数	综合指数值
1	$x<60\%$	$RPI<-0.18$
2	$60\%\leqslant x<80\%$	$-0.18\leqslant RPI<0.37$
3	$80\%\leqslant x<90\%$	$0.37\leqslant RPI<0.95$
4	$90\%\leqslant x<95\%$	$0.95\leqslant RPI<1.70$
5	$x\geqslant 95\%$	$RPI\geqslant 1.70$

（6）综合气象干旱指数（CI）

《气象干旱等级》国家标准中给定综合气象干旱指数（CI）（表5.15），具体计算见GB/T 20481—2006。

表5.15　CI指数各干旱等级阈值

等级	类型	CI值
1	无旱	$-0.6<CI$
2	轻旱	$-1.2<CI\leqslant -0.6$
3	中旱	$-1.8<CI\leqslant -1.2$
4	重旱	$-2.4<CI\leqslant -1.8$
5	特旱	$CI\leqslant -2.4$

（7）干旱过程综合指数（DPCI）

利用安徽省79个气象台站建站至2010年的逐日气温和降水资料，选取干旱过程持续时间、过程平均CI值、重旱及以上日数3个特征量为指标，建立安徽省干旱过程综合指数。

按照干旱过程的定义，提取全省所有站的干旱过程，共8911个样本，由于各特征量的量纲不一致，先用归一化方法去除量纲，再采用主成分分析法确定各指标的权重（表5.16—5.17）。

表5.16　干旱过程综合指数中各指标权重值

指标	干旱过程持续时间	过程平均CI值	重旱及以上日数
权重值	0.33	0.31	0.36

表 5.17　干旱过程综合指数各等级阈值

级别	阈值对应的百分位数	综合指数值
1	$x<60\%$	DPCI<-0.10
2	$60\%\leqslant x<80\%$	$-0.10\leqslant$DPCI<0.53
3	$80\%\leqslant x<90\%$	$0.53\leqslant$DPCI<1.21
4	$90\%\leqslant x<95\%$	$1.21\leqslant$DPCI<1.85
5	$x\geqslant95\%$	DPCI$\geqslant1.85$

（8）高温综合指数（HTI）

高温综合指数包括高温过程的极端最高气温（ET）、平均最高气温（MT）和持续时间（LT），指标值通过上述三个过程指数的加权综合得到，权重的确定方法参考气象行业标准（QX/T 80—2007），以安徽全省各站高温过程序列数据为基础，采用主成分分析法计算生成（表 5.18－5.19）。

主成分分析结果表明，第一主成分的方差贡献率超过 90%，因此，认为该主分量能够较好地代表原始样本的变异特征（图 5.36）。

表 5.18　高温综合指数中各指标权重值

指标	连续日数（LT）	极端最高气温（ET）	平均最高气温（MT）
权重值	0.30	0.36	0.34

表 5.19　高温综合指数各等级阈值

级别	阈值对应的百分位数	综合指数值
1	$x<60\%$	HTI<0
2	$60\%\leqslant x<80\%$	$0\leqslant$HTI<0.67
3	$80\%\leqslant x<90\%$	$0.67\leqslant$HTI<1.26
4	$90\%\leqslant x<95\%$	$1.26\leqslant$HTI<1.82
5	$x\geqslant95\%$	HTI$\geqslant1.82$

（9）台风风雨综合指数

台风风雨综合指数包括台风过程累计降水量（LR）、过程日最大降水量（MR）及过程极大风速（MW），指标通过上述三个过程指数的加权综合得到（表 5.20），根据安徽省台风历史影响记录统计，权重取等权重（图 5.37）。

表 5.20　台风风雨综合指数各等级阈值

级别	阈值对应的百分位数	综合指数值
1	$x<60\%$	TC<0.592
2	$60\%\leqslant x<80\%$	$0.592\leqslant$TC<0.616
3	$80\%\leqslant x<90\%$	$0.616\leqslant$TC<0.637
4	$90\%\leqslant x<95\%$	$0.637\leqslant$TC<0.678
5	$x\geqslant98\%$	TC$\geqslant0.678$

重要气候公报

[2013] 第 17 期

安徽省气候中心　　　　　　　　　签发人：***

7月以来高温干旱监测

　　7月以来（7月1日—8月5日，下同）我省出现四段高温天气，分别为7月1—4日、8—13日、17—20日及7月23日—8月5日。总体呈现高温日数多、范围广、强度强、过程长的特点。

一、7月以来高温特征

1、高温日数多

　　根据安徽省高温综合强度等级划分标准，全省高温强度普遍在4级以上，其中淮北中部、江淮之间中部及沿江江南中东部25个县（市）高温强度为最强5级，主要出现在7月23日—8月5日（图5）。

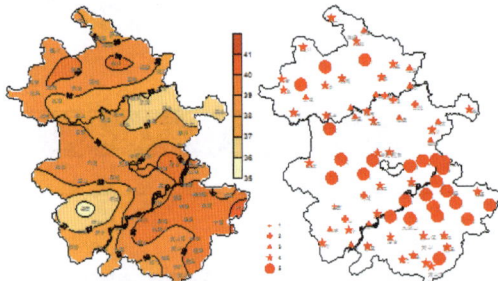

图4　7月以来全省极端最高气温　　　图5　7月以来高温强度等级

重要气候公报

[2012] 第 17 期

安徽省气候中心　　　　　　　　　签发人：***

入汛以来高温气候特征及其影响综合评估

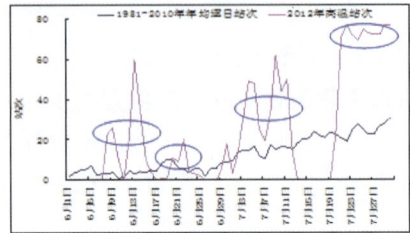

图3　2012年及1981—2010年年均逐日高温站次比较

连续高温日数长，淮北极端气温高

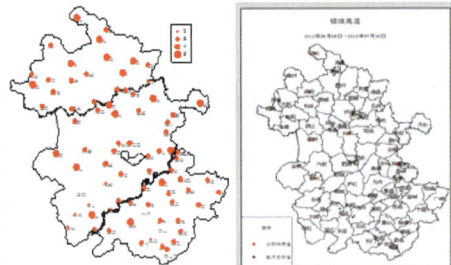

图3　6月8日—7月30日高温强度等级（左）及极端高温事件（右）空间分布特征

图 5.36　高温综合指数应用示意图

重要气候公报

[2012] 第 21 期

安徽省气候中心　　　　　　　　　签发人：***

台风"海葵"综合影响评估

　　今年第11号台风"海葵"于8月3日在西北太平洋洋面上生成，8日03时20分在浙江省象山县鹤浦镇沿海登陆，20时进入安徽省宁国境内，之后在我省南部回旋少动，9日23时在池州贵池区停止编报。台风"海葵"具有登陆强度强、风雨范围广、强度大，持续时间长，受灾程度重等特点；与历史典型台风个例对比，台风"海葵"强度不及7504号，为有气象记录以来影响我省的第二强台风。"海葵"对我省的农业、交通、水利以及百姓生活等方面造成了不利影响，但台风带来的风雨对缓解前期我省的高温干旱十分有利。

　　根据安徽省台风灾害风险区划成果——台风风雨综合强度等级划分标准，台风"海葵"影响期间沿江江南风雨综合强度普遍达到4级（较强）以上，其中黄山光明顶、九华山、桐城、枞阳、石台和泾县为最强的5级（图5）。

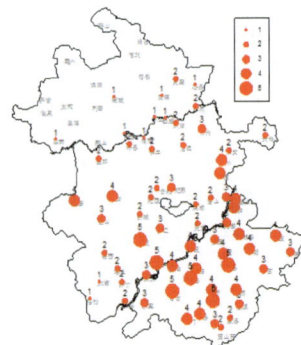

图5　台风"海葵"影响期间风雨综合指数等级

图 5.37　台风风雨综合指数应用示意图

（10）风雹强度综合指数

参照国家气候中心灾害预警工程中的方法，采用冰雹直径（d），降雹时间（h）和降雹时阵风（f）构建风雹强度指数，根据它们的多年平均值进行无量纲化处理，然后换算成规范化指数（图 5.38）。

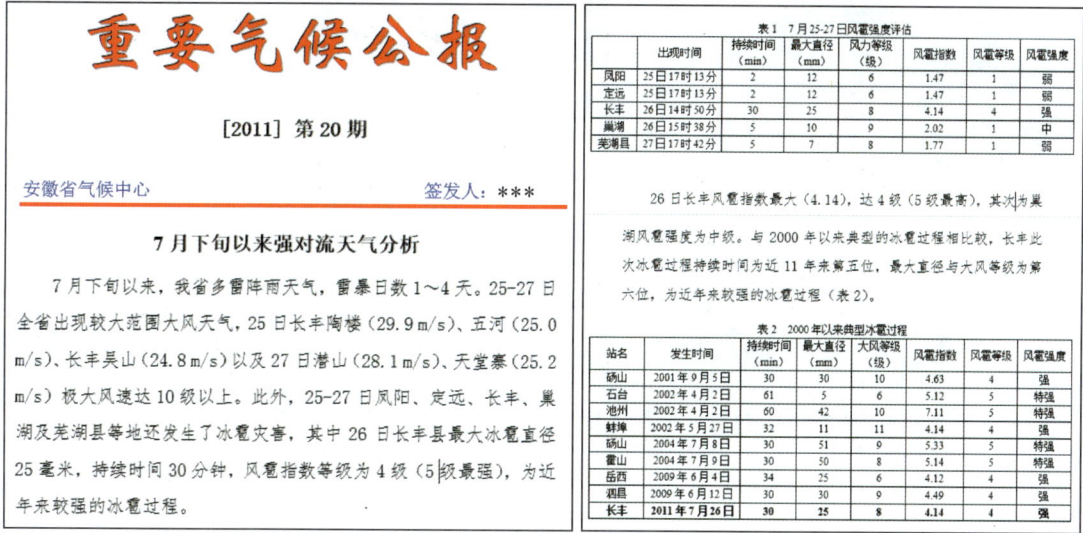

重要气候公报

[2011] 第 20 期

安徽省气候中心　　　　　　　　　　　签发人：***

7月下旬以来强对流天气分析

7月下旬以来，我省多雷阵雨天气，雷暴日数 1～4 天。25-27 日全省出现较大范围大风天气，25 日长丰陶楼（29.9 m/s）、五河（25.0 m/s）、长丰吴山（24.8 m/s）以及 27 日潜山（28.1 m/s）、天堂寨（25.2 m/s）极大风速达 10 级以上。此外，25-27 日凤阳、定远、长丰、巢湖及芜湖县等地还发生了冰雹灾害，其中 26 日长丰县最大冰雹直径 25 毫米，持续时间 30 分钟，风雹指数等级为 4 级（5 级最强），为近年来较强的冰雹过程。

表 1　7 月 25-27 日风雹强度评估

	出现时间	持续时间（min）	最大直径（mm）	风力等级（级）	风雹指数	风雹等级	风雹强度
凤阳	25日17时13分	2	12	6	1.47	1	弱
定远	25日17时13分	2	12	6	1.47	1	弱
长丰	26日14时50分	30	25	8	4.14	4	强
巢湖	26日15时38分	5	10	9	2.02	1	中
芜湖县	27日17时42分	5	7	8	1.77	1	弱

26 日长丰风雹指数最大（4.14），达 4 级（5 级最高），其次为巢湖风雹强度为中级。与 2000 年以来典型的冰雹过程相比较，长丰此次冰雹过程持续时间为近 11 年来第五位，最大直径与大风等级为第六位，为近年来较强的冰雹过程（表 2）。

表 2　2000 年以来典型冰雹过程

站点	发生时间	持续时间（min）	最大直径（mm）	大风等级（级）	风雹指数	风雹等级	风雹强度
硕山	2001年9月5日	30	30	10	4.63	4	强
石台	2002年4月2日	61	5	6	5.12	5	特强
池州	2002年4月2日	60	42	10	7.11	5	特强
蚌埠	2002年5月27日	32	11	11	4.14	4	强
硕山	2004年7月8日	30	51	9	5.33	5	特强
霍山	2004年7月9日	30	50	8	5.14	5	特强
岳西	2009年6月4日	34	25	6	4.12	4	强
泗县	2009年6月12日	30	30	8	4.49	4	强
长丰	2011年7月26日	30	25	8	4.14	4	强

图 5.38　风雹指数应用示意图

利用线性函数关系得出风雹强度指数：$G = Id + Ih + If$，其中 Id、Ih、If 分别表示冰雹直径，降雹时间和降雹时阵风无量纲值。

计算全省所有风雹强度综合指数值，并进行汇总排序，采用百分位数法确定风雹强度的分级阈值（表 5.21）。

表 5.21　风雹强度各等级阈值

级别	阈值对应的百分位数	综合指数值
1	$x < 60\%$	$G < 3.50$
2	$60\% \leq x < 80\%$	$3.50 \leq G < 4.63$
3	$80\% \leq x < 90\%$	$4.63 \leq G < 5.36$
4	$90\% \leq x < 95\%$	$5.36 \leq G < 6.09$
5	$x \geq 95\%$	$G \geq 6.09$

（11）气候舒适度指数

舒适度直接影响人们日常生活、疾病和健康。气候条件对人体健康的利弊影响，可以采用舒适日数的多少来评价。安徽省 2013 年各地气候舒适度日数分布见图 5.39。

气候舒适度指数计算公式为：

$$sp = 1.8 \times Tm - 0.55 \times (1.8 \times Tm - 26) \times (1 - Hu/100) - 3.2 \times \sqrt{V} + 32。$$

（公式 5.4）

其中,sp 为气候舒适度指数,Tm 为日平均气温($℃$),Hu 为日平均相对湿度($\%$),V 为日平均风速(m/s)。

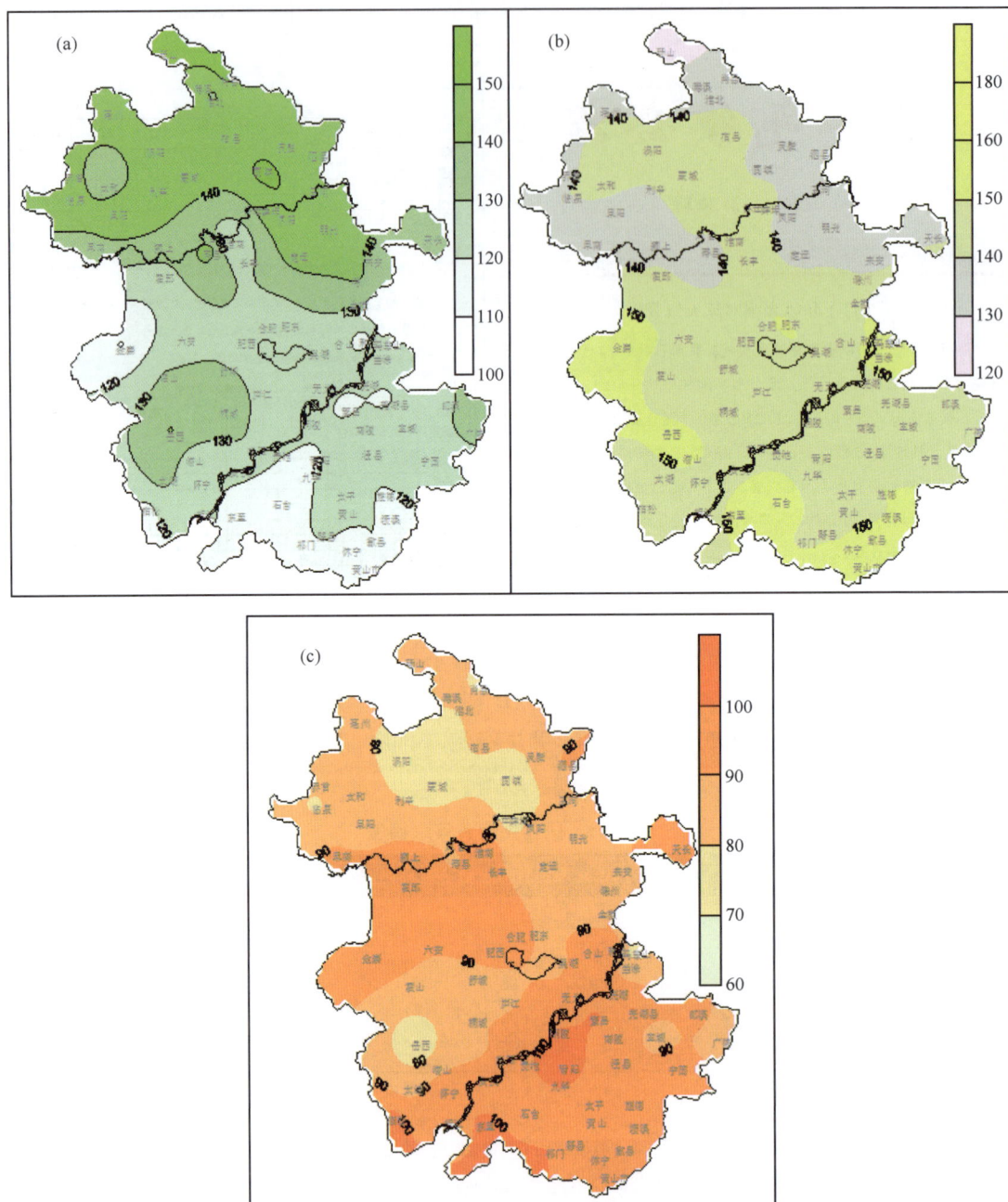

图 5.39　2013 年安徽省气候冷不舒适(a)、舒适(b)和热不舒适(c)日数(单位:d)

　　按照中国气象局相关规范并结合安徽省气候特征,采用 9 级分类法划分安徽省气候舒适度指数等级(表 5.22)。

表 5.22 安徽省气候舒适度指数等级表

级别	舒适度指数	人体感觉
1级	≤25	寒冷,不舒适,有冻伤危险
2级	26~38	冷,大部分人不舒适
3级	39~50	微冷,少部分人不舒适
4级	51~58	较舒适
5级	59~65	舒适
6级	66~70	较舒适
7级	71~75	微热,少部分人不舒适
8级	76~80	热,大部分人不舒适
9级	≥81	酷热,很不舒适

(12)气候年景评估模型

结合各气候事件造成的灾损情况,利用 delphi 法,分别赋予年干旱异常指数等级 IDR、年雨涝异常指数等级 IRS、年低温冷冻异常指数等级 ITND、年高温异常指数等级 ITMD、年强对流异常指数等级 ICOW、年雾霾异常指数等级 IFH 权重为 0.25、0.35、0.15、0.05、0.15 及 0.05(图 5.40)。

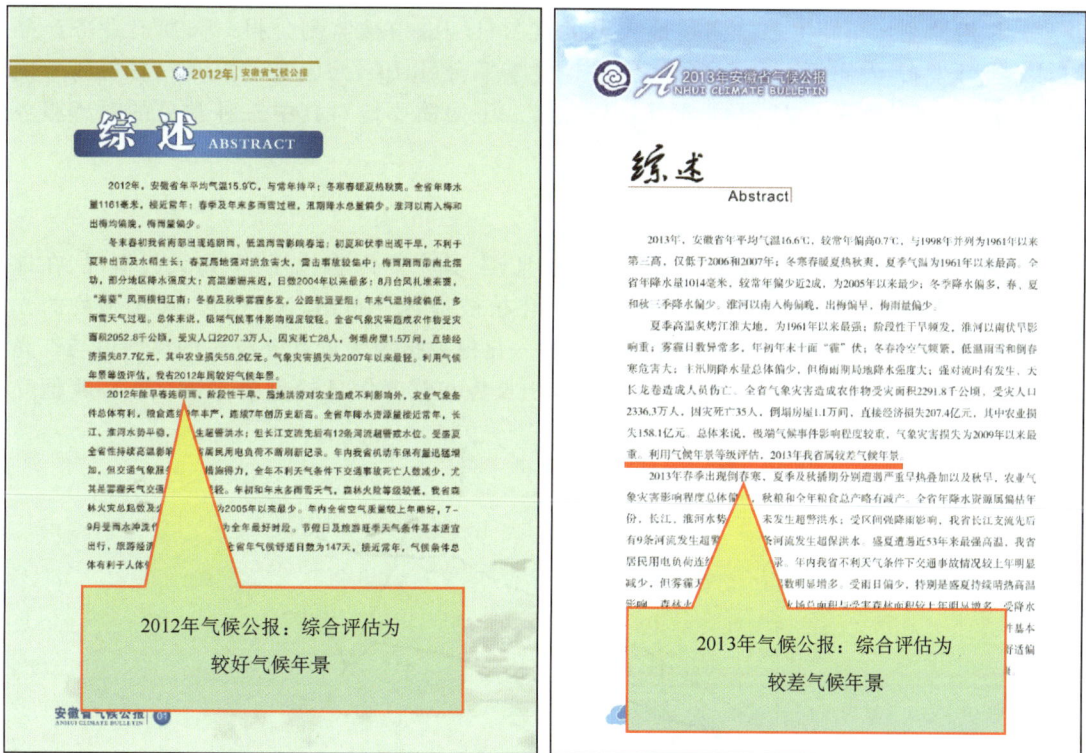

图 5.40 气候年景评估模型应用示意图

综合加权得到气候年景评估模型 ICS,气候年景指数越大,表明气候异常越显著,对应的气候年景越差(表 5.23)。

$$ICS = 0.25 \times IDR + 0.35 \times IRS + 0.15 \times ITND +$$
$$0.05 \times ITMD + 0.15 \times ICOW + 0.05 \times IFH 。$$

（公式 5.5）

表 5.23 气候年景评估模型分级表

百分位	气候年景等级（GCS）	气候年景评估结果
ICS＜10%	1	好
10%≤ICS＜30%	2	较好
30%≤ICS＜70%	3	一般
70%≤ICS＜90%	4	较差
ICS≥90%	5	差

5.2.4 遥感服务产品

常规卫星遥感的业务产品分为定期和不定期两种。定期的为每旬一期，主要是对安徽全省的植被长势进行监测，并配以简单的文字说明。不定期产品主要是指针对突发性灾害的遥感监测简报，以卫星遥感为主要手段，针对出现的干旱、洪涝、大雾、积雪、森林火情、巢湖水华等灾害，以灾害监测图像为主配以简明扼要的文字说明，为县市气象部门提供灾害监测报告。卫星遥感业务服务主要业务产品有：《植被监测》《大雾监测》《火点监测》《积雪监测》《旱涝监测》《巢湖生态监测》《地表温度监测》以及《植被监测公报》等，所有业务产品均对外公开发布，发布渠道有：省局气象信息共享平台（http://10.129.2.36）、省气科所网站（内网：http://10.129.18.38）、纸质印刷品等。下面简要地对其中三种常见的遥感服务产品进行详细描述。

5.2.4.1 植被监测

每旬逢 2 制作上旬全省植被生长状况动态监测，其主要内容包括：上旬天气概况、在地农作物生育期进程、基于卫星遥感资料的归一化植被指数分布图（NDVI）。典型地物的光谱反射率曲线如图 5.41 所示，以此原理定义归一化植被指数为近红外波段的反射值与红光波段的反射值之差比上两者之和，是反映农作物长势和营养信息的重要参数之一。其值介

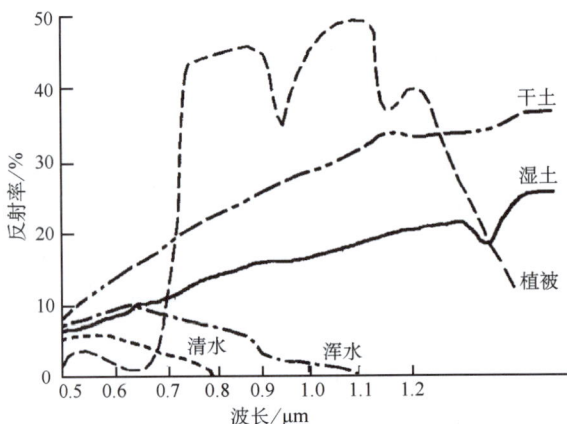

图 5.41 典型地物的光谱反射率曲线图

于$-1\sim+1$之间,负值表示地面覆盖为云、水、雪等,对可见光高反射;0 表示有岩石或裸土等;正值表示有植被覆盖,且随覆盖度增大而增大。同时在冬小麦生长期内,根据植被指数对不同生育期阶段的冬小麦长势进行遥感监测和评估(一类苗、二类苗、三类苗),并进行数据统计(各类苗所占比重),并与去年同期进行比较。

1. 原理

归一化植被指数:应用 MODIS 数据源的红外和近红外通道计算归一化植被指数。

归一化植被指数为:
$$\mathrm{NDVI} = \frac{\rho_{NIR} - \rho_{RED}}{\rho_{NIR} + \rho_{RED}}。 \qquad \text{(公式 5.6)}$$

式中,ρ_{RED}(620~670 nm)、ρ_{NIR}(841~876 nm)分别为红光波段与近红外波段的反射率。

增强植被指数:MODIS 的另外一种植被指数产品——增强型植被指数 EVI(enhanced vegetation index)用于监测植被长势方面的有效性,EVI 最早由 Huete 等人提出,目的是改善植被指数对大范围全球尺度植被状况的敏感度,并能更好地描述植被冠层的结构参数。

计算公式:
$$\mathrm{EVI} = G \times \frac{\rho_{NIR} - \rho_{Red}}{\rho_{NIR} + C_1 \times \rho_{Red} - C_2 \times \rho_{Blue} + L}。 \qquad \text{(公式 5.7)}$$

式中,ρ_{RED}(620~670 nm)、ρ_{NIR}(841~876 nm)、ρ_{Blue}(459~479 nm)分别为红光波段、近红外波段和蓝光波段的反射率。L 是冠层背景的调整因子,$L=1$;C_1,C_2 是权重系数,用于减小大气气溶胶影响,$C_1=6$,$C_2=7.5$;$G=2.5$

2. 植被监测图像产品加工

(1)产品前期处理

①在卫星资料处理业务机上选择晴空 LD2 格式遥感资料如下三个文件(格式见附录 A30):

AQUA_2009_11_04_05_14_GZ_1 km_安徽 1 公里 . ld2

AQUA_2009_11_04_05_14_GZ_250_250 米 . ld2

AQUA_2009_11_04_05_14_GZ_500_500 米 . ld2

放到指定的文件夹下。

②运行"GIS_RS_产品处理"程序,该程序自动进行各种产品计算,并生成各种产品(图 5.42)。

系统采用 VC++6.0 语言开发,自动半个小时运行一次。输入数据源为局地投影 LD2 数据文件,输出为 ArcGIS 格式的 ASCII 文件,用于空间分析和统计制图。系统界面如图 5.42(左),运行后以最小化的方式放在右下角。参数设置界面(图 5.42 右):LD2 输入数据源文件目录设置,产品输出目录设置,水体识别参数设置,蓝藻监测输入数据源挖图范围设置,火点识别参数设置,干旱监测(植被供水指数)参数设置。

生成的产品有 8 种:

AQUA_2010_01_21_05_25_GZ_EVI. txt　…………………… 增强植被指数产品

AQUA_2010_01_21_05_25_GZ_FLOOD. txt …………………… 洪水监测产品

AQUA_2010_01_21_05_25_GZ_DNDVI. txt …… 用于干旱监测的差值植被指数产品

AQUA_2010_01_21_05_25_GZ_DRY. txt ……………………… 植被供水指数产品

AQUA_2010_01_21_05_25_GZ_ATI.txt ·························· 热惯量干旱监测产品

AQUA_2010_01_21_05_25_GZ_NDVI.txt ···················· 归一化植被指数产品

AQUA_2010_01_21_05_25_FIRE.txt ·························· 火情监测产品

AQUA_2010_01_21_05_25_GZ_Lake.ld2 ········ 用于巢湖蓝藻监测的区域挖图产品

该8种产品自动放入到指定目录,数据产品的格式见附录A31。

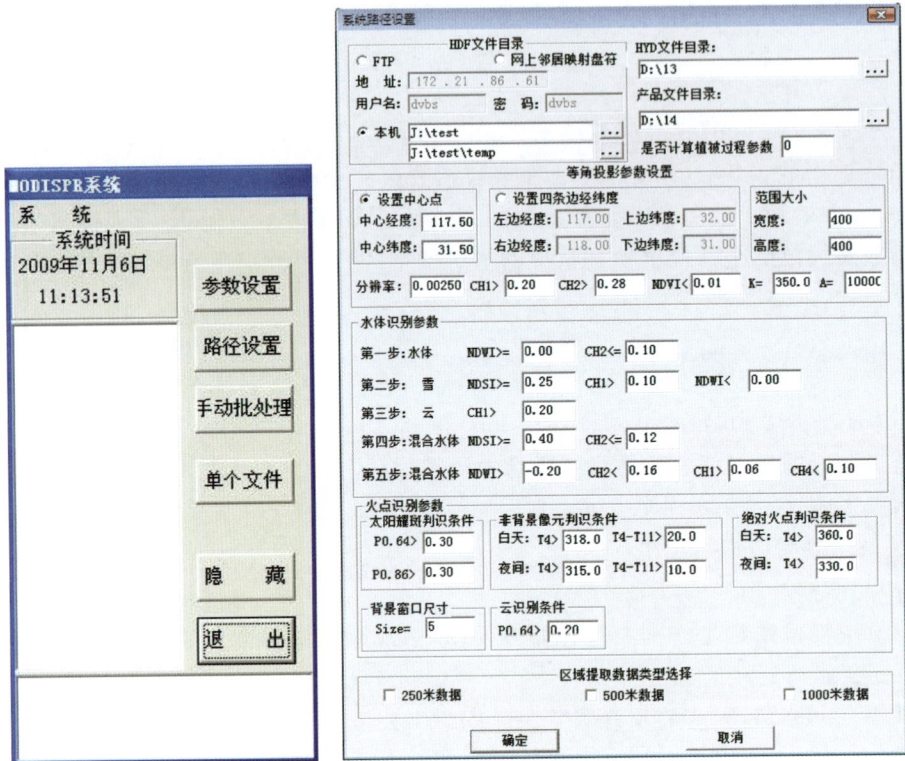

图5.42 植被监测产品预处理界面

(2)植被监测遥感产品图像制作

①在"服务产品\2010年\植被监测"下建立当期文件夹。

在"\GIS_RS_业务\植被监测"下建立文件夹,以日期命名。

②在"\GIS_RS_业务\RS__产品"文件夹中拷贝 AQUA_2010_01_21_05_25_GZ_ND-VI.TXT 文件到"\GIS_RS_业务\植被监测"下的以日期命名文件夹。

③在上期文件夹中拷贝模板到当期文件夹中,并改名为当前日期。

④运行模板,点击"业务模型—培训——1—植被(NDVI)"(图5.43)。

⑤在下面对话框中输入相应的 AQUA_2010_01_21_05_25_GZ_NDVI.TXT 文件和结果文件名,建议用日期命名,点击 OK(图5.44)。

⑥调入色标,右击结果文件名——Properties——Symbology——Import——选择"C:\GIS\培训模型及指标色标\色标和指标\色标\植被.lyr",如图5.45所示。

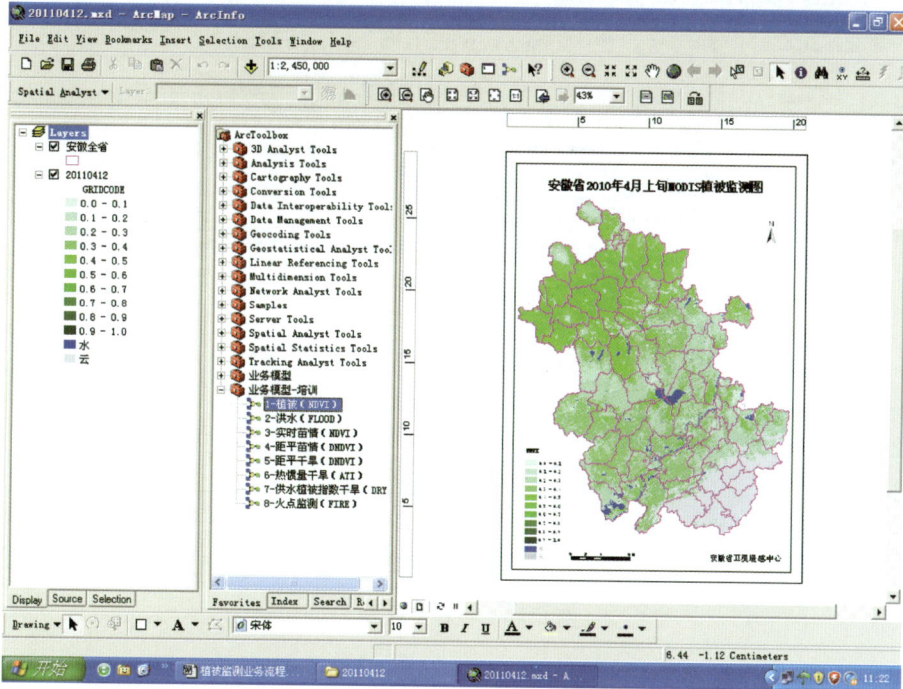

图 5.43　植被监测产品制作界面

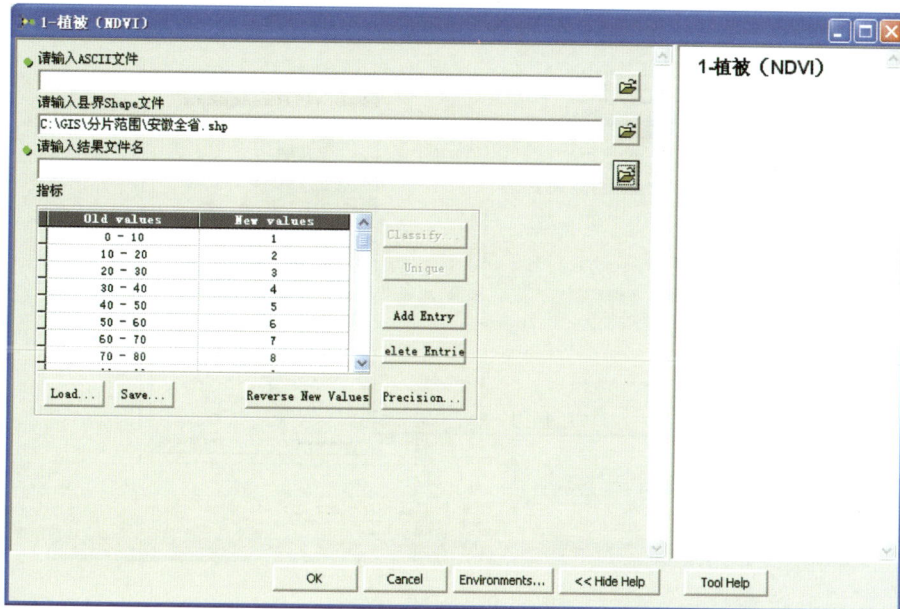

图 5.44　数据文件调入

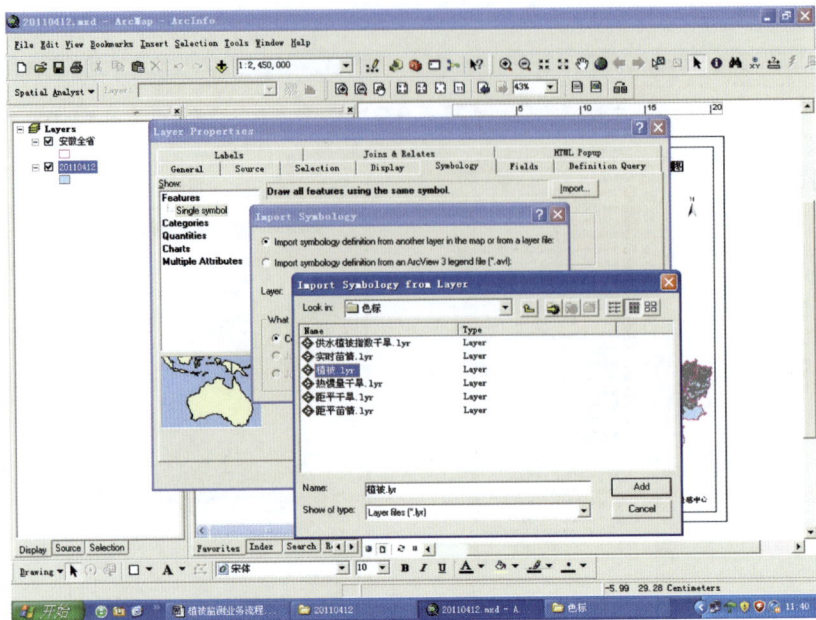

图 5.45　色标文件调入

⑦双击标题,修改标题中的时间和星号等,如图 5.46 所示。

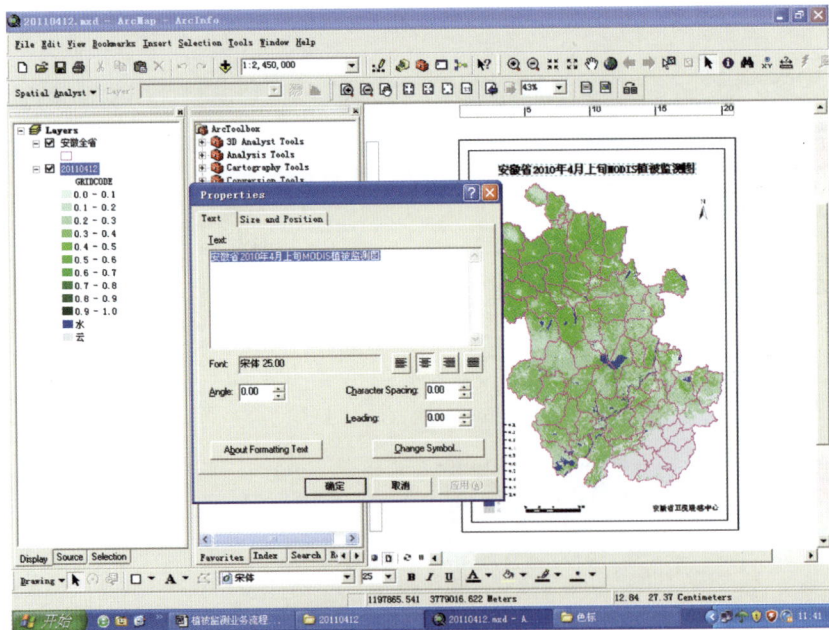

图 5.46　标题修改

⑧保存 .mxd 文件,"File——Save"。

⑨导出专题图,"File"——"Export Map"——选择"E:\服务产品\2011 年\植被监测"下建立的当期文件夹——保存(图 5.47)。

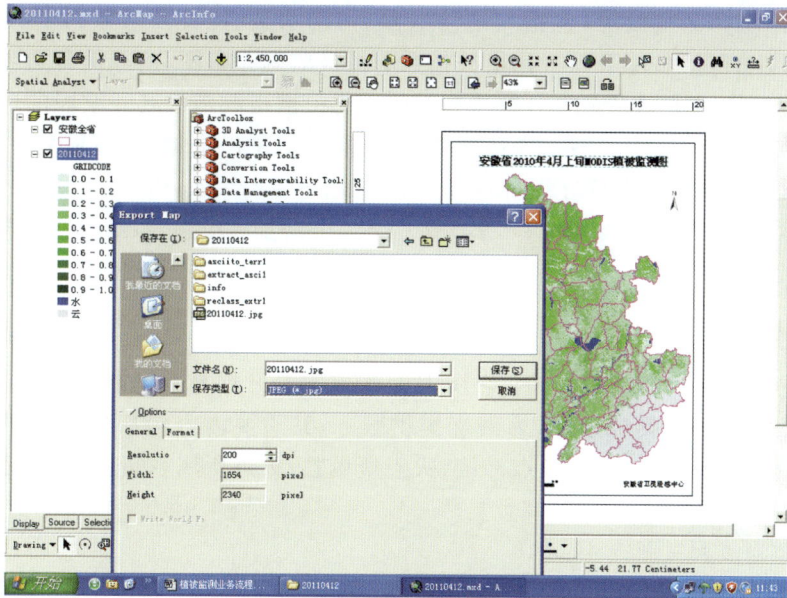

图 5.47　图像输出

3. 植被遥感监测服务产品制作

每旬逢 2 制作上旬全省植被生长状况动态监测,其主要内容包括:上旬天气概况、在地农作物生育期进程、基于卫星遥感资料的归一化植被指数分布图(NDVI)(图 5.48)。

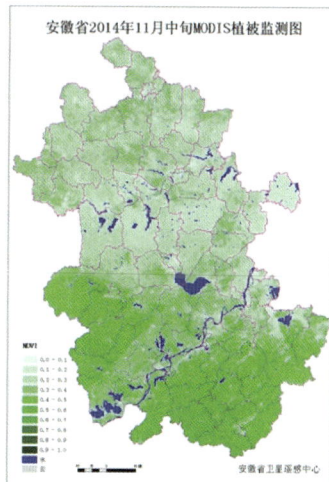

图 5.48　标准产品模版

所需数据:上旬天气概况,包括旬平均气温、旬降水量、旬日照时数、旬雨日等;上旬在地农作物所属生育进程,基于归一化植被指数的植被监测分布图、地理信息边界数据。

制作过程:利用卫星波段数据计算得到的归一化植被指数是近红外波段的反射值与红光波段的反射值之差比上两者之和,得到其指数值,同时识别出水体和云;最后在调入 ArcGIS 中,截取出安徽省内数据、进行分级显示(0~0.1,0.1~0.2,0.2~0.3,0.3~0.4,0.4~0.5,0.5~0.6,0.6~0.7,0.7~0.8,0.8~0.9,0.9~1.0)、并叠加省市边界,最后输出图像。最后把归一化植被指数分级图像放入到 Microsoft Office Word 模板中,加入相应的文字说明。

5.2.4.2 火点监测

林火监测为季节性监测产品,每年 10 月至来年 5 月开展林火监测服务;同时在夏收和秋收季节开展作物秸秆焚烧监测,为禁烧提供服务,其主要内容包括:简要信息说明,火点分布图,火点信息表(火点经度、火点纬度、火点所属县、火点所属乡镇、火点像素数)。

1. 原理

火点的监测流程见图 5.49。

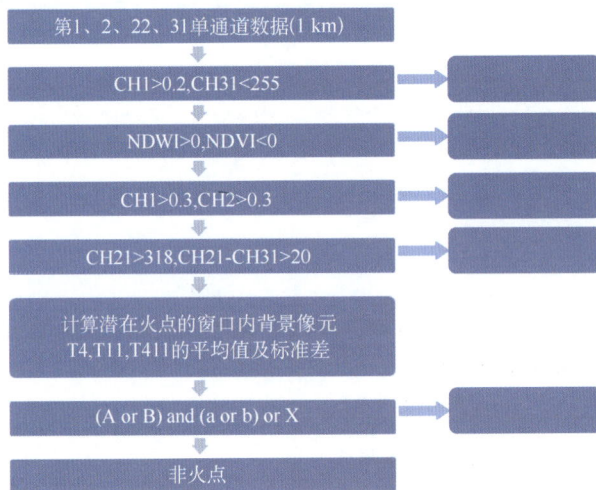

图 5.49 火点监测流程

下述方法源自上面讨论到的火点辐射的物理基础,以及现行用于 AVHRR 和 MODIS 数据的算法。方程适用于白天情况,同时也给予了夜晚的阈值。

(1)云检测及卫星扫描角订正

在对所有陆地像素提取火点信息时,用 MODIS 的云检测算法确定云。如果厚云在 $0.66~\mu m$ 通道的反照率大于 0.2,那么就可以认为不会有火点信号穿过这些云。MODIS 的云产品包括 $250~m$ 分辨率资料的云检测,扫描角限制在 $45°$ 之内。

云监测

$$\rho_1 + \rho_2 > 0.9$$
$$或\ T_{32} < 265$$
$$或\ \rho_1 + \rho_2 > 0.7\ 且\ T_{32} < 285$$

(公式 5.8)

水体识别

$$\rho_2 < 0.15 \text{ 且 } \rho_7 < 0.05 \text{ 且 } \frac{\rho_2 - \rho_1}{\rho_2 + \rho_1} < 0 \qquad (\text{公式 } 5.9)$$

式中：ρ_1、ρ_2、ρ_7 分别表示 MODIS 的一通道、二通道、七通道反射率数据，T_{32} 表示 MODIS 32 通道亮温数据。

（2）大气订正

应用 T_4 和 T_{11} 的组合来订正气体的吸收（T_4、T_{11} 表示 MODIS 仪器中中心波长为 4 μm 左右的和中心波长为 11 μm 左右的通道亮温）。小云块会减少 11 μm 通道火点的温度且会影响这一通道的水汽订正。

（3）背景信息

需要建立被监测点与其周围像素点温度间的关系。周围像素点用于背景温度估计（或非火像素温度估计）。在此方法中，假定火点像素背景温度与周围像素温度间的相关性随像素间距离的增加而减小。确定背景温度时，要求所有分析点中要有不低于 25％的点为非火像素，分析区的大小可调，直到 25％的要求达到满足。提取背景信息时滤除火点的条件为：$DT_{411} = T_4 - T_{11} > 20$ K（夜间为 10 K）；$T_4 > 320$ K（315 K），T_4（4 μm）、T_{11}（11 μm）为亮温。排除这些火点后，就可以得到 11 μm 通道的背景温度（T_{11b}）和它的标准偏差（DT_{11b}）。用同样的方式，可以计算得到 T_{4b} 和 DT_{4b}。进一步，可以计算 4 μm 和 11 μm 两个通道背景温度偏差的中值（DT_{411b}）和标准偏差 $\delta(DT_{411b})$

（4）火点确认

火点排出：

所有满足 $T_4 < 315$ K（夜间 305 K）或 $DT_{41} < 5$ K（3 K）的像素都不是火点。

火点确认：如果一个像素点同时满足如下的 5 项条件｛（A 或 B）且（a 或 b）或（X）｝，就可以将该点确认为火点（如果标准差（DT_{4b} 和 DT_{411b}）小于 2 K，那么就用 2 K 来代替）：

A：$T_4 > T_{4b} + 4\delta T_{4b}$

其中：如果 T_{4b} 小于 2 K，则设定 $T_{4b} = 2$ K

a：$DT_{411} > DT_{411b} + 4\delta DT_{411b}$

B：$T_4 > 320$ K（夜间 $T_4 > 315$ K）；

b：$T_{41} > 20$ K（夜间 $T_{41} > 10$ K）；

X：$T_4 > 360$ K（夜间 $T_4 > 330$ K）。

（5）耀斑的滤除

白天如果 0.64 μm 和 0.86 μm 两个通道的反射率都大于 0.3（相当 4 μm 通道的亮温达 312 K），且耀斑角小于 40，可以排除这点是火点的可能性。

2. 火点监测图像产品加工

（1）产品前期处理

①在卫星资料处理业务机上选择晴空 LD2 格式遥感资料如下三个文件（格式见附录 A30）：

AQUA_2009_11_04_05_14_GZ_1 km_安徽 1 公里 .ld2

AQUA_2009_11_04_05_14_GZ_250_250 米 .ld2

AQUA_2009_11_04_05_14_GZ_500_500 米 .ld2

放到指定的文件夹下。

文件名说明:"AQUA_2009_11_04_05_14_GZ_1 km_安徽1公里.ld2",表示"卫星名称_年_月_日_时_分_接收站_分辨率.ld2",年、月、日、时、分分别表示接收数据时间(世界时)。

②运行"GIS_RS_产品处理"程序,该程序自动进行各种产品计算,并生成各种产品。

系统采用VC++6.0语言开发,自动半个小时运行一次。输入数据源为局地投影LD2数据文件,输出为ArcGIS格式的ASCII文件,用于空间分析和统计制图。系统界面如图5.50(左),运行后以最小化的方式放在右下角。参数设置界面(图5.50右):LD2输入数据源文件目录设置,产品输出目录设置,水体识别参数设置,蓝藻监测输入数据源挖图范围设置,火点识别参数设置,干旱监测(植被供水指数)参数设置。

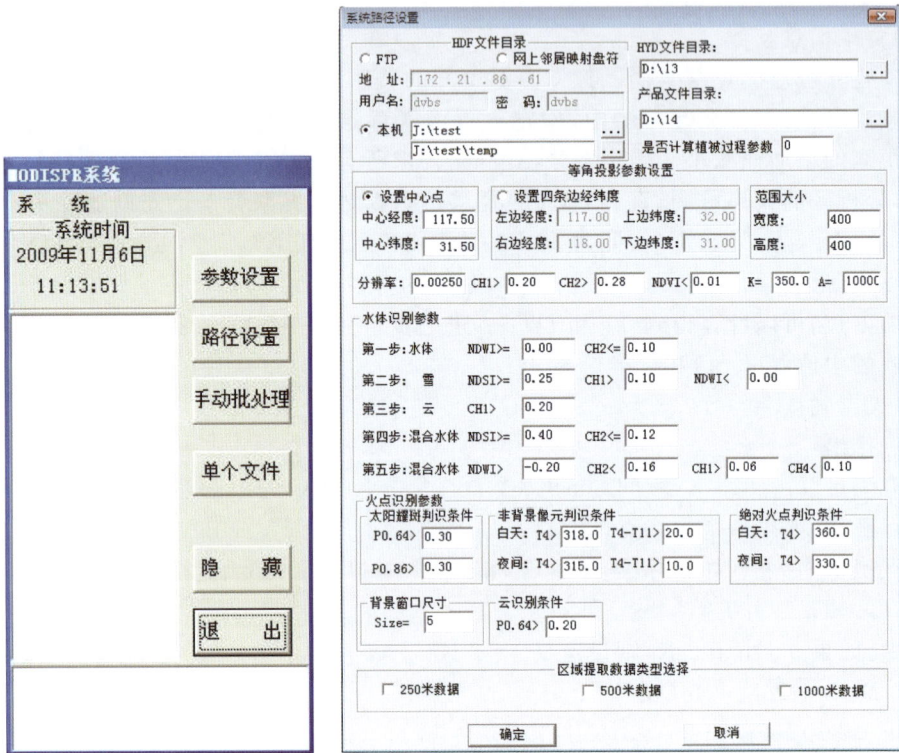

图5.50 火点监测处理界面

生成的产品有8种:

AQUA_2010_01_21_05_25_GZ_EVI.txt ···················· 增强植被指数产品

AQUA_2010_01_21_05_25_GZ_FLOOD.txt ···················· 洪水监测产品

AQUA_2010_01_21_05_25_GZ_DNDVI.txt ····· 用于干旱监测的差值植被指数产品

AQUA_2010_01_21_05_25_GZ_DRY.txt ···················· 植被供水指数产品

AQUA_2010_01_21_05_25_GZ_ATI.txt ···················· 热惯量干旱监测产品

AQUA_2010_01_21_05_25_GZ_NDVI.txt ···················· 归一化植被指数产品

AQUA_2010_01_21_05_25_FIRE.txt ···················· 火情监测产品

AQUA_2010_01_21_05_25_GZ_Lake.ld2 ······· 用于巢湖蓝藻监测的区域挖图产品

该8种产品自动放入到指定目录,数据产品的格式见附录A31。

（2）火点监测遥感产品图像制作

①在"服务产品\2010 年\火点监测"下建立当期文件夹；

在"\GIS_RS_业务\火点监测"下建立文件夹，以日期命名。

②在"\GIS_RS_业务\RS_产品"文件夹中拷贝 AQUA_2010_01_21_05_25_GZ_
FIRE.TXT 文件到"\GIS_RS_业务\火点监测"下的以日期命名文件夹。

③在上期文件夹中拷贝模板到当期文件夹中，并改名为当前日期。

④底图文件制作：启动 ENVI，"file－＞Open Image File"打开"AQUA_2010_01_21_05
_25_GZ_250 米 .ld2"文件，按图 5.51 输入参数（左）行列，"edit attributes－＞mapinfo"
（右）输入投影信息。并进行 RGB(1-2-1)三通道合成。

图 5.51　底图文件制作参数输入

"File"－＞"save file as"－＞"TIFF/GeoTIFF"另存为 tiff 格式的底图文件（图 5.52）。

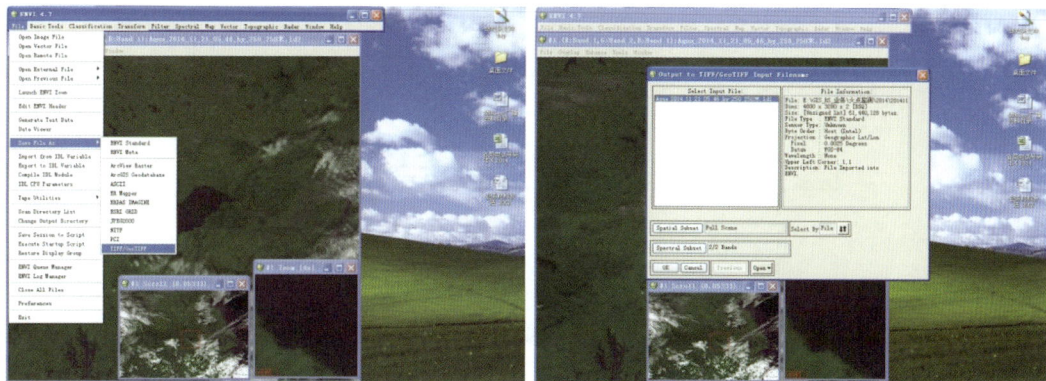

图 5.52　底图文件导出

⑤运行模板,点击"业务模型—培训——火点监测(FIRE)NEW"(图 5.53)。

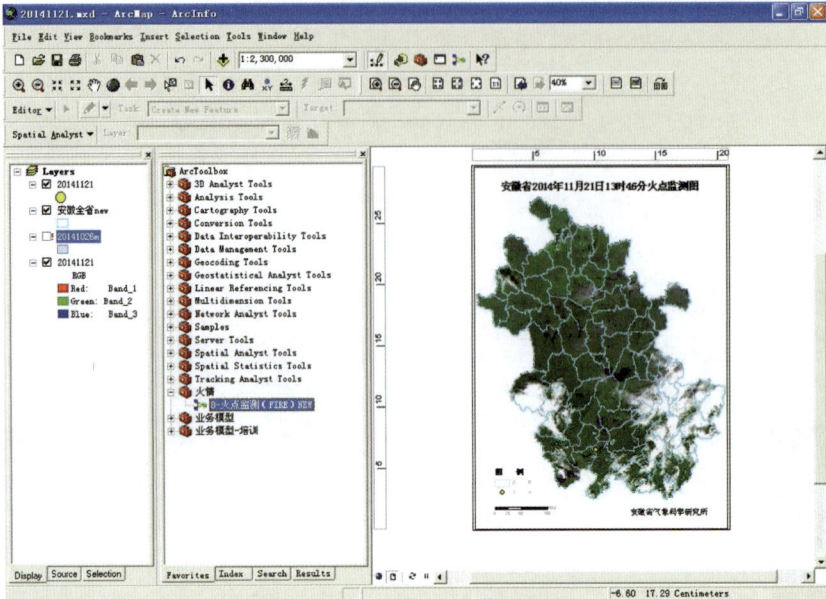

图 5.53　火点监测图像制作

⑥运行模板,分别调入火点 ASCII 文件"AQUA＿2014＿11＿21＿05＿46＿GZ＿FIRE. TXT";shape 格式乡镇边界文件和刚刚制作的底图文件,还有三个输出的文件(输出的底图文件名、火点文件名、经过整合的火点文件名)。最后点击"OK"运行(图 5.54)。

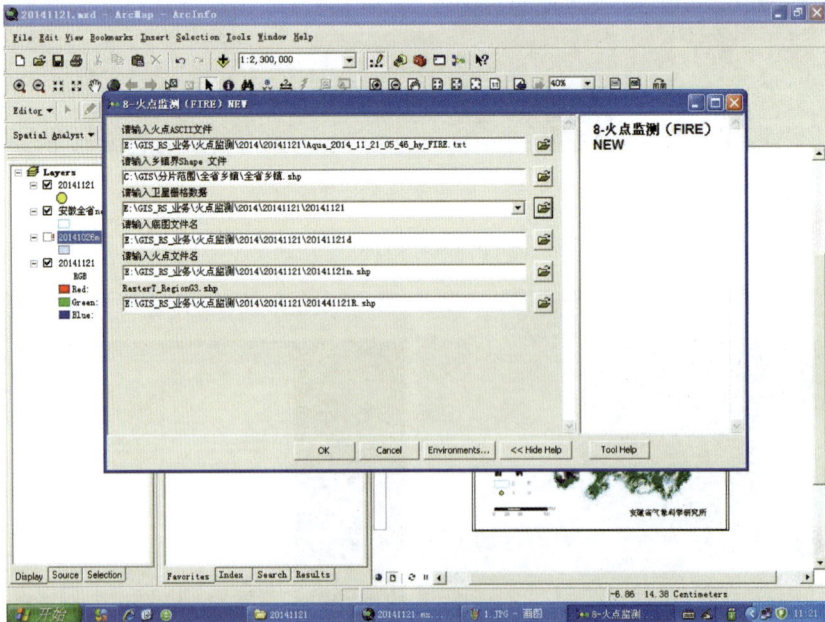

图 5.54　火点监测文件调入

⑦得到最终火点结果，并在其中修改火点图标形状；在 ArcGIS 中选中火点文件名，右键"Open Attribute Table"打开属性表，复制火点信息文件（包括经纬度、所属乡镇等）到 Excel 文件（图 5.55）。

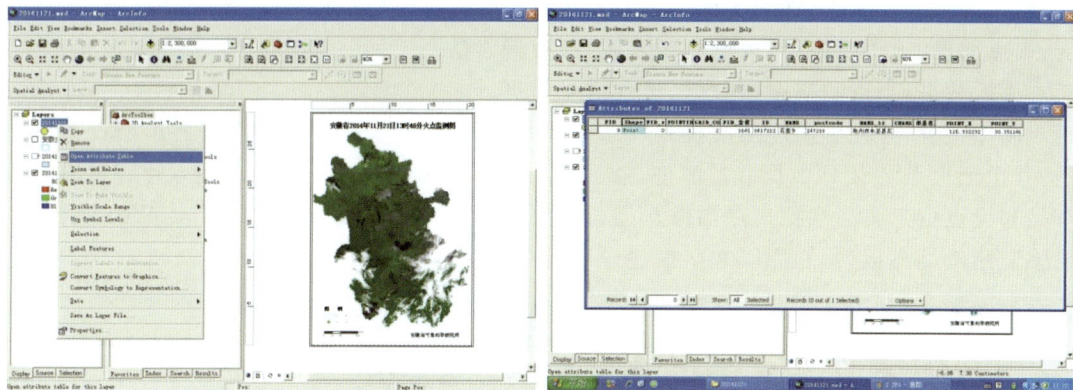

图 5.55　火点监测结果显示

⑧双击标题，修改标题中的时间；导出专题图，"File"——"Export Map"——选择"服务产品\2014 年\火点监测"下建立的当期文件夹——保存（图 5.56）。

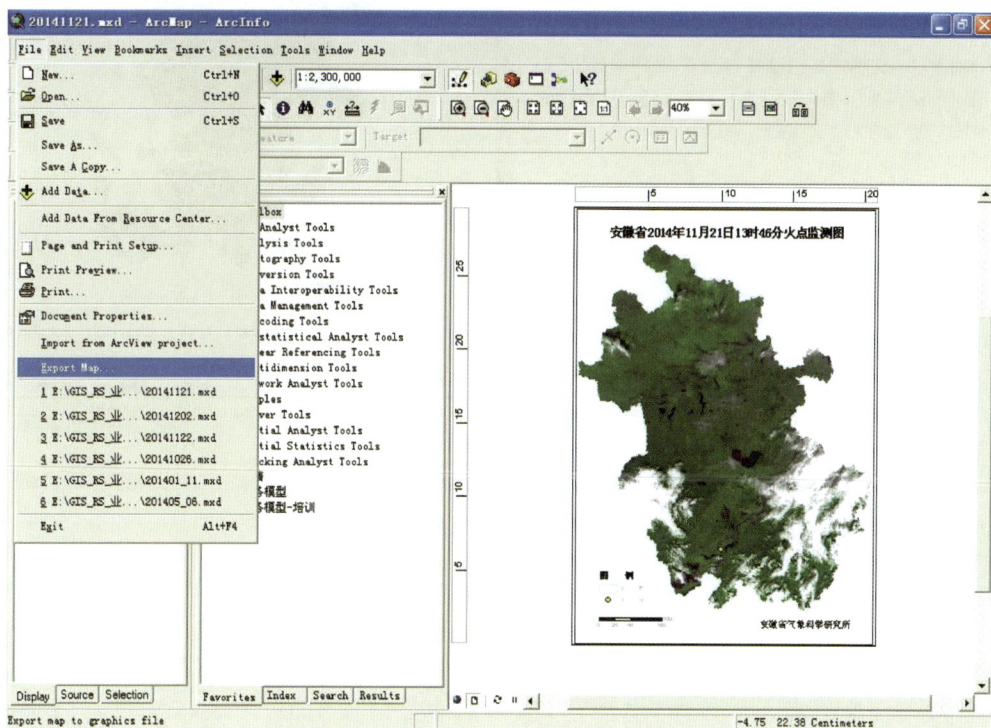

图 5.56　产品图像导出

3. 火点遥感监测服务产品制作

该服务产品为不定期产品,当监测到有火点时,即进行服务。林火监测为季节性监测产品,每年10月至来年5月开展林火监测服务;同时在夏收和秋收季节开展作物秸秆焚烧监测,为禁烧提供服务,其主要内容包括:简要信息说明、火点分布图、火点信息表(火点经度、火点纬度、火点所属县、火点所属乡镇、火点像素数)。

所需数据:当日晴空遥感数据、地理信息数据。

制作过程:首先利用产品前段处理系统,识别出火点,并利用遥感数据制作当日遥感底图,其次把火点 ASCII 数据和遥感底图调入 ArcGIS 流程中,制作图像产品,最后输出图像产品和火点信息表。在把火点图像产品、火点信息表放入到 Microsoft Office Word 的火点遥感监测产品模板中,并配以文字描述说明(图5.57)。

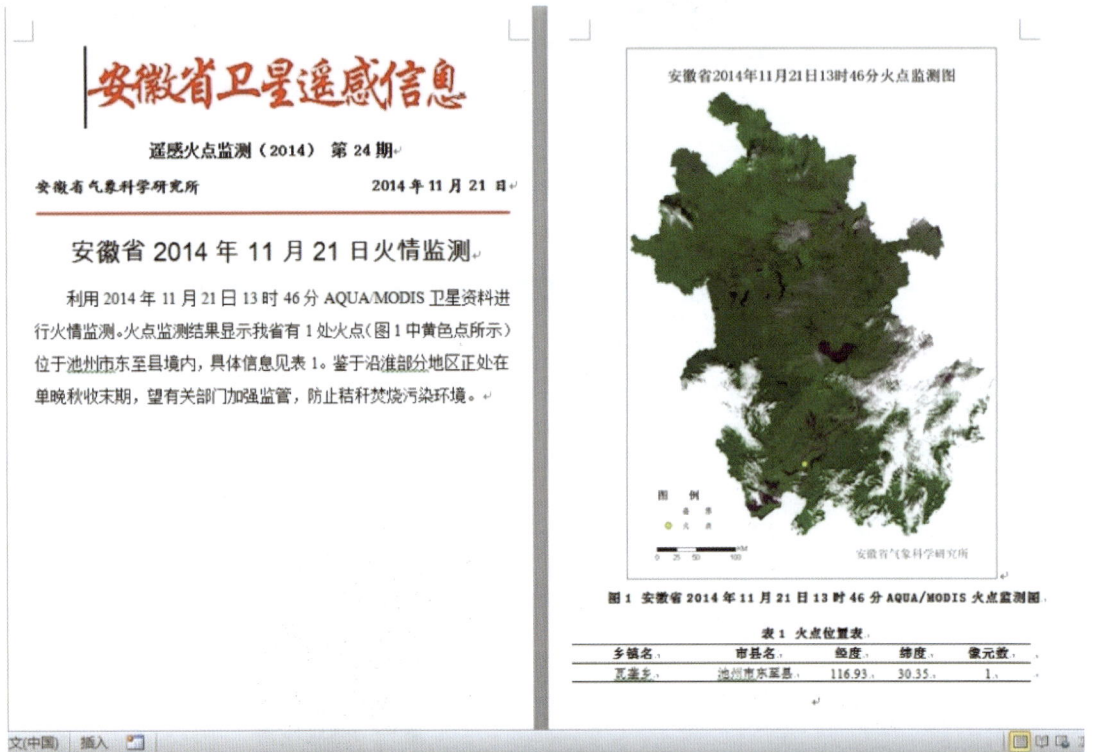

图 5.57　火点监测产品模版

5.2.5　大气成分

酸雨是指 pH 值小于 5.6 的雨、雪或其他形式的大气降水,是大气受污染的一种具体表现。酸雨污染危害人体健康,腐蚀建筑材料,酸化河流湖泊,影响植物生长和生态环境,造成巨大的经济损失,成为制约社会经济发展的重要因素之一,因此,被称为"空中死神"。

根据降水 pH 值,将降水划分为非酸雨(pH≥5.6),酸雨(pH<5.6),以及强酸雨(pH<4.5)。

中国气象局颁布的《酸雨观测业务规范》中规定,每日 08 时(北京时,下同)为酸雨观测降水采样的日界,当日 08 时至次日 08 时为一个降水采样日。在一个降水采样日内,无论降水是否有间隔及间隔长短,降水量达到 1.0 mm 时,必须采集一个日降水样品,对降水样品的 pH 值和电导率进行测量,得到一个酸雨观测样本。

酸雨观测中常用的数据处理为均值计算,其中:

降水 pH 值的均值是采用降水加权平均进行计算,计算方法为

$$\overline{\mathrm{pH}} = -\lg\left[\frac{\sum 10^{-\mathrm{pH}_i} \times V_i}{\sum V_i}\right], \tag{公式 5.10}$$

式中,pH_i 为 i 次降水 pH 值,V_i 为 i 次降水的降水量。

降水电导率的均值是采用降水加权平均进行计算,计算方法为

$$\overline{K} = \frac{\sum K_i \times V_i}{\sum V_i}, \tag{公式 5.11}$$

式中,i 表示第 i 次降水过程,K_i 为 i 次降水过程中降水的电导率 K 值,$\overline{K}$ 为降水量加权的月平均 K 值,均为 25℃ 时的 K 值,单位为 $\mu\mathrm{S/cm}$;V_i 为 i 次降水的降水量(mm)。

酸雨监测材料包括每月制作一期的酸雨监测月报和每年制作一期的酸雨监测年报。酸雨监测材料所用数据包括:地面常规观测资料、酸雨站观测资料以及气象场再分析资料。

完成资料下载后,利用中国气象局下发的"酸雨观测通讯处理"软件生成酸雨月观测资料数据库;利用"大气成分数据信息系统(酸雨)"软件,绘制平均降水 pH 值分级分布图;同时,绘制月平均降水 pH 值、K 值图和酸雨频率图。

酸雨监测分析内容主要包括:上月全省酸雨等级和电导率分布,并与前一月及上年同期酸雨状况进行比较;酸雨日气象条件、空气质量状况,并利用 HYSPLIT4 轨迹模式计算降水日 48 小时后向轨迹。

酸雨监测月报包括:摘要、酸雨状况、与上月比较、与去年同期比较以及酸雨日后向轨迹分析等五部分组成。摘要部分以简要的文字描述对整个监测报告的内容进行概括。酸雨状况部分又包括基本情况、酸雨强度和酸雨频率三个内容。基本情况描述当月酸雨观测的概况;酸雨强度主要分析月平均降水 pH 值和月平均降水电导率,其中,月平均降水 pH 值反映了本月降水酸性的平均状况,月平均降水电导率反映了本月大气污染状况;酸雨频率则对酸雨和强酸雨出现的频率进行统计。

与上月比较、与去年同期比较主要对比不同时期酸雨观测要素,分析酸雨的变化情况。

酸雨日后向轨迹分析,通过后向轨迹跟踪,分析酸雨日污染物的潜在来源。

酸雨监测报告范例如图 5.58 所示。

安徽省酸雨监测报告

2016 年 第（11）期

安徽省环境气象中心　　　　2016 年 10 月 8 日

2016 年 09 月酸雨监测月报

【摘要】2016 年 9 月，我省 7 个酸雨监测站共进行了 56 次酸雨监测，出现 11 次酸雨，1 次强酸雨。除阜阳、铜陵站外，其余 5 站均出现了酸雨。在月平均降水 pH 值分级中，安庆、黄山光明顶站为酸性降水等级，其他 5 站均为非酸性降水等级。与去年同期相比，平均降水量增加 116.2 mm，平均酸雨频率增加 13.7%。平均 K 值有所下降（10.9 μS·cm⁻¹）。与常年（2006-2015 年）同期相比，平均降水量异常偏多，多 93.8 mm，平均 pH 值偏大，大 0.39 个单位，酸雨频率异常偏高，低 32.4%，强酸雨频率略低于常年平均，平均 K 值偏小，小 14.3 μS·cm⁻¹。

一、9 月份酸雨状况

1. 基本情况

2016 年 9 月安徽省气象局酸雨业务监测站监测到的酸雨基本情况见表 1。全省 7 个酸雨监测站共进行了 56 次酸雨监测，出现 11 次酸雨，1 次强酸雨。除阜阳、铜陵站外，其他 5 站均不同程度地出现了酸雨。

表 1 2016 年 9 月酸雨监测基本情况

	阜阳	蚌埠	合肥	马鞍山	安庆	铜陵	黄山光明顶
总降水量(mm)	65.8	46.7	142.5	198.3	259.5	228.0	389.0
酸雨监测降水量(mm)	65.5	46.6	109.1	197.8	259.3	226.7	387.6
酸雨监测次数	7	6	9	12	8	5	13
酸雨出现次数	0	1	1	1	2	0	6
强酸雨次数(pH<4.5)	0	0	0	0	1	0	0

注：酸雨观测业务规定，降水量达 1.0 mm 以上时，进行酸雨采样。

2. 酸雨强度

主要考虑月平均降水 pH 值和月平均降水电导率（K 值）。平均方法为降水体积加权平均，月平均降水 pH 值反映了本月降水酸性的平均状况，月平均降水电导率值反映了本月大气污染状况。平均结果与每次降水的 pH、K 值和降水量有关。

9 月平均降水 pH 值分级分布如图 1、2 所示。在月平均降水 pH 值分级中，安庆、黄山光明顶站为酸性降水等级，其他 5 站均为非酸性降水等级。安庆站平均 pH 值最低，为 4.94，酸性最强；阜阳站月平均 pH 值最高，为 7.03，为中性降水。

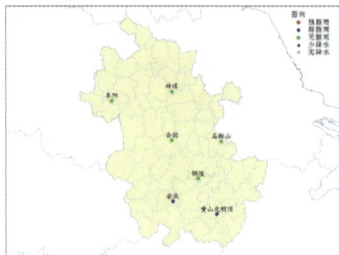

图 1 2016 年 9 月平均降水 pH 值分级分布图

各站月平均 K 值见图 2。阜阳站最高，为 76.5 μS·cm⁻¹；黄山光明顶站最低，为 14.2 μS·cm⁻¹，次低是合肥站为 18.7 μS·cm⁻¹；其他测站月平均降水电导率在 25.0～60.0 μS·cm⁻¹，降水单次电导率最高值为 118.1 μS·cm⁻¹，出现在安庆站；最小为 4.3 μS·cm⁻¹，出现在黄山光明顶站。

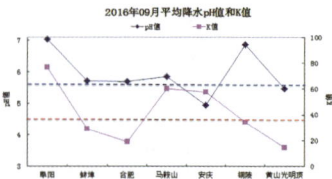

图 2 2016 年 9 月月平均降水 pH 值和 K 值（μS·cm⁻¹）

3. 酸雨频率

9 月份全省 7 个站平均酸雨出现频率为 19.6%，强酸雨频率为 1.8%。其中，阜阳、铜陵站未出现酸雨；黄山光明顶站酸雨频率最高，为 46.2%，其次是安庆站，为 25.0%，其他 3 站酸雨频率在 10.0%～20.0%。各站酸雨出现频率见图 3。

图 3 2016 年 9 月酸雨频率

二、与去年同期比较

与 2015 年 9 月份相比（表 2），从降水量看，7 个降水量均有所增加，其中安庆、铜陵增加超过 2 倍，总体平均增加 116.2 mm。从月平均降水酸度看，黄山光明顶站由非酸性降水变为酸性降水，合肥、马鞍山、铜陵由酸性降水变为非酸性降水，其他站超出酸雨等级范围。从酸雨频率看，总体平均酸

雨频率较去年下降 13.7%，阜阳仍未出现酸雨，黄山光明顶站酸雨频率明显上升，其他 5 站均有所下降。强酸雨方面，去年 9 月和今年 9 月安庆站均出现强酸雨，总体平均强酸雨频率略有下降。从 K 值看，总体平均降水 K 值较去年同期有所下降，其中铜陵下降幅度最大。

表 2 2016 年 9 月与 2015 年 9 月酸雨状况比较

	总降水量(mm)		月平均 pH 值		月平均 K 值		酸雨频率 (%)		强酸雨频率(%)	
	2016	2015	2016	2015	2016	2015	2016	2015	2016	2015
阜阳	65.8	29.4	7.03	6.41	76.53	91.47	0.0	0.0	0.0	0.0
蚌埠	46.7	37.7	5.71	5.62	28.93	52.07	16.7	20.0	0.0	0.0
合肥	142.5	60.2	5.70	5.45	18.74	46.29	20.0	75.0	0.0	0.0
马鞍山	198.3	96.8	5.85	5.43	60.08	34.99	12.5	62.5	0.0	0.0
安庆	259.5	65.1	4.94	4.57	57.58	74.01	25.0	62.5	12.5	25.0
铜陵	228.0	66.6	6.87	5.32	34.36	91.65	0.0	50.0	0.0	0.0
黄山光明顶	389.0	151.2	5.47	6.25	14.21	9.71	46.2	0.0	0.0	0.0
总体平均	190.0	73.8	5.42	5.21	37.54	48.41	19.6	33.3	1.8	4.4

三、与常年同期比较

与常年（2006-2015 年）9 月份均值相比（见表 3），本月马鞍山、安庆、铜陵、黄山光明顶站降水量异常偏多，其中马鞍山、安庆、黄山光明顶偏多超过 1.5 倍；合肥站偏多，蚌埠站偏少，阜阳站接近正常，总体平均降水量偏多，超过常年平均 97.5%（93.8 mm）。从 pH 值看，阜阳、铜陵站异常偏大，蚌埠、合肥、马鞍山站显著偏大，其他 2 站接近正常，总体平均偏大 0.39 个 pH 值单位。从酸雨频率看，总体平均酸雨频率异常偏高，低 32.4%。除安庆站偏高，阜阳、黄山光明顶站接近常年，其他 4 站显著偏低。强酸雨方面，总体平均强酸雨频率较常年略低 8.6%，从 K 值看，总体平均 K 值偏小，小 14.3 μS·cm⁻¹。

表 3 2016 年 9 月与常年 9 月酸雨状况比较

	总降水量(mm)			月平均 pH 值			月平均 K 值			酸雨频率（%）			强酸雨频率（%）		
	2016	常年	偏差指数	2016	常年	偏差指数	2016	常年	偏差指数	2016	常年	偏差指数	2016	常年	偏差指数
阜阳	65.8	87.9	-0.24	7.03	5.23	2.23	76.53	60.32	0.73	0.0	13.8	-0.73	0.0	4.6	-0.39
蚌埠	46.7	112.5	-1.08	5.71	5.16	2.35	28.93	53.30	-1.10	16.7	66.2	-1.84	0.0	13.2	-0.84
合肥	142.5	80.8	1.12	5.70	4.71	1.85	18.74	45.29	-1.43	20.0	61.3	-1.67	0.0	25.8	-0.89
马鞍山	198.3	96.8	1.35	5.85	5.43	1.11	60.08	66.81	-0.32	12.5	67.9	-1.83	0.0	1.8	-0.27
安庆	259.5	65.1	4.74	4.94	4.68	0.50	57.58	48.90	0.61	25.0	67.8	-1.33	12.5	28.9	-0.55
铜陵	228.0	92.9	1.46	6.87	5.32	3.30	34.36	96.64	-1.36	0.0	63.8	-1.86	0.0	20.1	-0.84
黄山光明顶	389.0	152.9	4.54	5.47	5.23	0.47	14.21	16.17	-0.23	46.2	42.0	0.11	0.0	4.1	-0.51
总体平均	190.0	96.2	2.37	5.42	5.03	1.43	37.54	51.84	-1.47	19.6	52.0	-2.06	1.8	10.4	-0.88

四、酸雨日后向轨迹分析

本月我省 7 个站 56 次酸度监测中，出现 11 次酸雨，1 次强酸雨。图 4 为各站降水日 48 h 后向轨迹监测（站点轨迹起始点设在离地面 1000 米），大致表示降水日污染物的潜在来源。

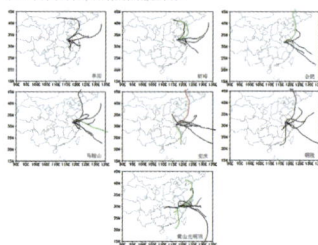

图 4 2016 年 9 月各站降水日 48 h 后向轨迹水平分布
（图中黑色线条表示非酸雨降水日轨迹，绿色线条表示酸雨降水日轨迹，红色线条表示强酸雨降水日轨迹）

附录：

偏差指数：降水、pH 值、K 值、酸雨频率、强酸雨频率偏差指数是指各要素的距平（ΔT）与标准差 σ 的比值，分级如下：

$\Delta T / \sigma \geq 2.0$　　异常偏高（大）
$1.5 \leq \Delta T / \sigma < 2.0$　　显著偏高（大）
$1.0 \leq \Delta T / \sigma < 1.5$　　偏高（大）
$-1.0 \leq \Delta T / \sigma \leq 1.0$　　正常
$-1.5 \leq \Delta T / \sigma < -1.0$　　偏低（小）
$-2.0 < \Delta T / \sigma \leq -1.5$　　显著偏低（小）
$\Delta T / \sigma \leq -2.0$　　异常偏低（小）

拟稿：***　　　　核稿：***　　　　签发：***

图 5.58 酸雨监测报告范例

图 5.58 酸雨监测预报范例

5.2.6　风险预警产品

SWAN 灾害风险预警系统应用前的数据准备和配置较复杂,本节主要介绍操作部分,若在数据准备和配置方面有问题请咨询风险预警相关负责单位或个人。

由于山洪地质灾害中小河流洪水风险产品较多,一般的操作流程为:每一类挑选一个较满意的风险产品作为模板,在系统左下角删除其他不需要的模板,点击订正工具按钮(D35 工具箱)。在工具箱界面的下方选择需要订正的风险时次后(一般我们选择 24 小时,不要选择 48 小时和 72 小时,因为目前的风险产品无 48 和 72 小时数据),选择订正风险中的等级按钮,或者面雨量修改按钮,在 SWAN 山洪版本数据显示区连续点击鼠标左键进行画圈,点击右键进行确定,此时数据显示区的数据应做相应的变化。在绘制完后点击此界面中部的"保存"按钮。如在订正过程中需要漫游地图,则可点击此界面顶部的漫游图标。

在所有产品订正完成后,可点击 SWAN 山洪版工具栏 ▨ 工具进行产品发布,此时会弹出产品发布界面。首先需要手动修改发布的时间,在签发人和制作人栏中下拉选择,如需发布山洪产品还需要主要选择是常规山洪还是即时山洪(业务规定中规定常规山洪在 08 时和 20 时起报,而即时山洪则以当前时间为起报时间),正确输入各种产品后发布的期数(系统在发布产品后会自动增加期数,但第一发布时需要注意修改)。点击下方的"搜索最新产品"可搜索到用户最新订正过的各类产品。如没有搜索到请检查系统产品风险发布配置下的 SWAN 产品路径和 SWAN 缓存路径的配置是否正确。搜索到的产品会在列表中展示出来,用户还通过鼠标右键对搜索到的产品进行删除操作。在确认了产品以后,点击下方左边的"数据处理"按钮,可将产品数据进行处理,处理的主要目的是对本地山洪地质灾害点和中小河流进行筛选,并进行格式处理和时间修改。在处理完毕后可点击发布风险按钮进行产品发布。需要注意的是,在发布前还需要检查处理的产品是否符合要求,可在产品栏目中选择产品然后鼠标双击操作打开产品进行检查,如需输出至其他地方则需要进行另存为操作。

5.3　公众服务产品

公众气象服务是指气象服务系统及时地为社会各界各部门指挥生产、组织防灾减灾,以及在气候资源合理开发利用和环境保护等方面进行科学决策提供气象信息。公众气象服务产品主要包括生活气象指数预报、警报和预警信号、报纸预报、气象短信、上下班天气、天气热点、交通沿线天气预报等,主要通过广播、电视、网络、报纸、热线电话等向社会传播。本节仅对生活气象指数和灾害天气预警信号两类服务产品作简要介绍。

5.3.1　生活气象指数预报服务产品

生活气象指数预报是气象部门根据公众普遍关心的生产生活问题对气象敏感度的不同要求,引进数学统计方法,对温压湿等多种气象要素进行计算而得出的量化预测指标。目前常见的生活气象指数主要有:中暑指数、紫外线指数、舒适度指数、晾晒指数、晨练指数、风寒指数等。为规范全国气象部门生活气象指数产品服务,中国气象局应急减灾与公共服务司于2014年7月下发《常用生活气象指数产品暂行技术规范》,对于常用生活气象指数产品的等级及对应内涵等做了具体规定,而具体的计算方法可根据气象因子(如温、湿、风、降水、云量、能见度、紫外线、日照、辐射等)与不同指数的关联程度,应用回归方程、多级判别法或模糊综合判别法建立指数预报模型。

5.3.1.1 舒适度指数

舒适度指数划分为四级标准。级别内涵对应人体感觉天气舒适程度,由一级至四级舒适度依次下降(表5.24)。

表5.24 舒适度指数四等级内涵

指数等级	级别内涵	颜色标识(RGB颜色代码)
一级	舒适	R:20 G:172 B:228
二级	较舒适	R:100 G:186 B:48
三级	不舒适	R:236 G:251 B:4
四级	非常不舒适	R:207 G:1 B:25

5.3.1.2 晨练指数

晨练指数划分为四级标准。级别内涵对应适宜晨练程度,由一级至四级适宜晨练程度依次降低(表5.25)。

表5.25 晨练指数四等级内涵

指数等级	级别内涵	颜色标识(RGB颜色代码)
一级	适宜晨练	R:20 G:172 B:228
二级	较适宜晨练	R:100 G:186 B:48
三级	不太适宜晨练	R:236 G:251 B:4
四级	不适宜晨练	R:207 G:1 B:25

5.3.1.3　紫外线指数

紫外线指数划分为五级标准。级别内涵对应紫外线照射强度,由一级至五级紫外线强度依次增强(表 5.26)。

表 5.26　紫外线指数五等级内涵

指数等级	级别内涵	颜色标识(RGB 颜色代码)	
一级	紫外线强度最弱		R:20　G:172　B:228
二级	紫外线强度弱		R:100　G:186　B:48
三级	紫外线强度中等		R:236　G:251　B:4
四级	紫外线强度强		R:248　G:163　B:43
五级	紫外线强度很强		R:207　G:1　B:25

5.3.1.4　穿衣指数

穿衣指数划分为七级标准。级别内涵对应着装种类,由一级至七级适宜穿着衣物的厚度依次递减(表 5.27)。

表 5.27　穿衣指数七等级内涵

指数等级	级别内涵	颜色标识(RGB 颜色代码)	
一级	严冬装:适宜穿着羽绒服、戴手套等		R:20　G:172　B:228
二级	冬装:适宜穿着棉衣、皮衣、厚毛衣等		R:113　G:198　B:62
三级	初冬装:适宜穿着夹克衫、西服、外套等		R:158　G:220　B:85
四级	早春晚秋装:适宜穿着套装、夹克衫、风衣等		R:236　G:251　B:4

指数等级	级别内涵	颜色标识(RGB 颜色代码)	
五级	春秋装:适宜穿着棉衫、T恤、牛仔服等		R:248 G:163 B:43
六级	夏装:适宜穿着短裙、短套装等		R:248 G:81 B:43
七级	盛夏装:适宜穿着短衫、短裙、短裤等		R:207 G:1 B:25

5.3.1.5 感冒指数

感冒指数划分为四级标准。级别内涵对应感冒易发程度,由一级至四级感冒易发程度依次增强(表 5.28)。

表 5.28 感冒指数四等级内涵

指数等级	级别内涵	颜色标识(RGB 颜色代码)	
一级	不易感冒		R:20 G:172 B:228
二级	感冒少发		R:100 G:186 B:48
三级	容易感冒		R:236 G:251 B:4
四级	极易感冒		R:207 G:1 B:25

5.3.1.6 旅游指数

旅游指数划分为四级标准。级别内涵对应适宜旅游的程度,由一级至四级适宜旅游程度依次降低(表 5.29)。

表 5.29 旅游指数四等级内涵

指数等级	级别内涵	颜色标识(RGB 颜色代码)	
一级	适宜旅游		R:20 G:172 B:228

指数等级	级别内涵	颜色标识(RGB 颜色代码)
二级	较适宜旅游	R:100　G:186　B:48
三级	不太适宜旅游	R:236　G:251　B:4
四级	不适宜旅游	R:207　G:1　B:25

5.3.1.7　洗车指数

洗车指数划分为四级标准。级别内涵对应适宜洗车的程度,由一级至四级适宜洗车程度依次降低(表 5.30)。

表 5.30　洗车指数四等级内涵

指数等级	级别内涵	颜色标识(RGB 颜色代码)
一级	适宜洗车	R:20　G:172　B:228
二级	较适宜洗车	R:100　G:186　B:48
三级	较不宜洗车	R:236　G:251　B:4
四级	不宜洗车	R:207　G:1　B:25

5.3.1.8　晾晒指数

晾晒指数划分为四级标准。级别内涵对应适宜晾晒衣物的程度,由一级至四级适宜晾晒程度依次降低(表 5.31)。

表 5.31　晾晒指数四等级内涵

指数等级	级别内涵	颜色标识(RGB 颜色代码)
一级	适宜晾晒	R:20　G:172　B:228

续表

指数等级	级别内涵	颜色标识(RGB 颜色代码)
二级	较适宜晾晒	R:100 G:186 B:48
三级	不太适宜晾晒	R:236 G:251 B:4
四级	不适宜晾晒	R:207 G:1 B:25

目前中国气象局仅对上述 8 种生活气象指数进行了规范,各地可根据当地气候及人文特点,开展合适的生活气象指数预报业务(目前尚没有统一的计算方法,具体可查阅安徽省 2012 年实施的《生活气象指数等级划分及标识》,其中有部分生活气象指数的计算方法介绍)。

5.3.2 灾害天气预警信号

本节提供的预警信号制作内容是针对安徽省县级气象综合业务系统中的预警信号制作发布模块。模块发布前的配置工作请参阅县级气象综合业务系统用户指南中的预警信号制作发布部分。

1. 发布主界面介绍

信息发布界面分为两个区域:(1)发布类别列表区,其中包括"发布预警信号"和"发布常规信息"两个选项;(2)内容展示区,用来展示发布信息时的交互页面,如图 5.59 所示。

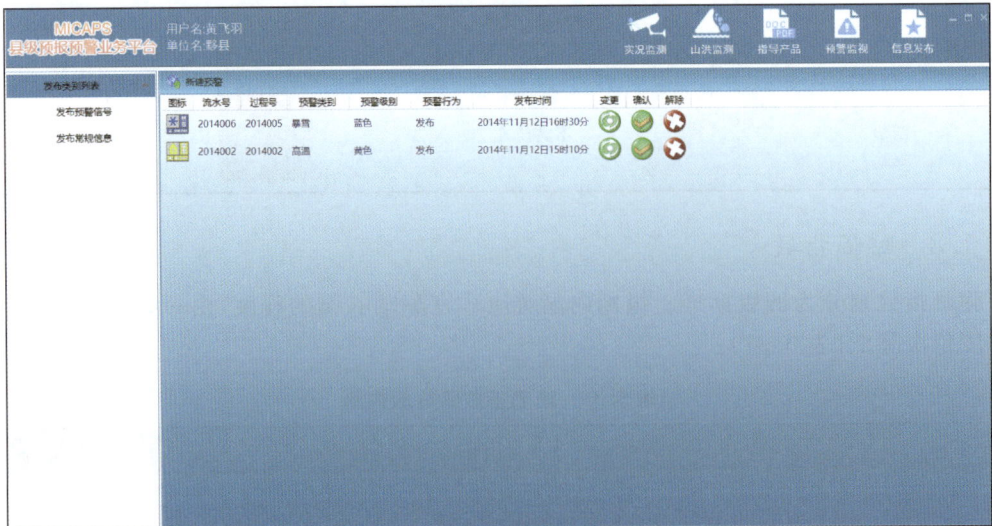

图 5.59 预警信号发布界面

2. 发布预警信号操作

在发布类别列表区中选择"发布预警信号",内容展示区中将显示预警发布界面,这也是内容展示区的默认页面,如图 5.60 所示。

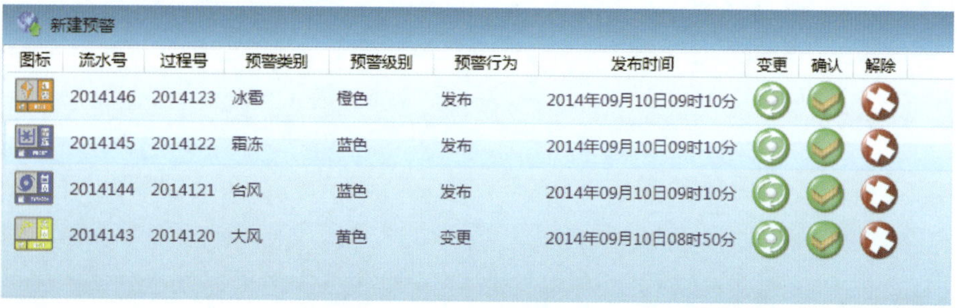

图 5.60　当前预警信号列表

在预警发布主界面中,显示了未解除的预警信号,可以通过点击列表项后侧的 ⊙,⊙,⊗ 按钮来"变更""确认""解除"相应的预警信号,还可以通过点击列表区上侧的 新建预警 按钮来发布新的预警信号。

3. 选择发布对象

当发布新的预警信号或变更预警信号时,进入发布对象选择界面,如图 5.61 所示。

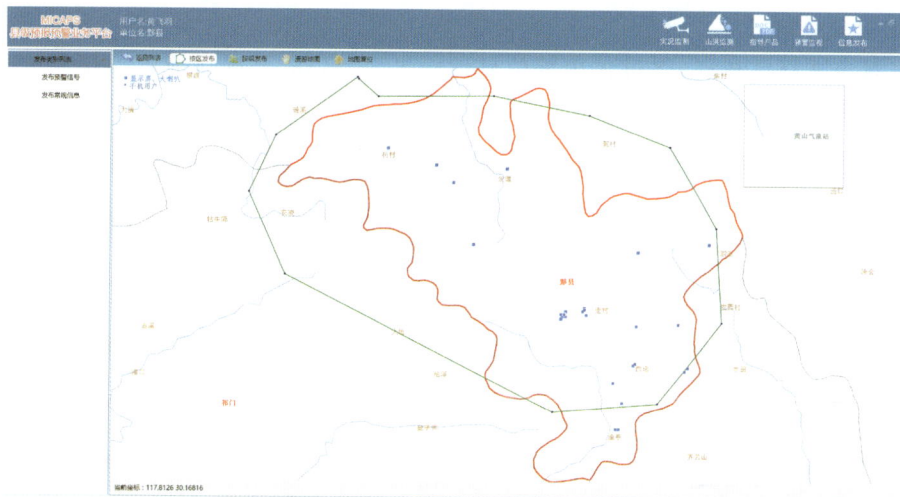

图 5.61　预警信号按区域发布

在发布对象选择界面中,显示屏、大喇叭、手机用户等发布对象根据设定的坐标分布在地图上,选择 按区发布 按钮后,在地图上点击鼠标左键,选择发布对象,选择完毕后,点击鼠标右键完成选择,进入预警编辑界面。另外,还可以按用户组来选择发布对象,点击 按组发布 ,将弹出用户组选择界面,如图 5.62 所示。

图 5.62　预警信号按组发布

在用户组选择界面中,显示了手机用户组和设备用户组,通过勾选各组下侧的可选框,来选择相应的发布组,选择好发布组后,点击确定按钮 进入预警编辑界面。

4. 编辑预警信号

发布对象选择完毕后,将进入预警信号编辑界面,另外,当确认或解除预警信号时,也将直接进入预警信号编辑界面,如图 5.63 所示。

图 5.63　预警信号编辑界面

在预警编辑界面中,可以编辑当前发布的预警信号,编辑完成后,点击 按钮,将生成预警发布文档,并弹出预警发送列表,如图 5.64 所示。

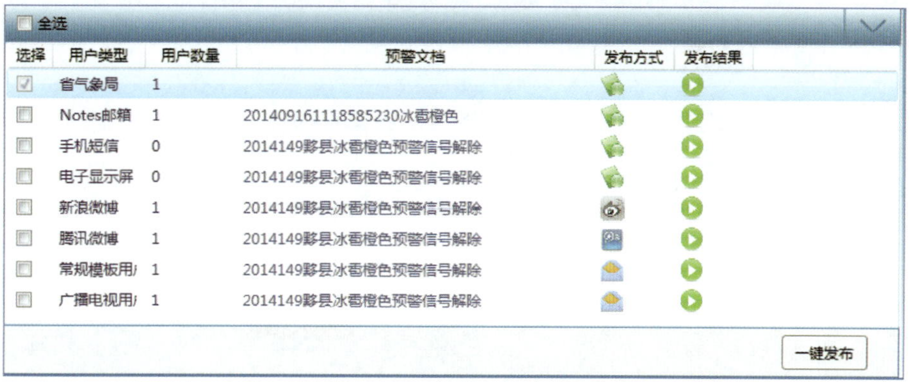

图 5.64　预警信号发布列表

预警发布列表中列出了所有发布对象，点击下侧 一键发布 的按钮，将弹出发布验证对话框，如图 5.65 所示。

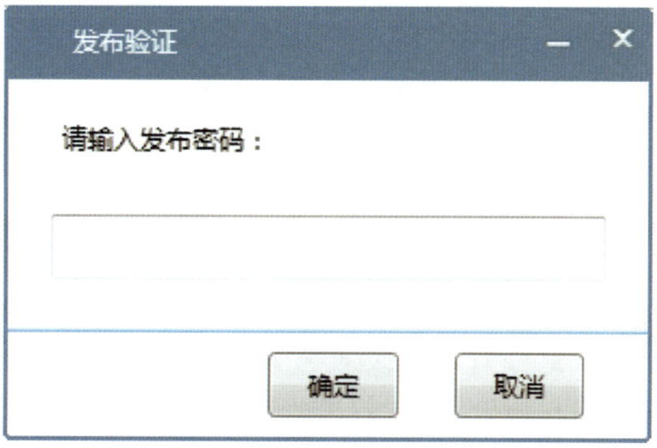

图 5.65　预警信号发布密码验证

在发布验证对话框中输入上传至省局服务器的密码，点击确定后，预警信号将发送至列表中所有被选择的发布对象。也可以点击发布对象列表项后的 按钮，进行相应发布对象的预警发布。

需要注意的是：微博发布对象需要登录才能发送成功，对应列表项的发送方式图标状态显示了登录状态，当登录成功时，图标将被点亮，未登录时，图标呈现灰色。新浪微博登录对话框如图 5.66 所示。

登录成功后，登录对话框将自动关闭，自动返回到发送对象列表界面，相应微博图标将被点亮。

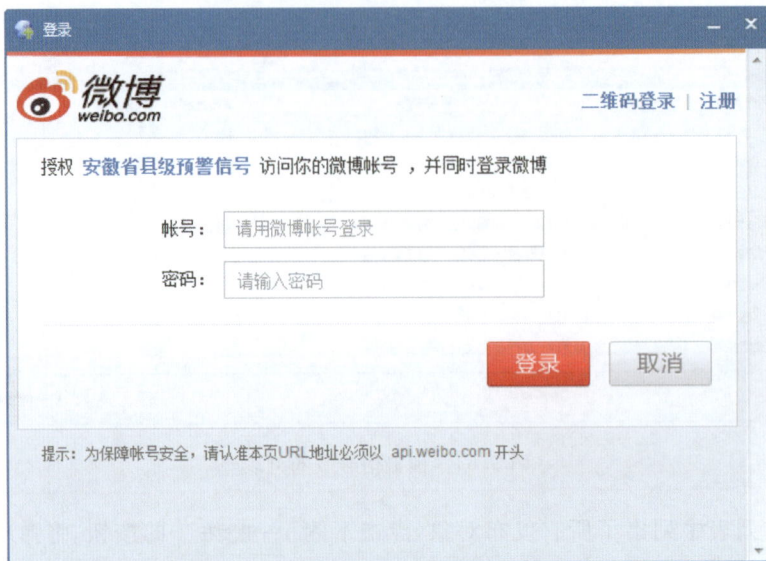

图 5.66　预警信号微博发布密码认证

5.4　专业服务产品

专业气象服务产品是在常规天气预报产品的基础上,根据不同行业、不同用户对气象服务的特殊要求,而加工制作出具有针对性、专业性、个性化的气象服务产品。目前安徽省在农业、交通、电力、林业等行业开展了专业气象服务。通过不断提高服务产品的精细化水平,开展具有行业针对性的项目研究,最大程度地满足了各类用户的需求。

5.4.1　农业气象服务产品

5.4.1.1　农业气象服务产品基本原则

(1)编写农业气象服务产品要有针对性。要针对党委政府和农民群众所关心的农业生产问题,为解决这些问题提供农业气象服务产品。如针对 2014 年安徽省春季雨水偏多问题,需要编写春季阴雨寡照对设施农业影响方面的专题情报服务材料。

(2)编写农业气象服务产品要及时。农业生产过程时间性很强,因此,每份农业气象服务产品都有它一定的时效,时间已过就没有意义了。

(3)编制农业气象服务产品要有资料有分析。一份农业气象服务产品,要有说明问题的一些气象与农业气象资料,这也是进行农业气象条件分析的基础。根据资料提出明确分析的内容,使它真正起到参谋作用。

(4)编写农业气象服务产品要通俗易懂、图文并茂。服务产品的文字分析,要做到使人一看就明白,尽量避免使用专业化的词语,而且要简明扼要;重点说明问题的,要有必要的图表,让人一目了然。

5.4.1.2　农业气象服务产品类型

1. 国家级指导产品

根据农业生产气象保障服务需求,基于农业气象指标,开展农业气象旬月报、农业气象情报预报、作物关键生育期气象条件评价、作物产量预报、农用天气预报、农业气象灾害分析评估等服务,为农业生产主体、农业管理部门的农田管理与气象防灾减灾提供支撑。

2. 农业气象情报

农业气象旬、月、年报。基于时段内(旬、月、年)光温水等气象条件,结合当前农情,分析农业气象条件对在地作物的影响,根据省气象台下一旬天气趋势预测信息,分析未来天气对农作物可能影响因素,提出相应补救防范措施。

农作物生育期气象条件评价。根据农作物生长发育对气象条件的适宜性,对其生育期间的农业气象条件利弊进行分析,主要分析作物关键生长季节的农业气象条件对产量形成的影响并进行综合分析。

土壤水分监测公报。利用土壤墒情监测信息,结合土壤相对湿度干旱指标,对土壤水分状况及其变化与农业生产的关系进行评述。

农业干旱监测预报。基于累积湿润度指数方法或土壤墒情监测方法建立农业干旱监测预测模型,发布针对本省范围的农业干旱监测预报产品,内容包括目前农业干旱的发生发展状况,未来演变趋势和应采取的农业生产措施。

3. 农业气象预报

农作物产量预报。按照中国气象局指定开展的省级农业气象预报业务服务要求,结合安徽省业务特点,承担冬小麦、油菜、一季稻、玉米、棉花、大豆、全年粮食作物等 7 个作物的趋势产量预报、定量预报和订正预报(包括单产、总产)。其中冬小麦、油菜、一季稻与全年粮食作物等 4 个项目为国家级考核的预报项目。这些产量预报产品寄出或传输时间见表 5.32。

表 5.32　作物及粮食总产预报产品寄出或传输时间表

序号	作物	发布时间	
		趋势预报	定量预报
1	冬小麦	4 月 15 日	5 月 15 日
2	油菜	4 月 15 日	5 月 15 日
3	一季稻	7 月 15 日	8 月 25 日
4	玉米	7 月 15 日	8 月 25 日
5	大豆	7 月 15 日	8 月 25 日
6	棉花	7 月 15 日	8 月 25 日
7	全年粮食作物	7 月 15 日	8 月 25 日

农作物发育期预报。针对主要作物,开展关键发育期预报。根据主要作物发育期与气象条件的关系,建立作物发育期预报模型,利用各种作物不同发育期的预报模型,开展主要作物发育期预报,重点是播种期和收获期的预报。内容包含作物名称、发育期名称、进入的时间及地区、主要影响分析等。

病虫害发生气象等级预报。与植保部门联合,针对安徽省主要农作物(小麦、水稻、油菜)开展主要病虫害的预报。根据主要作物病虫害发生发展的气象指标,结合天气实况和预报,预报不同区域、各类病虫害发生发展的气象等级。内容包含主要作物病虫害发生发展的气象等级、范围、时间、影响对象和防御措施等。

4. 农用天气预报

在春耕春播、夏收夏种和秋收秋种期间,动态发布未来气象条件对作物播种、收获适宜程度预报。其主要内容为:(1)播种、收获进度;(2)前期天气条件对播种、收获的影响分析;(3)未来天气对作物播种、收获的影响分析;(4)应对的措施建议;(5)附未来三天(或一周)适宜播种、收获时段的区域分布图。

其他农用天气预报服务产品:大宗作物、设施农业和特色农业等在生长关键期或作物在灌溉、喷药、晾晒、施肥等重要农事活动季节而开展的气象条件适宜程度预报,其主要内容包括:(1)前期气象条件对作物生长的影响分析;(2)各农事活动对气象条件的要求;(3)未来气象条件对作物生长关键期或农事活动适宜程度进行预报;(4)应对的措施建议;(5)附未来三天(或一周)适宜程度区域分布图。

5. 农业气象灾害监测(调查)预警与分析评估

农业气象灾害调查。重大灾害性天气发生时或结束后,通过灾害现场实地调查、农户走访、受灾情况与症状记录、受灾样本采集等为农业气象灾害损失评估掌握农作物受灾第一手资料。

农业气象灾害预警。分析未来灾害性天气过程,对农作物生长的影响,并提出相关对策建议。

农业气象灾害监测评估。根据大气、气候要素的变化对作物生长发育所造成的负面影响程度,综合分析灾害天气过程对作物生理、形态、产量形成方面的危害。主要依托天气预报、区域气候模式、灾害模型、作物模拟方法,结合灾害调查,分析农业干旱、低温冷害、暴雨洪涝、霜冻、大风、冰雹、干热风灾害对农作物的危害程度、危害范围、损失水平,并提出有针对性的防御与补救措施。

6. 农业保险专题服务

气象预警评估服务:(1)根据未来天气预测,分析可能的气象灾害强度(等级)和发生范围;(2)分析灾害对保险标的物可能产生的影响;(3)提出重点关注的区域、事项和减轻灾害损失可采取的对策措施等。

气象评价报告:针对种植业生长过程中的不同时段,在各生长发育的关键时段和全生育过程进行气象评价,主要内容包括:(1)标的物播种至各发育期和全生育期主要农业气象要素;(2)标的物各发育时段气象条件和气象灾害影响分析;(3)对保险标的物各发育阶段农业气候状况进行评述。

5.4.1.3　农业气象服务产品基本要求

目前,安徽省农业气象服务产品分为六大类十五小类(表5.33)。开展特色农业气象服务参见表5.34。

表 5.33　农业气象服务产品类别、对象、主要内容及制作发布时间

产品类别		对象	制作发布时间	主要内容
农业气象情报	旬报		每旬逢 2,12 时前	1. 上一旬天气实况 2. 上一旬天气条件对作物的影响分析 3. 天气趋势与对策建议
	月报		每月 3 日 12 时前	1. 上一月天气实况 2. 上一月天气条件对作物的影响分析 3. 天气趋势与对策建议
	年报		每年 12 月底前	1. 上一年农业气象特点 2. 上一年农业气象条件分析 3. 主要农业气象灾害 （上一年 12 月至本年度 11 月）
	作物生育期评价	越冬作物冬前（播种—停止生长）	1 月上中旬编写	1. 越冬作物播种以来气象条件分析 2. 苗情调查 3. 遥感监测分析 4. 未来天气与农事建议
		小麦、油菜越冬期气象条件专题分析	2 月底前	1. 小麦、油菜越冬期气象条件分析 2. 未来天气对小麦返青、油菜抽苔的影响分析并提出田间管理建议
		小麦、油菜关键生长期气象条件专题分析	3—5 月	1. 目前小麦、油菜长势 2. 未来天气对小麦、油菜可能影响 3. 对策建议
		小麦、油菜全生育期农业气象条件评价	一般小麦在 6 月底前，油菜在 6 月上旬前	作物从播种到收获全生育期气象条件利弊影响分析
		早稻全生育期农业气象条件评述	早稻收获后 20 天内编发（一般在 8 月上旬前）	早稻从播种到收获全生育期气象条件利弊影响分析
		一季稻、秋粮及全年粮食总产农业气象条件评述	作物收获后 20 天内编发（一般在 11 月中旬前）	一季稻、秋粮从播种到收获全生育期气象条件利弊影响分析；粮食总产气象条件评述（夏粮和早稻生育期间气象条件简述，以及秋粮农业气象条件评述）
		越冬作物冬前（播种—停止生长）农业气象条件专题分析	1 月上中旬编写	1. 越冬作物播种以来气象条件分析 2. 苗情调查 3. 遥感监测分析 4. 未来天气与农事建议
土壤水分监测公报			每旬逢 1、6 编发	1. 土壤墒情分析 2. 对当前农业生产的影响

产品类别		对象	制作发布时间	主要内容
农业气象预报	作物产量预报	早稻产量趋势、定量预报	趋势（5 月 25 日前）	1. 预报结论 2. 预报依据（从播种以来农业气象条件、苗情调查结果、遥感苗情监测结果、模型预测结果以及社会经济因素等方面分析） 3. 未来天气及生产建议
			定量（6 月 25 日前）	
		冬小麦产量趋势、定量预报	趋势（3 月 15 日前）	
			趋势（4 月 15 日前）	
			定量（5 月 15 日前）	
		油菜产量趋势、定量预报	趋势（4 月 15 日前）	
			定量（5 月 15 日前）	
		一季稻产量趋势、定量预报	趋势（7 月 15 日前）	
			定量（8 月 25 日前）	
		大豆产量趋势、定量预报	趋势（7 月 15 日前）	
			定量（8 月 25 日前）	
		玉米产量趋势、定量预报	趋势（7 月 20 日前）	
			定量（8 月 25 日前）	
		棉花产量趋势、定量预报	趋势（6 月 25 日前）	
			定量（8 月 25 日前）	
		秋粮、全年粮食作物总产趋势、定量预报	趋势（7 月 15 日前）	
			定量（8 月 25 日前）	
		作物产量订正预报	视后期天气气候条件而定，若发生对作物产量影响较大的气象灾害，编发作物产量订正预报	
	病虫害气象条件预报	油菜菌核病	3 月中下旬	1. 预报结论 2. 预报依据（从病虫害发生发展气象条件、气象等级模型预测结果等进行综合分析） 3. 未来天气条件对病虫害发生发展的利弊分析 4. 对策建议
		小麦纹枯病	3 月上中旬	
		小麦赤霉病	4 月中旬	
		稻飞虱	8 月	
	作物发育期预报	早稻、中稻适宜播种期预报	早稻（3 月下旬—4 月中旬）	1. 作物适宜播种期气象条件要求 2. 作物适宜播种期预测 3. 未来天气对作物播种可能影响 4. 对策建议
			中稻（4 月上旬—5 月上旬）	
		夏播作物适宜播种期预报	5 月底—6 月上旬	
		秋种作物适宜播种期预报	油菜（9 月上旬—9 月下旬）	
			小麦（9 月下旬—10 月上旬）	
		夏收作物适宜收获期预报	小麦（5 月下旬—6 月上旬）	1. 作物适宜收获期气象条件要求 2. 作物适宜收获期预测 3. 未来天气对作物收获可能影响 4. 对策建议
			油菜（5 月中下旬）	
		秋收作物适宜收获期预报	9 月中旬—10 月下旬	
		双季早稻适宜收获期预报	7 月中下旬	
		油菜其他生育期	适宜移栽期	
			开花期	
			成熟期	
	作物灌溉期、灌溉量预报		作物受旱后	1. 前期天气实况 2. 土壤墒情分析 3. 作物发育期及对水分的需求 4. 未来天气趋势 5. 灌溉期和灌溉量预报

续表

产品类别		对象	制作发布时间	主要内容
农用天气预报		春耕春播	每年 3 月 11 日—4 月 30 日 每周一下午 17 时前	
		夏收夏种	每年 5 月 21 日—6 月 20 日每 周二、五上午 11 时前	
		秋收秋种	每年 9 月 11 日—10 月 20 日每 周二、五上午 11 时前	
		其他	作物生长关键期和重要农 事季节 或接到气象台预报后即 编发	根据气象台预报,未来天气条件对作物可 能造成的影响进行分析,并提出合理化的 对策建议
农气灾害监测评估	农业干旱监测预报		每旬逢 2 编发	1. 近期天气实况 2. 农业旱涝监测分析 3. 下一旬农业干旱预测
	农业气象灾害分析评估	农业气象灾害分析	灾害即将发生、发生中、发 生后 3~5 天内分别编发灾 前预评估、灾中评估和灾 后评估	1. 气象灾害发生概况 2. 利用气象、卫星遥感、农情、灾情资料, 对重大农业气象灾害及其影响进行分析 3. 作物发育期及其生长情况(苗情长势与 常年比较),气象灾害造成农作物的受害 情况 4. 根据灾害影响的结果,提出补救措施
	重大农业气象灾害评估分析	灾后 3~5 天内编发		1. 气象灾害实况 2. 气象灾害对作物的影响 分析 3. 补救措施
农业保险专题服务	政策性农业保险气象预警服务		在重大灾害性天气预报发 布当日编发	1. 气象灾害可能发生强度和范围 2. 对标的物的可能影响和损失 3. 关注的重点和对策
	重大农业气象灾害预评估		在出现区域性重灾或全省 性中等灾害后,以及造成 重大农业影响的气象灾 害,其结束后 2~3 天内 编发	1. 气象灾害实况 2. 利用各种监测手段获取的监测资料对 标的物的影响进行分析 3. 保险标的物当前发育期及其生长情况, 灾害造成标的物的受害情况 4. 根据灾害发生影响分析结果,提出保险理 赔勘灾定损应重点关注的区域、问题等建议
	种植业保险气象评估报告		农业保险标的物收获完 15 日内编发	1. 标的物全生育期主要农业气象要素 2. 标的物全生育期重大气象灾害影响分析 3. 对保险标的物全生育期农业气候状况 作总体评述
	气象认证报告			

表 5.34　特色农业气象服务

序号	材料名称	时效要求	主要内容	参考地区
1	经济作物和林木（柑橘、茶树、枇杷等）的越冬状况、灾情影响的专题分析	元月下旬	1. 前期天气实况 2. 经济作物和林木越冬状况 3. 灾害对其影响分析 4. 未来天气及对策建议	皖南、皖西山区、沿江沿湖柑橘生长地区
2	温室、塑膜大棚蔬菜育苗期间天气条件分析	不定期	1. 温室、塑膜大棚蔬菜育苗期对气象条件的要求 2. 近期天气对其利弊影响分析 3. 未来天气及对策建议	全省各大、中、小城市
3	温室、塑膜大棚蔬菜育苗期间天气条件分析	不定期	1. 温室、塑膜大棚蔬菜生长关键期对气象条件的要求 2. 近期天气对其利弊影响分析 3. 未来天气的可能影响分析 4. 对策建议	
4	春茶采制的气象条件分析和产量预测	4月中旬	1. 预报结论 2. 预报依据（从种以来农业气象条件、调查结果、模型预测结果等方面分析） 3. 未来天气及生产建议	皖南、皖西茶区
5	夏茶采制的天气条件分析及对产量预测	6月下旬		皖西、皖南茶区
6	大麻、烤烟播种（浸种、催芽）育苗期间的天气条件分析	大麻：2月初 烤烟：2月上旬	1. 烤烟播种（浸种、催芽）育苗期对气象条件的要求 2. 近期天气对其利弊影响分析 3. 未来天气及对策建议	大麻为江淮中西部地区，烤烟为宣城地区、皖东地区和淮北中北部地区
7	烤烟移栽期的气象条件分析	4月中、下旬	1. 烤烟移栽期对气象条件的要求 2. 近期天气对其利弊影响分析 3. 未来天气及对策建议	全省各大烟区
8	烤烟全生育期的天气条件评价	8月下旬末	烤烟从播种到收获全生育期气象条件利弊影响分析	各大烟区

5.4.1.4　农业气象服务产品的发布与共享

各类农业气象服务产品,均依托共享平台、安徽农网农业气象专栏、安徽农业气象中心门户网站(建设中)进行共享服务。并利用安徽农业气象微信服务号,提供移动互联网服务。

5.4.2　交通气象服务产品

交通气象服务产品是指在高速公路气象观测、常规天气预报产品基础上,根据交通行业的特点,加工制作的气象服务产品,目前安徽省的交通气象服务产品主要包括:高速公路沿线预报、高速公路交通气象条件等级预报以及交通气象服务专报等相关服务材料。

5.4.2.1　高速公路沿线预报

高速公路沿线预报是以高速公路沿线路段为预报对象,根据服务对象需求,高速公路路段可以以桩号、所属区域等分割,预报内容可包含天气现象、风向风速、气温等。与常规预报相同,高速公路沿线预报也要有必须的发布时间、预报有效时段等信息。具体模板见图 5.67。

发布人	所属路段	有效时段	发布时间
sa	G3京台高速:濉溪一肥东段(k762—k1015段)	17日20:00--18日20:00	2016-3-17 20:00:00

阴,偏南风转东南风3级,8—19℃

发布人	所属路段	有效时段	发布时间
sa	G3京台高速:肥西段(k0—k34段)	17日20:00--18日20:00	2016-3-17 20:00:00

阴,东北风3级,11—19℃

发布人	所属路段	有效时段	发布时间
sa	G3京台高速:舒城一休宁段(k34—K335段)	17日20:00--18日20:00	2016-3-17 20:00:00

小雨,东南风转东北风3级,11—19℃

发布人	所属路段	有效时段	发布时间
sa	G3京台高速:濉溪一宿州段(k762—K838段)	17日08:00--18日08:00	2016-3-17 8:00:00

阴,偏南风2级,9—18℃

发布人	所属路段	有效时段	发布时间
sa	G3京台高速:怀远一肥东段(K838—k1015段)	17日08:00--18日08:00	2016-3-17 8:00:00

小雨转阴,偏南风转东南风3级,8—17℃

图 5.67　高速公路沿线预报

5.4.2.2　高速公路交通气象条件等级预报

高速公路交通气象条件等级预报是综合考虑能见度、降雨、气温、风向风速等天气要素对高速公路交通影响的等级预报,根据气象行业标准《高速公路交通气象条件等级》(QX/T 111—2010),一般分为四级,分别为一级稍有影响、二级有一定影响、三级有较大影响、四级有严重影响,具体模板见图 5.68。

5.4.2.3　交通气象服务材料

交通气象服务材料是根据服务对象的需求,在特定的时间或者天气背景下制作的服务材料,根据材料种类的不同,一般包括过去天气的总结、未来天气趋势预报、交通高影响天气(大雾、道路结冰、积雪等)的影响范围及影响程度等,目前安徽省的交通气象服务材料主要有高速公路日报、高速公路旬报、高速公路月报、交通气象服务专报等,图 5.69 是交通气象服务专报模板。

图 5.68　高速公路交通气象条件等级预报

图 5.69　交通气象服务材料

其他材料可参考高速公路气象信息服务及预警平台:http://10.129.52.100/gaosu。

5.4.3 电力气象服务产品

电力气象服务产品是指根据电力部门在电力调度、电网运行安全等方面的需求而提供的相关气象服务产品。目前提供的气象服务产品主要有常规预报数据、数值预报数据、恶劣天气预警信息等。电力气象服务业务平台如图5.70所示。

图5.70 电力气象服务业务平台

5.4.4 林业气象服务产品

森林火灾的发生、发展与气象条件密不可分,因此,在森林防火期内为森林防火部门提供准确的森林火险气象等级预报显得十分重要(森林火险气象条件等级计算方法见中国气象局行业标准QX/T 77—2007),见图5.71。

森林火险气象预报

第 172 期（2014）

安徽省公共气象服务中心　　　　　　　　签发人：

预计 2014 年 12 月 15 日夜里江北多云到晴，江南阴转多云。16 日白天全省多云转晴。全省偏北风 4-5 级，阵风 7 级。我省沿江江南森林火险气象等级较高，其余地区为高，请注意防范。

安徽省森林火险气象等级24小时预报图
2014年12月15日发布

图例
较高
高
极高

安徽省公共气象服务中心

图 5.71　森林火险气象条件等级预报

第6章　实　习

6.1　基础产品加工实习

6.1.1　基础数据分析实习

6.1.1.1　数据产品加工分析实习

回顾回归趋势分析、均一性分析、风向玫瑰图、直方图等绘制和分析方法。自行完成以下工作：

（1）利用本站资料绘制本站 1981—2010 年气温、降水时间序列图,分析预测 2011—2014 年的气温,形成表 1。

（2）利用本站与周边站风速观测资料,绘制 1981—2010 年两站趋势对比图、差值图,分析比较其变化情况,形成表 2。

（3）利用本站 1981—2010 年风向 4 次观测数据,计算本站风向频率、分析主导风向,绘制风向玫瑰图,形成表 3。

提交 Excel 表格一份,包含上述的表 1、2、3。

上课之前请自行准备好相关资料：

（1）本站 1981—2010 年 A 文件(或者 2000 年以来,不少于 10 年),以及 SMSD 软件;

（2）2010 版本 Excel。

6.1.1.2　MICAPS 3.1 实习

1. 课堂任务

根据提供的数据资料制作：

（1）一张本县区的雨量等值线图;

（2）一张本站的温度实况最高温度和最低温度曲线图;

（3）一张本站数值预报温度预报曲线图。

2. 要求

能对 MICAPS 进行基本配置。

能动手制作本县 MICAPS 行政区边界文件格式,按不同等值线间隔。

掌握利用站点实况数据曲线图的制作方法。

掌握利用数值预报数据制作单点曲线图的操作。

6.1.2　空间分布图

根据基础产品加工中的空间分布图制的教学内容,给出实例气象数据,在 Surfer 中制作一幅色斑图产品,作为实习材料上交。

GIS 专题图部分要求学员进行如下操作:

(1)GIS 下打开站点观测数据,叠加图层;

(2)从全省县边界中,选出所在县市边界;

(3)制作简单 GIS 专题图件;

(4)结合 Google Earth 卫星影像,会搜索定位,分析站点变迁环境变化。

附实习数据:安徽省某日最高气温观测数据

6.2　县级平台产品处理

1. 任务

(1)制作并发布本县大雾橙色预警信号,并进行解除操作。

(2)制作本县的 24 小时雨量等值线图。

2. 要求

(1)掌握预警信号制作发布模块的基本配置与操作,能导出预警信号的 Word 文档进行提交。

(2)掌握数据及标题的修改操作,要求制作的雨量图图元位置大小合理,能输出图片进行提交。

6.3　服务产品加工实习

6.3.1　决策气象服务材料制作

6.3.1.1　决策服务材料

1. 实习材料

选取 2015 年 4 月 3—7 日的连阴雨天气过程。具体信息如下。

前期天气背景:

3 月 26 日前安徽全省基本无降水;26 日全省大部有弱降水;27 日开始气温明显上升;29—31 日大别山区和江南有一次降水过程。

3 月 31 日后半夜起全省自北向南出现阵雨或雷雨,3 月 31 日 20 时—4 月 3 日 08 时累计降水量:淮北西北部、大别山区和江南大部 15~75 mm,有 50 个乡镇超过 50 mm,其中祁门、休宁有 7 个乡镇超过 100 mm,最大祁门祁红 147.9 mm;其他地区 0~15 mm。最大小时雨强 4 月 2 日 17—18 时休宁板桥 54.9 mm;此外,4 月 2 日合肥以南有 45 个市县出现雷暴,石台出现 8 级大风。

3 月 27 日开始全省气温快速回升,最高气温 4 月 1 日青阳、宁国和泾县达 33.7℃,4 月 1 日起受冷空气影响,全省气温自北向南明显下降,其中合肥以北平均气温下降 8～10℃。

未来一周天气预报:

4 月 3 日:沿江江南阴天有阵雨或雷雨,南部部分地区大雨。夜里全省有阵雨或雷雨,其中沿淮河以南部分地区中到大雨,局部暴雨。

4 月 4 日:全省有阵雨或雷雨,其中淮河以南有小到中等阵雨或雷雨,部分地区大雨到暴雨。

4 月 5 日:全省有阵雨或雷雨,其中淮河以南有小到中等阵雨或雷雨,部分地区大雨到暴雨。

4 月 6 日:全省有阵雨或雷雨,大别山区南部和沿江江南中雨,部分地区大雨。

4 月 7 日:淮北部分地区和淮河以南有小雨,其中沿江江南部分地区中雨。

4 月 8—9 日:江北多云;江南阴天到多云,部分地区有小雨。

2. 实习要求

学员根据本地实际情况,编写相应的决策服务材料。学员自己确定决策服务材料的种类,材料应包括标题、实况、预报和建议等内容(雨量实况信息可通过自动雨量站网查询 http://10.129.1.29/QX)。

6.3.1.2　气候与气候变化

1. 根据本地的历史气象资料,能进行历史比较、距平及百分率计算等基本的气候统计分析。

2. 根据气候统计分析结果,能进行时间序列图、空间分布图等基本图形的绘制及相关文字的叙述,做到语言通顺,分析合理。

3. 利用本地实时及历史气象资料,制作并提交一期本地气候影响评估材料。

6.3.2　公众气象服务材料制作

1. 生活气象指数制作数据

①3 月 29 日 20 时至 4 月 3 日 20 时合肥天气逐小时实况数据(气温、降雨量、相对湿度、风速)。

②3 月 29 日至 4 月 2 日合肥市天气预报(24 小时预报)。

2. 制作软件及公式

①生活气象指数制作软件,可对计算公式及分级进行修改。

②生活气象指数计算公式及分级说明文档一份。

3. 要求

①计算合肥市 3 月 30 日至 4 月 3 日逐日的舒适度指数。

②计算合肥市 3 月 30 日至 4 月 3 日逐日的穿衣指数。

③自编测试数据进行中暑指数的计算,理解各气象要素对中暑指数的影响。

6.3.3 专业气象服务材料制作

6.3.3.1 农业气象服务材料

1. ××县 2015 年 4 月上旬低温阴雨天气对农业生产的影响分析。

2. 背景

①自 4 月初开始,各地持续低温阴雨,雨量较大,日照稀少。

②沿江江南正值油菜开花盛期、春茶采摘盛期、早稻育秧期。

③沿淮淮北地区正值小麦拔节孕穗期,大棚瓜菜瓜果盛期。

④淮北北部苹果、桃树、梨树开花盛期等。

3. 要求

①根据自己当地(本县)农业生产特点,结合所学知识,搜集相关资料,进行分析整理,拟写一份该地 4 月上旬低温阴雨天气对农业生产影响与分析评估的服务产品。

②做到语言通顺,分析合理,建议科学。

③数据分析做到有对比和有图有表等。

说明:各地 4 月上旬光、温、水气象资料可通过气象信息综合平台获取。

6.3.3.2 常规气象服务材料

1. 高速公路沿线预报数据

①地理信息数据(包含全省高速、县界、观测站等数据);

②4 月 6 日全省天气预报。

2. 制作软件及公式

①基于 ArcGIS 进行分析生成图形产品;

②通过 Word 进行服务材料制作。

3. 要求

①熟悉利用点预报转换成线预报的方法;

②利用 4 月 6 日全省天气预报生成高速公路沿线预报图;

②作一份高速公路沿线预报服务材料。

附录 A　数据格式

A1　国家级地面自动站正点小时观测数据格式

1. 文件名

国家级站单站文件名：

Z_SURF_I_IIiii_yyyyMMddhhmmss_O_AWS_FTM[－CCx].txt

国家级站打包文件名：

Z_SURF_C_CCCC_yyyyMMddhhmmss_O_AWS_FTM.txt

在文件名中，

Z：固定代码，表示文件为国内交换的资料；

SURF：固定代码，表示地面观测；

I：固定代码，指示其后字段代码为测站区站号；

C：固定代码，指示其后字段代码为编报中心代码；

IIiii：测站区站号；

CCCC：编报中心代码；

yyyyMMddhhmmss：文件生成时间"年月日时分秒"（UTC，世界时）；

O：固定代码，表示文件为观测类资料；

AWS：固定代码，表示文件为自动气象站地面气象要素资料；

FTM：固定代码，表示定时观测资料；

CCx：数据更正标识，可选标志，对于某测站（由 IIiii 指示）已发观测数据进行更正时，文件名中必须包含资料更正标识字段。CCx 中，CC 为固定代码；x 取值为 A～X，x＝A 时，表示对该站某次观测的第一次更正，x＝B 时，表示对该站某次观测的第二次更正，依次类推，直至 x＝X。

txt：固定代码，表示文件为文本文件。

2. 文件内容

该文件共分为 13 段。具体如下：

（1）测站基本信息（57 Byte）；

（2）气压数据（46 Byte）；

（3）气温和湿度数据（64 Byte）；

（4）累计降水和蒸发数据（41 Byte）；

(5)风观测数据(68 Byte);

(6)地温数据(97 Byte);

(7)自动观测能见度数据(25 Byte);

(8)人工观测能见度、云、天气现象(67 Byte);

(9)其他重要天气(39 Byte);

(10)小时内每分钟降水量(123 Byte);

(11)人工观测连续天气现象(不定长);

(12)数据质量控制码(3 行,每行 158 Byte);

(13)文件结束符。

详细数据项及排序如表 A1 所示。

表 A1　国家级地面自动站正点小时观测数据文件内容说明

段序	要素名	单位	长度(Byte)	说明
1　测站基本信息段				
1.1	区站号		5	5 位数字或第 1 位为字母,第 2~5 位为数字
1.2	观测时间		14	年月日时分秒(世界时,yyyyMMddhhmmss),其中:秒固定为"00",为正点观测资料时,分记录为"00"
1.3	纬度		6	按度分秒记录,均为 2 位,高位不足补"0",台站纬度未精确到秒时,秒固定记录"00"
1.4	经度		7	按度分秒记录,度为 3 位,分秒为 2 位,高位不足补"0",台站经度未精确到秒时,秒固定记录"00"
1.5	观测场海拔高度	0.1 m	5	保留一位小数,扩大 10 倍记录,高位不足补"0",若低于海平面,首位存入"—"
1.6	气压传感器海拔高度	0.1 m	5	保留一位小数,扩大 10 倍记录,高位不足补"0",无气压传感器时,录入"/////",若低于海平面,首位存入"—"
1.7	观测方式		1	当器测项目为人工观测时存入1,器测项目为自动站观测时存入 4
1.8	质量控制标识		3	依次标识台站级、省级、国家级对观测数据进行质量控制的情况。"1"为软件自动质量控制,"0"为由人机交互进一步质量控制,"9"为没有进行任何质量控制
1.9	文件更正标识		3	为非更正数据时,固定编码"000";为测站更正数据时,编码规则同文件名中的CCx
2　气压数据				段标识符:PP
2.1	本站气压	0.1 hPa	5	当前时刻的本站气压值
2.2	海平面气压	0.1 hPa	5	当前时刻的海平面气压值
2.3	3 小时变压	0.1 hPa	4	正点本站气压与前 3 小时本站气压之差,非正点时记为缺测
2.4	24 小时变压	0.1 hPa	4	正点本站气压与前 24 小时本站气压之差,非正点时记为缺测

段序	要素名	单位	长度(Byte)	说明
2.5	最高本站气压	0.1 hPa	5	每1小时内的最高本站气压值
2.6	最高本站气压出现时间		4	每1小时内最高本站气压出现时间,时分各两位,下同
2.7	最低本站气压	0.1 hPa	5	每1小时内的最低本站气压值
2.8	最低本站气压出现时间		4	每1小时内最低本站气压出现时间
3	温度和湿度数据			段标识符:TH
3.1	气温	0.1℃	4	当前时刻的空气温度
3.2	最高气温	0.1℃	4	每1小时内的最高气温
3.3	最高气温出现时间		4	每1小时内最高气温出现时间
3.4	最低气温	0.1℃	4	每1小时内的最低气温
3.5	最低气温出现时间		4	每1小时内最低气温出现时间
3.6	24小时变温	0.1℃	4	正点气温与前24小时气温之差,非正点时记为缺测,在业务软件中自动计算求得,非正点时记为缺测
3.7	过去24小时最高气温	0.1℃	4	软件自动统计求得,在18、00时,为编报1SnTxTxTx组,非正点时记为缺测
3.8	过去24小时最低气温	0.1℃	4	软件自动统计求得,00、06时,为编报2SnTnTnTn组,非正点时记为缺测
3.9	露点温度	0.1℃	4	当前时刻的露点温度值
3.10	相对湿度	1%	3	当前时刻的相对湿度值
3.11	最小相对湿度	1%	3	每1小时内的最小相对湿度值
3.12	最小相对湿度出现时间		4	每1小时内最小相对湿度出现时间
3.13	水汽压	0.1 hPa	3	当前时刻的水汽压值
4	累计降水和蒸发量数据			段标识符:RE
4.1	小时降水量	0.1 mm	4	每1小时内的降水量累计量
4.2	过去3小时降水量	0.1 mm	5	软件从小时降水量自动统计,自动站缺测时,为雨量筒人工观测降水量。非正点时记为缺测
4.3	过去6小时降水量	0.1 mm	5	软件从小时降水量自动统计,自动站缺测时,为雨量筒人工观测降水量。非正点时记为缺测
4.4	过去12小时降水量	0.1 mm	5	软件从小时降水量自动统计,自动站缺测时,为雨量筒人工观测降水量,非正点时记为缺测
4.5	24小时降水量	0.1 mm	5	软件从小时降水量自动统计,自动站缺测时,为雨量筒人工观测降水量,非正点时记为缺测
4.6	人工加密观测降水量描述时间周期		2	任意时段累积降水量,人工设置,满足应急加密观测需要。无加密观测降水量时,记为缺测
4.7	人工加密观测降水量	0.1 mm	5	在4.6中指定累积时段的降水量。无此内容时,记为缺测
4.8	小时蒸发量	0.1 mm	4	每1小时内的蒸发累计量
5	风观测数据			段标识符:WI
5.1	2分钟风向	1°	3	当前时刻的2分钟平均风向
5.2	2分钟平均风速	0.1 m/s	3	当前时刻的2分钟平均风速

段序	要素名	单位	长度(Byte)	说明
5.3	10 分钟风向	1°	3	当前时刻的 10 分钟平均风向
5.4	10 分钟平均风速	0.1 m/s	3	当前时刻的 10 分钟平均风速
5.5	最大风速的风向	1°	3	每 1 小时内 10 分钟最大风速的风向
5.6	最大风速	0.1 m/s	3	每 1 小时内 10 分钟最大风速
5.7	最大风速出现时间		4	每 1 小时内 10 分钟最大风速出现时间,时分各两位,下同
5.8	瞬时风向	1°	3	当前时刻的瞬时风向
5.9	瞬时风速	0.1 m/s	3	当前时刻的瞬时风速
5.10	极大风速的风向	1°	3	每 1 小时内的极大风速的风向
5.11	极大风速	0.1 m/s	3	每 1 小时内的极大风速
5.12	极大风速出现时间		4	每 1 小时内极大风速出现时间
5.13	过去 6 小时极大风速	0.1 m/s	3	由软件自动从自动站数据中挑取或人工输入,在 18、00、06、12 时,为编报 911fxfx 组,非正点时记为缺测
5.14	过去 6 小时极大风向	1°	3	由软件自动从自动站数据中挑取或人工输入,在 18、00、06、12 时,为编报 915dd 组,非正点时记为缺测
5.15	过去 12 小时极大风速	0.1 m/s	3	由软件自动从自动站数据中挑取,非正点时记为缺测
5.16	过去 12 小时极大风向	1°	3	由软件自动从自动站数据中挑取,非正点时记为缺测
6	地温数据			段标识符:DT
6.1	地表温度	0.1℃	4	当前时刻的地面温度值
6.2	地表最高温度	0.1℃	4	每 1 小时内的地面最高温度
6.3	地表最高出现时间		4	每 1 小时内地面最高温度出现时间
6.4	地面表最低温度	0.1℃	4	每 1 小时内的地面最低温度
6.5	地表最低出现时间		4	每 1 小时内地面最低温度出现时间
6.6	过去 12 小时最低地面温度	0.1℃	4	在业务软件中自动计算求得,00 时为编报 3SnTgTgTg 组,非正点时记为缺测
6.7	5 cm 地温	0.1℃	4	当前时刻的 5 cm 地温值
6.8	10 cm 地温	0.1℃	4	当前时刻的 10 cm 地温值
6.9	15 cm 地温	0.1℃	4	当前时刻的 15 cm 地温值
6.10	20 cm 地温	0.1℃	4	当前时刻的 20 cm 地温值
6.11	40 cm 地温	0.1℃	4	当前时刻的 40 cm 地温值
6.12	80 cm 地温	0.1℃	4	当前时刻的 80 cm 地温值
6.13	160 cm 地温	0.1℃	4	当前时刻的 160 cm 地温值
6.14	320 cm 地温	0.1℃	4	当前时刻的 320 cm 地温值
6.15	草面温度	0.1℃	4	当前时刻的草面温度值
6.16	草面最高温度	0.1℃	4	每 1 小时内的草面最高温度
6.17	草面最高出现时间		4	每 1 小时内草面最高温度出现时间
6.18	草面最低温度	0.1℃	4	每 1 小时内的草面最低温度
6.19	草面最低出现时间		4	每 1 小时内草面最低温度出现时间

续表

段序	要素名	单位	长度(Byte)	说明
7	自动观测能见度数据			段标识符:VV
7.1	1分钟平均水平能见度	1 m	5	当前时刻的1分钟平均水平能见度
7.2	10分钟平均水平能见度	1 m	5	当前时刻的10分钟平均水平能见度
7.3	最小能见度	1 m	5	每1小时内的最小能见度
7.4	最小能见度出现时间		4	每1小时内的最小能见度出现时间
8	人工观测能见度、云、天数据			段标识符:CW
8.1	能见度	0.1 km	4	正点的能见度,由人工输入
8.2	总云量	1 成	3	正点的总云量,由人工输入
8.3	低云量	1 成	3	正点的低云量,由人工输入
8.4	编报云量	1 成	3	正点的低云状或中云状云量,由人工输入,为编报 Nh
8.5	云高	1 m	5	正点的低(中)云状云高,由人工输入,为编报 i_Ri_xhVV 中的 h;当无 Nh 的云时,若无云高值,均写入 2500
8.6	云状		24	由人工输入,最多8种云,按简码编
8.7	云状编码(云码)		3	按《GD-01Ⅲ》规定形成的云状编码(CLCMCH),由人工输入云状,软件自动形成编码
8.8	现在天气现象编码		2	按《GD-01Ⅲ》规定形成的现在天气现象编码(ww),由人工输入,不能自动观测或人工输入时,固定编"//"
8.9	过去天气描述时间周期		2	对于天气报时次为06;补充天气报时次为03;加密天气报的00时为12,其他加密天气报时次为06;非发天气(加密)报时次,固定编"//"
8.10	过去天气(1)		1	按《GD-01Ⅲ》规定形成的过去天气编码(W_1),由人工输入,不能自动观测或人工输入时,固定编"//"
8.11	过去天气(2)		1	按《GD-01Ⅲ》规定形成的过去天气编码(W_2),由人工输入,不能自动观测或人工输入时,固定编"//"
8.12	地面状态		2	06时人工观测值,由人工输入,其他时次固定编"//"
9	其他重要天气数据			段标识符:SP
9.1	积雪深度	0.1 cm	4	00时或应急加密观测时次观测值,由人工输入,00时为编报 925SS 组,无人工观测值时,固定编"////"
9.2	雪压	0.1 g/cm²	3	00时或应急加密观测时次观测值,由人工输入,无人工观测值时,固定编"////"
9.3	冻土深度第1栏上限值	1 cm	3	00时人工观测或应急加密观测时次观测值,由人工输入,无人工观测值时,固定编"////"
9.4	冻土深度第1栏下限值	1 cm	3	00时人工观测或应急加密观测时次观测值,由人工输入,无人工观测值时,固定编"////"
9.5	冻土深度第2栏上限值	1 cm	3	00时人工观测或应急加密观测时次观测值,由人工输入,无人工观测值时,固定编"////"
9.6	冻土深度第2栏下限值	1 cm	3	00时人工观测或应急加密观测时次观测值,由人工输入,无人工观测值时,固定编"////"

续表

段序	要素名	单位	长度(Byte)	说明
9.7	龙卷、尘卷风距测站距离编码		1	按《GD-01Ⅲ》规定输入的 Mw 码,在 18、00、06、12 时[加密]天气报中,人工输入,无人工观测值时,固定编"////"
9.8	龙卷、尘卷风距测站方位编码		1	按《GD-01Ⅲ》规定输入的 Da 码,在 18、00、06、12 时,人工输入,无人工观测值时,固定编"/////"
9.9	电线积冰(雨凇)直径	1 mm	3	按《GD-01Ⅲ》规定在 18、00、06、12 时,人工输入,为编报 934RR 组,无人工观测值时,固定编"/////"
9.10	最大冰雹直径	1 mm	3	按《GD-01Ⅲ》规定在 18、00、06、12 时,人工输入,为编报 939nn 组,无人工观测值时,固定编"/////"
10. 小时内每分钟降水量数据		0.1 mm	120	段标识符:MR。每分钟两位
11. 人工观测连续天气现象			不定	段标识符:MW。不能自动观测或人工输入时,固定编"//,."
12. 数据质量控制码				段标识符:QC
12.1	台站级		158	各占 1 行。对应 2～10 段的各数据项。每行行首加记录分级标识符(Q1:台站级;Q2:省级;Q3:国家级),标识码与质量控制码之间用 1 个半角空格分隔
12.2	省级		158	
12.3	国家级		158	
13. 文件结束符			4	NNNN

有关存储说明如下:

除人工观测连续天气现象外,其他数据项均为定长。

第 2～11 段,每段的段标识或分级标识位于该段观测数据的行首,与观测数据之间用 1 个半角空格分隔;第 12 段的段标识符占 1 行。

除数据质量控制码段中的台站级、省级和国家级质量控制码各为 1 行外,其他各段中,数据项之间用 1 个半角空格分隔。数据质量控制码段的国家级码后面加上"=<CR><LF>",表示单站数据结束,其他段尾用回车换行"<CR><LF>"结束,表示各为 1 行;文件结尾处加"NNNN<CR><LF>",表示全部记录结束。

在各段中,某时次不需要观测或编码的项目或要素缺测,相应记录或编码用相应位长的"/"填充。

云状位数不足时,高位用"−"补足。风向为方位时,按照方位对应的中心角度记录,静风时,固定记为 PPC。其他要素位数不足时,高位补"0"。

各要素的最大(小)值是指前 1 小时正点至当前时刻内出现的最大(小)值。

对于可能出现负值的要素,给出了基值的概念,基值即为大于该要素可能出现最大值的相对最小值,以此来表示要素的正、负号。

小时内逐分钟降水量共 120 Byte,每分钟 2 Byte,即 1～2 位为第 1 分钟的记录,3～4 位为第 2 分钟的记录……,如此类推,119～120 位为第 60 分钟的记录;每分钟内无降水时存入"00",微量存入",,",降水量≥10.0 mm 时,一律存入 99,缺测存入"//"。

没有出现积雪时,积雪深度存入"0000",仅微量积雪,积雪深度存入",,,,"。雪深<5 cm 无雪压,雪压一律补"000",雪深≥5 cm 无雪压,雪压按缺测处理,存入"///"。

冻土深度为微量者,上下限分别录入",,,"。当地表略有融化,土壤下面仍有冻结时,上限为",,,",下限可以有数值。

龙卷(尘卷风)、电线积冰和冰雹等没有出现时,相关数据组均用规定位长的"/"写入。

人工观测连续天气现象按 A 文件格式规定存入当日 20 时(北京时)至当前时刻的全部天气现象。在每小时正点由人工输入,逐时追加,当需要记录起止的天气现象在小时正点没有终止时,记录至该时整时整分。以"."表示结束。因缺测无记录时,存入"//,."。

数据质量控制码对应 2～10 段的各数据项,每个数据项对应 1 位的数据质量控制码,段间用 1 个半角空格分隔。为此,数据质量控制码共 10 组,第 1 组为分级标识(Q1:台站级、Q2:省级、Q3:国家级),第 2～10 组的字节分别为 8、13、8、16、19、4、12、10、60 Byte,另加 9 位分隔符,共 161 Byte。

QC1 质量控制码的定义如表 A2。

表 A2 质量控制码的定义

质量控制码	描述
0	数据正确,未作过修改
1	数据可疑,未作过修改
2	数据错误,未作过修改
3	数据缺测,未作过修改
4	数据有订正值
5	原数据可疑,对数据进行过修改
6	原数据错误,对数据进行过修改
8	原数据缺测,对数据进行过修改
9	未作数据质量控制

3. 数据记录单位和特殊说明

直接编码的要素按《GD-01Ⅲ》或《GD-05》规定执行;其他要素遵守《地面气象观测规范》规定,存储各要素值不含小数点,具体规定如表 A3。

表 A3 数据记录单位和特殊说明

要素名	记录单位	存储规定
气压	0.1 hPa	原值扩大 10 倍
变压	0.1 hPa	定义基值为1000,以基值减原值扩大10倍存入
温度、变温	0.1℃	定义基值为1000,以基值减原值扩大10倍存入
相对湿度	1%	原值
水汽压	0.1 hPa	原值扩大 10 倍
露点温度	0.1℃	定义基值为1000,以基值减原值扩大10倍存入
降水量	0.1 mm	原值扩大 10 倍。微量降水时,存入相应位数的","
风向	1°	原值
风速	0.1 m/s	原值扩大 10 倍
蒸发量	0.1 mm	原值扩大 10 倍
自动观测能见度	1 m	原值
人工观测能见度	0.1 km	原值扩大 10 倍

续表

要素名	记录单位	存储规定
云量	1 成	0 表示微量或无云(根据有无记录云状判断),10—表示云满布全天,但有云隙
云高	1 m	原值,为 0 时表示无低(中)云状云
积雪深度	0.1 cm	原值扩大 10 倍
雪压	0.1 g/cm²	原值扩大 10 倍
冻土深度	1 cm	原值
地面状态		《地面气象观测规范》规定编码
电线积冰直径	1 mm	原值
冰雹直径	1 mm	原值

4. 天气报与数据文件的关系

天气报中各组与上传文件要素的反演关系如表 A4。

表 A4　天气报中各组与上传文件要素的反演关系

天气报或加密天气报		对应上传文件中的数据		编报时次
报文组	要素	所在段	序号	
IIiii		1	1.1	全部
$i_R i_X hVV$	i_R	由 6RRR1 或 6RRR2 组确定		全部
	i_X	由 $7wwW_1W_2$ 组确定		
	h	8	8.5	
	VV	8	8.1	
Nddff	N	8	8.2	全部
	dd	5	5.1	
	ff	5	5.2	
$1s_nTTT$	s_nTTT	3	3.1	全部
$2s_nT_dT_dT_d$	$s_nT_dT_dT_d$	3	3.9	全部
$3P_0P_0P_0P_0$	$P_0P_0P_0P_0$	2	2.1	全部
4PPPP	PPPP	2	2.2	按《GD-01Ⅲ》的规定编
5appp	appp	2	2.3	全部
6RRR1	RRR	4	4.3	00、06、12、18
6RRR2	RRR	4	4.4	00
$7wwW_1W_2$	ww	8	8.8	全部
	W_1	8	8.10	
	W_2	8	8.11	
$8NhC_LC_MC_H$	Nh	8	8.4	全部
	$C_LC_MC_H$	8	8.7	
333		固定编码		全部
$0P_{24}P_{24}T_{24}T_{24}$	$P_{24}P_{24}$	2	2.4	全部
	$T_{24}T_{24}$	3	3.6	
$1s_nT_XT_XT_X$	$s_nT_XT_XT_X$	3	3.7	00、12、18

续表

天气报或加密天气报		对应上传文件中的数据		编报时次
报文组	要素	所在段	序号	
$2s_nT_nT_nT_n$	$s_nT_nT_nT_n$	3	3.8	00、06、12
$3s_nT_gT_gT_g$	$s_nT_gT_gT_g$	6	6.6	00
$7R_{24}R_{24}R_{24}R_{24}$	$R_{24}R_{24}R_{24}R_{24}$	4	4.5	00、21
911fxfx	fxfx	5	5.13	按《GD-01Ⅲ》的规定编
915dd	dd	5	5.14	
$919M_wD_a$	M_w	9	9.4	
	D_a	9	9.5	
925SS	SS	9	9.1	
934RR	RR	9	9.6	
939nn	nn	9	9.7	

A2　区域站/国家级无人站小时数据格式

1. 文件名

国家级无人站单站文件名：

Z_SURF_I_IIiii_yyyyMMddhhmmss_O_AWS_FTM[－CCx].txt

区域级站单站文件名：

Z_SURF_I_IIiii-REG_YYYYMMDDHHmmss_O_AWS_FTM[－CCx].txt

区域级站打包文件名：

Z_SURF_C_CCCC-REG_YYYYMMDDHHmmss_O_AWS_FTM.txt

在文件名中，

Z：固定代码，表示文件为国内交换的资料；

SURF：固定代码，表示地面观测；

I：固定代码，指示其后字段代码为测站区站号；

IIiii：测站区站号；

REG：区域站资料标志，固定代码。区域站资料标志为可选标志，如果文件名包含此标志，则表示文件内容为区域级测站观测资料；如果文件名未包含此标志，则表示文件内容为国家级测站（包括基准站、基本站、一般站）观测资料；2012 年地面气象观测资料传输方式调整暂不涉及区域站。

yyyyMMddhhmmss：文件生成时间"年月日时分秒"（UTC，世界时）；

O：固定代码，表示文件为观测类资料；

AWS：固定代码，表示文件为自动气象站地面气象要素资料；

FTM：固定代码，表示定时观测资料；

CCx：数据更正标识，可选标志，对于某测站（由 IIiii 指示）已发观测数据进行更正时，文件名中必须包含资料更正标识字段。在 CCx 中,CC 为固定代码;x 取值为 A～X,x＝A 时,表示对该站某次观测的第一次更正,x＝B 时,表示对该站某次观测的第二次更正,依次类推,直至 x＝X。

txt:固定代码,表示文件为文本文件。

注:更正报必须单站上行。

2. 文件内容

该文件最多 4 条记录,第 3、4 条记录可少。

记录 1:

第 1 条记录为站点信息的基本参数,包括 6 个要素值,每组用 1 个半角空格分隔,排列顺序及长度分配如表 A5。

表 A5　区域站/国家级无人站小时数据格式文件内容记录 1

序号	要素名	长度(Byte)	说明
1	区站号	5	5 位数字或第 1 位为字母,第 2～5 位为数字
2	纬度	6	按度分秒记录,均为 2 位,高位不足补"0",台站纬度未精确到秒时,秒固定记录"00"
3	经度	7	按度分秒记录,度为 3 位,分秒为 2 位,高位不足补"0",台站经度未精确到秒时,秒固定记录"00"
4	观测场海拔高度	5	保留一位小数,扩大 10 倍记录,高位不足补"0"
5	气压传感器海拔高度	5	保留一位小数,扩大 10 倍记录,高位不足补"0",无气压传感器时,录入"/////"
6	观测方式	1	固定存入 4

记录 2:

第 2 条记录共 52 个要素值,每组用 1 个半角空格分隔,排列顺序及长度分配如表 A6。

表 A6　区域站/国家级无人站小时数据格式文件内容记录 2

序号	要素名	长度(Byte)	说明
1	观测时间	14	年月日时分秒(世界时,yyyyMMddhhmmss),其中:秒固定为"00",为正点观测资料时,分记录为"00"
2	2 分钟风向	3	当前时刻的 2 分钟风向
3	2 分钟平均风速	3	当前时刻的 2 分钟平均风速
4	10 分钟风向	3	当前时刻的 10 分钟风向
5	10 分钟平均风速	3	当前时刻的 10 分钟平均风速
6	最大风速的风向	3	每 1 小时内 10 分钟最大风速的风向
7	最大风速	3	每 1 小时内 10 分钟最大风速
8	最大风速出现时间	4	每 1 小时内 10 分钟最大风速出现时间,时分各两位,下同
9	瞬时风向	3	当前时刻的瞬时风向
10	瞬时风速	3	当前时刻的瞬时风速
11	极大风速的风向	3	每 1 小时内的极大风速的风向
12	极大风速	3	每 1 小时内的极大风速
13	极大风速出现时间	4	每 1 小时内极大风速出现时间
14	小时降水量	4	每 1 小时内的雨量累计值

序号	要素名	长度（Byte）	说明
15	气温	4	当前时刻的空气温度
16	最高气温	4	每 1 小时内的最高气温
17	最高气温出现时间	4	每 1 小时内的最高气温出现时间
18	最低气温	4	每 1 小时内的最低气温
19	最低气温出现时间	4	每 1 小时内的最低气温出现时间
20	相对湿度	3	当前时刻的相对湿度
21	最小相对湿度	3	每 1 小时内的最小相对湿度值
22	最小相对湿度出现时间	4	每 1 小时内的最小相对湿度出现时间
23	水汽压	3	当前时刻的水汽压值
24	露点温度	4	当前时刻的露点温度值
25	本站气压	5	当前时刻的本站气压值
26	最高本站气压	5	每 1 小时内的最高本站气压值
27	最高本站气压出现时间	4	每 1 小时内的最高本站气压出现时间
28	最低本站气压	5	每 1 小时内的最低本站气压值
29	最低本站气压出现时间	4	每 1 小时内的最低本站气压出现时间
30	草面（雪面）温度	4	当前时刻的草面（雪面）温度值
31	草面（雪面）最高温度	4	每 1 小时内的草面（雪面）最高温度
32	草面（雪面）最高出现时间	4	每 1 小时内的草面（雪面）最高温度出现时间
33	草面（雪面）最低温度	4	每 1 小时内的草面（雪面）最低温度
34	草面（雪面）最低出现时间	4	每 1 小时内的草面（雪面）最低温度出现时间
35	地面温度	4	当前时刻的地面温度值
36	地面最高温度	4	每 1 小时内的地面最高温度
37	地面最高温度出现时间	4	每 1 小时内的地面最高温度出现时间
38	地面最低温度	4	每 1 小时内的地面最低温度
39	地面最低温度出现时间	4	每 1 小时内的地面最低温度出现时间
40	5 cm 地温	4	当前时刻的 5 cm 地温值
41	10 cm 地温	4	当前时刻的 10 cm 地温值
42	15 cm 地温	4	当前时刻的 15 cm 地温值
43	20 cm 地温	4	当前时刻的 20 cm 地温值
44	40 cm 地温	4	当前时刻的 40 cm 地温值
45	80 cm 地温	4	当前时刻的 80 cm 地温值
46	160 cm 地温	4	当前时刻的 160 cm 地温值
47	320 cm 地温	4	当前时刻的 320 cm 地温值
48	蒸发量	4	每 1 小时内的蒸发累计量
49	海平面气压	5	当前时刻的海平面气压值
50	能见度	5	当前时刻的能见度
51	最小能见度	5	每 1 小时内的最小能见度
52	最小能见度出现时间	4	每 1 小时内的最小能见度出现时间

数据记录单位:遵守《地面气象观测规范》规定,存储各要素值不含小数点,具体规定如表 A7。

表 A7　数据记录单位和特殊说明

要素名	记录单位	存储规定
气压	0.1 hPa	扩大 10 倍
温度	0.1℃	扩大 10 倍
相对湿度	1%	原值
水汽压	0.1 hPa	扩大 10 倍
露点温度	0.1℃	扩大 10 倍
降水量	0.1 mm	扩大 10 倍
风向	1°	原值
风速	0.1 m/s	扩大 10 倍
蒸发量	0.1 mm	扩大 10 倍
能见度	1 m	原值

记录 3:

第 3 条记录记录的是小时内分钟降水量,120 个字节,每分钟 2 个字节。每分钟内无降水时存入"00",微量存入",,",降水量≥10.0 mm 时,一律存入 99,缺测存入"//"。

记录 4:

第 4 条记录共 23 个要素值,每组用 1 个半角空格分隔,排列顺序及长度分配如表 A8。

表 A8　区域站/国家级无人站小时数据格式文件内容记录 4

序号	要素名	长度(Byte)	说明
1	能见度	3	正点的能见度,由人工输入
2	总云量	3	正点的总云量,由人工输入
3	低云量	3	正点的低云量,由人工输入
4	编报云量	3	正点的低云状或中云状云量,由人工输入
5	云高	4	正点的低(中)云状云高,由人工输入
6	云状	24	最多 8 种云,按简码编
7	云状编码	3	正点的云状编码,由人工输入
8	天气现象编码	4	正点的天气现象编码,由人工输入
9	6 小时或 12 小时降水量组编码	5	18、00、06、12 时(世界时,下同)定时天气报中,编报 6RRR1 或 6RRR2 组
10	24 小时变压变温组	5	00、03、06、09、12、15、18、21 时(世界时,下同)定时天气报中,编报 0P24P24 T24T24 组
11	24 小降水量组编码	5	21、00 时定时天气报中,编报 7R24R24R24R24 组
12	过去 24 小时最高气温组	5	18、00 时定时天气报中,编报 1SnTxTxTx 组
13	过去 24 小时最低气温组	5	00、06 时定时天气报中,编报 1SnTnTnTn 组
14	过去 12 小时最低地面温度	5	00 时定时天气报中,编报 1SnTgTgTg 组

序号	要素名	长度(Byte)	说明
15	积雪深度	3	00 时或 06、12 时的观测值,由人工输入
16	雪压	3	00 时或 06、12 时的观测值,由人工输入
17	冻土深度	3	00 时最大下限值,由人工输入
18	地面状态	2	06 时观测值,由人工输入
19	重要天气极大风速	5	18、00、06、12 时定时天气报中,编报的 911fxfx 组
20	重要天气极大风速的风向	5	18、00、06、12 时定时天气报中,编报的 915dd 组
21	重要天气尘(龙)卷	5	18、00、06、12 时定时天气报中,编报的 919MwDa 组
22	重要天气雨凇	5	18、00、06、12 时定时天气报中,编报的 934RR 组
23	重要天气冰雹直径	5	18、00、06、12 时定时天气报中,编报的 939nn 组

该条记录由相应软件自动形成。某时次不需要观测或编码的项目,相应记录或编码用相应位长的"/"填充,例如:09 时无编报云量,编报云量记录为///,不需编云、天编码,则云状编码记录为 24 个"/"、天气现象编码记录为////,6 小时降水量组编 6///1。

第 4 条记录目前只有少数站才有。

A3 国家级地面自动站分钟数据格式

1. 文件名

Z_SURF_I_IIiii_yyyyMMddhhmmss_O_AWS-MM_FTM[−CCx].txt

在文件名中,

Z:固定代码,表示文件为国内交换的资料;

SURF:固定代码,表示地面观测;

I:固定代码,指示其后字段代码为测站区站号;

IIiii:测站区站号;

yyyyMMddhhmmss:文件生成时间"年月日时分秒"(UTC,世界时);

O:固定代码,表示文件为观测类资料;

AWS:固定代码,表示文件为自动气象站地面气象要素资料;

MM:固定代码,表示逐分钟观测资料;

FTM:固定代码,表示定时观测资料;

CCx 为资料更正标识,可选标志,对于某测站(由 IIiii 指示)已发观测资料进行更正时,文件名中必须包含资料更正标识字段。在 CCx 中,CC 为固定代码;x 取值为 A～X,x＝A时,表示对该站某次观测的第一次更正,x＝B 时,表示对该站某次观测的第二次更正,依次类推,直至 x＝X。

txt:固定代码,表示文件为文本文件。

说明:AWS 与 MM、FTM 与 CCx 字段间的分隔符为减号"−",其他字段间的分隔符为下划线"_"。

2. 文件内容

共分为 14 段。具体如下：

(1)测站基本信息(49 Byte)；

(2)气压数据(303 Byte)；

(3)气温数据(243 Byte)；

(4)相对湿度数据(183 Byte)；

(5)风观测数据(363 Byte)；

(6)降水量数据(123 Byte)；

(7)草面温度数据(243 Byte)；

(8)地面温度数据(243 Byte)；

(9)5 cm 地温数据(243 Byte)；

(10)10 cm 地温数据(243 Byte)；

(11)15 cm 地温数据(243 Byte)；

(12)20 cm 地温数据(243 Byte)；

(13)40 cm 地温数据(243 Byte)；

(14)文件结束符。

详细数据项及排序如表 A9。

表 A9 国家级地面自动站分钟数据格式文件内容说明

段序	要素名	单位	长度（Byte）	说明
1 测站基本信息段				
1.10	区站号		5	5 位数字或第 1 位为字母，第 2～5 位为数字
1.11	观测结束时间		14	年月日时分秒（世界时，yyyyMMddhhmmss），其中：秒固定为"00"，为正点观测资料时，分记录为"00"
1.12	纬度		6	按度分秒记录，均为 2 位，高位不足补"0"，台站纬度未精确到秒时，秒固定记录"00"
1.13	经度		7	按度分秒记录，度为 3 位，分秒为 2 位，高位不足补"0"，台站经度未精确到秒时，秒固定记录"00"
1.14	观测场海拔高度	0.1 m	5	保留一位小数，扩大 10 倍记录，高位不足补"0"，若低于海平面，首位存入"—"
1.15	气压传感器海拔高度	0.1 m	5	保留一位小数，扩大 10 倍记录，高位不足补"0"，无气压传感器时，录入"/////"，若低于海平面，首位存入"—"
1.16	观测方式		1	当器测项目为人工观测时存入 1，器测项目为自动站观测时存入 4
2 气压数据				段标识符：PP
2.1	第 01 分钟的本站气压	0.1 hPa	5	
2.2～2.59	第 02～59 分钟的本站气压			每分钟 5 Byte
2.60	第 60 分钟的本站气压	0.1 hPa	5	

段序	要素名	单位	长度(Byte)	说明
3　气温数据				段标识符:TT
3.1	第01分钟的气温	0.1℃	4	
3.2～3.59	第02～59分钟的气温			每分钟4 Byte
3.60	第60分钟的气温	0.1℃	4	
4　相对湿度数据				段标识符:RH
4.1	第01分钟的相对湿度	1%	3	
4.2～4.59	第02～59分钟的相对湿度			每分钟3 Byte
4.60	第60分钟的相对湿度	1%	3	
5　风观测数据(1分钟平均)				段标识符:WI
5.1	第01分钟的风向风速	风向:1° 风速:0.1 m/s	6	每分钟的风向风速6 Byte,前三位为风向,后三位为风速
5.2～5.59	第02～59分钟的风向风速			
5.60	第60分钟的风向风速	风向:1° 风速:0.1 m/s	6	
6　降水量数据				段标识符:RR
6.1	第01分钟的降水量	0.1 mm	2	
6.2～6.59	第02～59分钟的降水量			
6.60	第60分钟的降水量	0.1 mm	2	
7　草面温度数据				段标识符:GT
7.1	第01分钟的草面温度	0.1℃	4	
7.2～7.59	第02～59分钟的草面温度			每分钟4 Byte
7.60	第60分钟的草面温度	0.1℃	4	
8　地面温度数据				段标识符:DT
8.1	第01分钟的地面温度	0.1℃	4	
8.2～8.59	第02～59分钟的地面温度			每分钟4 Byte
8.60	第60分钟的地面温度	0.1℃	4	
9　5 cm地温数据				段标识符:D1
9.1	第01分钟的5 cm地温	0.1℃	4	
9.2～9.59	第02～59分钟的5 cm地温			每分钟4 Byte
9.60	第60分钟的5 cm地温	0.1℃	4	
10　10 cm地温数据				段标识符:D2
10.1	第01分钟的10cm地温	0.1℃	4	
10.2～10.59	第02～59分钟的10 cm地温			每分钟4 Byte
10.60	第60分钟的10 cm地温	0.1℃	4	
11　15 cm地温数据				段标识符:D3
11.1	第01分钟的15 cm地温	0.1℃	4	
11.2～11.59	第02～59分钟的15 cm地温			每分钟4 Byte
11.60	第60分钟的15 cm地温	0.1℃	4	

续表

段序	要素名	单位	长度（Byte）	说明
12	20 cm 地温数据			段标识符：D4
12.1	第 01 分钟的 20 cm 地温	0.1℃	4	
12.2～12.59	第 02～59 分钟的 20 cm 地温			每分钟 4 Byte
12.60	第 60 分钟的 20 cm 地温	0.1℃	4	
13	40 cm 地温数据			段标识符：D5
13.1	第 01 分钟的 40 cm 地温	0.1℃	4	
13.2～13.59	第 02～59 分钟的 40 cm 地温			每分钟 4 Byte
13.60	第 60 分钟的 40 cm 地温	0.1℃	4	
14	文件结束符		4	NNNN

有关存储说明如下：

各数据项均为定长。静风时，固定记为 PPC。其他要素位数不足时，高位补"0"。

第 2～13 段，各段的段标识位于该段观测数据的行首，与观测数据之间用 1 个半角空格分隔。

第 1 段的各数据项之间用 1 个半角空格分隔。第 2～13 段的各数据项顺序排列，之间不加分隔符，第 13 段数据尾部加上"=<CR><LF>"，表示单站数据结束，其他段尾用回车换行"<CR><LF>"结束，表示各为 1 行；文件结尾处加"NNNN<CR><LF>"，表示全部记录结束。

在各段中，某时次不需要观测或编码的项目或要素缺测，相应记录或编码用相应位长的"/"填充。

对于可能出现负值的要素，给出了基值的概念，基值即为大于该要素可能出现最大值的相对最小值，以此来表示要素的正、负号。

小时内逐分钟降水量共 120 Byte，每分钟 2 Byte，即 1～2 位为第 1 分钟的记录，3～4 位为第 2 分钟的记录……如此类推，119～120 位为第 60 分钟的记录；每分钟内无降水时存入"00"，微量存入"，，"，降水量≥10.0 mm 时，一律存入 99，缺测存入"//"。

3. 数据记录单位及说明

各要素遵守《地面气象观测规范》规定，存储各要素值不含小数点，具体规定如表 A10。

表 A10　数据记录单位及说明

要素名	记录单位	存储规定
气压	0.1 hPa	原值扩大 10 倍
温度	0.1℃	定义基值为 1000，以基值减原值扩大 10 倍存入
相对湿度	1%	原值
风向	1°	原值
风速	0.1 m/s	原值扩大 10 倍
降水量	0.1 mm	原值扩大 10 倍

A4　国家级地面自动站状态信息数据格式

1. 文件名

Z_SURF_I_IIiii_yyyyMMddhhmmss_R_AWS_FTM［－CCx］. txt

在文件名中,

Z:固定代码,表示文件为国内交换的资料;

SURF:固定代码,表示地面观测;

I:固定代码,指示其后字段代码为测站区站号;

IIiii:测站区站号;

yyyyMMddhhmmss:文件生成时间"年月日时分秒"(UTC,世界时);

R:固定代码,表示文件为状态类资料;

AWS:固定代码,表示文件为自动气象站地面气象要素资料;

FTM:固定代码,表示定时观测资料;

CCx 为资料更正标识,可选标志,对于某测站(由 IIiii 指示)已发观测资料进行更正时,文件名中必须包含资料更正标识字段。在 CCx 中,CC 为固定代码;x 取值为 A～X,x＝A 时,表示对该站某次观测的第一次更正,x＝B 时,表示对该站某次观测的第二次更正,依次类推,直至 x＝X。

txt:固定代码,表示文件为文本文件。

2. 文件内容

该文件每小时一个,为顺序文件,共 2 条记录。第 1 条记录为本站基本参数,共 20 个字节;第 2 条记录为状态值,共 87 个字节;第 1 条记录尾用回车换行"＜CR＞＜LF＞"结束,第 2 条记录的后面加上"＝＜CR＞＜LF＞",表示单站数据结束;文件结尾处加"NNNN＜CR＞＜LF＞"表示全部记录结束。

(1)第 1 条记录包括区站号、纬度、经度共 3 组,每组用 1 个半角空格分隔,排列顺序及长度分配如表 A11。

表 A11　国家级地面自动站状态信息数据文件内容记录 1

序号	要素名	长度(Byte)	说明
1	区站号	5	5 位数字或第 1 位为字母,第 2～5 位为数字
2	纬度	6	按度分秒记录,均为 2 位,高位不足补"0",台站纬度未精确到秒时,秒固定记录"00"
3	经度	7	按度分秒记录,度为 3 位,分秒为 2 位,高位不足补"0",台站经度未精确到秒时,秒固定记录"00"

(2)第 2 条记录为各状态值,每组用 1 个半角空格分隔,排列顺序及长度分配如表 A12。

表 A12　国家级地面自动站状态信息数据文件内容记录 2

序号	内容	长度(Byte)	说明
1	计算机与子站的通信状态	1	0:正常,1:不正常
2	气压传感器是否开通	1	0:开通,1:未开通
3	气温传感器是否开通	1	同上
4	湿球温度传感器是否开通	1	同上
5	湿敏电容传感器是否开通	1	同上
6	风向传感器是否开通	1	同上
7	风速传感器是否开通	1	同上
8	雨量传感器是否开通	1	同上
9	感雨传感器是否开通	1	同上
10	草面温度传感器是否开通	1	同上
11	地面温度传感器是否开通	1	同上
12	5 cm 地温传感器是否开通	1	同上
13	10 cm 地温传感器是否开通	1	同上
14	15 cm 地温传感器是否开通	1	同上
15	20 cm 地温传感器是否开通	1	同上
16	40 cm 地温传感器是否开通	1	同上
17	80 cm 地温传感器是否开通	1	同上
18	160 cm 地温传感器是否开通	1	同上
19	320 cm 地温传感器是否开通	1	同上
20	蒸发传感器是否开通	1	同上
21	日照传感器是否开通	1	同上
22	能见度传感器是否开通	1	同上
23	云量传感器是否开通	1	同上
24	云高传感器是否开通	1	同上
25	总辐射传感器是否开通	1	同上
26	净全辐射传感器是否开通	1	同上
27	散射辐射传感器是否开通	1	同上
28	直接辐射传感器是否开通	1	同上
29	反射辐射传感器是否开通	1	同上
30	紫外辐射传感器是否开通	1	同上
31	备用 1 传感器是否开通	1	同上
32	备用 2 传感器是否开通	1	同上
33	备用 3 传感器是否开通	1	同上
34	备用 4 传感器是否开通	1	同上
35	备用 5 传感器是否开通	1	同上
36	备用 6 传感器是否开通	1	同上
37	子站是否修改了时钟	1	0:修改,1:未修改
38	采集器数据是否正确读取	1	0:读取成功,1:读取失败
39	供电方式	1	0:市电,1:备份电源,/:不能获取
40	采集器主板电压	4	单位:V,保留 1 位小数,位数不足时,高位补"0",不能获取时,用"////"表示
41	采集器主板温度	4	单位:℃,保留 1 位小数,位数不足时,高位补"0",不能获取时,用"////"表示

A5　日数据文件格式

1. 文件名

国家级站单站文件：

Z_SURF_I_IIiii_yyyyMMddhhmmss_O_AWS_DAY[－CCx].txt

国家级站打包文件：

Z_SURF_C_CCCC_yyyyMMddhhmmss_O_AWS_DAY.txt

在文件名中，

Z：固定代码，表示文件为国内交换的资料；

SURF：固定代码，表示地面观测；

I：固定代码，指示其后字段代码为测站区站号；

C：固定代码，指示其后字段代码为编报中心代码；

IIiii：测站区站号；

CCCC：编报中心代码；

yyyyMMddhhmmss：文件生成时间"年月日时分秒"（UTC，世界时）；

O：固定代码，表示文件为观测类资料；

AWS：固定代码，表示文件为自动气象站地面气象要素资料；

DAY：固定代码，表示日观测资料；

REG：区域站资料标志，固定代码。区域站资料标志为可选标志，如果文件名包含此标志，则表示文件内容为区域级测站观测资料；如果文件名未包含此标志，则表示文件内容为国家级测站（包括基准站、基本站、一般站）观测资料；2012 年地面气象观测资料传输方式调整暂不涉及区域站。

CCx：数据更正标识，可选标志，对于某测站（由 IIiii 指示）已发观测数据进行更正时，文件名中必须包含资料更正标识字段。在 CCx 中，CC 为固定代码；x 取值为 A～X，x＝A 时，表示对该站某次观测的第一次更正，x＝B 时，表示对该站某次观测的第二次更正，依次类推，直至 x＝X。

txt：固定代码，表示文件为文本文件。

注：更正报必须单站上行。

2. 文件内容

每日 12 时（世界时）形成一个，为顺序文件，共 3 条记录。第 1 条记录为本站基本参数，共 20 个字节；第 2 条记录为要素值，共 72 个字节；第 3 条记录为天气现象，为不定长，按 A 格式规定记录；最后一条记录的后面加上"＝＜CR＞＜LF＞"，表示单站数据结束，其他记录尾用回车换行"＜CR＞＜LF＞"结束；文件结尾处加"NNNN＜CR＞＜LF＞"，表示全部记录结束。

（1）第 1 条记录为本站基本参数，第 1 条记录包括区站号、纬度、经度共 3 组，每组用 1 个半角空格分隔，排列顺序及长度分配如表 A13。

表 A13　日数据文件内容记录 1

序号	要素名	长度(Byte)	说明
1	区站号	5	5 位数字或第 1 位为字母,第 2~5 位为数字
2	纬度	6	按度分秒记录,均为 2 位,高位不足补"0",台站纬度未精确到秒时,秒固定记录"00"
3	经度	7	按度分秒记录,度为 3 位,分秒为 2 位,高位不足补"0",台站经度未精确到秒时,秒固定记录"00"

(2)第 2 条记录共 14 组,每组用 1 个半角空格分隔,排列顺序及长度分配如表 A14。

表 A14　日数据文件内容记录 2

序号	要素名	长度(Byte)	存储规定
1	观测时间	14	年月日时分秒(UTC,yyyyMMddhhmmss),其中时分秒固定为"120000"
2	20—08 时雨量筒观测降水量	5	单位:0.1 mm,扩大 10 倍
3	08—20 时雨量筒观测降水量	5	单位:0.1 mm,扩大 10 倍
4	蒸发量	3	单位:0.1 mm,扩大 10 倍
5	电线积冰—现象	4	按天气现象符号代码记录,只能是 0056、0048、5648、////
6	电线积冰—南北方向直径	3	单位:1 mm
7	电线积冰—南北方向厚度	3	单位:1 mm
8	电线积冰—南北方向重量	3	单位:1 g/m
9	电线积冰—东西方向直径	3	单位:1 mm
10	电线积冰—东西方向厚度	3	单位:1 mm
11	电线积冰—东西方向重量	3	单位:1 g/m
12	电线积冰—温度	4	单位:0.1℃,扩大 10 倍
13	电线积冰—风向	3	单位:1°
14	电线积冰—风速	3	单位:0.1 m/s,扩大 10 倍

数据记录单位:各要素遵守《地面气象观测规范》规定,各要素值不含小数点,要素位数不足时,高位补"0"。若要素缺测或无记录,均应按规定的字长,每个字节位存入一个"/"字符。

A6　日照日数据文件格式

1. 文件名

国家级站单站文件:

Z_SURF_I_IIiii_yyyyMMddhhmmss_O_AWS-SS_DAY[−CCx]. txt

国家级站打包文件:

Z_SURF_C_CCCC_yyyyMMddhhmmss_O_AWS-SS_DAY. txt

在文件名中,

Z:固定代码,表示文件为国内交换的资料;

SURF:固定代码,表示地面观测;

I:固定代码,指示其后字段代码为测站区站号;

C:固定代码,指示其后字段代码为编报中心代码;

IIiii:测站区站号;

CCCC:编报中心代码;

yyyyMMddhhmmss:文件生成时间"年月日时分秒"(UTC,世界时);

O:固定代码,表示文件为观测类资料;

AWS:固定代码,表示文件为自动气象站地面气象要素资料;

SS:固定代码,表示日照观测资料;

DAY:固定代码,表示日观测资料;

REG:区域站资料标志,固定代码。区域站资料标志为可选标志,如果文件名包含此标志,则表示文件内容为区域级测站观测资料;如果文件名未包含此标志,则表示文件内容为国家级测站(包括基准站、基本站、一般站)观测资料;2012 年地面气象观测资料传输方式调整暂不涉及区域站。

CCx:数据更正标识,可选标志,对于某测站(由 IIiii 指示)已发观测数据进行更正时,文件名中必须包含资料更正标识字段。在 CCx 中,CC 为固定代码;x 取值为 A~X,x=A 时,表示对该站某次观测的第一次更正,x=B 时,表示对该站某次观测的第二次更正,依次类推,直至 x=X。

txt:固定代码,表示文件为文本文件。

注:更正报必须单站上行。

2. 文件内容

该文件由地面气象测报业务软件在逐日地面数据维护中形成,共 2 条记录。第 1 条记录为本站基本参数,共 22 个字节;第 2 条记录为当日各时和日照时数,共 90 个字节,后面加上"=<CR><LF>",表示单站数据结束,其他记录尾用回车换行"<CR><LF>"结束;文件结尾处加"NNNN<CR><LF>",表示全部记录结束。

基本参数行(第 1 条记录):

包括区站号、纬度、经度和日照时制方式共 4 组,每组用 1 个半角空格分隔,排列顺序及长度分配如表 A15。

表 A15　日照日数据文件内容记录 1

序号	要素名	长度(Byte)	说明
1	区站号	5	5 位数字或第 1 位为字母,第 2~5 位为数字
2	纬度	6	按度分秒记录,均为 2 位,高位不足补"0",台站纬度未精确到秒时,秒固定记录"00"
3	经度	7	按度分秒记录,度为 3 位,分秒为 2 位,高位不足补"0",台站经度未精确到秒时,秒固定记录"00"
4	日照时制方式	1	1:为真太阳时,由人工观测仪器测得;4:为地方时,由自动观测仪器测得

日照时数行(第 2 条记录):

该行共 26 组,每组用 1 个半角空格分隔,共 90 个字节。

第 1 组为观测时间,年月日时分秒(地平时或真太阳时,yyyyMMddhhmmss,其中 hhmmss 固定为"000000");

第 2～25 组为 0～1、1～2、……、23～24 时日照时数,每组 2 个字节;

第 26 组为日合计,每组 3 个字节。

日照时数的记录单位为小时,取 1 位小数,数据扩大 10 倍写入,不含小数点,要素位数不足时,高位补"0"。若要素缺测或无记录,均应按规定的字长,每个字节位存入一个"/"字符。

A7 区域自动雨量站数据文件格式

1. 文件名

区域级测站单站自动雨量站观测数据文件:

Z_SURF_I_IIiii-REG_YYYYMMDDHHmmSS_O_AWS-PRF_FTM[－CCx]. txt

区域级测站打包自动雨量站观测数据文件:

Z_SURF_I_IIiii-REG_YYYYMMDDHHmmSS_O_AWS-PRF_FTM. txt

在文件名中,

Z:固定代码,表示文件为国内交换的资料;

SURF:固定代码,表示地面观测;

I:固定代码,指示其后字段代码为测站区站号;

IIiii:测站区站号;

REG:区域站资料标志,固定代码。区域站资料标志为可选标志,如果文件名包含此标志,则表示文件内容为区域级测站观测资料;如果文件名未包含此标志,则表示文件内容为国家级测站(包括基准站、基本站、一般站)观测资料;2012 年地面气象观测资料传输方式调整暂不涉及区域站。

yyyyMMddhhmmss:文件生成时间"年月日时分秒"(UTC,世界时);

O:固定代码,表示文件为观测类资料;

AWS:固定代码,表示文件为自动气象站地面气象要素资料;

PRF:固定代码,表示降水观测资料;

FTM:固定代码,表示定时观测资料;

CCx:数据更正标识,可选标志,对于某测站(由 IIiii 指示)已发观测数据进行更正时,文件名中必须包含资料更正标识字段。在 CCx 中,CC 为固定代码;x 取值为 A～X,x＝A 时,表示对该站某次观测的第一次更正,x＝B 时,表示对该站某次观测的第二次更正,依次类推,直至 x＝X。

txt:固定代码,表示文件为文本文件。

注:更正报必须单站上行。

2. 文件内容

该文件最多 2 条记录。

记录 1：

第 1 条记录给出该站位置基本参数，即区站号、纬度、经度和观测场海拔高度（表 A16）。

表 A16 区域自动雨量站数据文件内容记录 1

序号	要素名	长度（Byte）	说明
1	区站号	5	5 位数字或第 1 位为字母，第 2～5 位为数字
2	纬度	6	按度分秒记录，均为 2 位，高位不足补"0"，台站纬度未精确到秒时，秒固定记录"00"
3	经度	7	按度分秒记录，度为 3 位，分秒为 2 位，高位不足补"0"，台站经度未精确到秒时，秒固定记录"00"
4	观测场海拔高度	5	保留一位小数，扩大 10 倍记录，高位不足补"0"

记录 2：

第 2 条记录共 4 个要素值，每组用 1 个半角空格分隔，排列顺序及长度分配如表 A17。

表 A17 区域自动雨量站数据文件内容记录 2

序号	要素名	长度（Byte）	说明
1	观测时间	14	年月日时分秒（世界时，yyyyMMddhhmmss），其中：秒固定为"00"，为正点观测资料时，分记录为"00"
2	小时累计雨量	5	前小时正点至当前时刻的小时累计雨量
3	日累计雨量	5	20 时至当前时刻的累计雨量
4	小时内分钟雨量	120	上一小时的正点至当前观测时间的每分钟雨量。每分钟两位高位不足补"0"，记录缺测填"//"

存储规定：雨量均扩大 10 倍存入，小时和日累计雨量无时存入"00000"，若缺测或无记录，均存入相应位长的"/"字符；每分钟雨量用 2 位固定位长存入，无降水时存入"00"，微量存入",,"，≥10.0 mm 时，一律存入 99，缺测存入"//"。

A8 高空探测基数据

1. 文件名：Z_UPAR_I_IIiii_yyyymmddhhMMss_O_TEMP-观测方式.txt。

打包文件名：Z_UPAR_C_CCCC_yyyymmddhhMMss_O_TEMP-观测方式.txt。

打包原则是：只有相同观测方式的数据才能打在一个数据报中。

其中：

Z：表示国内交换；

UPAR：表示高空观测的大类代码；

I：表示后面的指示码为区站号；

IIiii：表示观测点的区站号；

C:表示后面的指示码为编报中心;

CCCC:表示编报中心;

yyyymmddhhMMss:表示本文件中观测数据第一条记录的时间(世界时年月日时分秒共14位数字);

O:表示观测资料;

TEMP:表示探空类观测资料;

"—":分割符;

txt:表示文件格式为ASCII。

表 A18 观测方式

标识	含义
L	表示 L 波段探空资料
G	表示卫星导航探空资料
P	表示 400 兆电子探空仪资料

2. 数据格式

探空系统秒级观测资料上传文件包括两部分内容:一部分是元数据信息即测站、探空仪参数及本次观测相关的元数据信息;另一部分是采样数据实体部分,包括秒数据和分钟数据,涉及的要素包括采样时间、气温、气压、湿度、仰角、方位、距离、经度偏差和纬度偏差。

该文件为顺序数据文件,共包含 7 段内容,每段记录内容参见下列各表。

记录内每组间用 1 个半角空格分隔,缺测组用该组对应的额定长度个"/"表示;各组观测数据(字母数据除外)长度小于额定长度的,整数部分高位补 0(零),小数部分低位补 0;各组观测数据(字母数据除外)符号位如果是正号用 0 表示,如果是负号用"—"(减号)表示。

每条记录尾用回车换行"<CR><LF>"结束。

第 1 段为操作软件的版本信息,本段每个采集站点有且仅有一条记录,记录内容见表 A19。

表 A19 高空探测基数据文件第 1 段内容

序号	各组含义	额定长度(Byte)	说明
1	VERSION	6	关键字
2	操作软件版本号	5	操作软件版本号,其中 2 位整数,2 位小数
3	回车换行	2	

第 2 段为测站基本参数,本段每个采集站点有且仅有一条记录,记录内容见表 A20。

表 A20 高空探测基数据文件第 2 段内容

序号	各组含义	额定长度(Byte)	说明
1	区站号	5	5 位数字或第 1 位为字母,第 2~5 位为数字
2	经度	9	测站的经度,以度为单位,其中第 1 位为符号位,东经取正,西经取负,3 位整数,4 位小数
3	纬度	8	测站的纬度,以度为单位,其中第 1 位为符号位,北纬取正,南纬取负,2 位整数,4 位小数

序号	各组含义	额定长度(Byte)	说明
4	观测场海拔高度	7	观测场海拔高度,以 m 为单位,其中第 1 位为符号位,4 位整数,1位小数
5	回车换行	2	

第 3 段为观测仪器参数,本段每个采集站点有且仅有一条记录,记录内容见表 A21。

表 A21 高空探测基数据文件第 3 段内容

序号	各组含义	额定长度(Byte)	说明
1	观测系统型号	10	观测系统型号代码,代码说明表参见观测系统型号代码一览表,代码不能出现空格
2	观测系统天线高度	4	观测系统天线距水银槽的高度,以 m 为单位,2 位整数,1 位小数
3	探空仪型号	10	探空仪型号代码,代码说明表参见探空仪型号代码一览表,代码不能出现空格
4	仪器编号	12	探空仪的编号
5	施放计数	3	本月内观测仪施放累计计数
6	球重量	4	携带探空仪的施放球重量,单位为 g
7	附加物重量	4	附加物重量,单位为 g
8	总举力	4	总举力,单位为 g
9	净举力	4	净举力,单位为 g
10	平均升速	3	施放球平均升速,单位为 m/min
11	回车换行	2	

第 4 段为基值测定记录,本段每个采集站点有且仅有一条记录,记录内容见表 A22。

表 A22 高空探测基数据文件第 4 段内容

序号	各组含义	额定长度(Byte)	说明
1	温度基测值	5	温度基测值,单位为度,其中 1 位符号位,2 位整数,1 位小数
2	温度仪器值	5	温度仪器值,单位为度,其中 1 位符号位,2 位整数,1 位小数
3	温度偏差	4	温度偏差(计算方法:温度基测值—温度仪器值),单位为度,其中 1 位符号位,1 位整数,1 位小数
4	气压基测值	6	气压基测值,单位为 hPa,其中 4 位整数,1 位小数
5	气压仪器值	6	气压仪器值,单位为 hPa,其中 4 位整数,1 位小数
6	气压偏差	4	气压偏差(计算方法:气压基测值—气压仪器值),单位为 hPa,其中 1 位符号位,1 位整数,1 位小数
7	相对湿度基测值	3	相对湿度基测值,3 位整数
8	相对湿度仪器值	3	相对湿度仪器值,3 位整数
9	相对湿度偏差	2	相对湿度偏差(计算方法:湿度基测值—湿度仪器值),其中 1 位符号位,1 位整数
10	仪器检测结论	1	仪器检测结论用 1 或 0 表示,其中 1 表示合格,0 表示不合格
11	回车换行	2	

第 5 段为本次观测行为的基本描述信息,本段每个采集站点有且仅有一条记录,记录内容见表 A23。

表 A23 高空探测基数据文件第 5 段内容

序号	各组含义	额定长度(Byte)	说明
1	施放时间(世界时)	14	时间采用世界时,其中 4 位年,2 位月,2 位日,2 位时,2 位分,2 位秒
2	施放时间(地方时)	14	时间采用地方时,其中 4 位年,2 位月,2 位日,2 位时,2 位分,2 位秒
3	探空终止时间(世界时)	14	时间采用世界时,其中 4 位年,2 位月,2 位日,2 位时,2 位分,2 位秒
4	测风终止时间(世界时)	14	时间采用世界时,其中 4 位年,2 位月,2 位日,2 位时,2 位分,2 位秒
5	探空终止原因	2	探空终止原因的编码,编码参见探空测风终止原因一览表
6	测风终止原因	2	探空终止原因的编码,编码参见空测风终止原因一览表
7	探空终止高度	5	探空观测终止高度,单位为 m
8	测风终止高度	5	测风观测终止高度,单位为 m
9	太阳高度角	7	施放瞬间太阳高度角,单位为度,其中 1 位符号位,3 位整数,2 位小数
10	施放瞬间本站地面温度	5	施放瞬间本站地面温度值,单位为度,其中 1 位符号位,2 位整数,1 位小数
11	施放瞬间本站地面气压	6	施放瞬间本站地面气压值,单位为 hPa,其中 4 位整数,1 位小数
12	施放瞬间本站地面相对湿度	3	施放瞬间本站地面相对湿度值,用 3 位整数表示
13	施放瞬间本站地面风向	3	施放瞬间本站地面风向,单位为度,取值范围 0~360,用 3 位整数表示;静风时,风向用 0 表示;当风向为 0 度时,用 360 表示
14	施放瞬间本站地面风速	5	施放瞬间本站地面风速,单位为 m/s,其中 3 位整数,1 位小数
15	施放瞬间能见度	4	施放瞬间能见度,单位为公里,其中 2 位整数,1 位小数
16	施放瞬间本站云属 1	2	施放瞬间本站云属 1 的编码,编码参见云属代码一览表
17	施放瞬间本站云属 2	2	施放瞬间本站云属 2 的编码,编码参见云属代码一览表
18	施放瞬间本站云属 3	2	施放瞬间本站云属 3 的编码,编码参见云属代码一览表
19	施放瞬间本站低云量	3	单位为成,取值 0~10
20	施放瞬间本站总云量	3	单位为成,取值 0~10
21	施放瞬间天气现象 1	2	施放瞬间天气现象 1 的编码,编码参见天气现象一览表
22	施放瞬间天气现象 2	2	施放瞬间天气现象 2 的编码,编码参见天气现象一览表
23	施放瞬间天气现象 3	2	施放瞬间天气现象 3 的编码,编码参见天气现象一览表
24	施放点方位角	6	施放点方位角,单位为度,取值范围 0~360,其中 3 位整数,2 位小数
25	施放点仰角	6	施放点仰角,单位为度,取值范围 -6~90,其中 1 位符号位,2 位整数,2 位小数
26	施放点距离	6	观测仪器与观测系统天线之间的直线距离,单位 m,用 3 位整数,2 位小数表示
27	回车换行	2	

第 6 段为秒级采样数据,该段内容又由三部分组成:

第 1 部分为秒数据开始标志,本部分每个采集站点有且仅有一条记录,固定编发为"ZCZC SECOND"(ZCZC 和 SECOND 中间为一个半角空格),格式见表 A24。

表 A24　高空探测基数据文件第 6 段第 1 部分内容

序号	各组含义	额定长度(Byte)	说明
1	ZCZC SECOND	1	秒数据开始标志
2	回车换行	2	

第 2 部分为秒级采样数据实体部分,本部分每个采集站点包含多条记录且记录数不定,包含从施放点开始到采样结束这一时段内的采集数据,每秒钟最多只有一条记录,如果某秒所有组的数据全部缺测,则该秒不编发记录;如果只是部分组的数据缺测,则这些组采用缺测方式编发,进行补组处理;具体各组数据格式见表 A25。

表 A25　高空探测基数据文件第 6 段第 2 部分内容

序号	各组含义	额定长度(Byte)	说明
1	采样相对时间	5	采样时间相对于施放时间差,单位为 s,从 0 开始编发
2	采样时温度	5	采样时温度值,单位为度,其中 1 位符号位,2 位整数,1 位小数
3	采样时气压	6	采样时气压值,单位为 hPa,其中 4 位整数,1 位小数
4	采样时相对湿度	3	采样时相对湿度值,3 位整数
5	采样时仰角	6	施放点仰角,单位为度,取值范围−6~90,其中 1 位符号位,2 位整数,2 位小数
6	采样时方位	7	采样时方位角,单位为度,取值范围 0~360,其中 3 位整数,2 位小数
7	采样时距离	7	观测仪器与观测系统天线之间的直线距离,单位 km,其中 3 位整数,3 位小数
8	采样时经度偏差	6	采样时的经度−测站经度,以度为单位,其中 1 位符号位,1 位整数,3 位小数
9	采样时纬度偏差	6	采样时的纬度−测站纬度,以度为单位,其中 1 位符号位,1 位整数,3 位小数
10	风向	3	风向,单位为度,取值范围 0~360,用 3 位整数表示当风向为 0 度时,用 360 表示
11	风速	3	风速,单位为 m/s
12	高度	5	探空位势高度,单位位势米,其中 5 位整数
13	回车换行	2	

第 3 部分为秒数据结束标志,本部分每个采集站点有且仅有 1 条记录,固定编发为"NNNN",格式见表 A26。

表 A26　高空探测基数据文件第 6 段第 3 部分内容

序号	各组含义	额定长度(Byte)	说明
1	NNNN	4	秒数据结束标志
2	回车换行	2	

第 7 段为分钟数据,该段内容又由三部分组成:

第 1 部分为分钟数据开始标志,本部分每个采集站点有且仅有 1 条记录,固定编发为"ZCZC MINUTE"(ZCZC 和 MINUTE 中间一个半角空格),格式见表 A27;

表 A27　高空探测基数据文件第 7 段第 1 部分内容

序号	各组含义	额定长度(Byte)	说明
1	ZCZC MINUTE	1	分钟数据开始标志
2	回车换行	2	

第 2 部分为分钟数据实体部分,本部分每个采集站点包含多条记录且记录数不定,包含从施放点开始到采样结束这一时段内的各分钟的数据,每分钟最多只有一条记录,如果某分钟所有组的数据全部缺测,则该分钟不编发记录;如果只是部分组的数据缺测,则这些组采用缺测方式编发,进行补组处理;具体各组数据格式见表 A28;

表 A28　高空探测基数据文件第 7 段第 2 部分内容

序号	各组含义	额定长度(Byte)	说明
1	相对时间	5	计算时间相对于施放时间差,单位为分钟,从 0 开始编发
2	温度	5	温度计算值,单位为度,其中 1 位符号位,2 位整数,1 位小数
3	气压	6	气压计算值,单位为 hPa,其中 4 位整数,1 位小数
4	相对湿度	3	采样时相对湿度值,3 位整数
5	风向	3	风向,单位为度,取值范围 0～360,用 3 位整数表示当风向为 0 度时,用 360 表示
6	风速	3	风速,单位为 m/s
7	高度	5	探空位势高度,单位位势 m,其中 5 位整数
8	经度偏差	6	经度—测站经度,以度为单位,其中 1 位符号位,1 位整数,3 位小数
9	纬度偏差	6	纬度—测站纬度,以度为单位,其中 1 位符号位,1 位整数,3 位小数
10	回车换行	2	

第 3 部分为分钟数据结束标志。一个文件中只有一条,固定编发为"NNNN",格式见表 A29。

表 A29　高空探测基数据文件第 7 段第 3 部分内容

序号	各组含义	额定长度(Byte)	说明
1	NNNN	4	分钟数据结束标志
2	回车换行	2	

A9　高空探测监视信息(探空报)

文件名:Z_UPAR_I_IIiii_YYYYMMDDHHmmss_R_WEA_NN_SRSI.txt
在文件名中,

Z：固定编码，表示国内交换资料；

UPAR：固定编码，表示高空气象观测类；

I：表示后面编区站号；

54511：表示测站站号；

YYYYMMDDHHmmss：表示世界时的文件生成时间；

R：表示运行状态信息类；

WEA：表示探空；

NN：表示探空设备（表 A30）；

表 A30　探空设备

NN	意义
LR	表示 L 波段雷达探空
ER	表示 400 MHz 电子探空
PR	表示 59 机械式探空
GP	表示卫星导航探空

SRSI：表示测站观测仪器状态信息；

txt：表示此文件为文本文件格式。

A10　高空探测监视信息（测风报）

文件名：Z_UPAR_I_IIiii_YYYYMMDDHHmmss_R_WEW_NN_SRSI. txt

在文件名中，

Z：固定编码，表示国内交换资料；

UPAR：固定编码，表示高空气象观测类；

I：表示后面编区站号；

WEW：表示测风。

A11　压、温、湿、高空风报告电码

1. 文件名：MSG_UPYYGGxx. EHF

注：

GG：时时 00，12

xx：分分，序列号

2. 文件格式：

起始：ZCZC xxx

报头：US(UK、UL、UE、UG、UQ)CI40 BEHF YYGGgg（gg 一般为 00）

报文：TTAA（TTBB、TTCC、TTDD、PPBB、PPDD）YYGGx

    IIiii ?????   ?????……?????　＝

    四个空行

结束：NNNN

A12　地基 GPS 水汽探测资料

1. 文件名

文件命名格式：ssssdddHmm.yym

在文件名中，

a）ssss 为以字母或数字命名的 GPS 台站名称，气象局建设的台站一般命名规则是：首两个字母为台站所处的省份的两个首字母，后面是台站名称拼音的两个首字母。外单位的台站名称已建的以已有的字母为准，已经建设台站的命名不变。

b）ddd 为 3 位数字的一年中的日数，以 1 月 1 日为 001 开始计数。

c）H 为本文件首记录数据的小时时间，用 24 个字母 a～x 中的一个字母，代表一天 24 小时中的某一小时，a 代表 00 时，b 代表 01 时，依此顺序到 x 代表 23 时，用 0 代表包含一天的数据。

d）mm 为本文件首记录数据的分钟时间。

e）yy 是本文件所在年份的末两位数字。

f）m 字母固定，代表气象文件。

压缩数据文件的命名

GPS 压缩文件包采用长文件名方式命名，格式如下：

Z_UPAR_I_IIiii_yyyymmddhhMMss_O_GPS2.rnx.zip

在文件名中，

Z：为固定编码，表示国内交换资料；

UPAR：为固定编码，表示高空观测的大类代码；

I：为固定编码，为观测站点代码 IIiii 指示码；

IIiii：表示观测站点的区站号，如北京观象台为 54511；

yyyymmddhhMMss：表示观测数据文件开始记录的时间（UTC，分别为年月日时分秒），取自观测文件中的 O 文件第一行中的观测时间，它和打包的 GPS 观测文件的对应关系参见括号中例子（如观测文件为 qhhb001a00.08o，表示河北秦皇岛 2008 年 1 月 1 日 00 时 00 分开始记录的观测文件，那么对应外面的打包文件的时间标志是 20080101000000）；

O：表示观测资料；

GPS2：表示地基 GPS 观测资料；

rnx：表示文件为 RINEX 格式；

Zip：为压缩文件的扩展名。

2. 文件格式

气象数据文件—头记录说明

头标记 (61—80 列)	说明	格式
RINEX VERSION/TYPE	一格式版本 (2.10) 文件类型 ('M'指气象数据)	F9.2,11X, A1,39X
PGM/RUN BY/DATE	一创建当前文件的程序名 一创建当前文件的机构名 一文件创建日期	A20, A20, A20
COMMENT	注释行	A60
MARKER NAME	测点名称 与相关观测文件中的测点名称宜相同	A60
MARKER NUMBER	测点序号 与相关观测文件中的测点序号宜相同	A20
#/TYPES OF OBSERV	一文件中不同观测类型数量	I6,

一观测类型		9(4X,A2)
	以下气象观测类型在 RINEX2 中定义	
	PR:气压(hPa)	
	TD:干温度(℃)	
	HR:相对湿度(%)	
	ZW:湿天顶延迟(mm)	
	(对 WVR 数据)	
	ZD:天顶路径延迟干分量	
	(mm)	
	ZT:总路径延迟	
	(mm)	
	这一记录中的类型顺序必须与数据	
	记录观测顺序一致	
	如果使用了超过 9 个观测类型	
使用连续行,		格式(6X,9(4X,A2))

```
                                    |
+———————————+———————————+———————————+
|SENSOR MOD/TYPE/ACC        |气象仪器说明                       |
                                    |
|              |一型号(制造商)           |           A20,   |
                                    |
|          |一类型              |           A20,6X,|
                                    |
|          |一精度(与观测值单位相同)   |           F7.1,4X,|
                                    |
|          |一观测类型            |           A2,1X  |
                                    |
|          |对♯/TYPES OF OBSERV 记录中的每一个类型,记录是可重复的。|
+———————————+———————————+———————————+
|SENSOR POS XYZ/H           |气象仪器近似位置                    |
                                    |
|          |地心坐标 X,Y,Z(ITRF 或 WGS—84)|   3F14.4,|
|          |一椭球高度           |          1F14.4,|
                                    |
|          |一观测类型           |          1X,A2,1X|
                                    |
|          |如果未知,设置 X,Y,Z 等于 0。              |
|                                    |
|          |确保 H 参考 ITRF 或者 WGS—84!             |
                                    |
|          |气压计记录是必须的                   |
                                    |
|          |其他传感器建议有。                   |
                                    |
+———————————+———————————+———————————+
|ENDOF HEADER  |头记录中最后一个记录。        |        60X|
|                                    |
+———————————+———————————+———————————+
```

带 * 号的记录行是可选项

A13　闪电定位仪探测资料

1. 文件名：日期为文件名，如 2006_08_09.txt
2. 文件格式：每个闪电数据包括 id、雷电回击发生的日期、时间、纬度、经度、强度、陡度、误差、定位方式、省名、市名、县名。

具体如下：

■ id 表示闪电数据的序号

■ 日期、时、分、秒表示闪电发生的时间

■ 经度、纬度表示闪电发生的位置

■ 强度表示闪电的电流强度大小，它的单位是 kA

■ 陡度、误差则是中心数据处理站进行闪电定位处理运算时使用的特征值，用户可以忽略

■ 定位方式则表示中心数据处理站进行闪电定位处理运算时使用的算法，用户可以忽略

■ 省名、市名、县名表示闪电发生位置所在的具体城市

■ 每个闪电数据在显示时都是由图形化的符号来表征的，其中：

红色符号"＋"代表闪电强度大于零的闪电数据，即正闪；

蓝色符号"－"代表闪电强度小于零的闪电数据，即负闪。

A14　海洋观测要素数据文件

1. 文件名

Z_OCEN_I_IIiii_yyyyMMddhhmmss_O_AWS_FTM.txt

在文件名中，

Z：固定代码，表示文件为国内交换的资料；

OCEN：固定代码，表示海洋观测；

I：固定代码，指示其后字段代码为测站区站号；

IIiii：测站区站号；

yyyyMMddhhmmss：文件生成时间"年月日时分秒"（UTC，世界时）；

O：固定代码，表示文件为观测类资料；

AWS：固定代码，表示文件为自动气象站地面气象要素资料；

FTM：固定代码，表示定时观测资料。

txt：固定代码，表示此文件为文本文件。

2. 数据格式

该文件共 2 条记录，第 1 条记录为本站基本参数，共 40 个字节；第 2 条记录为海洋自动观

测项目,共 129 字节,其后面加上"＝＜CR＞＜LF＞",表示单站数据结束,其他记录尾用回车换行"＜CR＞＜LF＞"结束;文件结尾处加"NNNN＜CR＞＜LF＞",表示全部记录结束。

第 1 条记录:包括区站号、纬度、经度、观测平台距海面高度、传感器距海面高度、站类标识共 7 组,每组用 1 个半角空格分隔,排列顺序及长度分配见表 A31。

表 A31　海洋观测要素数据文件内容记录 1

序号	要素名	长度(Byte)	说明
1	区站号	5	5 位数字或第 1 位为字母,第 2~5 位为数字
2	纬度	7	按度、分、秒,北南纬标识记录,度、分、秒均为 2 位,高位不足补"0",台站纬度未精确到秒时,秒固定记录"00",南纬标识为"S",北纬标识为"N"
3	经度	8	按度、分、秒,东西经标识记录,度为 3 位,分秒为 2 位,高位不足补"0",台站经度未精确到秒时,秒固定记录"00",东经标识为"E",西经标识为"W"
4	观测平台距海面高度	5	保留 1 位小数,原值扩大 10 倍记录,高位不足补"0"
5	温盐传感器距海面深度	4	保留 1 位小数,原值扩大 10 倍记录,高位不足补"0",无海盐传感器时,录入"/////"
6	波高传感器距海面高度	4	保留 1 位小数,原值扩大 10 倍记录,高位不足补"0",无波高传感器时,录入"/////"
7	站类标识	1	浮标站存"1",海上平台站存"2",其他站存"3"

第 2 条记录共 26 个要素值,每组用 1 个半角空格分隔,排列顺序及长度分配见表 A32。

表 A32　海洋观测要素数据文件内容记录 2

序号	要素名	长度(Byte)	说明
1	观测时间	14	年月日时分秒(UTC, yyyyMMddhhmmss),其中:秒固定为"00",为正点观测资料时,分记录为"00"
2	浮标方位	4	当前时刻的浮标方位
3	表层海水温度	4	每 1 小时内的表层海水温度
4	表层海水最高温度	4	每 1 小时内的海表最高温度
5	表层海水最高温度出现时间	4	每 1 小时内表层海水最高温度出现时间
6	海表最低温度	4	每 1 小时内的海表最低温度
7	表层海水最低温度出现时间	4	每 1 小时内表层海水最低温度出现时间
8	表层海水盐度	4	当前时刻的表层海水盐度
9	表层海水平均盐度	4	上一正点后至当前时刻的海水平均盐度
10	表层海水电导率	4	当前时刻的表层海水电导率
11	表层海水平均电导率	4	上一正点后至当前时刻的海水平均电导率
12	平均波高	4	上一正点后至当前时刻的平均波高
13	平均波周期	4	上一正点后至当前时刻的平均波周期
14	最大波周期	4	每 1 小时内最大波的周期
15	最大波高	4	每 1 小时内最大波高

序号	要素名	长度(Byte)	说明
16	波向	4	当前时刻的波向
17	表层海洋面流速	4	当前时刻的表层海洋面流速
18	潮高	4	当前时刻的潮高
19	小时内最高潮高	4	上一正点后至当前时刻的最高潮高
20	最高潮高出现时间	4	每1小时内最高潮高出现时间
21	小时内最低潮高	4	上一正点后至当前时刻的最低潮高
22	最低潮高出现时间	4	每1小时内最低潮高出现时间
23	海水浊度	4	当前时刻的海水浊度
24	海水平均浊度	4	上一正点后至当前时刻的海水平均浊度
25	海水叶绿素	4	当前时刻的海水叶绿素
26	海水平均叶绿素	4	上一正点后至当前时刻的海水平均叶绿素

说明:对于小时内极值及出现时间项,只在小时正点时上传,非小时正点相应项值用对应位长的"—"填入

A15　自动站气象辐射资料数据文件格式

1. 文件名

国家级站单站文件:

Z_RADI_I_IIiii_yyyyMMddhhmmss_O_ARS_FTM[－CCx].txt

国家级站打包文件:

Z_RADI_C_CCCC_yyyyMMddhhmmss_O_ARS_FTM.txt

在文件名中,

Z:固定代码,表示文件为国内交换的资料;

RADI:固定代码,表示气象辐射资料;

I:固定代码,指示其后字段代码为测站区站号;

C:固定代码,指示其后字段代码为编报中心代码;

IIiii:测站区站号;

CCCC:编报中心代码;

yyyyMMddhhmmss:文件生成时间"年月日时分秒"(UTC,世界时);

O:固定代码,表示文件为观测类资料;

ARS:固定代码,表示文件为自动站气象辐射资料;

FTM:固定代码,表示定时观测资料;

REG:区域站资料标志,固定代码。区域站资料标志为可选标志,如果文件名包含此标志,则表示文件内容为区域级测站观测资料;如果文件名未包含此标志,则表示文件内容为国家级测站(包括基准站、基本站、一般站)观测资料;2012年地面气象观测资料传输方式调整暂不涉及区域站。

CCx:数据更正标识,可选标志,对于某测站(由 IIiii 指示)已发观测数据进行更正时,文件名中必须包含资料更正标识字段。在 CCx 中,CC 为固定代码;x 取值为 A～X,x＝A 时,表示对该站某次观测的第一次更正,x＝B 时,表示对该站某次观测的第二次更正,依次类推,直至 x＝X。

txt:固定代码,表示文件为文本文件。

注:更正报必须单站上行。

2. 文件内容

自动站气象辐射数据文件为顺序文件,共 2 条记录。第 1 条记录为本站基本参数,共 20 个字节;第 2 条记录为要素值,共 152 个字节;第 1 条记录尾用回车换行"＜CR＞＜LF＞"结束,第 2 条记录的后面加上"＝＜CR＞＜LF＞",表示单站数据结束;文件尾处加"NNNN ＜CR＞＜LF＞"表示全部记录结束。

(1)第 1 条记录包括区站号、纬度、经度共 3 组,每组用 1 个半角空格分隔,排列顺序及长度分配见表 A33。

表 A33　自动站气象辐射资料数据文件内容记录 1

序号	要素名	长度(Byte)	说明
1	区站号	5	5 位数字,第 1 位也可为字母
2	纬度	6	按度分秒记录,均为 2 位
3	经度	7	按度分秒记录,度为 3 位,分秒为 2 位

(2)第 2 条记录存 29 个要素值,每组用 1 个半角空格分隔,排列顺序及长度分配见表 A34。

表 A34　自动站气象辐射资料数据文件内容记录 2

序号	要素名	长度(Byte)	说明
1	观测时间	14	年月日时分秒(世界时,yyyyMMddhhmmss)
2	总辐射辐照度	4	单位 W/m^2
3	净辐射辐照度	4	单位 W/m^2
4	直接辐射辐照度	4	单位 W/m^2
5	散射辐射辐照度	4	单位 W/m^2
6	反射辐射辐照度	4	单位 W/m^2
7	紫外辐射辐照度	4	单位 W/m^2
8	总辐射曝辐量	4	单位 MJ/m^2
9	总辐射辐照度最大值	4	单位 W/m^2
10	总辐射辐照度最大出现时间	4	时分
11	净辐射曝辐量	4	单位 MJ/m^2
12	净辐射辐照度最大值	4	单位 W/m^2
13	净辐射辐照度最大出现时间	4	单位时分
14	净辐射辐照度最小值	4	单位 W/m^2
15	净辐射辐照度最小出现时间	4	时分
16	直接辐射曝辐量	4	单位 MJ/m^2

序号	要素名	长度（Byte）	说明
17	直接辐辐照度射最大值	4	单位 W/m²
18	直接辐射辐照度最大出现时间	4	时分
19	散射辐射曝辐量	4	单位 MJ/m²
20	散射辐射辐照度最大值	4	单位 W/m²
21	散射辐射辐照度最大出现时间	4	时分
22	反射辐射曝辐量	4	单位 MJ/m²
23	反射辐射辐照度最大值	4	单位 W/m²
24	反射辐射辐照度最大出现时间	4	时分
25	紫外辐射曝辐量	4	单位 MJ/m²
26	紫外辐射辐照度最大值	4	单位 W/m²
27	紫外辐射辐照度最大出现时间	4	时分
28	日照时数	2	时
29	大气浑浊度	4	

存储要求：

①曝辐量记录单位为 MJ/m²（取两位小数），扩大 100 倍后存入，不含小数点；日照时数记录单位为 0.1 h，扩大 10 倍，不含小数点。

②若要素缺测或无记录，均应按约定的字长，每个字节位均存入一个"/"字符。

③各辐射的曝辐量为前一小时正点至当前时刻的曝辐量。

④各辐射的最大（小）值是指前一小时正点至当前时刻内出现的最达（小）辐照度。

⑤最大出现时间中的时、分两位，高位不足补"0"。

⑥要素位数不足时，高位补"0"。

A16 灾害要素数据文件格式

1. 文件名

国家级站单站文件名：

Z_AGME_I_IIiii_YYYYMMDDhhmmss_O_DISA[－CCx].txt

国家级站打包文件名：

Z_AGME_C_CCCC_YYYYMMDDhhmmss_O_DISA.txt

在文件名中，

Z：固定代码，表示文件为国内交换的资料；

AGME：固定代码，表示农业气象观测数据；

I：固定代码，指示其后字段代码为测站区站号；

C：固定代码，指示其后字段代码为编报中心代码；

IIiii：测站区站号；

CCCC：编报中心代码；

yyyyMMddhhmmss：文件生成时间"年月日时分秒"（UTC，世界时）；

O：固定代码，表示文件为观测类资料；

DISA：固定代码，表示文件为农业气象灾害要素数据文件；

CCx：数据更正标识，可选标志，对于某测站（由 IIiii 指示）已发观测数据进行更正时，文件名中必须包含资料更正标识字段。在 CCx 中，CC 为固定代码；x 取值为 A～X，x＝A 时，表示对该站某次观测的第一次更正，x＝B 时，表示对该站某次观测的第二次更正，依次类推，直至 x＝X。

txt：固定代码，表示文件为文本文件。

2. 数据格式

灾害要素数据文件正文由 4 个子要素组成，见表 A35。

表 A35　灾害要素数据文件内容

序号	子要素实名	关键字	项目数	关键字长度
1	农业气象灾害观测	DISA-01	7	
2	农业气象灾害调查	DISA-02	8	7 字节
3	牧草灾害	DISA-03	6	
4	家畜灾害	DISA-04	6	

农业气象灾害要素的各子要素格式详见表 A36—表 A39。

表 A36　农业气象灾害观测子要素

序号	要素名	长度（Byte）	单位	说明
1	观测时间	14	日期	年月日时分秒
2	灾害名称	4	编码	编码，详见《编码》灾害名称部分
3	受灾作物	6	编码	编码，详见《编码》作物名称部分
4	器官受害程度	4	％	反映植株受灾的严重性
5	预计对产量的影响	1	无	0 为无；1 为轻微；2 为轻；3 为中；4 为重
6	减产成数	2	成	减产程度估计
7	受害征状	50	字符	描述作物受灾的器官、部位、形态的变化

表 A37　农业气象灾害调查子要素

序号	要素名	长度（Byte）	单位	说明
1	调查时间	14	日期	年月日时分秒
2	灾害名称	4	编码	编码，详见《编码》灾害名称部分
3	受灾作物	6	编码	编码，详见《编码》作物名称部分
4	器官受害程度	4	％	反映植株受灾的严重性
5	成灾面积	6	0.1 hm²	县内成灾面积
6	成灾比例	4	0.1％	县内成灾比例
7	减产百分率	4	％	县内减产趋势估计
8	受害征状	50	字符	描述作物受灾的器官、部位、形态的变化

表 A38　牧草灾害子要素

序号	要素名	长度(Byte)	单位	说明
1	观测时间	14	日期	年月日时分秒
2	起始时间	14	日期	年月日时分秒
3	终止时间	14	日期	年月日时分秒
4	灾害名称	4	编码	编码,详见《编码》灾害名称部分
5	受害等级	1	无	1 为轻;2 为中;3 为重;4 为很重
6	受害征状	50	字符	描述牧草受灾情况

表 A39　家畜灾害子要素

序号	要素名	长度(Byte)	单位	说明
1	观测时间	14	日期	年月日时分秒
2	起始时间	14	日期	年月日时分秒
3	终止时间	14	日期	年月日时分秒
4	灾害名称	4	编码	编码,详见《编码》灾害名称部分
5	受害等级	1	无	1 为轻;2 为中;3 为重;4 为很重
6	受害征状	50	字符	描述家畜受灾情况

A17　自然物候要素数据文件格式

1. 文件名

国家级站单站文件名:

Z_AGME_I_IIiii_YYYYMMDDhhmmss_O_PHENO[−CCx].txt

国家级站打包文件名:

Z_AGME_C_CCCC_YYYYMMDDhhmmss_O_PHENO.txt

在文件名中,

Z:固定代码,表示文件为国内交换的资料;

AGME:固定代码,表示农业气象观测数据;

I:固定代码,指示其后字段代码为测站区站号;

C:固定代码,指示其后字段代码为编报中心代码;

IIiii:测站区站号;

CCCC:编报中心代码;

yyyyMMddhhmmss:文件生成时间"年月日时分秒"(UTC,世界时);

O:固定代码,表示文件为观测类资料;

PHENO:固定代码,表示文件为农业气象自然物候文件;

CCx:数据更正标识,可选标志,对于某测站(由 IIiii 指示)已发观测数据进行更正时,文件名中必须包含资料更正标识字段。在 CCx 中,CC 为固定代码,x 取值为 A～X,x＝A 时,

表示对该站某次观测的第一次更正,x＝B 时,表示对该站某次观测的第二次更正,依次类推,直至 x＝X;

txt:固定代码,表示文件为文本文件。

2. 数据格式

自然物候要素数据文件正文由 4 个子要素组成,其关键字与要素实名对照见表 A40。

表 A40 自然物候要素数据文件内容

序号	子要素实名	关键字	项目数	关键字长度
1	木本植物物候期	PHENO-01	3	
2	草本植物物候期	PHENO-02	3	8 字节
3	气象水文现象	PHENO-03	2	
4	动物物候期	PHENO-04	3	

自然物候要素的各子要素格式详见表 A41 至表 A44。

表 A41 木本植物物候期子要素

序号	要素名	长度(Byte)	单位	说明
1	出现时间	14	日期	年月日时分秒
2	植物名称	8	编码	编码,详见《编码》植物动物名称部分
3	物候期名称	2	编码	编码,详见《编码》植物物候期名称部分

表 A42 草本植物物候期子要素

序号	要素名	长度(Byte)	单位	说明
1	出现时间	14	日期	年月日时分秒
2	植物名称	8	编码	编码,详见《编码》植物动物名称部分
3	物候期名称	2	编码	编码,详见《编码》植物物候期名称部分

表 A43 气象水文现象子要素

序号	要素名	长度(Byte)	单位	说明
1	出现时间	14	日期	年月日时分秒
2	水文现象名称	4	编码	编码,详见《编码》水文现象名称部分

表 A44 动物物候期子要素

序号	要素名	长度(Byte)	单位	说明
1	出现时间	14	日期	年月日时分秒
2	动物名称	8	编码	编码,详见《编码》植物动物名称部分
3	物候期名称	2	编码	编码,详见《编码》植物物候期名称部分

A18　作物要素数据文件格式

1. 文件名

国家级站单站文件名：

Z_AGME_I_IIiii_YYYYMMDDhhmmss_O_CROP[－CCx]. txt

国家级站打包文件名：

Z_AGME_C_CCCC_YYYYMMDDhhmmss_O_CROP. txt

在文件名中，

Z：固定代码，表示文件为国内交换的资料；

AGME：固定代码，表示农业气象观测数据；

I：固定代码，指示其后字段代码为测站区站号；

C：固定代码，指示其后字段代码为编报中心代码；

IIiii：测站区站号；

CCCC：编报中心代码；

yyyyMMddhhmmss：文件生成时间"年月日时分秒"（UTC，世界时）；

O：固定代码，表示文件为观测类资料；

CROP：固定代码，表示文件为农业气象作物要素文件；

CCx：数据更正标识，可选标志，对于某测站（由 IIiii 指示）已发观测数据进行更正时，文件名中必须包含资料更正标识字段。在 CCx 中，CC 为固定代码，x 取值为 A～X，x＝A 时，表示对该站某次观测的第一次更正，x＝B 时，表示对该站某次观测的第二次更正，依次类推，直至 x＝X；

txt：固定代码，表示文件为文本文件。

2. 数据格式

作物要素数据文件正文由 7 个子要素组成，其关键字与要素实名对照见表 A45。

表 A45　作物要素数据文件内容

序号	子要素实名	关键字	项目数	关键字长度
1	作物生长发育	CROP-01	8	7 字节
2	干物质与叶面积	CROP-02	6	
3	灌浆速度	CROP-03	5	
4	产量因素	CROP-04	5	
5	产量结构	CROP-05	4	
6	关键农事活动	CROP-06	6	
7	县产量水平	CROP-07	5	

作物要素的各子要素格式详见表 A46 至表 A52。

表 A46　作物生长发育子要素

序号	要素名	长度(Byte)	单位	说明
1	作物名称	6	编码	编码,详见《农业气象观测数据编码》(简称编码)作物名称部分
2	发育期	2	编码	编码,详见《编码》作物发育期部分
3	发育时间	14	日期	年月日时分秒(世界时,YYYYMMddhhmmss);如观测精度未到秒级则秒位编00;如观测精度未到分级则分位编00,下同
4	发育期距平	4	天	与历史平均发育期之差,正数发育期推迟,负数为提前
5	发育期百分率	4	%	进入发育期的株(茎)数比例
6	生长状况	1	无	类:1为一类苗;2为二类苗;3为三类苗;4为三类苗以上
7	植株高度	4	cm	测区植株平均高度
8	植株密度	8	0.01株(茎)数/m²	单位面积上的植株数量

表 A47　干物质与叶面积子要素

序号	要素名	长度(Byte)	单位	说明
1	测定时间	14	日期	年月日时分秒
2	作物名称	6	编码	编码,详见《编码》作物名称部分
3	发育期	2	编码	编码,详见《编码》作物发育期部分
4	生长率	6	0.01 g/(m²·d)	计算总干重部分的干物质增长量
5	含水率	6	0.01%	器官或株(茎)含水率
6	叶面积指数	6	0.1	单位土地面积上的绿叶面积的倍数

表 A48　灌浆速度子要素

序号	要素名	长度(Byte)	单位	说明
1	测定时间	14	日期	年月日时分秒
2	作物名称	6	编码	编码,详见《编码》作物名称部分
3	含水率	6	0.01%	计算子粒的含水百分率
4	千粒重	6	0.01 g	计算1000粒平均子粒干重的值
5	灌浆速度	6	0.01克/(千粒·日)	计算单位时间子粒干物质增长量

表 A49　产量因素子要素

序号	要素名	长度(Byte)	单位	说明
1	测定时间	14	日期	年月日时分秒
2	作物名称	6	编码	编码,详见《编码》作物名称部分
3	发育期	2	编码	编码,详见《编码》作物发育期部分
4	项目名称	2	无	编码,详见《编码》作物产量因素部分
5	测定值	8	0.01	各项目测值均保留2位小数

表 A50 产量结构子要素

序号	要素名	长度(Byte)	单位	说明
1	测定时间	14	YYYY-MM-DD	年月日时分秒
2	作物名称	6	编码	编码,详见《编码》作物名称部分
3	项目名称	2	编码	编码,详见《编码》作物产量结构部分
4	测定值	8	0.01	各项目测值均保留2位小数

表 A51 关键农事活动子要素

序号	要素名	长度(Byte)	单位	说明
1	起始时间	14	日期	年月日时分秒
2	结束时间	14	日期	年月日时分秒
3	作物名称	6	编码	编码,详见《编码》作物名称部分
4	项目名称	2	编码	编码,详见《编码》田间工作部分
5	质量	1	等级	1为较差;2为中等;3为优良
6	方法和工具	100	字符	文字描述

表 A52 县产量水平子要素

序号	要素名	长度(Byte)	单位	说明
1	年度	4	日期	年
2	作物名称	8	无	编码,详见《编码》作物名称部分
3	测站产量水平	6	0.1 kg/hm²	观测场地产量水平
4	县平均单产	6	0.1 kg/hm²	测站所在县产量水平
5	县产量增减产百分率	6	0.1%	测站所在县产量与上一年的增减情况

A19 畜牧要素数据文件格式

1. 文件名
国家级站单站文件名:
Z_AGME_I_IIiii_YYYYMMDDhhmmss_O_GRASS[-CCx].txt
国家级站打包文件名:
Z_AGME_C_CCCC_YYYYMMDDhhmmss_O_GRASS.txt
在文件名中,
Z:固定代码,表示文件为国内交换的资料;
AGME:固定代码,表示农业气象观测数据;
I:固定代码,指示其后字段代码为测站区站号;
C:固定代码,指示其后字段代码为编报中心代码;
IIiii:测站区站号;
CCCC:编报中心代码;
yyyyMMddhhmmss:文件生成时间"年月日时分秒"(UTC,世界时);

O：固定代码，表示文件为观测类资料；

GRASS：固定代码，表示文件为农业气象畜牧要素文件；

CCx：数据更正标识，可选标志，对于某测站（由 IIiii 指示）已发观测数据进行更正时，文件名中必须包含资料更正标识字段。在 CCx 中，CC 为固定代码，x 取值为 A～X，x＝A 时，表示对该站某次观测的第一次更正，x＝B 时，表示对该站某次观测的第二次更正，依次类推，直至 x＝X；

txt：固定代码，表示文件为文本文件。

2. 数据格式

畜牧要素数据文件正文由 6 个子要素组成，其关键字与要素实名对照见表 A53。

表 A53 畜牧要素数据文件内容

序号	子要素实名	关键字	项目数	关键字长度（Byte）
1	牧草发育期	GRASS-01	4	
2	牧草生长高度	GRASS-02	3	
3	牧草产量	GRASS-03	5	8
4	覆盖度及草层采食度	GRASS-04	5	
5	灌木、半灌木密度	GRASS-05	4	
6	家畜膘情等级调查	GRASS-06	4	

畜牧要素的各子要素格式见表 A54 至表 A59。

表 A54 牧草发育期子要素

序号	要素名	长度（Byte）	单位	说明
1	观测时间	14	日期	年月日时分秒
2	牧草名称	8	编码	编码，详见《编码》牧草名称部分
3	发育期	2	编码	编码，详见《编码》作物发育期部分
4	发育期百分率	4	％	进入发育期的株（茎）数比例

表 A55 牧草生长高度子要素

序号	要素名	长度（Byte）	单位	说明
1	观测时间	14	日期	年月日时分秒
2	牧草名称	8	编码	编码，详见《编码》牧草名称部分
3	生长高度	4	cm	测区牧草平均高度

表 A56 牧草产量子要素

序号	要素名	长度（Byte）	单位	说明
1	测定时间	14	日期	年月日时分秒
2	牧草名称	8	编码	编码，详见《编码》牧草名称部分
3	干重	6	$0.1\ kg/hm^2$	牧草或灌木、半灌木分种产量
4	鲜重	6	$0.1\ kg/hm^2$	
5	干鲜比	4	％	干重与鲜重的比例

表 A57　覆盖度及草层采食度子要素

序号	要素名	长度(Byte)	单位	说明
1	测定时间	14	日期	年月日时分秒
2	覆盖度	4	%	灌木、半灌木的覆盖地面比例
3	草层状况评价	1	无	1 为优;2 为良;3 为中;4 为差;5 为很差
4	采食度	1	无	1 为轻微;2 为轻;3 为中;4 为重;5 为很重
5	采食率	4	%	混合牧草的家畜采食率

表 A58　灌木、半灌木密度子要素

序号	要素名	长度(Byte)	单位	说明
1	测定时间	14	日期	年月日时分秒
2	牧草名称	8	无	编码,详见《编码》牧草名称部分
3	每公顷株丛数	6	株/hm²	由 100 m² 的顷株丛数推算
4	每公顷总株丛数	6	株/hm²	各分种草每公顷株丛数的总和

表 A59　家畜膘情等级调查子要素

序号	要素名	长度(Byte)	单位	说明
1	调查时间	14	无	年月日时分秒
2	膘情等级	1	无	1 为上;2 为中;3 为下;4 为很差
3	成畜头数	4	头	不同调查等级下的头数
4	幼畜头数	4	头	

A20　土壤水分要素数据文件格式

1. 文件名

国家级站单站文件名:

Z_AGME_I_IIiii_YYYYMMDDhhmmss_O_SOIL[-CCx].txt

国家级站打包文件名:

Z_AGME_C_CCCC_YYYYMMDDhhmmss_O_SOIL.txt

在文件名中,

Z:固定代码,表示文件为国内交换的资料;

AGME:固定代码,表示农业气象观测数据;

I:固定代码,指示其后字段代码为测站区站号;

C:固定代码,指示其后字段代码为编报中心代码;

IIiii:测站区站号;

CCCC:编报中心代码;

yyyyMMddhhmmss:文件生成时间"年月日时分秒"(UTC,世界时);

O:固定代码,表示文件为观测类资料;

SOIL：固定代码，表示文件为农业气象土壤水分要素文件；

CCx：数据更正标识，可选标志，对于某测站（由 IIiii 指示）已发观测数据进行更正时，文件名中必须包含资料更正标识字段。在 CCx 中，CC 为固定代码，x 取值为 A～X，x＝A 时，表示对该站某次观测的第一次更正，x＝B 时，表示对该站某次观测的第二次更正，依次类推，直至 x＝X；

txt：固定代码，表示文件为文本文件。

2. 数据格式

土壤水分要素数据文件正文由 5 个子要素组成，其关键字与要素实名对照见表 A60。

表 A60　土壤水分要素数据文件

序号	子要素实名	关键字	项目数	关键字长度（Byte）
1	土壤水文物理特性	SOIL-01	6	
2	土壤相对湿度	SOIL-02	16	
3	水分总储存量	SOIL-03	14	7
4	有效水分储存量	SOIL-04	14	
5	土壤冻结与解冻	SOIL-05	5	

土壤水分要素的各子要素格式见表 A61 至表 A65。

表 A61　土壤水文物理特性子要素

序号	要素名	长度（Byte）	单位	说明
1	测定时间	14	日期	年月日时分秒
2	地段类型	1	编码	0—作物观测地段 1—固定观测地段 2—加密观测地段 3—其他观测地段
3	土层深度	3	cm	分别为 10,20,…,100 cm 10 个土层
4	田间持水量	4	0.1%	土壤所能保持的毛管悬着水的最大量
5	土壤容重	4	0.01 g/cm³	单位体积内的干土重
6	凋萎湿度	4	0.1%	致使植株叶片开始呈现凋萎状态时的土壤湿度

注：测站启用或更新土壤水文物理特性时，且仅首次上传本子要素。

表 A62　土壤相对湿度子要素

序号	要素名	长度（Byte）	单位	说明
1	测定时间	14	日期	年月日时分秒
2	地段类型	1	编码	0 为作物观测地段 1 为固定观测地段 2 为加密观测地段 3 为其他观测地段

续表

序号	要素名	长度（Byte）	单位	说明
3	作物名称	6	编码	编码，详见《编码》作物名称部分
4	发育期	2	编码	编码，详见《编码》作物发育期部分
5	干土层厚度	4	cm	
6	10 cm 土壤相对湿度			
7	20 cm 土壤相对湿度			
8	30 cm 土壤相对湿度			
9	40 cm 土壤相对湿度			
10	50 cm 土壤相对湿度	4	%	各土层土壤相对湿度测量值
11	60 cm 土壤相对湿度			
12	70 cm 土壤相对湿度			
13	80 cm 土壤相对湿度			
14	90 cm 土壤相对湿度			
15	100 cm 土壤相对湿度			
16	灌溉或降水	1		0 为无灌溉和降水；1 为有灌溉或降水
17	地下水位	2	0.1 m	≥2 m 编 20

表 A63　水分总储存量子要素

序号	要素名	长度（Byte）	单位	说明
1	测定时间	14	日期	年月日时分秒
2	地段类型	1	编码	0 为作物观测地段 1 为固定观测地段 2 为加密观测地段 3 为其他观测地段
3	作物名称	6	无	编码，详见《编码》作物名称部分
4	发育期	2	无	编码，详见《编码》作物发育期部分
5	10 cm 水分总储存量			
6	20 cm 水分总储存量			
7	30 cm 水分总储存量			
8	40 cm 水分总储存量			
9	50 cm 水分总储存量			
10	60 cm 水分总储存量	4	mm	一定深度的土壤中总的含水量
11	70 cm 水分总储存量			
12	80 cm 水分总储存量			
13	90 cm 水分总储存量			
14	100 cm 水分总储存量			

附录 A 数据格式

表 A64　有效水分储存量子要素

序号	要素名	长度(Byte)	单位	说明
1	测定时间	14	日期	年月日时分秒
2	地段类型	1	编码	0 为作物观测地段 1 为固定观测地段 2 为加密观测地段 3 为其他观测地段
3	作物名称	6	编码	编码,详见《编码》作物名称部分
4	发育期	2	编码	编码,详见《编码》作物发育期部分
5	10 cm 有效水分储存量	4	mm	土壤中含有的大于凋萎湿度的水分储存量
6	20 cm 有效水分储存量			
7	30 cm 有效水分储存量			
8	40 cm 有效水分储存量			
9	50 cm 有效水分储存量			
10	60 cm 有效水分储存量			
11	70 cm 有效水分储存量			
12	80 cm 有效水分储存量			
13	90 cm 有效水分储存量			
14	100 cm 有效水分储存量			

表 A65　土壤冻结与解冻子要素

序号	要素名	长度(Byte)	单位	说明
1	出现时间	14	日期	年月日时分秒
2	地段类型	1	编码	0 为作物观测地段 1 为固定观测地段 2 为加密观测地段 3 为其他观测地段
3	作物名称	6	编码	编码,详见《编码》作物名称部分
4	土层深度	1	编码	0 为表层 1 为 10 cm 2 为 20 cm
5	土层状态	1	编码	0 为冻结 1 为解冻

A21　气溶胶数浓度谱 NSD 小时数据文件格式

1. 文件名

单站文件名:

Z_CAWN_I_IIiii_yyyyMMddhhmmss_O_ARE_FLD_NSD. TXT

· 255 ·

在文件名中，

Z：固定代码，表示文件为国内交换的资料；

CAWN：固定代码，表示大气成分观测数据；

I：固定代码，指示其后字段代码为测站区站号；

IIiii：测站区站号；

yyyyMMddhhmmss：文件生成时间"年月日时分秒"（UTC，世界时）；

O：固定代码，表示文件为观测类资料；

ARE：固定代码，表示文件为大气成分气溶胶数据文件；

NSD：固定代码，表示气溶胶数浓度谱；

txt：固定代码，表示文件为文本文件。

2. 数据格式

表 A66　气溶胶数浓度谱 NSD 小时文件数据格式

列	字段说明	数位
01	观测站区站号	5 位
02	项目代码	4 位
03	年	4 位
04	日	3 位
05	时分	4 位
06	存储位置	
07	重量因数	
08	错误代码	
09	电池电压代码	
10	阈电流	
11	UeL	综合订正计数
12	Ue4	气压计数
13	Ue3	备用
14	Ue2	湿度计数
15	Ue1	温度计数
16	时间间隔	
17	S1	风速计量因子
18	S2	风向计量因子
19	S3	降水计量因子
20	T_K	温度斜率订正
21	H_K	湿度斜率订正
22	P_K	气压斜率订正
23	T_b	温度偏移订正
24	H_b	湿度偏移订正
25	P_b	气压偏移订正
26	WS	风速灵敏度

列	字段说明	数位
27	WD	风向倾角
28	Rain	降水传感器订正因子
29	气压	
30	备用	
31	湿度	
32	温度	
33	风速	
34	风向	
35	降水	
36	C1	C1 通道数浓度
37	C2	C2 通道数浓度
38	C3	C3 通道数浓度
39	C4	C4 通道数浓度
40	C5	C5 通道数浓度
41	C6	C6 通道数浓度
42	C7	C7 通道数浓度
43	C8	C8 通道数浓度
44	C9	C9 通道数浓度
45	C10	C10 通道数浓度
46	C11	C11 通道数浓度
47	C12	C12 通道数浓度
48	C13	C13 通道数浓度
49	C14	C14 通道数浓度
50	C15	C15 通道数浓度
51	C16	C16 通道数浓度
52	C17	C17 通道数浓度
53	C18	C18 通道数浓度
54	C19	C19 通道数浓度
55	C20	C20 通道数浓度
56	C21	C21 通道数浓度
57	C22	C22 通道数浓度
58	C23	C23 通道数浓度
59	C24	C24 通道数浓度
60	C25	C25 通道数浓度
61	C26	C26 通道数浓度
62	C27	C27 通道数浓度
63	C28	C28 通道数浓度
64	C29	C29 通道数浓度
65	C30	C30 通道数浓度
66	C31	C31 通道数浓度
67	C32	C32 通道数浓度

A22 气溶胶质量浓度多要素 PMMUL 小时数据文件格式

1. 文件名

单站文件名：

Z_CAWN_I_IIiii_yyyyMMddhhmmss_ARE_FLD_PMMUL.txt

在文件名中，

Z：固定代码，表示文件为国内交换的资料；

CAWN：固定代码，表示大气成分观测数据；

I：固定代码，指示其后字段代码为测站区站号；

IIiii：测站区站号；

yyyyMMddhhmmss：文件生成时间"年月日时分秒"（UTC，世界时）；

O：固定代码，表示文件为观测类资料；

ARE：固定代码，表示文件为大气成分气溶胶数据文件；

PMMUL：固定代码，表示气溶胶质量浓度多要素；

txt：固定代码，表示文件为文本文件。

2. 数据格式

表 A67　气溶胶质量浓度多要素（PMMUL）小时文件数据格式

列	字段说明	数位	
01	观测站的区站号	5 位	
02	项目代码	4 位	
03	年	4 位	
04	日	3 位	
05	时分	4 位	
06	存储位置		
07	重量因数		
08	错误代码		
09	电池电压代码		
10	阈电流		
11	UeL	综合订正计数	
12	Ue4	气压计数	
13	Ue3	备用	
14	Ue2	湿度计数	
15	Ue1	温度计数	
16	时间间隔		
17	S1	风速计量因子	
18	S2	风向计量因子	
19	S3	降水计量因子	

列	字段说明	数位
20	T_K	温度斜率订正
21	H_K	湿度斜率订正
22	P_K	气压斜率订正
23	T_b	温度偏移订正
24	H_b	湿度偏移订正
25	P_b	气压偏移订正
26	WS	风速灵敏度
27	WD	风向倾角
28	Rain	降水传感器订正因子
29	气压	
30	备用	
31	湿度	
32	温度	
33	风速	
34	风向	
35	降水	
36	PM_{10}	PM_{10}质量浓度
37	$PM_{2.5}$	$PM_{2.5}$质量浓度
38	PM1	PM1质量浓度

A23　酸雨观测日文件格式

1. 文件名

单站日文件名,

Z_CAWN_I_IIiii_yyyyMMddhhmmss_O_AR_FTM. txt

在文件名中,

Z:固定代码,表示文件为国内交换的资料;

CAWN:固定代码,表示大气成分观测数据;

I:固定代码,指示其后字段代码为测站区站号;

IIiii:测站区站号;

yyyyMMddhhmmss:文件生成时间"年月日时分秒"(UTC,世界时);

O:固定代码,表示文件为观测类资料;

AR:固定代码,表示文件为大气成分酸雨数据文件;

FTM:固定代码,表示定时观测资料;

txt:固定代码,表示文件为文本文件。

2. 数据格式

单站日酸雨观测资料共 2 条记录，第 1 条记录为本站基本参数，共 28 个字节，记录尾用回车换行"<CR><LF>"结束；第 2 条记录为酸雨采样和测量值，共 173 字节，记录的后面加上"＝<CR><LF>"，表示单站记录结束；文件结尾处加"NNNN<CR><LF>"表示全部记录结束。

（1）第 1 条记录：包括区站号、纬度、经度、观测场海拔高度和观测方式共 5 组，每组用 1 个半角空格分隔，排列顺序及长度分配见表 A68。

表 A68　酸雨观测日文件内容记录 1

序号	要素名	长度（Byte）	说明
1	区站号	5	5 位数字或第 1 位为字母，第 2～5 位为数字
2	纬度	5	按度分记录，均为 2 位，高位不足补"0"，最后 1 位为南北纬，分别用"S"或"N"表示
3	经度	6	按度分记录，度为 3 位，分秒为 2 位，高位不足补"0"，最后 1 位为东西经，分别用"E"或"W"表示
4	观测场海拔高度	6	由 6 位数字组成，第 1 位为海拔高度参数，实测为"0"，约测为"1"。后 5 位为海拔高度，单位为"0.1 m"，位数不足，高位补"0"。若测站位于海平面以下，第 2 位录入"－"号
5	观测方式	1	固定编报 1（人工测量）

（2）第 2 条记录共 28 组要素值，每组用 1 个半角空格分隔，排列顺序及长度分配见表 A69。

表 A69　酸雨观测日文件内容记录 2

序号	要素名	长度（Byte）	说明
1	观测时间	14	年月日时分秒（yyyyMMddhhmmss），其中：时分秒固定为"000000"
2	降水开始时间	6	格式为日时分（ddhhmm），各两位，按 UTC 编
3	降水结束时间	6	格式为日时分（ddhhmm），各两位，按 UTC 编
4	酸雨观测降水量	5	
5	初测测量时样品温度	3	
6	初测 pH 值测量第 1 次读数	4	
7	初测 pH 值测量第 2 次读数	4	
8	初测 pH 值测量第 3 次读数	4	
9	初测样品 pH 值的平均值	4	
10	初测 K 值测量第 1 次读数	5	
11	初测 K 值测量第 2 次读数	5	
12	初测 K 值测量第 3 次读数	5	
13	初测样品 25℃时的 K 值平均值	5	
14	采样日界内 14 时风向风速	6	
15	采样日界内 20 时风向风速	6	
16	采样日界内 02 时风向风速	6	

序号	要素名	长度(Byte)	说明
17	采样日界内08时风向风速	6	
18	降水期间天气现象	8	按天气现象代码编报
19	酸雨量观测备注	5	按编码编报
20	复测测量时样品温度	3	
21	复测pH值测量第1次读数	4	
22	复测pH值测量第2次读数	4	
23	复测pH值测量第3次读数	4	
24	复测样品pH值的平均值	4	没有进行复测时,第20~28项全部用相应位数的"/"补齐
25	复测K值测量第1次读数	5	
26	复测K值测量第2次读数	5	
27	复测K值测量第3次读数	5	
28	复测样品25℃时的K值平均值	5	

数据记录单位:遵守《酸雨观测业务规范》规定,存储各要素值不含小数点,具体规定见表A70。

表A70 酸雨观测日文件数据记录单位

要素名	记录单位	存储规定
降水量	0.1 mm	扩大10倍
温度	0.1℃	扩大10倍
pH值	0.01单位pH值	扩大100倍
K值	0.1 μS/m	扩大10倍
风向	16个方位	原值
风速	0.1 m/s	扩大10倍

存储要求:

①若要素缺测或无记录,除有特殊规定外,则均应按约定的字长,每个字节位均存入一个"/"字符;

②要素位数不足时,高位补"0",例如:气温-1.2℃,记录为-012。

③风向不足三位时,高位用"P"补齐。

④天气现象编码的处理:降水期间的天气现象少于4种,以出现的天气现象的编码录入前几位,后几位以"0"补足。降水期间的天气现象多于4个,按照天气现象持续时间的长短顺序录入前4种的编码。

⑤两种特殊情况下的处理:当某日无降水,则在第2条记录的观测日期组后,直接加上"=";当某日有降水但漏采样,则在第2条记录的观测日期组后,空一格,再加上"NIL="组。

A24 酸雨观测月文件格式

1. 文件名

SIIiii-YYYYMM. TXT

在文件名中,

S:文件类别标识符(保留字);

IIiii:区站号;

YYYY:资料年份;

MM:资料月份,位数不足,高位补"0";

TXT:文件扩展名。

2. 数据格式

S文件由台站参数、观测数据和附加信息三个部分构成。观测数据部分的结束符为"??????",附加信息部分的结束符为"＃＃＃＃＃"。

台站参数见表A71。

表 A71 酸雨观测月文件台站参数部分

序号	要素名	长度(Byte)	说明
1	区站号	5	5位数字或第1位为字母,第2~5位为数字
2	纬度	5	按度分记录,均为2位,高位不足补"0",最后1位为南北纬,分别用"S"或"N"表示
3	经度	6	按度分记录,度为3位,分秒为2位,高位不足补"0",最后1位为东西经,分别用"E"或"W"表示
4	观测场海拔高度	6	由6位数字组成,第1位为海拔高度参数,实测为"0",约测为"1"。后5位为海拔高度,单位为"0.1 m",位数不足,高位补"0"。若测站位于海平面以下,第2位录入"一"号
5	测站类别和夜间守班情况	3	第1位为测站类别标识符(保留字),用大写字母表示。第2~3位由2位数字组成,第2位表示测站类别,第3位表示夜间守班情况。第2位是1为基准站,第2位是2为基本站,第2位是3为一般站,第2位是4为本底站,第2位是5独立的大气成分站,第2位是6独立的酸雨站;第3位是0为夜间不守班,第3位是1是夜间守班
6	采样方式	3	第1位为采样方式标识符(保留字),用大写字母表示。第2~3位由2位数字组成,第2位是0为使用降水采样桶进行人工采样,第2位是1为使用自动降水采样器采样,当月既有人工采样,又有自动采样,也用第2位是1表示;第3位是0为降水过程采样,第3位是1为日采样
7	年份	4	
8	月份	2	

观测数据由月统计数据和逐日观测数据两部分构成,均由指示码、方式位及该月的相应数据组成。

月统计数据的指示码为"M",方式位为"0"或(和)"="。一般情况下,月统计数据的指示码和方式位为 M0<CR><LF>。当方式位为等号"="时,表示酸雨观测全月缺测,如"M=<CR><LF>";当方式位为 0 且第三位为等号"="时,表示全月未出现日降水量≥1.0 mm 的降水日,如"M0=<CR><LF>"。

逐日观测数据的指示码为"D",方式位为"0"或(和)"="。一般情况下,其指示码和方式位为 D0<CR><LF>。当方式位为等号"="或方式位为 0 且第三位为等号"="时,其表示意义同月统计数据。

"<CR><LF>"为记录结束符(表示回车换行,即 chr[13]和 chr[10])。

月统计数据只有一条记录,由全月降水日数、酸雨观测日数、月总降水量、酸雨观测的月总降水量、月平均 pH 值、月最大 pH 值、月最小 pH 值、pH 值<5.60 的酸性降水出现百分率、pH 值<5.00 的酸性降水出现百分率、月平均 K 值共 10 组数据组成。组间用一个半角空格分隔,记录以"=<CR><LF>"作为结束符。具体见表 A72。

表 A72　酸雨观测月文件内容月统计数据部分

序号	要素名	长度(Byte)	说明
1	月降水日数	2	月内日降水量(08—08 时)≥0.1 mm 的日数,由 2 位数字组成,位数不足,高位补"0"。
2	酸雨观测日数	2	月内进行了酸雨观测(完成降水采样,不论是否有 pH 值和 K 值测量结果)的日数或次数(按降水过程采样时),由 2 位数字组成,位数不足,高位补"0"。
3	月总降水量	5	08—08 时降水量的月合计,以 mm 为单位,取一位小数,由 5 位数字组成,小数点去掉,位数不足,高位补"0"。
4	酸雨观测的月总降水量	5	达到酸雨日采样标准各日降水量的月合计,记录规定同 rrrrr。
5	月平均 pH 值	4	取两位小数,由 4 位数字组成,小数点去掉,位数不足,高位补"0"。全月无降水或无酸雨观测资料时,录入"0000"。
6	月最大 pH 值及出现日期	6	第 1~4 位是月最大 pH 值,第 5~6 位是日期。
7	月最小 pH 值及出现日期	6	第 1~4 位是月最小 pH 值,第 5~6 位是日期。
8	pH 值<5.60 的酸性降水出现百分率	4	取一位小数,由 4 位数字组成,小数点去掉,位数不足,高位补"0"。全月无降水或无酸雨观测资料时,录入"////"。
9	pH 值<5.00 的酸性降水出现百分率	4	取一位小数,由 4 位数字组成,小数点去掉,位数不足,高位补"0"。全月无降水或无酸雨观测资料时,录入"////"。
10	月平均 K 值	5	以 $\mu S/cm$ 为单位,取一位小数,由 5 位数字组成,小数点去掉,位数不足,高位补"0"。全月无降水或无酸雨观测资料时,录入"/////"。

各日降水样品(按降水过程采样时,为各测量样品)均对应一条记录,记录总数为酸雨观测日数(或次数)。

每条记录由酸雨观测日期,降水时段的起始、结束时间,酸雨观测样品对应的降水量,初测时的降水样品温度,降水样品 pH 值的第 1、2、3 次初测读数,降水样品的初测 pH 平均值,降水样品 K 值的第 1、2、3 次初测读数,降水样品 25℃时的初测 K 值平均值,复测时的降水样品温度,降水样品 pH 值的第 1、2、3 次复测读数,降水样品的复测 pH 平均值,降水样品 K 值的第 1、2、3 次复测读数,降水样品 25℃时的复测 K 值平均值,本次降水采样日界内 14、20、02、08 时的风向和风速,降水期间的天气现象,备注共 28 组构成。组间用一个半角空格分隔。

记录以"<CR><LF>"作结束符,全月数据结束符为"=<CR><LF>"。具体见表 A73。

表 A73　酸雨观测月文件内容逐日观测数据部分

序号	要素名	长度(Byte)	说明
1	观测日期	2	由 2 位数字组成,位数不足,高位补"0"
2	降水时段的起始时间	6	由 6 位数字组成
3	降水时段的结束时间	6	由 6 位数字组成
4	酸雨观测样品对应的降水量	5	
5	初测时的降水样品温度	3	
6	初测时的降水样品第 1 次 pH 值测量读数	4	
7	初测时的降水样品第 2 次 pH 值测量读数	4	
8	初测时的降水样品第 3 次 pH 值测量读数	4	
9	降水样品的初测 pH 平均值	4	
10	初测时的降水样品第 1 次 K 值测量读数	5	
11	初测时的降水样品第 2 次 K 值测量读数	5	
12	初测时的降水样品第 3 次 K 值测量读数	5	
13	降水样品 25℃时的初测 K 值平均值	5	
14	复测时的降水样品温度	3	
15	复测时的降水样品第 1 次 pH 值测量读数	4	
16	复测时的降水样品第 2 次 pH 值测量读数	4	
17	复测时的降水样品第 3 次 pH 值测量读数	4	
18	降水样品的复测 pH 平均值	4	
19	复测时的降水样品第 1 次 K 值测量读数	5	
20	复测时的降水样品第 2 次 K 值测量读数	5	
21	复测时的降水样品第 3 次 K 值测量读数	5	
22	降水样品 25℃时的复测 K 值平均值	5	
23	降水采样日界内 14 时自记或十分钟平均风向风速	6	
24	降水采样日界内 20 时自记或十分钟平均风向风速	6	
25	降水采样日界内 02 时自记或十分钟平均风向风速	6	
26	降水采样日界内 08 时自记或十分钟平均风向风速	6	
27	降水期间的天气现象	8	
28	酸雨观测备注	5	

"附加信息"部分由"附加参数""现用仪器"和"备注"三个数据段组成,各段数据结束符为"=<CR><LF>",详见《酸雨观测业务规范》。

A25 CINRAD SA/SB 雷达基数据格式

表 A74 CINRAD SA/SB 雷达基数据文件内容

字节顺序	双字节顺序	数据类型	说明	
1—14	1—7		保留	雷达信息头（28字节）
15—16	8	2字节	1—表示雷达数据	
17—28	9—14		保留	
29—32	15—16	4字节	径向数据收集时间（ms,自 00:00 开始）	
33—34	17	2字节	儒略日（Julian）表示,自 1970 年 1 月 1 日开始	
35—36	18	2字节	不模糊距离（表示:数值/10.＝km）	
37—38	19	2字节	方位角（编码方式:[数值/8.] * [180./4096.]＝度）	
39—40	20	2字节	当前仰角内径向数据序号	
41—42	21	2字节	径向数据状态0:该仰角的第一条径向数据 1:该仰角中间的径向数据 2:该仰角的最后一条径向数据 3:体扫开始的第一条径向数据 4:体扫结束的最后一条径向数据	
43—44	22	2字节	仰角（编码方式:[数值/8.] * [180./4096.]＝度）	
45—46	23	2字节	体扫内的仰角数	
47—48	24	2字节	反射率数据的第一个距离库的实际距离（单位:m）	
49—50	25	2字节	多普勒数据的第一个距离库的实际距离（单位:m）	
51—52	26	2字节	反射率数据的距离库长（单位:m）	
53—54	27	2字节	多普勒数据的距离库长（单位:m）	
55—56	28	2字节	反射率的距离库数	
57—58	29	2字节	多普勒的距离库数	
59—60	30	2字节	扇区号	
61—64	31—32	4字节	系统订正常数	
65—66	33	2字节	反射率数据指针（偏离雷达数据信息头的字节数）表示第一个反射率数据的位置	
67—68	34	2字节	速度数据指针（偏离雷达数据信息头的字节数）表示第一个速度数据的位置	
69—70	35	2字节	谱宽数据指针（偏离雷达数据信息头的字节数）表示第一个谱宽数据的位置	
71—72	36	2字节	多普勒速度分辨率。2:表示 0.5 m/s 4:表示 1.0 m/s	
73—74	37	2字节	体扫（VCP）模式　11:降水模式,16 层仰角 21:降水模式,14 层仰角 31:晴空模式,8 层仰角 32:晴空模式,7 层仰角	
75—82	38—41		保留	
83—84	42	2字节	用于回放的反射率数据指针,同 33	
85—86	43	2字节	用于回放的速度数据指针,同 34	

续表

字节顺序	双字节顺序	数据类型	说明	
87—88	44	2 字节	用于回放的谱宽数据指针,同 35	
89—90	45	2 字节	Nyquist 速度(表示:数值/100.＝m/s)	
91—128	46—64		保留	
129—588	65—294	1 字节	反射率 距离库数:0～460 编码方式:(数值－2)/2.－32＝DBZ 当数值为 0 时,表示无回波数据(低于信噪比阀值) 当数值为 1 时,表示距离模糊	基数据部分 (2300 字节)
129—1508	65—754	1 字节	速度 距离库数:0～920 编码方式: 分辨率为 0.5 m/s 时 (数值－2)/2.－63.5＝m/s 分辨率为 1.0 m/s 时 (数值－2)－127＝m/s 当数值为 0 或 1 时,意义同上	
129—2428	65—1214	1 字节	谱宽 距离库数:0～920 编码方式: (数值－2)/2.－63.5＝m/s 当数值为 0 或 1 时,意义同上	
2429—2432	1215—1216		保留	

说明:

(1)数据的存储方式:

每个体扫存储为一个单独的文件。

(2)数据的排列方式:

按照径向数据的方式顺序排列,对于 CINRAD SA/SB 雷达,体扫数据排列自低仰角开始到高仰角结束。

(3)径向数据的长度:

径向数据的长度固定,为 2432 字节。

(4)距离库长和库数:

反射率距离库长为 1000 m,最大距离库数为 460;

速度和谱宽距离库长为 250 m,最大距离库数为 920。

A26 CINRAD CB 雷达基数据格式

表 A75 CINRAD CB 雷达基数据文件内容

字节顺序	双字节顺序	数据类型	说明	
1—14	1—7		保留	雷达信息头 (28 字节)
15—16	8	2 字节	1—表示雷达数据	
17—28	9—14		保留	
29—32	15—16	4 字节	径向数据收集时间(ms,自 00:00 开始)	
33—34	17	2 字节	儒略日(Julian)表示,自 1970 年 1 月 1 日开始	
35—36	18	2 字节	不模糊距离(表示:数值/10. =km)	
37—38	19	2 字节	方位角(编码方式:[数值/8.] * [180./4096.]=度)	
39—40	20	2 字节	当前仰角内径向数据序号	
41—42	21	2 字节	径向数据状态0:该仰角的第一条径向数据 1:该仰角中间的径向数据 2:该仰角的最后一条径向数据 3:体扫开始的第一条径向数据 4:体扫结束的最后一条径向数据	
43—44	22	2 字节	仰角(编码方式:[数值/8.] * [180./4096.]=度)	
45—46	23	2 字节	体扫内的仰角数	
47—48	24	2 字节	反射率数据的第一个距离库的实际距离(单位:m)	
49—50	25	2 字节	多普勒数据的第一个距离库的实际距离(单位:m)	
51—52	26	2 字节	反射率数据的距离库长(单位:m)	
53—54	27	2 字节	多普勒数据的距离库长(单位:m)	
55—56	28	2 字节	反射率的距离库数	
57—58	29	2 字节	多普勒的距离库数	
59—60	30	2 字节	扇区号	
61—64	31—32	4 字节	系统订正常数	
65—66	33	2 字节	反射率数据指针(偏离雷达数据信息头的字节数)表示第一个反射率数据的位置	
67—68	34	2 字节	速度数据指针(偏离雷达数据信息头的字节数)表示第一个速度数据的位置	
69—70	35	2 字节	谱宽数据指针(偏离雷达数据信息头的字节数)表示第一个谱宽数据的位置	
71—72	36	2 字节	多普勒速度分辨率。2:表示 0.5 m/s 4:表示 1.0 m/s	
73—74	37	2 字节	体扫(VCP)模式 11:降水模式,16 层仰角 21:降水模式,14 层仰角 31:晴空模式,8 层仰角 32:晴空模式,7 层仰角	
75—82	38—41		保留	
83—84	42	2 字节	用于回放的反射率数据指针,同 33	
85—86	43	2 字节	用于回放的速度数据指针,同 34	

续表

字节顺序	双字节顺序	数据类型	说明	
87—88	44	2字节	用于回放的谱宽数据指针,同35	
89—90	45	2字节	Nyquist 速度(表示:数值/100. =m/s)	
91—128	46—64		保留	
129—928	65—464	1字节	反射率 距离库数:0~800 编码方式:(数值−2)/2. −32=DBZ 当数值为0时,表示无回波数据(低于信噪比阀值) 当数值为1时,表示距离模糊	基数据 部分 (4000字节)
129—2528	65—1264	1字节	速度 距离库数:0~1600 编码方式: 分辨率为0.5 m/s时 (数值−2)/2. −63.5=m/s 分辨率为1.0 m/s时 (数值−2)−127=m/s 当数值为0或1时,意义同上	
129—4128	65—2064	1字节	谱宽 距离库数:0~1600 编码方式: (数值−2)/2. −63.5=m/s 当数值为0或1时,意义同上	
4129—4132	1215—2066		保留	

说明:

(1)数据的存储方式:

每个体扫存储为一个单独的文件。

(2)数据的排列方式:

按照径向数据的方式顺序排列,对于 CINRAD CB 雷达,体扫数据排列自低仰角开始到高仰角结束。

(3)径向数据的长度:

径向数据的长度固定,为 4132 字节。

(4)距离库长和库数:

反射率距离库长为 500 m,最大距离库数为 800;

速度和谱宽距离库长为 125 m,最大距离库数为 1600。

A27   双线偏振雷达

偏振雷达基本数据在数据类型中增加了 5 个偏振量,分别为:

ZDR[n](反射率差值:单位为 0.01 dB),

PHDP[n](传播相移差值:单位为 0.01),

KDP[n]（比差分相移值：单位为 0.01），

LDRH[n]（退极化比值：单位为 0.01），

ROHV[n]（相关系数值：单位为 0.001），偏振量全为 short 型。

在层参数信息数据结构（struct LAYERPARAM LayerInfo）中的 DataForm（本层径向中的数据排列方式）参量新增

48 CorZ＋UnZ＋V＋W＋ZDR＋PHDP＋KDP＋LDRH＋ROHV

1. 原始数据文件结构

原始数据文件由文件标识（12 字节）、文件头（2048 字节）和数据记录块组成。文件头记载雷达站名、站址、雷达型号、主要参数、观测时间、扫描类型、工作状况等内容。数据记录以极坐标方式排列。原始数据文件的文件头由四个部分组成,结构排列如下:

（1）站址基本情况数据结构 struct RADARSITE SiteInfo（共 168 个字节）

（2）性能参数数据结构 struct RADARPERFORMANCEPARAM PerformanceInfo（共 36 个字节）

（3）观测参数结构 struct RADAROBSERVATIONPARAM ObservationInfo（共 1282 个字节）,其中包括一个层参数信息数据结构 struct LAYERPARAM LayerInfo 和三个变库长数据结构 struct BINPARAM BinRange。

（4）其他信息参数数据结构 struct RADAROTHERINFO OtherInfo（共 562 个字节）。

1.1　原始数据文件标识（12 字节）

| char FileID[4] | 雷达数据标识（原始数据标识符'RD'为雷达原始数据,'GD'为雷达衍生数据等等… | (0-3) |
| long int FileHeaderLength | | |

char FileID[4]　　　　　　雷达数据标识（原始数据标识符'RD'为雷达原始数据,'GD'
　　　　　　　　　　　　　为雷达衍生数据等等…　　　　　　　　　　　　　　（0-3）

float VersionNo　　　　　　表示数据格式的版本号　　　　　　　　　　　　　　（4-7）

long int FileHeaderLength　表示文件头的长度　　　　　　　　　　　　　　　　（8-11）

1.2　原始数据文件头（2048 字节）

（1）站址基本情况 struct RADARSITE SiteInfo（共 168 个字节）数据结构的定义如下:

char Country[30]　　　　　国家名,文本格式输入　　　　　　　　　　　　　（12-41）

char Province[20]　　　　　省名,文本格式输入　　　　　　　　　　　　　　（42-61）

char Station[40]　　　　　　站名,文本格式输入　　　　　　　　　　　　　（62-101）

char StationNumber[10]　　区站号,文本格式输入　　　　　　　　　　　　（102-111）

char RadarType[20]　　　　雷达型号,文本格式输入　　　　　　　　　　　（112-131）

char Longitude[16]　　　　天线所在经度,文本格式输入
　　　　　　　　　　　　　书写格式例:E115°32′12″　　　　　　　　　　（132-147）

char Latitude[16]　　　　　天线所在纬度,文本格式输入
　　　　　　　　　　　　　书写格式例:N35°30′15″　　　　　　　　　　（148-163）

long int LongitudeValue　　天线所在经度的数值,以 1/1000 度为计数单位
　　　　　　　　　　　　　东经（E）为正,西经（W）为负　　　　　　　　（164-167）

long int LatitudeValue　　　天线所在纬度的数值,以 1/1000 度为计数单位
　　　　　　　　　　　　　北纬（N）为正,南纬（S）为负　　　　　　　　（168-171）

long int Height　　　　　　天线海拔高度,以 mm 为计数单位　　　　　　（172-175）

short MaxAngle	测站四周地物最大遮挡仰角，	
	以 1/100 度为计数单位	(176-177)
short OptiAngle	测站的最佳观测仰角（地物回波强度<10 dBZ），	
	以 1/100 度为计数单位	(178-179)

（2）　性能参数 struct RADARPERFORMANCEPARAM PerformanceInfo（共 36 个字节）数据结构定义如下：

long int AntennaG	天线增益以 0.001 dB 为计数单位	(180-183)
unsigned short VerBeamW	垂直波束宽度，以 1/100 度为计数单位	(184-185)
unsigned short HorBeamW	水平波束宽度，以 1/100 度为计数单位	(186-187)
unsigne char Polarizations	偏振状况	(188)
	0=水平	
	1=垂直	
	2=双线偏振	
	3=圆偏振	
	4=其他	
unsigned short SideLobe	第一旁瓣，以 0.01 dB 为计数单位	(189-190)
long int Power	雷达脉冲峰值功率，以瓦为单位	(191-194)
long int WaveLength	波长，以 μm 为计数单位	(195-198)
unsigned short LogA	对数接收机动态范围，以 0.01 dB 为计数单位	(199-200)
unsigned short LineA	线性接收机动态范围，以 0.01 dB 为计数单位	(201-202)
unsigned short AGCP	AGC 延迟量，以 μm 为计数单位	(203 204)
unsigned short LogMinPower	对数接收机最小可测功率，	
	计数单位为 0.01 dBm	(205-206)
unsigned short LinMinPower	线性接收机最小可测功率，	
	计数单位为 0.01 dBm	(207-208)
unsigned char ClutterT	杂波消除阈值，计数单位为 0.01 dB	(209)
unsigned char VelocityP	速度处理方式	(210)
	0=无速度处理	
	1=PPP	
	2=FFT	
unsigned char FilterP	地物杂波消除方式	(211)
	0=无杂波消除	
	1=地物杂波图扣除法	
	2=地物杂波图＋滤波器处理	
	3=滤波器处理	
	4=谱分析处理	
	5=其他处理法	
unsigned char NoiseT	噪声消除阈值（0～255）	(212)

unsigned char SQIT	SQI,以 0.01 为计数单位	(213)
unsigned char IntensityC	RVP 强度值估算采用的通道	(214)
	1＝对数通道	
	2＝线性通道	
unsigned char IntensityR	强度估算是否进行了距离订正	(215)
	0＝无	
	1＝已进行了距离订正	

（3）观测参数 struct RADAROBSERVATIONPARAM ObservationInfo（共 1282 个字节）数据结构定义如下：

unsigned char Stype	扫描方式	(216)
	1＝RHI	
	10＝PPI	
	1xx＝VOL,xx 为扫描层数	
unsigned short Syear	观测记录开始时间的年（2000—）	(217-218)
unsigned char SMonth	观测记录开始时间的月（1—12）	(219)
unsigned char SDay	观测记录开始时间的日（1—31）	(220)
unsigned char SHour	观测记录开始时间的时（00—23）	(221)
unsigned char SMinute	观测记录开始时间的分（00—59）	(222)
unsigned char SSecond	观测记录开始时间的秒（00—59）	(223)
unsigned char TimeP	时间来源	(224)
	0＝计算机时钟,但一天内未进行对时	
	1＝计算机时钟,但一天内进行了对时	
	2＝GPS	
	3＝其他	
unsigned long int SMillisecond	秒的小数位（计数单位为 μm）	(255-228)
unsigned char Calibration	标校状态	(229)
	0＝无标校	
	1＝自动标校	
	2＝一星期内人工标校	
	3＝一月内人工标校	
	其他码不用	
unsigned char IntensityI	强度积分次数（32—128）	(230)
unsigned char VelocityP	速度处理样本（31—255）（样本数减 1）	(231)
unsigned short ZStartBin	强度有效数据开始库数	(232-233)
unsigned short VStartBin	速度有效数据开始库数	(234-235)
unsigned short WStartBin	谱宽有效数据开始库数	(236-237)
struct LAYERPARAM LayerInfo[32]	层参数数据结构（各圈扫描状态设置）	
		(238-1357)

unsigned short RHIA	做 RHI 时的所在方位角,计数单位为 1/100 度,做 PPI 和	
	立体扫描时为 65535	(1358-1359)
short RHIL	做 RHI 时的最低仰角,计数单位为 1/100 度,做其他扫描	
	时为—32768	(1360-1361)
short RHIH	做 RHI 时的最高仰角,计数单位为 1/100 度,做其他扫描	
	时为—32768	(1362-1363)
unsigned short Eyear	观测记录结束时间的年(2000—)	(1364-1365)
unsigned char EMonth	观测记录结束时间的月(1—12)	(1366)
unsigned char EDay	观测记录结束时间的日(1—31)	(1367)
unsigned char EHour	观测记录结束时间的时(00—23)	(1368)
unsigned char EMinute	观测记录结束时间的分(00—59)	(1369)
unsigned char ESecond	观测记录结束时间的秒(00—59)	(1370)
unsigned char ETenth	观测记录结束时间的 1/100 秒(00—99)	(1371)
unsigned short ZBinByte	原始强度数据中库长无变化填 0	(1372-1373)
	原始强度数据中库长有变化填占用的字节数	
struct BINPARAM BinRange1[5]	5 个 8 字节(强度库长无变化为空字节)	
		(1374-1413)
unsigned short VBinByte	原始速度数据中库长无变化填 0	(1414-1415)
	原始速度数据中库长有变化填占用的字节数	
struct BINPARAM BinRange2[5]	5 个 8 字节(速度库长无变化为空字节)	
		(1416-1455)
unsigned short WBinByte	原始谱宽数据中库长无变化填 0	(1456-1457)
	原始谱宽数据中库长有变化填占用的字节数	
struct BINPARAM BinRange3[5]	5 个 8 字节(谱宽库长无变化为空字节)	
		(1458-1497)

(4)其他信息参数 struct RADAROTHERINFORMATION OtherInfo(共 562 个字节)数据结构定义如下:

char StationID[2]	台站代码	(1498-1499)
char JHType	双极化方式(自定义添加)	(1500-1500)
	01-HH 02-VV 03-HHVV	
	04-HHHV 05-VVVH	
char Spare[560]	备用字节 560 个字节	(1501-2059)

1.3 数据记录块的数据结构排列如下

short Elev	仰角,计数单位为 1/100 度
unsigned short Az	方位,计数单位为 1/100 度
unsigned char Hh	时
unsigned char Hm	分
unsigned char Hs	秒

| unsigned long int Min | 秒的小数(计数单位为 μm) |

unsigned long int Min　　　　秒的小数(计数单位为 μm)

unsigned char CorZ[n]*　　经过杂波消除的 dBZ 值＝(CorZ-64)/2

unsigned char UnZ[n]　　　不经过杂波消除的 dBZ 值＝(UnZ-64)/2

char V[n]　　　　　　　速度值,计数单位为最大可测速度的 1/127

正值表示远离雷达的速度,负值表示朝向雷达的速度

无回波时计-128

unsigned char W[n]　　　谱宽值,计数单位为最大可测速度的 1/512

无回波时计为零

short ZDR[n]　　　　　反射率差值:单位为 0.01 dB

short PHDP[n]　　　　传播相移差值:单位为 0.01

short　KDP[n]　　　　比差分相移值:单位为 0.01

short LDRH[n]　　　　退极化比值:单位为 0.01

short　ROHV[n]　　　相关系数值(单位为 0.001)

层参数信息数据结构(35 个字节)定义如下:

struct LAYERPARAM LayerInfo 层参数信息,最大 32 层,PPI 和 RHI 对应开始层参数信息,体扫中的每一层由相应层参数描述,结构参数定义如下:

unsigned char DataType　　本层观测要素　　　　　　　　　　　　(0)

1＝单要素

2＝三要素单 PRF

3＝三要素双 PRF

4＝双线偏振

5＝双线偏振多普勒

6＝双波长(不同天线)

7＝双波长(共用天线)

unsigned char Ambiguousp 本层退速度模糊状态　　　　　　　　(1)

0＝无退速度模糊状态

1＝软件退速度模糊

2＝双 T 退速度模糊

3＝批式退速度模糊

4＝双 T＋软件退速度模糊

5＝批式＋软件退速度模糊

6＝双 PPI 退速度模糊

9＝其他方式

unsigned short Arotate　　本层天线转速,计数单位为 0.01 度/秒,当扫描方式为 RHI 或 PPI 时,只在第一个元素中填写,其他元素为 0

(2-3)

---

*　n 为文件头中体扫各对应层(或 PPI、RHI 开始层)对应的强度、速度、谱宽的各个径向的库数。

unsigned short PRF1	本层第一脉冲重复频率,计数单位:1/10 Hz	(4-5)
unsigned short PRF2	本层第二脉冲重复频率,计数单位:1/10 Hz	(6-7)
unsigned short PulseW	本层脉冲的宽度,计数单位为 μs	(8-9)
unsigned short MaxV	本层的最大可测速度,计数单位为 cm/s	(10-11)
unsigned short MaxL	本层的最大可测距离,以 10 m 为计数单位	(12-13)
unsigned short ZbinWidth	本层强度数据的库长,以 1/10 m 为计数单位	(14-15)
unsigned short VbinWidth	本层速度数据的库长,以 1/10 m 为计数单位	(16-17)
unsigned short VbinWidth	本层谱宽数据的库长,以 1/10 m 为计数单位	(18-19)
unsigned short ZbinNumber	本层扫描强度径向的库数	(20-21)
unsigned short VbinNumber	本层扫描速度径向的库数	(22-23)
unsigned short WbinNumber	本层扫描谱宽径向的库数	(24-25)
unsigned short RecordNumber	本层扫描径向个数	(26-27)
short SwpAngles	本层的仰角,计数单位为 1/100 度,当扫描方式为 RHI,不填此数组,当扫描方式为 PPI 时,第一个元素为做 PPI 时的仰角,计数单位为 1/100,其他元素填－32768	(28-29)
char DataForm	本层径向中的数据排列方式:	(30)

11 单要素排列:CorZ

12 单要素排列:UnZ

13 单要素排列:V

14 单要素排列:W

21 按要素排列:CorZ＋UnZ

22 按要素排列:CorZ＋V＋W

23 按要素排列:UnZ＋V＋W

24 按要素排列:CorZ＋UnZ＋V＋W

4x 双偏振按要素排列模式

48 CorZ＋UnZ＋V＋W＋ZDR＋PHDP＋KDP＋LDRH＋ROHV

6x 双偏振多普勒按要素排列模式

8x 双波长按要素排列方式

unsigned long int Dbegin	本层数据记录开始位置(字节数)	(31-34)

强度库长有变化数据结构 struct BINPARAM BinRange1(8 个字节)定义如下:

short Code	强度变库长结构代码	(0-1)
short Begin	开始库的距离,以 10 m 为计数单位	(2-3)
short End	结束库的距离,以 10 m 为计数单位	(4-5)
short BinLength	库长,以 1/10 m 为计数单位	(6-7)

速度库长有变化数据结构 struct BINPARAM BinRange2 (8 个字节)定义如下:

short Code	强度变库长结构代码	(0-1)
short Begin	开始库的距离,以 10 m 为计数单位	(2-3)
short End	结束库的距离,以 10 m 为计数单位	(4-5)

short BinLength	库长,以 1/10 m 为计数单位	(6-7)

谱宽库长有变化数据结构 struct BINPARAM BinRange3 (8 个字节)定义如下：

short Code	强度变库长结构代码	(0-1)
short Begin	开始库的距离,以 10 m 为计数单位	(2-3)
short End	结束库的距离,以 10 m 为计数单位	(4-5)
short BinLength	库长,以 1/10 m 为计数单位	(6-7)

1.4 数据类型字长说明

char	一个字节(−128~127)(字符)
unsigned char	一个字节(0~255)(无符号字符)
short	二个字节(−32768~32767)(短整型)
unsigned short	二个字节(0~65535)(无符号短整型)
long int	四个字节(−2,147,483,648-2,147,483,647)(长整型)
unsigned long int	四个字节(0~4,294,967,295)(无符号长整型)
float	四个字节(浮点型)

record。h

```
//32-14005 记录数据定义

#ifndef_SOURCEDEF

#define_SOURCEDEF

#define MaxRadialDot    1400        //最大距离库数
#define MaxLayer        32

#pragma pack(1)

//原始数据文件标识
typedef struct{   //12 字节
    char FileID[4];                //雷达数据标识
    float VersionNo;               //数据格式的版本号
    long int FileHeaderLength;   //文件头长度
}RADARDATAHEAD;

//站信息
```

```
typedef struct{//168 字节
    char Country[30];              //国家名,文本格式输入
    char Province[20];             //省名,文本格式输入
    char Station[40];              //站名,文本格式输入
    char StationNumber[10];        //区站号,文本格式输入
    char RadarType[20];            //雷达型号,文本格式输入
    char Longitude[16];            //天线所在经度,文本格式输入
    char Latitude[16];             //天线所在纬度,文本格式输入
    long int LongitudeValue;       //天线所在经度的数值
    long int LatitudeValue;        //天线所在纬度的数值
    long int Height;               //天线海拔高度
    short MaxAngle;                //测站四周地物阻挡的最大仰角
    short OptiAngle;               //测站的最佳观测仰角
}RADARSITE;


//性能参数数据
typedef struct{   //36 字节
    long int AntennaG;             //天线增益,计数单位 0.01 dB
    unsigned short VerBeamW;       //垂直波束宽度,计数单位 0.01 度
    unsigned short HorBeamW;       //水平波束宽度,计数单位 0.01 度
    unsigned char   Polarizations; //偏振状况 0＝水平 1＝垂直 2＝双偏振 3＝
圆偏振 4＝其他
    unsigned short SideLobe;       //第一旁瓣,计数单位 0.01 dB
    long int Power;                //雷达脉冲峰值功率,计数单位:W
    long int WaveLength;           //波长,计数单位:μm
    unsigned short LogA;
    unsigned short LineA;
    unsigned short AGCP;
    unsigned short LogMinPower;
    unsigned short LineMinPower;
    unsigned char ClutterT;
    unsigned char VelocityP;
    unsigned char FilterP;
    unsigned char NoiseT;
    unsigned char SQIT;
    unsigned char IntensityC;
    unsigned char IntersityR;
```

```
}RADARPERFORMANCEPARAM；

//层数据结构
typedef struct{   //35W
    unsigned char DataType；
    unsigned char Ambiguousp；
    unsigned short Arotate；
    unsigned short PRF1；
    unsigned short PRF2；
    unsigned short PulseW；
    unsigned short MaxV；
    unsigned short MaxL；
    unsigned short ZBinWidth；
    unsigned short VBinWidth；
    unsigned short WBinWidth；
    unsigned short ZBinNumber；
    unsigned short VBinNumber；
    unsigned short WBinNumber；
    unsigned short RecordNumber；
    short SwpAngles；
    char DataForm；
    unsigned long int DBegin；
}LAYERPARAM；

//库变化数据结构
typedef struct{   //8W
    short Code；
    short Begin；
    short End；
    short BinLength；
}BINPARAM；

//观测参数数据
typedef struct{   //1279W
    unsigned char SType；
    unsigned short SYear；
    unsigned char SMonth；
    unsigned char SDay；
```

```
    unsigned char SHour;
    unsigned char SMinute;
    unsigned char SSecond;
    unsigned char TimP;
    unsigned long int SMillisecond;
    unsigned char Calibration;
    unsigned char IntensityI;
    unsigned char VelocityP;
    unsigned short ZStartBin;
    unsigned short VStartBin;
    unsigned short WStartBin;
    LAYERPARAM LayerInfo[MaxLayer];
    unsigned short RHIA;
    short RHIL;
    short RHIH;
    unsigned short EYear;
    unsigned char EMonth;
    unsigned char EDay;
    unsigned char EHour;
    unsigned char EMinute;
    unsigned char ESecond;
    unsigned char ETenth;
    unsigned short ZBinByte;
    BINPARAM BinRange1[5];
    unsigned short VBinByte;
    BINPARAM BinRange2[5];
    unsigned short WBinByte;
    BINPARAM BinRange3[5];
}RADAROBSERVATIONPARAM;

//其他信息参数
    typedef struct{//562W
    char StationID[2];
    char JHType                     双极化方式(自定义添加)
    char Spare[559];
}RADAROTHERINFORMATION;

//数据记录块
```

```
typedef struct{//1355W
    short Elev;
    unsigned short Az;
    unsigned char Hh;
    unsigned char Mm;
    unsigned char Ss;
    unsigned long int Min;
    unsigned char CorZ[MaxRadialDot];    //抑制
    unsigned char UnZ[MaxRadialDot];
    char V[MaxRadialDot];
    unsigned char W[MaxRadialDot];
    short ZDR[MaxRadialDot];             //反射率差值
    short PHDP[MaxRadialDot];            //相移差值
    short KDP[MaxRadialDot];             //没有
    short LDRH[MaxRadialDot];            //退极化比值(只记水平)
    short ROHV[MaxRadialDot];            //相关系数值
}LineDataBlock;

//#pragma pop

#endif
```

A28 精细化预报产品

1. 精细化预报产品传输文件名命名规则

精细化预报产品传输文件命名遵循《国内气象数据交换文件命名规范》,具体文件名如下:

单站文件:(注意:文件名前半部分分隔符为下划线"_",后半部分为减号"一")

Z_SEVP_I_IIiii_YYYYMMDDhhmmss_P_RFFC-TYPE-YYYYMMDDhhmm-FFFxx.TXT

打包文件:(注意:文件名前半部分分隔符为下划线"_",后半部分为减号"一")

Z_SEVP_C_CCCC_YYYYMMDDhhmmss_P_RFFC-TYPE-YYYYMMDDhhmm-FFFxx.TXT

文件名编码说明:

Z:固定编码,表示国内资料;

SEVP:固定编码,表示气象服务产品;

I:表示后一字段为区站号;

IIiii：表示发报站站号；

C：表示后一字段为编报中心；

CCCC：表示发报中心；

YYYYMMDDhhmmss：表示文件生成时间年月日时分秒，用世界时（UTC）；

P：表示服务产品；

RFFC：固定编码，表示精细化预报；

TYPE：表示预报种类，编码为见表 A76。

表 A76　预报种类表

预报种类	产品
SCMOC	中央气象台的预报指导产品
SPCC	各省的订正预报产品
SPVT	各省的乡镇预报产品
SNWFD	中央气象台的全国共享产品

YYYYMMDDhhmm：表示预报时效年月日时分，用世界时（UTC）；

YYYY：为 4 位年

MMDD：分别为两位月和日

hhmm：为起报时间的两位时和两位分（UTC）

FFFxx：

FFF：最大预报时效（以 h 为单位）

xx：最大预报间隔（以 h 为单位）

TXT：固定编码，表示文本格式。

单站精细化预报产品文件名实例：

2008 年 4 月 24 日 23：50Z 制作的 00Z 起报北京市精细化预报产品文件名为：

Z_SEVP_I_54511_20080424235000_P_RFFC-SPCC-200804250000-07212.TXT

打包精细化预报产品文件名实例：

2008 年 4 月 24 日 23：50Z 制作的 00Z 起报的沈阳发来的精细化预报产品包。

Z_SEVP_C_BCSY_20080424235000_P_RFFC-SPCC-200804250000-07212.TXT

2．精细化预报产品传输文件格式

精细化预报产品为 ASCII 文件，每个文件可以由一份或多份公报组成，每份公报的格式如下：

ZCZC

FSCI50 CCCC YYGG（BBB）

产品描述

产品代码、年月日时（世界时）

总站数

（第一个站）：站号，经度（度），纬度（度），海拔高度，时效个数（时效可扩充），预报产品个数（预报要素可扩充）

003 预报结果………

006 预报结果……………………

…………………………………………

（第 n 个站）：站号，经度（度），纬度（度），海拔高度，时效个数（时效可扩充）、预报产品个数（预报要素可扩充）

003 预报结果………

006 预报结果……………………

…………………………………………

NNNN

文件格式说明：

第一、二、三行对产品性质、起报时间、总站数等的描述；

其中：ZCZC 为固定编码；

FSCI50：文件内容简式报头，固定编码；

CCCC：为产品生成的各省代码，比如：中央台为：BABJ，广东为 BCGZ 等；

YYGG：为预报启始时间（世界时），比如 23 时 00 分的开始预报时间编为：2300；

（BBB）可选项，只有在本次预报结果需要更正时使用，即第一次发本时次的预报不需要加（BBB）项，如果需要更正本次预报，除了文件名的生成时间有变化外，BBB 项要编：第一次更正编 CCA，第二次更正编 CCB，以此类推。

第四行为第一个站点的预报背景信息；

第五行起每一行为第一个站点一个预报时刻的预报结果，依此类推，逐站预报，详见表 A77。

最后一行为结束行"NNNN"。

表 A77　精细化预报文件内容描述

行号	内容	实例
第 3 行：	产品描述	2007051000 时中央台指导产品
第 4 行：	产品代码、年月日时（世界时）	SCMOC 2007051000
第 5 行：	总站数	2514
第 6 行：	（第一个站）：站号，经度（度），纬度（度），海拔高度，时效个数（时效可扩充），预报产品个数（预报要素可扩充）	45001　114.02　22.20　79.00　28　21
第 7 行：	003 预报结果………	3　24.3　86.8　102.4　9.9　999.9　6.7 100.0　83.7　999.9　999.9　999.9　999.9 999.9　999.9　999.9　999.9　999.9　999.9 999.9　999.9　999.9
第 8 行：	006 预报结果……………………	6　24.8　84.6　93.2　8.3　999.9　8.1 100.0　82.8　999.9　999.9　999.9　999.9 999.9　999.9　999.9　999.9　999.9　999.9 999.9　999.9　999.9

行号	内容	实例
……	……	
第 n1 行	（第 n 个站）：站号，经度（度），纬度（度），海拔高度，时效个数（时效可扩充）、预报产品个数（预报要素可扩充）	
第 n2 行：	003 预报结果……	
第 n3 行：	006 预报结果……	
……	……	

每一个预报时效中预报结果按表 A78 给定的顺序排列。预报结果保留小数点后一位，无预报结果时以缺测表示(999.9)，不同预报结果之间以空格隔开，气压预报结果为实际的气压预报值减去 1000.0 后的值。

表 A78　每个预报时效预报要素排列顺序表

序号	预报结果	单位	说明
1	温度	℃	预报时刻值
2	相对湿度	%	预报时刻值
3	风向	度	预报时刻值
4	风速	m/s	预报时刻值
5	气压	hPa	预报时刻值
6	降水量	mm	预报时刻与（有预报）上一时刻之间的累积量
7	总云量	%	预报时刻值
8	低云量	%	预报时刻值
9	天气现象	编码	预报时刻值
10	能见度	km	预报时刻值
11	最高气温	℃	24 h、48 h、72 h、……168 h 的 24 小时内最高气温值
12	最低气温	℃	24 h、48 h、72 h、……168 h 的 24 小时内最低气温值
13	最大相对湿度	%	24 h、48 h、72 h、……168 h 的 24 小时内最大相对湿度值
14	最小相对湿度	%	24 h、48 h、72 h、……168 h 的 24 小时内最小相对湿度值
15	24 小时累计降水量	mm	24 h、48 h、72 h、……168 h 的 24 小时内累计降水量值
16	12 小时累计降水量	mm	12 h、24 h、36 h、48 h、……168 h 的 12 小时内累计降水量值
17	12 小时总云量	%	12 h、24 h、36 h、48 h、……168 h 的 12 小时内的总云量平均值
18	12 小时低云量	%	12 h、24 h、36 h、48 h、……168 h 的 12 小时内的低云量平均值
19	12 小时天气现象	编码	12 h、24 h、36 h、48 h、……168 h 的 12 小时内的天气现象
20	12 小时风向	度	12 h、24 h、36 h、48 h、……168 h 的 12 小时内的盛行风向
21	12 小时风速	m/s	12 h、24 h、36 h、48 h、……168 h 的 12 小时内的最大风速

预报文件实例：

2008 年 4 月 24 日 23Z 起报的 25 日 00Z 沈阳区域中心城镇预报文件。

文件名：

Z_SEVP_C_BCSY_20080424230000_P_RFFC-SPCC-200804250000-07212.TXT

文件内容：

ZCZC

FSCI50 BCSY 2300

2008042500 时沈阳区域中心订正预报产品

SPCC　　2008042300

2

54342　114.40　38.00　81.2　6　21

12　999.9　999.9　999.9　999.9　999.9　999.9　999.9　999.9　999.9　999.9
999.9　999.9　999.9　999.9　999.9　999.9　999.9　999.9　1.0　340.4　3.7

24　999.9　999.9　999.9　999.9　999.9　999.9　999.9　999.9　999.9　999.9
19.1　8.5　999.9　999.9　999.9　999.9　999.9　999.9　7.0　321.3　6.6

36　999.9　999.9　999.9　999.9　999.9　999.9　999.9　999.9　999.9　999.9
999.9　999.9　999.9　999.9　999.9　999.9　999.9　999.9　7.0　358.1　4.1

48　999.9　999.9　999.9　999.9　999.9　999.9　999.9　999.9　999.9　999.9
22.8　10.6　999.9　999.9　999.9　999.9　999.9　999.9　1.0　316.8　7.8

60　999.9　999.9　999.9　999.9　999.9　999.9　999.9　999.9　999.9　999.9
999.9　999.9　999.9　999.9　999.9　999.9　999.9　999.9　0.0　351.2　5.7

72　999.9　999.9　999.9　999.9　999.9　999.9　999.9　999.9　999.9　999.9
21.7　10.6　999.9　999.9　999.9　999.9　999.9　999.9　0.0　153.5　2.9

54337　115.20　37.90　36.8　6　21＝

12　999.9　999.9　999.9　999.9　999.9　999.9　999.9　999.9　999.9　999.9
999.9　999.9　999.9　999.9　999.9　999.9　999.9　999.9　1.0　350.6　3.7

24　999.9　999.9　999.9　999.9　999.9　999.9　999.9　999.9　999.9　999.9
19.3　6.6　999.9　999.9　999.9　999.9　999.9　999.9　0.0　320.0　4.8

36　999.9　999.9　999.9　999.9　999.9　999.9　999.9　999.9　999.9　999.9
999.9　999.9　999.9　999.9　999.9　999.9　999.9　999.9　1.0　23.1　4.2

48　999.9　999.9　999.9　999.9　999.9　999.9　999.9　999.9　999.9　999.9
24.1　10.8　999.9　999.9　999.9　999.9　999.9　999.9　1.0　304.7　7.8

60　999.9　999.9　999.9　999.9　999.9　999.9　999.9　999.9　999.9　999.9
999.9　999.9　999.9　999.9　999.9　999.9　999.9　999.9　0.0　360.0　4.6

72　999.9　999.9　999.9　999.9　999.9　999.9　999.9　999.9　999.9　999.9
22.9　11.1　999.9　999.9　999.9　999.9　999.9　999.9　0.0　150.5　2.8

NNNN

如果需要更正这次预报结果，文件名中的生成时间要根据文件生成时间进行变化，比如 01 分进行了更正，上边的文件就变为：

2008 年 4 月 24 日 23Z 起报的 25 日 00Z 沈阳区域中心城镇预报订正文件。

文件名：

Z_SEVP_C_BCSY_20080424230100_P_RFFC_SPCC_200804250000_07212. TXT

文件内容：

ZCZC

FSCI50   BCSY   2300   CCA

2008042500 时沈阳区域中心订正预报产品

SPCC   2008042300

2

54342   114.40   38.00   81.2   6   21

12   999.9   999.9   999.9   999.9   999.9   999.9   999.9   999.9   999.9   999.9

999.9   999.9   999.9   999.9   999.9   999.9   999.9   999.9   1.0   340.4   3.7

24   999.9   999.9   999.9   999.9   999.9   999.9   999.9   999.9   999.9   999.9

19.1   8.5   999.9   999.9   999.9   999.9   999.9   999.9   7.0   321.3   6.6

36   999.9   999.9   999.9   999.9   999.9   999.9   999.9   999.9   999.9   999.9

999.9   999.9   999.9   999.9   999.9   999.9   999.9   999.9   7.0   358.1   4.1

48   999.9   999.9   999.9   999.9   999.9   999.9   999.9   999.9   999.9   999.9

22.8   10.6   999.9   999.9   999.9   999.9   999.9   999.9   1.0   316.8   7.8

60   999.9   999.9   999.9   999.9   999.9   999.9   999.9   999.9   999.9   999.9

999.9   999.9   999.9   999.9   999.9   999.9   999.9   999.9   0.0   351.2   5.7

72   999.9   999.9   999.9   999.9   999.9   999.9   999.9   999.9   999.9   999.9

21.7   10.6   999.9   999.9   999.9   999.9   999.9   999.9   0.0   153.5   2.9

54337   115.20   37.90   36.8   6   21

12   999.9   999.9   999.9   999.9   999.9   999.9   999.9   999.9   999.9   999.9

999.9   999.9   999.9   999.9   999.9   999.9   999.9   999.9   1.0   350.6   3.7

24   999.9   999.9   999.9   999.9   999.9   999.9   999.9   999.9   999.9   999.9

19.3   6.6   999.9   999.9   999.9   999.9   999.9   999.9   0.0   320.0   4.8

36   999.9   999.9   999.9   999.9   999.9   999.9   999.9   999.9   999.9   999.9

999.9   999.9   999.9   999.9   999.9   999.9   999.9   999.9   1.0   23.1   4.2

48   999.9   999.9   999.9   999.9   999.9   999.9   999.9   999.9   999.9   999.9

24.1   10.8   999.9   999.9   999.9   999.9   999.9   999.9   1.0   304.7   7.8

60   999.9   999.9   999.9   999.9   999.9   999.9   999.9   999.9   999.9   999.9

999.9   999.9   999.9   999.9   999.9   999.9   999.9   999.9   0.0   360.0   4.6

72   999.9   999.9   999.9   999.9   999.9   999.9   999.9   999.9   999.9   999.9

22.9   11.1   999.9   999.9   999.9   999.9   999.9   999.9   0.0   150.5   2.8

NNNN

A29　大城市精细化气象要素预报文件格式

一、6 小时精细化预报产品文件名命名规则

6 小时精细化预报产品文件命名遵循《国内气象数据交换文件命名规范》，与现行的城镇报文件名类似，各类文件名如下。

1. 中央台下发的指导预报文件名

Z_SEVP_C_BABJ_YYYYMMDDhhmmss_P_RFFC_SCMOC6H_YYYYMMDDhhmm_FFFxx. TXT

2. 各省上传的预报文件名

Z_SEVP_C_CCCC_YYYYMMDDhhmmss_P_RFFC_SPCC6H_YYYYMMDDhhmm_FFFxx. TXT

3. 中央台下发的预报文件名

Z_SEVP_C_BABJ_YYYYMMDDhhmmss_P_RFFC_SNWFD6H_YYYYMMDDhhmm_FFFxx. TXT

文件名编码说明：

Z：固定编码，表示国内资料；

SEVP：固定编码，表示气象服务产品；

CCCC：表示发报中心，只能为各省的编码，不能使用地市等其他编码；

YYYYMMDDhhmmss：表示文件生成时间年月日时分秒，用世界时（UTC）；

P：固定编码，表示服务产品；

RFFC：固定编码，表示精细化预报；

SCMOC6H：预报类型，表示中央气象台 6 小时指导预报产品；

SPCC6H：预报类型，表示各省上传的 6 小时精细化预报产品；

SNWFD6H：预报类型，表示下发的全国 6 小时精细化预报产品；

YYYYMMDDhhmm：表示预报起报的年月日时分，用世界时（UTC）；

YYYY：为 4 位年

MMDD：分别为两位月和日

hhmm：为起报时间的两位时和两位分，用世界时（UTC）

FFFxx：FFF 为最大预报时效（以 h 为单位），即 024

xx：最大预报间隔（以 h 为单位），即 06

TXT：固定编码，表示文本格式。

二、6 小时精细化预报产品文件名实例

1. 2012 年 4 月 1 日北京时 06:45（世界时 3 月 31 日 22:45Z）北京区域中心生成的 00Z 起报的 6 小时精细化预报产品文件名：

Z_SEVP_C_BABJ_20120331224500_P_RFFC_SPCC6H_201204010000_02406. TXT

2. 2012 年 4 月 1 日北京时 10:30（世界时 4 月 1 日 02:30Z）北京区域中心生成的 00Z

起报的 6 小时精细化预报产品文件名：

Z_SEVP_C_BABJ_20120401023000_P_RFFC_SPCC6H_201204010000_02406.TXT

3.2012 年 4 月 1 日北京时 16:30（世界时 4 月 1 日 08:30Z）北京区域中心生成的 12Z 起报的 6 小时精细化预报产品文件名：

Z_SEVP_C_BABJ_20120401083000_P_RFFC_SPCC6H_201204011200_02406.TXT

三、6 小时精细化预报产品文件格式

1. 文件格式

6 小时精细化预报产品文件为 ASCII 文件，文件格式如表 A79 所示。

表 A79　小时精细化预报文件内容描述

行号	内容	实例
第 1 行	固定代码	ZCZC
第 2 行	简式报头	FSCI50 CCCC YYGGgg(BBB)
第 3 行	产品描述	2012040100 时北京 6 小时精细化预报产品
第 4 行	产品代码、预报起报的年月日时（世界时）	SPCC6H　2012040100
第 5 行	预报要素个数	6
第 6 行	各预报要素代码（从小到大排列）	621　622　623　624　625　626
第 7 行	总站数	2
第 8 行	（第一个站）：站号,经度(度),纬度(度),海拔高度,时效个数（时效可扩充）	54511　116.3　39.9　54.7　4
第 9 行	006 预报结果（与第六行代码同序）………	006　1　16.5　12.0　0　0　0
第 10 行	012 预报结果…………………	012　0　20.3　14.5　0　0　0
………	…………………………………	
第 n1 行	（第 n 个站）：站号,经度(度),纬度(度),海拔高度,时效个数（时效可扩充）	
第 n2 行	006 预报结果……	
第 n3 行	012 预报结果……	
………	…………………………………	

2. 文件格式说明

第一行为公报起始行固定代码"ZCZC"；

第二行为简式报头行"TTAAii CCCC YYGGgg(BBB)"。

其中，TTAAii 固定为"FSCI50"；CCCC 为发报省的编码代号；YYGGgg 为产品时间（世界时），YY 为日，GG 为时，gg 为分，具体编码见附表 1.80；(BBB) 为可选项，只有在本次预报结果需要更正时使用，即第一次发本时次的预报不需要加（BBB）项，如果需要更正本次预报，除了文件名的生成时间有变化外，BBB 项要编：第一次更正编 CCA，第二次更正编 CCB，第三次更正编 CCC，以此类推。

表 A80 YYGGgg 编码表

产品	产品时间(北京时)	产品时间(世界时)	YYGGgg	传输方向
中央台下发的 6 小时精细化指导预报产品	02:30	18:30Z	YY0000	中央台→各省
	14:30	06:30Z	YY1200	中央台→各省
各省上传的 6 小时精细化预报产品	06:45	22:45Z	YY2245	各省→中央台
	10:30	02:30Z	YY0230	各省→中央台
	16:30	08:30Z	YY0830	各省→中央台
中央台下发的全国 6 小时精细化预报产品	07:00	23:00Z	YY2245	中央台→各省
	10:40	02:40Z	YY0230	中央台→各省
	16:40	08:40Z	YY0830	中央台→各省

第三、四、五、六、七行对产品性质、起报时间、预报要素个数、预报要素代码列表、总站数等的描述;

第八行为第一个站点的预报背景信息和时效个数;

第九行起每一行为第一个站点一个预报时刻的预报结果,依此类推,逐站预报。

最后一行为结束行"NNNN"。

四、6 小时精细化预报产品文件内容

6 小时精细化气象预报的预报内容为 6 小时内的主要天气现象、6 小时内的最高气温、6 小时内的最低气温、6 小时内的盛行风向、6 小时内的最大风力、6 小时的累计降水量值(详见附表 1.81)。

预报要素按要素代码从小至大顺序排列,各要素之间用空格分隔。温度和降水量预报结果为数值,保留小数点后一位,当预报微量降水时降水量填写 0.0,当预报无降水时降水量填写 999.9。天气现象、风向、风力只能使用 6 小时精细化气象要素预报编码(详见表 A82)。

表 A81 小时精细化预报要素排列顺序表

序号	预报要素	单位	代码	说明
1	天气现象		621	6 小时内的主要天气现象,编码
2	最高气温	℃	622	6 小时内的最高气温,数值(保留小数点后一位)
3	最低气温	℃	623	6 小时内的最低气温,数值(保留小数点后一位)
4	风向		624	6 小时内的盛行风向,编码
5	风力		625	6 小时内的最大风力,编码
6	降水量	mm	626	6 小时的累计降水量值,数值(保留小数点后一位)

表 A82 小时精细化气象要素预报编码表

编码	天气现象	编码	风向	编码	风力
00	晴	0		0	≤3
01	多云	1	东北	1	3—4
02	阴	2	东	2	4—5
03	阵雨	3	东南	3	5—6

编码	天气现象	编码	风向	编码	风力
04	雷阵雨	4	南	4	6—7
05	雷阵雨并伴有冰雹	5	西南	5	7—8
06	雨夹雪	6	西	6	8—9
13	阵雪	7	西北	7	9—10
18	雾	8	北	8	10—11
19	冻雨	9	旋转	9	11—12
20	沙尘暴				
29	浮尘				
30	扬沙				
31	强沙尘暴				
32	雨				
33	雪				

五、6 小时精细化预报文件实例

以 2012 年 4 月 1 日 06：45 北京 6 小时精细化预报文件为例。

文件名：

Z_SEVP_C_BABJ_20120331224500_P_RFFC_SPCC6H_201204010000_02406. TXT

文件内容：

ZCZC

FSC150 BABJ 312245

2012040100 时北京 6 小时精细化预报产品

SPCC6H 2012040100

6

621　622　623　624　625　626

2

54511　　116.3　　39.9　　54.7　　　4

006　　　1　16.5　12.0　　　0　　0　0.0

012　　　0　20.3　14.5　　　0　　0　0.0

018　　　0　15.3　12.5　　　0　　0　0.0

024　　　0　13.3　8.5　　　0　　0　0.0

54512　　116.3　　39.4　　23.8　　　4

006　　　1　16.5　12.0　　　0　　0　0.0

012　　　1　18.3　13.5　　　0　　0　0.0

018　　　0　14.3　11.5　　　0　　0　0.0

024　　　0　12.0　9.0　　　0　　0　0.0

NNNN

六、大城市精细化气象要素预报编码表见表 A83。

表 A83　大城市精细化气象要素预报编码表

电码	天气现象	电码	风向	电码	风力(等级)
00	晴	0		0	≤3
01	多云	1	东北	1	3—4
02	阴	2	东	2	4—5
03	阵雨	3	东南	3	5—6
04	雷阵雨	4	南	4	6—7
05	雷阵雨并伴有冰雹	5	西南	5	7—8
06	雨夹雪	6	西	6	8—9
13	阵雪	7	西北	7	9—10
18	雾	8	北	8	10—11
19	冻雨	9	旋转	9	11—12
20	沙尘暴				
29	浮尘				
30	扬沙				
31	强沙尘暴				
32	雨				
33	雪				

A30　遥感数据区域投影文件格式

区域投影文件格式说明

该文件以二进制格式存储。文件头长 128 字节,以下为文件头说明。

```
WORD wFileID;                    //"1A"
WORD wSatelliteID;               //卫星标志
WORD wOrbits;                    //轨道号
WORD wUporDown;                  //升降轨道标记,1:升,0 降
WORD wYear;                      //年
WORD wMonth;                     //月
WORD wDay;                       //日
WORD wHour;                      //时
WORD wMinute;                    //分
WORD wDayorNight;                //白天夜间标志,0:白天,1:夜间
WORD wChannelNums;               //通道数
WORD wProjects;                  //投影方式:0:不投影,1:等角投影
                                 //2:麦卡托投影,3:Lambert
                                 //4:极射赤面投影,5:艾尔伯斯投影
WORD wWidth;                     //列数
```

```
    WORD wHeight；                        //行数
    float fLonSolution；                  //经度分辨率
    float fLatSolution；                  //纬度分辨率
    float fStandardLat1；                 //标准经度
    float fStandardLat2；                 //标准经度
    float fEarthR；                       //地球半径
    float fMinLat；                       //最小纬度
    float fMaxLat；                       //最大纬度
    float fMinLon；                       //最小经度
    float fMaxLon；                       //最大经度
    float fLBSunAngle；
    float fLTSunAngle；
    float fRBSunAngle；
    unsigned char cChannelName[42]；      //各通道名
    WORD wRevered；
    WORD wVersion；
    WORD wBytes；
    DWORD dwSkipLength；                       //局地文件头后面填充字段长度
```

128 字节文件头后紧跟着数据文件，数据文件按通道存放，数据按 2 个字节的整型存放，总的字节数为：通道数×列数×行数×单个数据字节数（2 字节）。

A31 ArcGIS 识别的 ASCII 格式

```
    列数    xxx
    行数    xxx
    左下点经度    xxx(度)
    左下点纬度    xxx(度)
    像元分辨率    xxx(度)
    无效值       xxx
    行1列1  行1列2·········行1列N
    行2列1  行2列2·········行2列N···
    行M列1  行M列2·········行M列N
    例
```

```
ncols   2400
nrows   2400
xllcorner  114.000000
yllcorner  29.000000
cellsize  0.0025
NODATA_value   500
     6     4    -2     3    -1     0     1    -2     0    -1     1     1     1    -4    -1
    -5    -4    -4    -4    -3    -3    -2     1     0     3    -1    -2     1     2     1
    -4    -5    -4    -3    -2    -2    -2    -1     3     3     7     4     2     2    -3
     3    -4    -4    -2    -1     3    -1     1     4     5     4    -2    -2    -4    -3
     4    -1    -2    -3    -1     3     4     6     5     6     0    -4    -3    -4    -4
     5     4     1    -2     0     3     6     4     3     1     1    -1    -3    -2    -4
     9     9     4     8     8     7     8    10     6     2     3     7     7     7    -4
     8    10    12    11    11    12    10     9     8    10     8     5     4     2     1
     8     5     8    11    11     5     5     7     4     9     3     1    -1     0     6
     4     5     2    -2     6     1     0     0     0     2    -1     2     6     8     8
     1     2     0     0    -2    -2     0    -3     5     5     2     2     5     8     8
     2     1     0     0    -2    -3    -4     1     6     1     6     4     3     2    -1
     8    -1    -7    -6    -2    -2    -2    -6    -8    -5     1    -1     0    -1     0
     3   -13    -9     1   -10   -12   400   400   400    -6    -6    -2     0    -2     0
```

附录 B 常用软件简介

常用的数据分析和产品加工软件主要有 Excel、Origin、Surfer、MICAPS 以及 SPSS 等。

B1 Excel 简介

Excel 是微软公司(Microsoft)开发的电子表格软件,该软件具有强大的数据处理和分析能力,并提供了丰富的分析函数和统计工具。Excel 是微软公司办公软件(Microsoft Office)中的一员,Microsoft Office 还包括 Word、PowerPoint、Access、Outlook 等应用软件。

目前,常用的 Excel 版本有 Excel 2003、2007 以及 2010。不同版本之间在功能上有所差异,但对于气象上常用的数据分析和产品加工方法而言,三个版本之间并无本质差别。

Excel 软件在启动后,将出现如图 B1 所示的工作簿窗口。它包含了最基本的元素:标题栏、菜单栏、工具栏、单元格信息编辑栏、状态栏、滚动条、工作区等。工作表是由 65536×256 个单元格组成的表格。通过在单元格中输入数据或资料,并编辑运算公式等,可以进行数据的分析处理和产品加工。

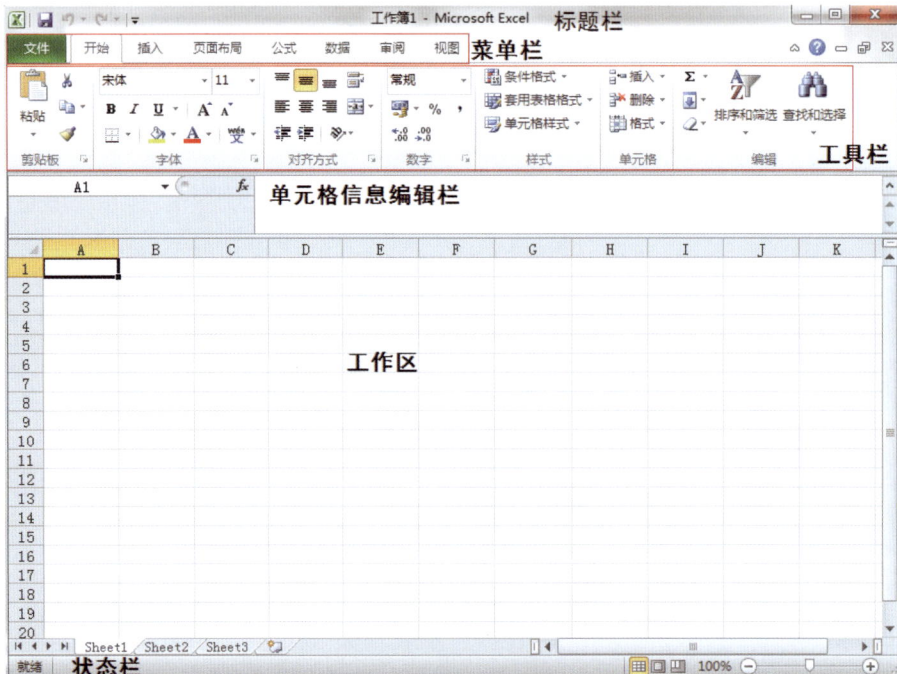

图 B1 Excel 工作窗口

B2　Origin 简介

Origin 是美国 OriginLab 公司(其前身为 Microcal 公司)开发的数据分析与绘图的软件,该软件具有使用简单、窗口菜单和工具栏直观、全面支持鼠标右键等特点。Origin 主要有数据分析和绘图两大类功能。数据分析包括数据的排序、调整、计算、统计、频谱变换、曲线拟合等各种完善的数学分析功能。绘图是基于模板来进行图形绘制的,Origin 本身提供了多种二维和三维绘图模板,且允许用户自己定制模板。Origin 软件灵活多变,用户可以自定义数学函数、图形样式和绘图模板,可以和各种数据库软件、办公软件、图像处理软件等方便地连接,可以用 C 等高级语言编写数据分析程序,还可以用内置的 Lab Talk 语言编程。

Origin 8.0 运行窗口如图 B2 所示,主要由菜单栏、工具栏、数据分析与绘图区、项目管理器以及状态栏等部分组成。Origin 8.0 界面的顶部为主菜单栏,主菜单栏中的每个菜单项包括下拉菜单和子菜单,通过菜单栏几乎能够实现 Origin 的所有功能[Origin 8.0 实用指南]。工具栏位于菜单栏下方。

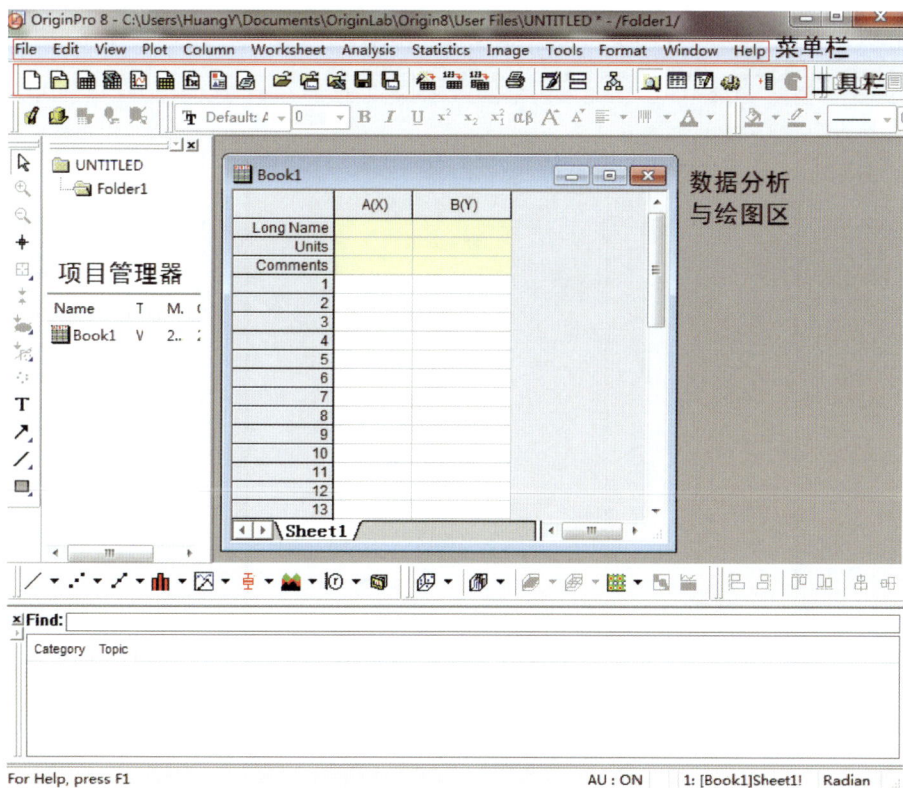

图 B2　Origin 运行窗口

B3　Surfer 简介

　　Surfer 是美国 Golden Software 公司推出的一套在 Windows 操作环境下运行的二维和三维图形绘制软件。Surfer 具有的强大插值功能和绘制图件能力,不仅可以轻松制作基面图、数据点位图、分类数据图、等值线图、线框图、3D 立体图、阴影地貌图、矢量图以及三维表面图等;还提供 7 种对数据进行网格化处理的方法,即 7 种插值方法:(1)距离倒数乘方法;(2)克里金法;(3)最小曲率法;(4)多元回归法;(5)径向基本函数法;(6)谢别德法;(7)三角网/线形插值法。并包含几乎所有流行的数据统计计算方法。此外,Surfer 还提供多种流行的图形图像文件的输入输出接口格式以及 GIS 软件文件格式的输入输出接口,并为 Visual Basic、C♯、Delhpi 等软件提供调用接口,为 Surfer 在其他软件中的调用提供基础。

　　Surfer 软件运行后,有图形和表格两种工作窗口,分别用于图形图像的制作和数据表格的分析。对于图形工作窗口(图 B3)而言,主要有标题栏、菜单条、工具条、图形信息区、图形绘制区以及状态信息栏等部分构成。表格工作窗口(图 B4)的组成与图形工作界面相似,只是缺少图形信息区并由表格编辑区替换图形绘制区。

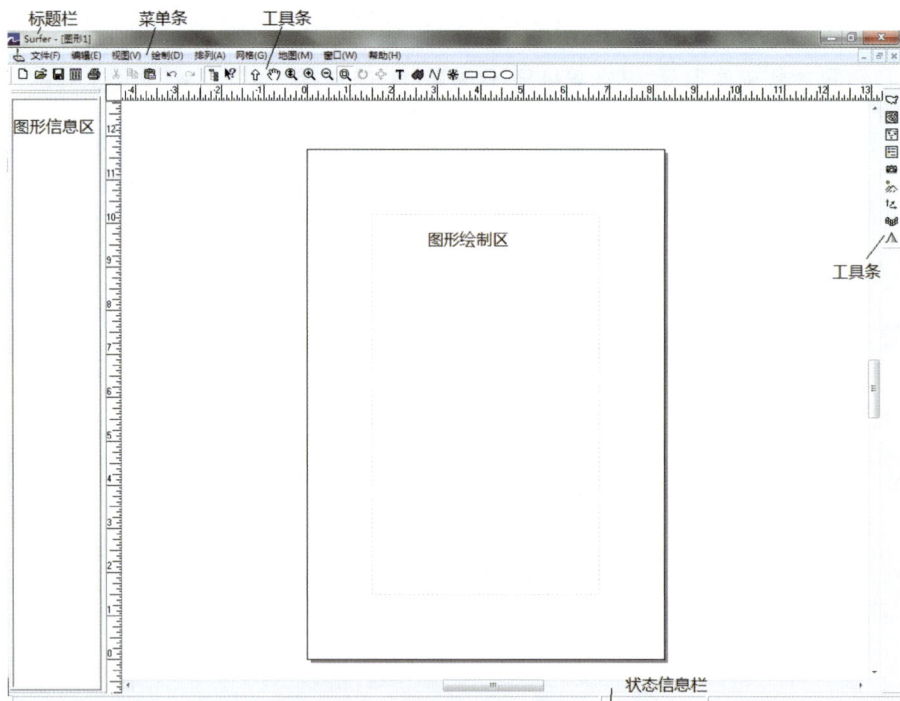

图 B3　Surfer 图形工作窗口

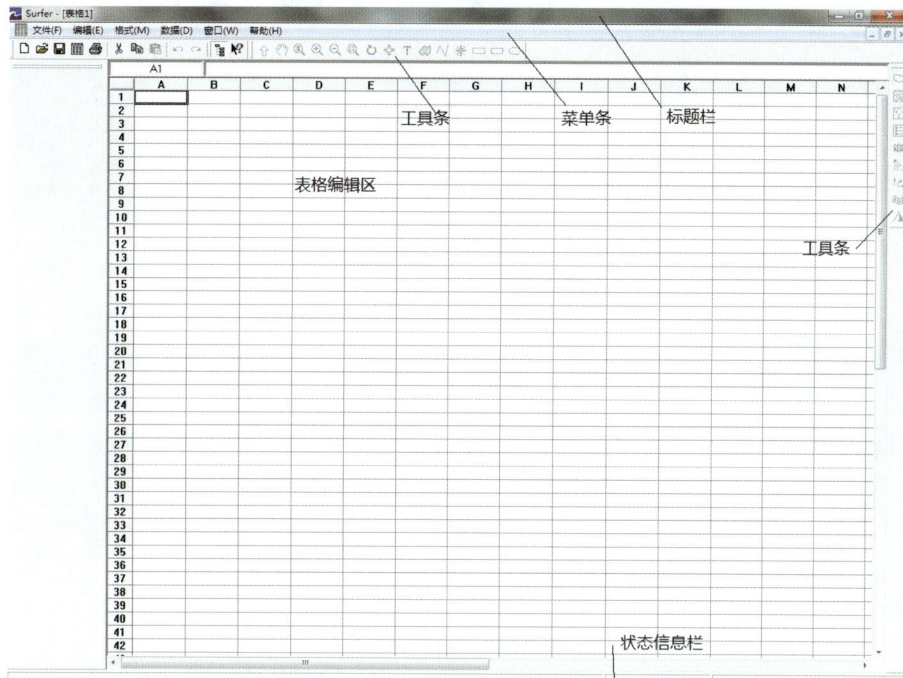

图 B4　Surfer 表格工作窗口

B4　MICAPS 简介

气象信息综合分析处理系统(简称 MICAPS),是中国气象局自主开发的一套多源资料显示与分析系统,能对气象卫星、天气雷达、地面观测和数值预报等多种数据和产品进行显示与分析。

MICAPS 是支持天气预报制作的人机交互系统,通过检索各种气象数据,显示气象数据的图形和图像,对各种气象图形进行编辑加工,为气象预报和服务人员提供一个中期、短期和临近天气预报分析制作的工作平台。MICAPS 功能主要有:检索各种气象数据、显示各种气象数据的图形图像、对数据进行编辑、图形和数据输出等。

MICAPS 界面是一个窗口(图 B5),主窗口包括标题栏、菜单、工具条、资料检索窗口、图层控制窗口、显示区域、状态条和独立的显示设置窗口,其中图层控制窗口包括图组选择、图层选择和显示属性窗口。

图 B5　MICAPS 工作窗口

B5　SPSS 简介

　　SPSS 原名为社会科学统计软件包(Statistical Package for the Social Science),2000 年重新定义为统计产品和服务解决方案。SPSS 由美国 SPSS 公司出品,是一款较为著名的通用统计分析软件,基本功能包括数据管理、统计分析、图表分析、输出管理等。SPSS 还有专门的绘图系统,可以根据数据绘制各种图形。SPSS 可以在多种操作平台上运行,其中包括 Windows 系统、UNIX 系统、MAC OS/X 系统等。SPSS for Windows 仅是该产品在 Windows 系统平台运行的一个版本。

　　SPSS for Windows 具有以下特点:(1)拥有专业的统计分析功能,不仅能够进行经典的统计分析,而且还可以进行新统计方法的分析。(2)数据管理能力强,不仅能够直接读取大多数常用软件的数据文件,而且还能够直观地进行数据的定义、输入、显示、编辑和转换。(3)具备强大的图形和表格产品制作功能,能够轻松地输出美观的图形和表格。(4)在提供菜单操作的同时,还提供了程序语言编辑的功能,不仅满足一般用户的需求,而且能够让高级用户提供程序语言实现统计分析的自动化。(5)具备了操作过程的可追溯性,通过系统日志将所有的操作过程记录下来,便于统计分析结果检查和操作过程的重现。

　　SPSS 分析结果清晰、直观、易学易用,而且可以直接读取 Excel 及 DBF 数据文件,现已推广到各种操作系统的计算机上,它和 SAS、BMDP 并称为国际上最有影响的三大统计软件。

SPSS 安装完毕后,系统会自动在 Windows 菜单中创建快捷方式,鼠标双击即可打开软件界面。SPSS 主界面主要有两个,一个是 SPSS 数据编辑窗口,另一个是 SPSS 输出窗口。数据编辑窗口由标题栏、菜单栏、工具栏、编辑栏、变量名栏、内容区、窗口切换标签页和状态栏组成,如图 B6 所示。

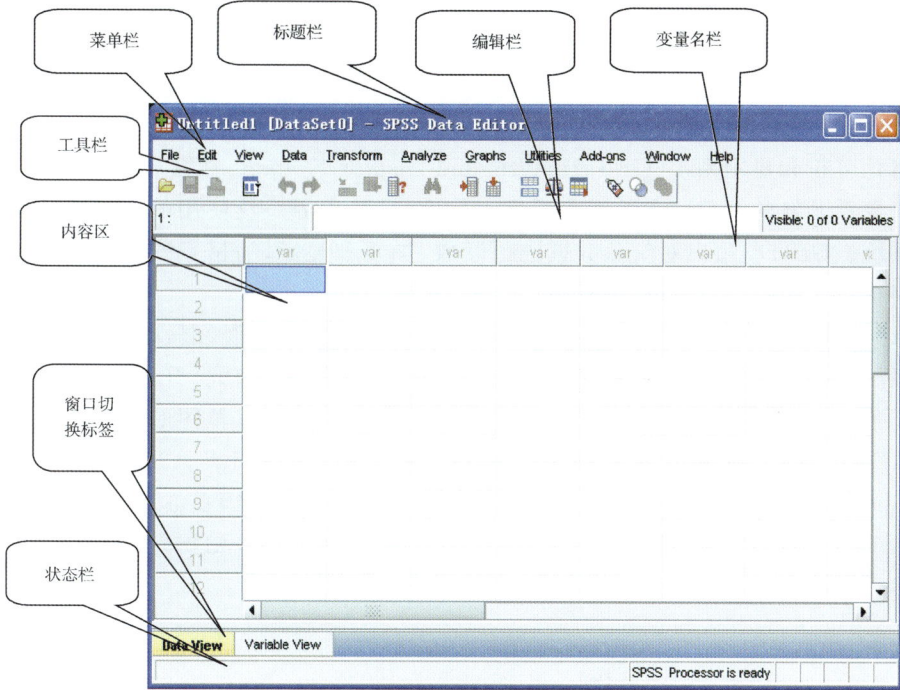

图 B6 SPSS 工作窗口

SPSS 结果输出窗口名为 Viewer,它是显示和管理 SPSS 统计分析结果、报表及图形的窗口。读者可以将此窗口中的内容以结果文件 . spo 的形式保存,如图 B7 所示。

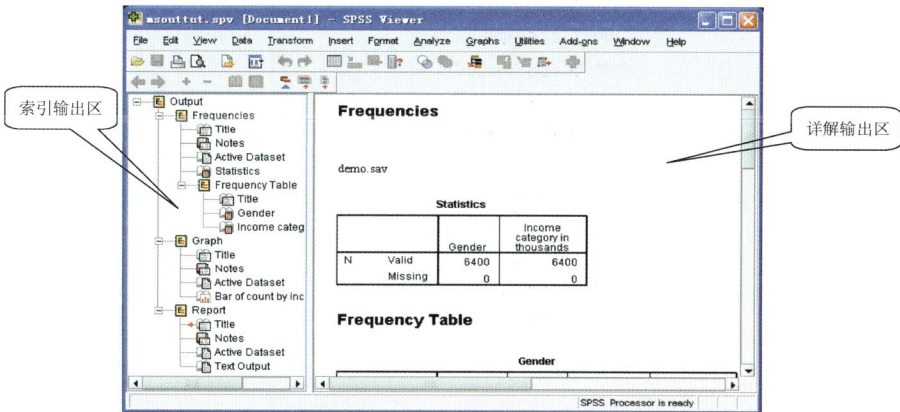

图 B7 SPSS 输出窗口

结果输出部分分成左右两个部分，左边部分是索引输出区，用于显示已有的分析结果标题和内容索引；右边部分是各个分析的具体结果，称为详解输出区。

选择数据编辑窗口的"File"菜单中的"Exit"命令，或单击标题栏上的"关闭"按钮退出SPSS。

B6　GrADS 简介

网格化分析和显示系统（Grid Analysis and Display System，简称 GrADS）是美国马里兰大学气象系开发的一款气象数据分析显示软件，是气象界广泛使用的一种用于数据处理与显示系统。GrADS 可以对气象数据进行读取、加工和显示，为格点气象数据和站点气象数据资料提供了一个优越的交互操作的分析与显示环境。

GrADS 在进行数据处理时，所有数据均被视为纬度、经度、层次和时间的 4 维场。GrADS 所使用的数据格式既可以是二进制，也可以是 GRIB 码，还可以是 NetCDF 和 HDF，方便各种类型数据的使用，并具有操作简单、显示速度快以及图形美观等特点。

GrADS 安装后，在"开始菜单"栏中会出现"GrADS 1.9"文件夹。"GrADS 1.9"文件夹中有 C-Shell(tcsh)、GrADS Classic、GrADS HDF、GrADS NetCDF-3、GrADS NetCDF-4、GrADS OPeNDAP、POSIX Shell(bash)以及 Uninstall Win32GrADS 等多个程序的快捷方式（图 B8）。

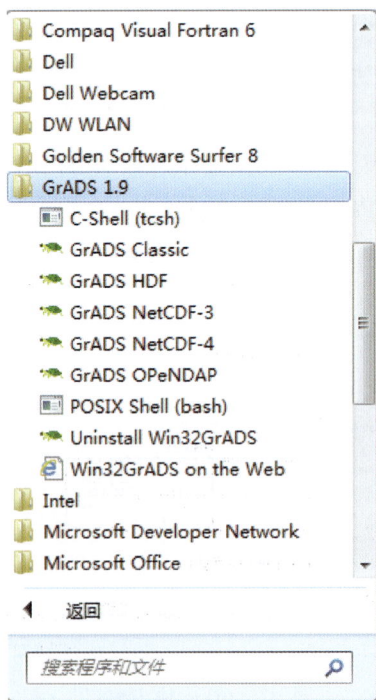

图 B8　开始菜单中的 GrADS 1.9 文件夹

点击"GrADS Classic"出现如图 B9 所示的命令输入界面和如图 B10 所示的图形输出界面。在命令输入界面中输入相关的命令后,相应的图形图像就输出在图形输出界面中。

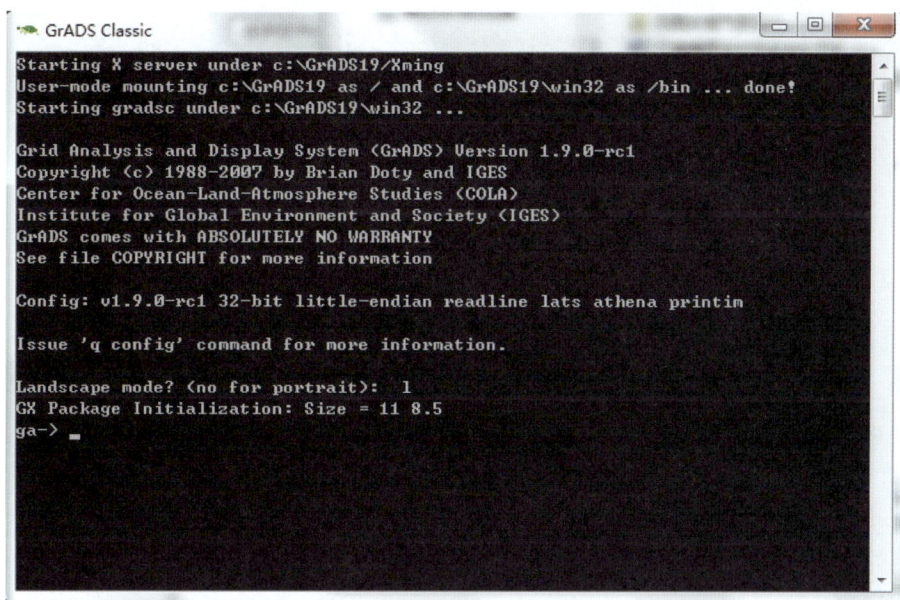

图 B9 GrADS 命令输入界面

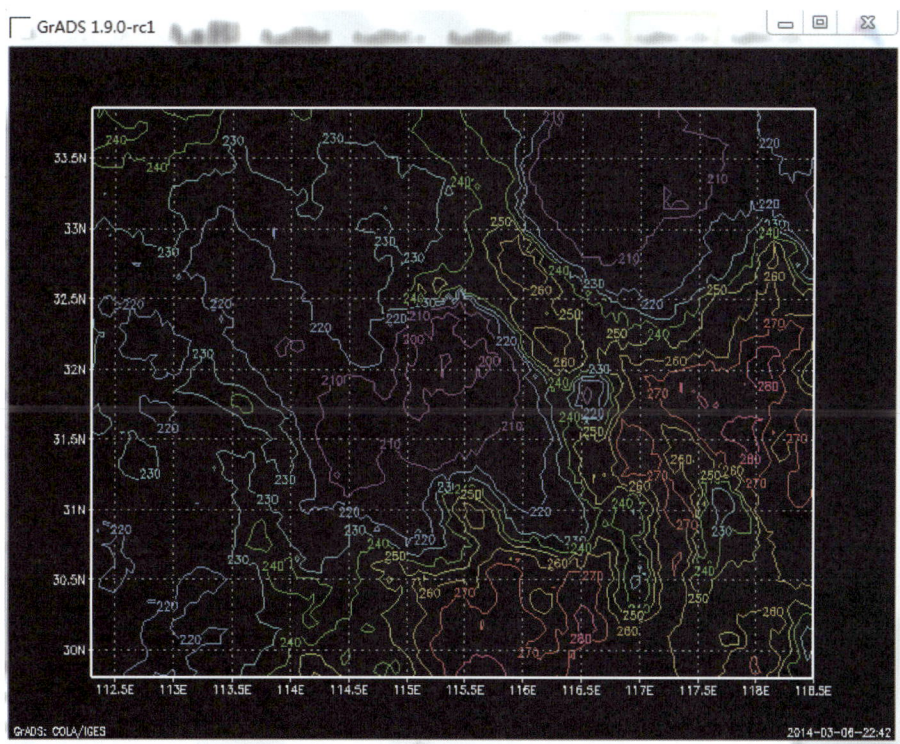

图 B10 GrADS 图形输出界面

附录 C　县级气象综合业务平台安装

C1　平台的安装部署

C1.1　系统软硬件配置

1. 硬件环境

请参考以下配置，最低硬件配置要求：

- CPU：单核 2.00 GHz
- 内存要求：2 GB
- 硬盘空间：40 GB
- 显卡 128 MB 显存

推荐硬件配置要求：

- CPU：单核 3.00 GHz/双核 2.00 GHz
- 内存要求：4 GB 或以上
- 硬盘空间：80 GB 或以上
- 显卡：独立显卡 256 MB 显存或以上

2. 软件环境

客户端推荐在 Microsoft Windows XP(SP2)系列和 Microsoft Windows 7 系列操作系统下安装。

C1.2　安装注意事项

在安装前请关闭系统中正在运行的所有应用程序，此外，还建议在安装过程中临时关闭病毒防护程序。必须确保具有系统管理权限，或者能够通过管理员身份验证。如果之前安装过安徽省县级气象业务系统客户端的其他版本，请卸载后再进行安装。

C1.3　安装步骤

安装前首先请检查安装机器是否满足安徽省县级气象业务系统和 MICAPS 县级预报预警业务平台的最低软硬件配置要求。如果满足，请按照以下步骤完成安徽省县级气象业务系统的安装。

1. 双击 setup.exe 安装文件,将会出现县级平台安装向导界面,如图 C1 所示,点击"下一步"按钮,继续安装。

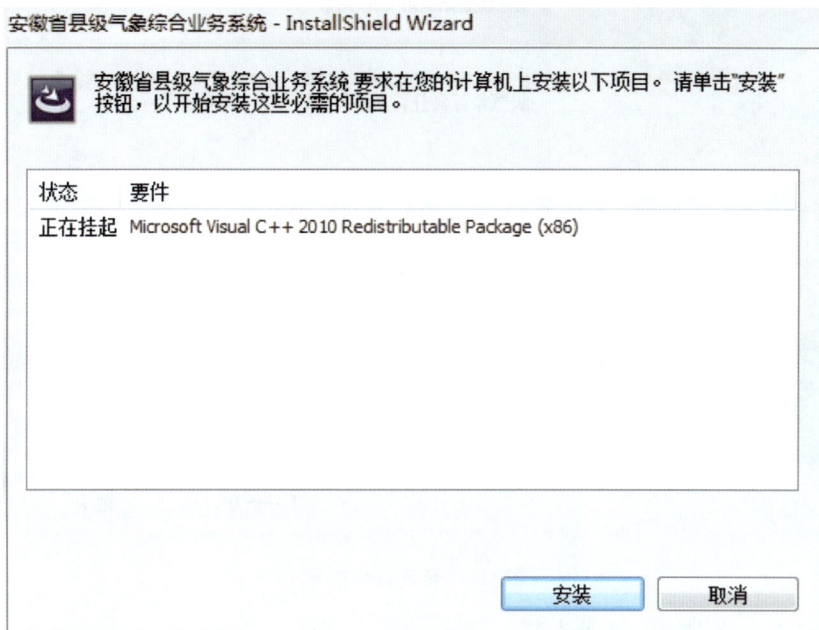

图 C1　安装挂起提示

2. 选择"安装",继续安装。如果系统已具备更高级的系统环境可能出现如图 C2 所示的界面。

图 C2　安装失败提示

选择"是",继续安装。

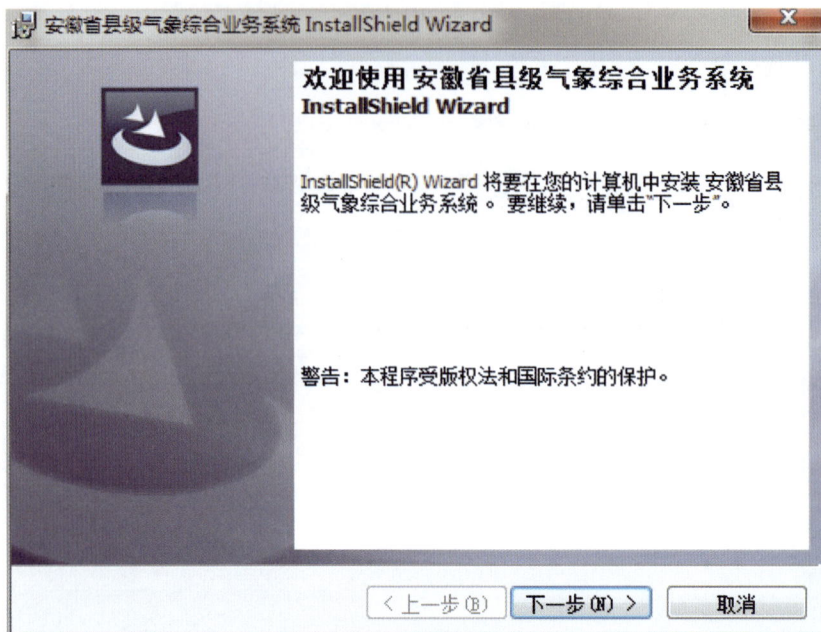

图 C3　安装版权提示

3. 单击"下一步"按钮,继续安装。

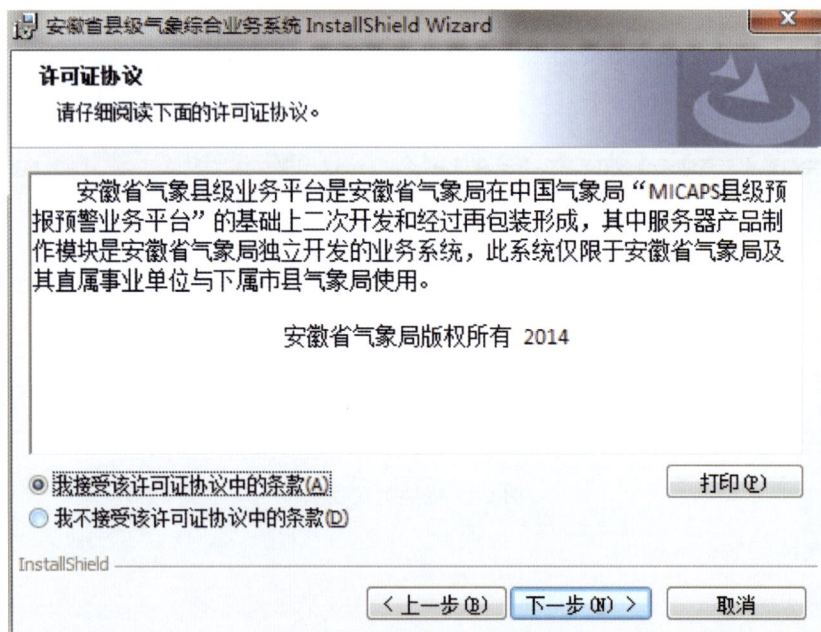

图 C4　安装许可协议

4. 选择"我接收许可证协议中的条款",点击"下一步"。

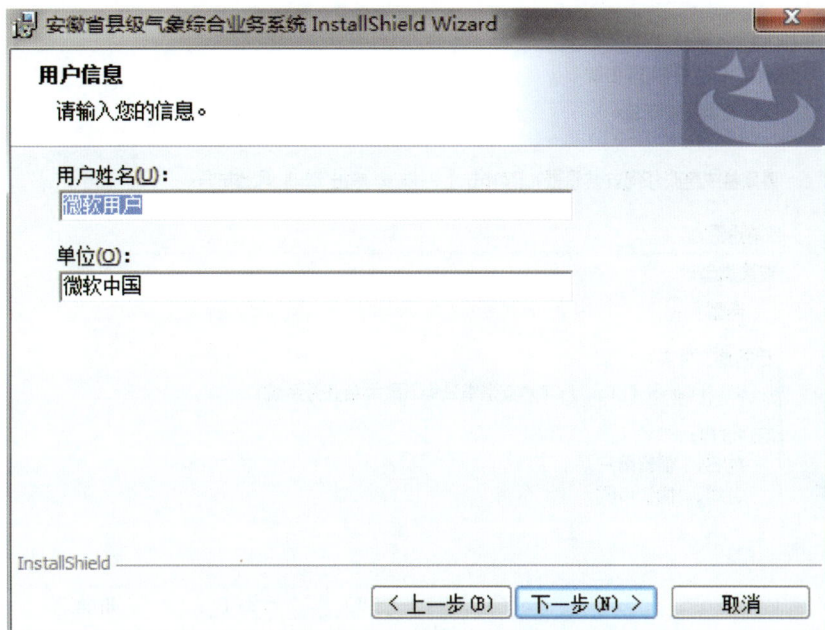

图 C5　用户输入提示

5. 输入用户姓名和单位,单击"下一步"。

图 C6　安装路径浏览

6. 选择安装路径,单击"下一步"按钮。

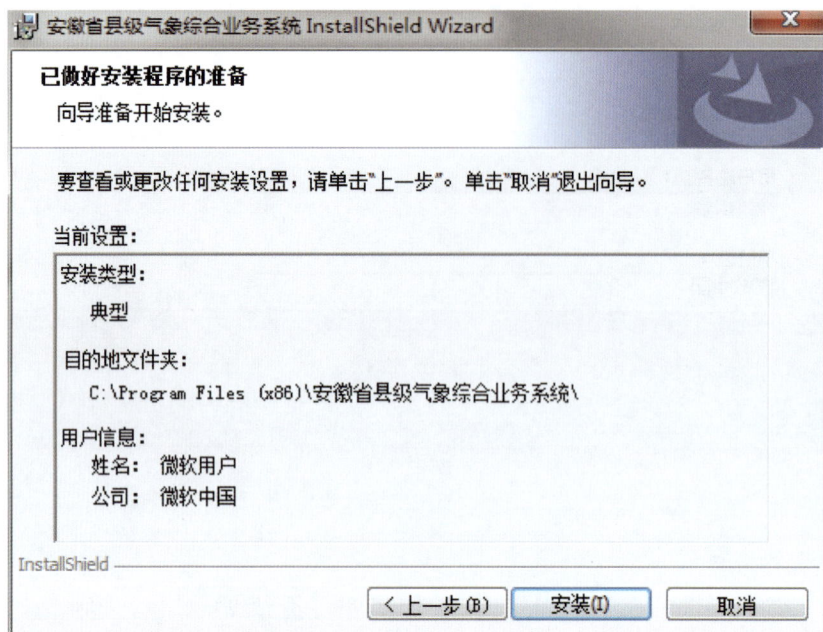

图 C7 安装信息提示

7. 点击"安装"按钮,等待安装完成。

图 C8 安装完成

8. 单击"完成"按钮,结束安装。这时您可以使用安徽省县级业务平台了。

C1.4 注册 Flash 组件

客户端软件安装成功后,如果没有安装 Flash 组件,需要进行 Flash 组件注册。如未安装,请先运行 flashplayer_activex_13_0_0_214.1400033744.exe 进行安装。再运行 regsvr-FlashOcx.bat 进行注册。

C1.5 客户端卸载

在开始菜单"所有程序"中找到"安徽省气象局",选择"安徽省气象综合业务系统"下的"卸载安徽省县级气象综合业务系统"进行卸载操作,或在控制面板的卸载或更改程序中找到"安徽省县级气象综合业务系统",鼠标右键选择"卸载"进行删除。

C2 平台的启动与配置

C2.1 平台的启动

安装完成后,在桌面上将创建"安徽省县级气象综合业务系统"快捷方式。在开始菜单中也存在如图 C9 所示的快捷启动按钮。

图 C9 启动栏

县级平台的主界面见图 C10,它分为三大版块,分别是综合观测、预报预警、公共服务。

C2.2 系统配置

点启动界面左上角 系统设置按钮,打开系统设置对话框,如图 C11 所示。系统设置窗口包括主程序设置、预警发布设置。

点击主程序设置窗口中启动项设置,可以对系统中文名称和系统英文名称进行修改,同时,窗口有四个按钮 、 、 、 ,其中 、 分别是对综合观测、预报预警、公共服务三部分软件名称进行增加或删除, 、 分别是对综合观测、预报预警、公共服务三部分软件名称进行上下移动。比如综合观测部分,如增加软件 OSSMO 链接,点击 按钮,如图

C12,对软件名称进行修改,右键桌面快捷方式 [图标],点击属性,查找软件路径,再点击 [浏览],

对软件路径进行修改,退出设置,我们就可以发现综合业务软件综合观测部分增加了 OSS-MO 软件的链接。预报预警、公共服务两部分软件链接同上。

图 C10　平台主界面

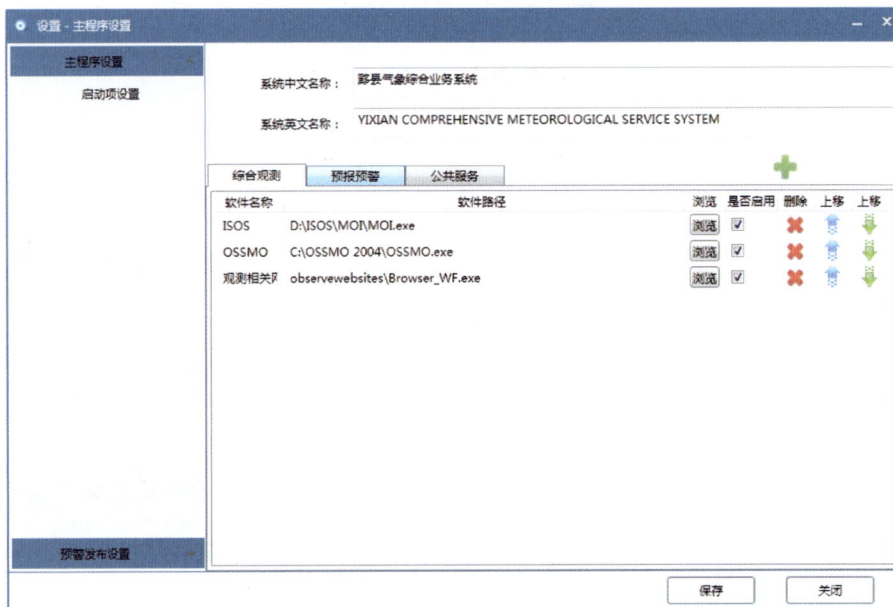

图 C11　主程序设置

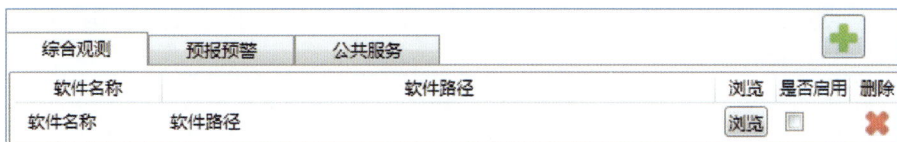

图 C12　启动路径设置

点击预警发布设置窗口,它包括一般设置、传输设置、人员设置、模板设置、Notes 用户、邮件用户、传真用户、手机用户设置、显示屏设置(图 C13)。

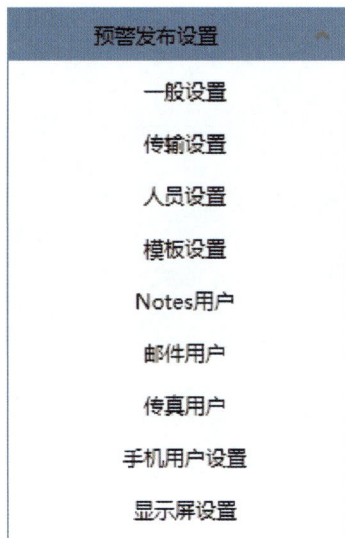

图 C13　设置发布设置选项卡

(1)一般设置:包括单位 ID、单位名称、预警文档目录的填写(图 C14)。

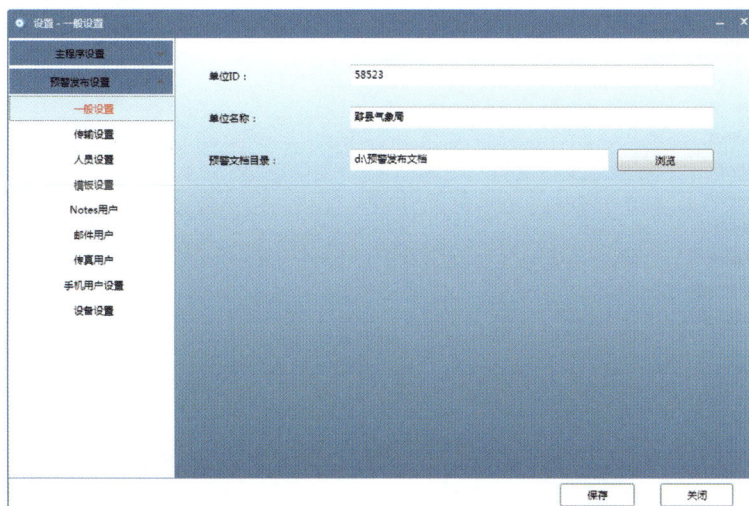

图 C14　预警发布一般设置

（2）传输设置：如图 C15 所示，在此处可以修改上传至省局服务器的密码、Notes 密码、邮箱及邮箱密码、传真号码。

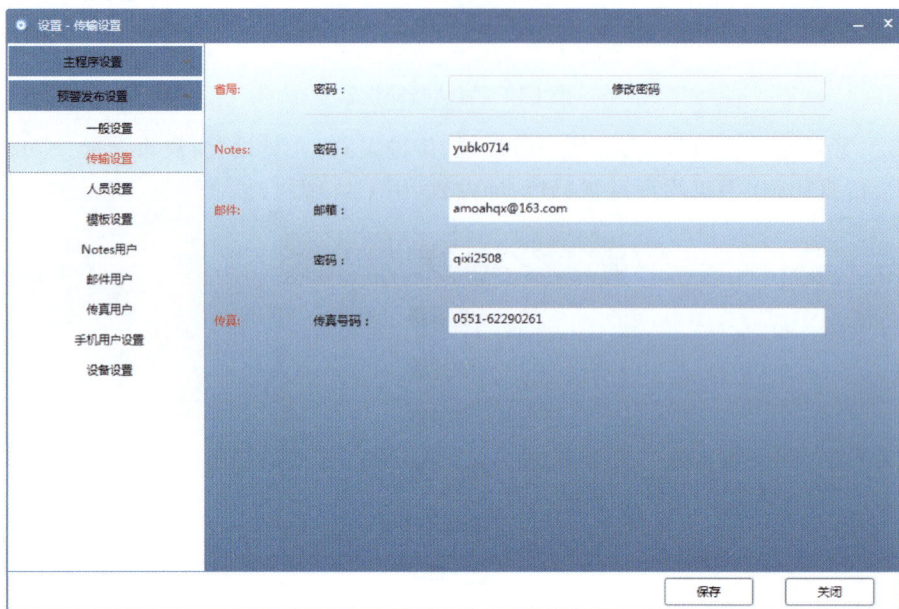

图 C15　预警发布传输设置

（3）人员设置：选择"人员设置"，如图 C16 所示，在"请输入姓名"输入张三、李四等，点击按钮 ，即添加成功，如图 C17 所示。对签发人和发布人进行勾选，再点击保存按钮，就完成了人员设置，点击 可以对人员进行删除。

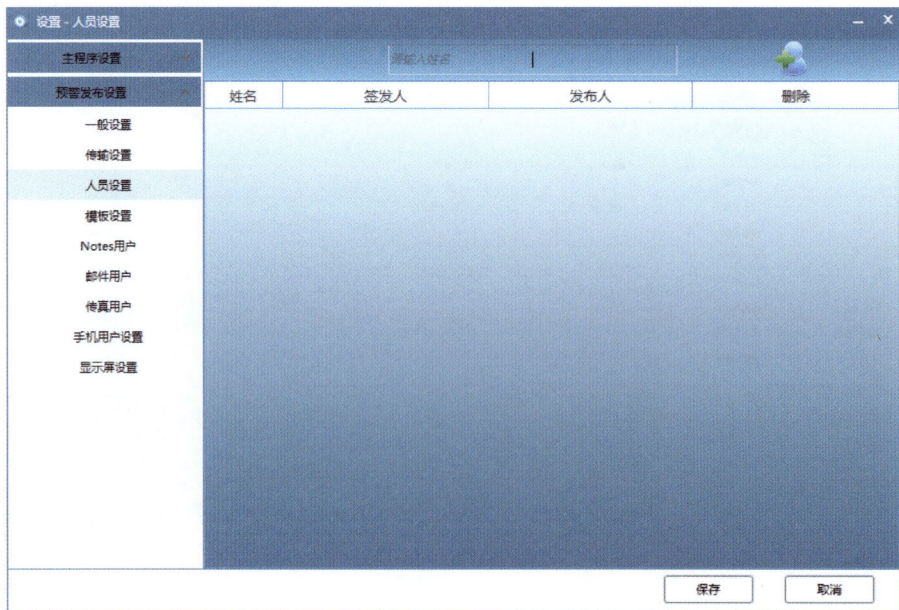

图 C16　预警发布人员设置

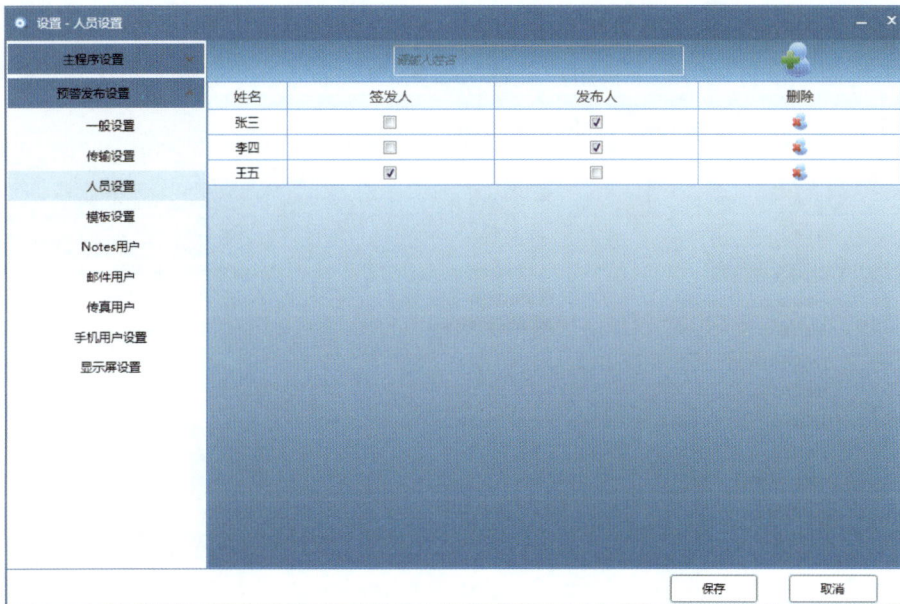

图 C17　预警发布人员属性设置

（4）模板设置：选择"邮件用户"，再"请输入模板名"输入模板名，点击按钮 ，即添加成功。点击 按钮，对模板内容编辑，编辑类型只能为 A 或 B，其中 A 含有防御建议的模板，B 为无防御建议模板。点击删除按钮 ，可以对模板删除。

（5）Notes 用户：选择"Notes 用户"，再"请输入 Notes 用户名"输入组名，点击按钮 ，即添加成功。点击删除按钮 ，可以对 Notes 用户删除。

（6）邮件用户：选择"邮件用户"，在"请输入组名"输入组名，点击按钮 ，即添加成功。点击 按钮，按顺序填写姓名、邮箱地址、用户所属单位、选择模板（图 C18），再点击 ，就完成向组添加用户。同时点击删除按钮 ，可以对用户进行删除。

姓名	邮箱地址	所属单位	模板名称	添加时间	删除
测试组	754580121@qq.com	气象局	广播电视	2014年08月13日	
测试组	439417158@qq.com	寿县气象局	常规模板	2014年09月02日	

图 C18　邮件用户设置

（7）传真用户：选择"传真用户"，在"请输入组名"输入组名，点击按钮 ，即添加成功。点击 按钮，按顺序填写姓名、传真号码、用户所属单位、选择模板，再点击 ，就完成向组添加用户。同时点击删除按钮 ，可以对用户进行删除。

（8）手机用户设置，选择"手机用户设置"，如图 C19 所示，在"请输入组名"处输入组名，比如"县领导组"，再点击按钮 ，即添加成功。

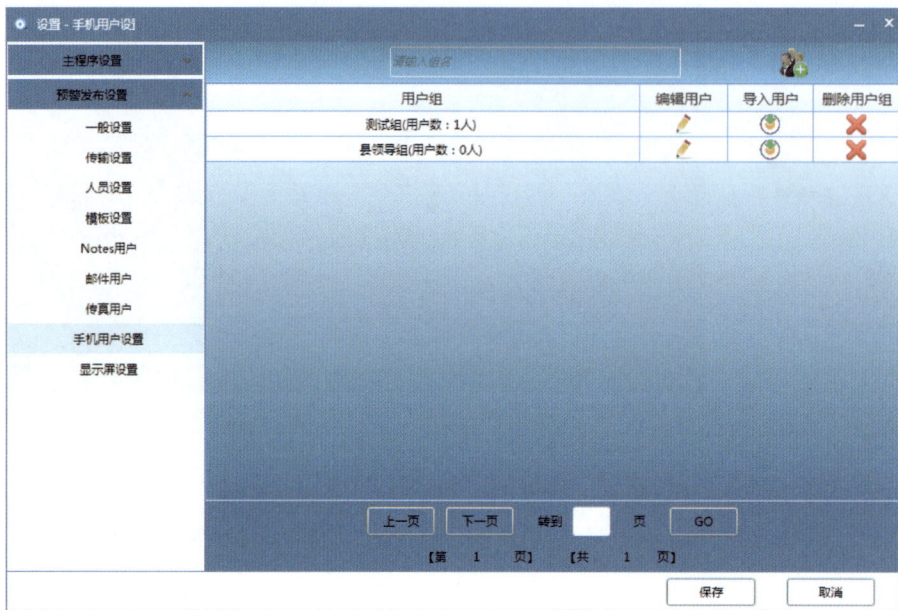

图 C19　手机用户组设置

登录安徽省气象灾害预警信息综合发布平台，点击"用户管理"中"组管理"栏，如图 C20 所示。比如需要导出县领导组，点击县领导组栏导出用户，将导出的资料保存。

图 C20　安徽省气象灾害预警信息综合发布平台页面

点击 按钮，选择刚导出的 zu. txt 导入，即完成县领导组号码的录入。添加或删除用户组中手机用户时，点击 [icon] 按钮，按顺序填写姓名、手机号码、经度、纬度等，再点击 [icon]，就完成向组添加用户号码。同时点击删除按钮 [icon]，可以对用户进行删除（图C21）。

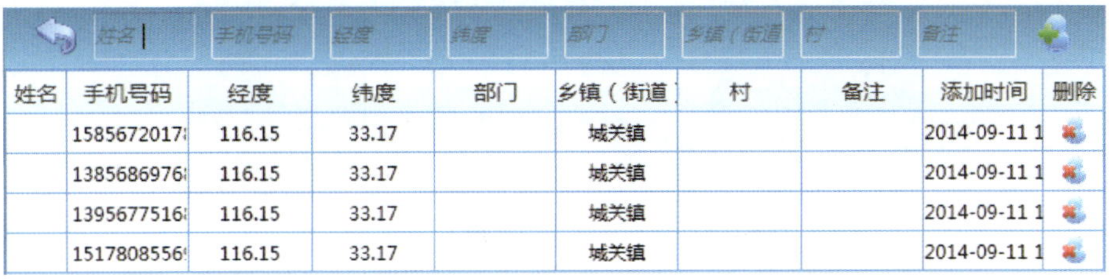

姓名	手机号码	经度	纬度	部门	乡镇（街道）	村	备注	添加时间	删除
	1585672017	116.15	33.17		城关镇			2014-09-11 1	[icon]
	1385686976	116.15	33.17		城关镇			2014-09-11 1	[icon]
	1395677516	116.15	33.17		城关镇			2014-09-11 1	[icon]
	1517808556	116.15	33.17		城关镇			2014-09-11 1	[icon]

图C21 添加用户号码

（9）设备设置，选择设置菜单中的"设备设置"项，右侧将显示设备设置页面，如图C22所示。填写完设备ID、设备地址、乡镇、村、经度、纬度、设备类型等信息后，点击新增按钮 [icon] 添加设备。可以被添加的设备的类型有Led显示屏、Lcd显示屏、乡村大喇叭三类。点击列表项后的删除按钮 [icon]，可以删除相应的设备。另外，可以点击 [icon] 导入文本文件中的设备，要求文本中的信息按照表中的信息逐项对应，各项之间用逗号隔开。

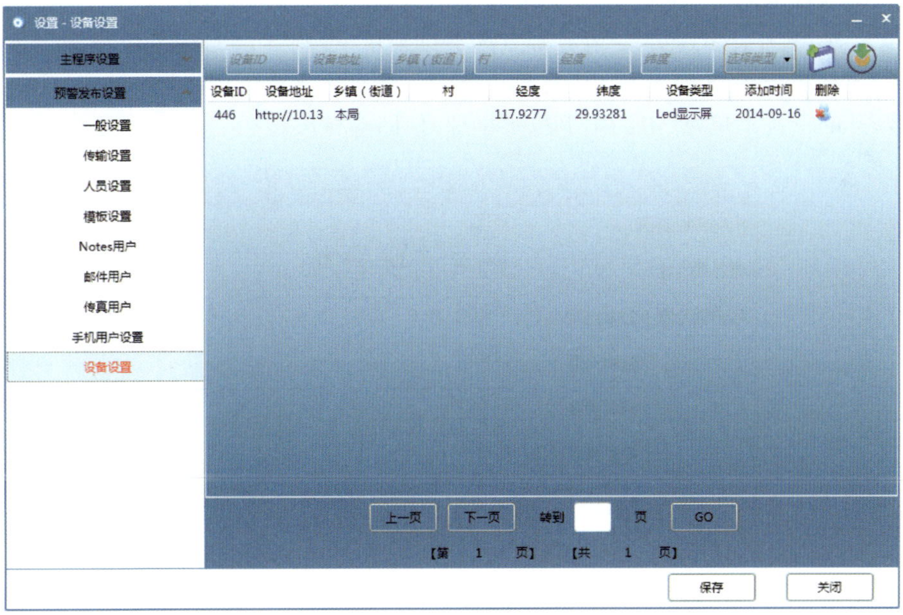

图C22 设备设置

C2.3 注册与登录

在客户端机器上，在开始栏中所有程序下"安徽省气象局"—"安徽县级气象综合业务系统"中点击"WebMICAPS. Desktop. exe"启动，或者客户端安装程序所在目录下面的WebMI-CAPS. Desktop. exe文件，或在配置好的启动界面中启动，出现如图C23所示登录界面。

图 C23　MICAPS 县级预报预警业务平台登录界面

1. 注册前的设置

初次运行,需要进行基本信息设置,点击右上角【O】图标按钮,进入设置界面:设置栏目,全部使用半角字符形式输入。

在"机构名称编码"栏目中,输入县级气象机构名称,系统会弹出"机构编码—名称—省份"的下拉菜单,选中下拉菜单。请务必点选下拉菜单,否则预设的红色区域和当地区划不一致。例如:县级气象机构名称为"怀远",输入"怀远",系统会自动弹出"340321—怀远县—安徽省"的下拉菜单,点击选中下拉菜单即可(图 C24)。

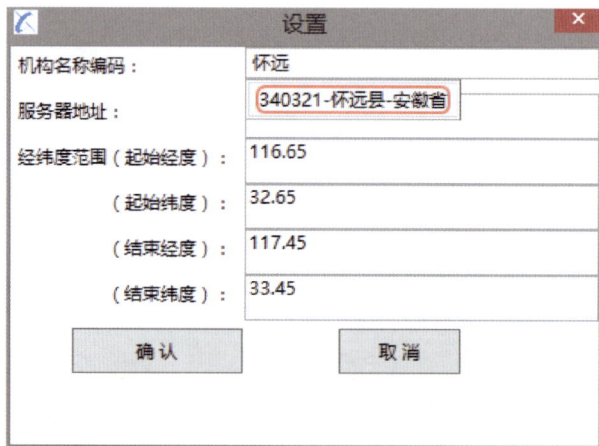

图 C24　登录设置

在"服务器地址"栏目中,输入本系统平台服务器的 IP 地址。必须严格按照此格式,例如:服务器计算机 IP 地址为 10.129.2.157:8080,应输入"http://10.129.2.157:8080"。在"经纬度范围"栏目中,应输入覆盖本县范围的一个矩形区域,输入顺序为左下角经度、左下角纬度、右上角经度、右上角纬度,中间用半角逗号隔开,不要加空格。经纬度坐标可以带小数点,但需要转换十进制,例如 30°45′,应输入 30.75。台站经纬度范围可根据台站经纬度,上下左右扩展推测,也可通过 MICAPS、Google 搜索出县域经纬度范围。输入完成后,点击"确认",返回登录界面。

2. 注册

输入用户名和密码点击下方"注册"按钮即可完成注册,完成注册,系统管理员进行审核通过后方可登录。为了方便管理和后续功能使用,注册的用户名请使用中文姓名。

参 考 文 献

北京农业大学农业气象专业,1982.农业气象学.北京:科学出版社.

范金城,梅长林,2009.数据分析.2 版.北京:科学出版社.

黄嘉佑,1989.气象统计分析与预报方法.3 版.北京:气象出版社.

刘聪,卞光辉,黎健等,2009.交通气象灾害.北京:气象出版社.

刘玉洁,杨忠东,2001.MODIS 遥感信息处理原理与算法.北京:科学出版社.

屠其璞,王俊德,丁裕国等,1982.气象应用概率统计学.北京:气象出版社.

王秀荣,2012.全国气象服务规范技术手册.北京:气象出版社.

魏凤英,2007.现代气候统计诊断与预测技术.2 版.北京:气象出版社.

吴静,2011.ArcGIS 9.3 Desktop 地理信息系统应用教程.北京:清华大学出版社.

于波,2012.安徽农业气象业务服务手册.北京:气象出版社.

中国气象局,1993.农业气象观测规范(上卷).北京:气象出版社.

中国气象局,2003.地面气象观测规范.北京:气象出版社.

中国气象局,2003.地面气象观测数据文件和记录簿表格式.北京:气象出版社.

周利霞,高光明,邱冬生等,2008.基于 MODIS 数据的火点监测指数方法研究.火灾科学,17(2):77-82.

DB34/T 1597-2012 生活气象指数等级划分及标识.

QX/T 102-2009 气象资料分类与编码.